"十三五"国家重点图书出版规划：重大出版工程

中国人工智能自主创新研究丛书

国家科学技术学术著作出版基金资助出版

机制主义人工智能理论

钟义信 著

北京邮电大学出版社

www.buptpress.com

内 容 简 介

本书发现"科学观→方法论→研究模型→研究路径→基本概念→基本原理"是建立新学科所需的完整研究纲领。于是,总结了信息科学的科学观和方法论,构筑了全新的人工智能研究模型,开创了机制主义的人工智能研究路径,重构了一批人工智能基本概念和基本原理,使长期鼎足三分的人工智能三大学派实现了和谐统一,构建了"基础意识－情感－理智"三位一体的高等人工智能,从而首创了机制主义人工智能理论。

本书可作为人工智能、大数据、计算机、自动化、通信等领域的高校教师、研究生、本科生学习和研究人工智能的教科书,也可作为科研机构和企业的研究人员及工程技术人员的参考书。

图书在版编目(CIP)数据

机制主义人工智能理论 / 钟义信著. -- 北京：北京邮电大学出版社,2021.3
ISBN 978-7-5635-6251-0

Ⅰ. ①机… Ⅱ. ①钟… Ⅲ. ①人工智能 Ⅳ.①TP18

中国版本图书馆 CIP 数据核字(2020)第 210990 号

策划编辑：姚　顺　刘纳新　　**责任编辑：**刘　颖　　**封面设计：**七星博纳

出版发行：北京邮电大学出版社
社　　址：北京市海淀区西土城路 10 号
邮政编码：100876
发 行 部：电话：010-62282185　传真：010-62283578
E-mail：publish@bupt.edu.cn
经　　销：各地新华书店
印　　刷：北京玺诚印务有限公司
开　　本：720 mm×1 000 mm　1/16
印　　张：24.75
字　　数：491 千字
版　　次：2021 年 3 月第 1 版
印　　次：2021 年 3 月第 1 次印刷

ISBN 978-7-5635-6251-0　　　　　　　　　　　　　　　　　定价：68.00 元

· 如有印装质量问题,请与北京邮电大学出版社发行部联系 ·

《中国人工智能自主创新研究丛书》
总 序

人工智能是**以自然智能(特别是人类智能)为原型、探索和研究具有智能水平的人工系统为人类提供智能服务的学科**。毫无疑问,这在整个人类科学研究发展的进程中,是一座前所未有的历史性巅峰。

2016 年,人工智能在全球范围内"火"起来了!

2017 年,国务院的《新一代人工智能发展规划》提出了我国人工智能发展三步走的战略:2020 年前我国人工智能研究达到与国际同步的水平,到 2025 年实现人工智能基础理论的重大突破,到 2030 年人工智能理论、技术与应用总体达到世界领先水平。

2018 年,习近平总书记提出:要加强基础理论研究,支持科学家勇闯人工智能科技前沿的"无人区",努力在人工智能发展方向和理论、方法、工具、系统等方面取得变革性、颠覆性突破,确保我国在人工智能这个重要领域的理论研究走在前面、关键核心技术占领制高点。

可以看出,党和国家对人工智能的研究、特别是人工智能基础理论的研究给予了极大的关注:只有实现了人工智能基础理论的重大突破,我国的人工智能才能实现领跑世界的目标。

回顾科学技术发展的历史,从工业革命至今的数百年间,我国科学研究总体上处于引进、学习、跟踪的地位。那么,怎样才能做到"勇闯无人区,取得变革性、颠覆性突破,确保我国在人工智能这个重要领域的理论研究走在前面"呢?

值得庆幸的是,在引进、消化、吸收、跟踪、学习的主流之下,我国确有一些具有整体科学观和辩证方法论素养以及自主创新精神的学者,长期以来坚韧不拔地在人工智能基础理论研究领域艰辛探索,勤奋耕耘。

他们敏锐地注意到:人工智能的学科整体被"分而治之"方法论分解为结构主义的人工神经网络、功能主义的专家系统、行为主义的感知动作系统三大学派,无法实现统一；同时，人工智能研究的信息、知识、智能被"纯粹形式化"的方法摒弃了内容和价值因素，使人工智能系统的智能水平低下。

由此他们认识到：传统科学的方法论（连同它的科学观）已经不适合于人工智能理论研究的需要，人工智能需要新的科学观和方法论，这正是自主创新的最重要立足点。

他们不甘心跟在国际人工智能研究的主流思想后面随波逐流。他们顽强地坚持"整体论的科学观"和"辩证论的方法论"思想独立自主地展开人工智能基础理论研究。经过几十年的艰苦努力，先后创建了一批体现整体观和辩证论精神、极富创新性和前瞻性的人工智能学术成果。

《中国人工智能自主创新研究丛书》的出版目的，就是通过展示这些科技工作者在人工智能基础理论领域取得的变革性、颠覆性突破和开辟崭新理论空间的杰出成就，弘扬我国学人在人工智能科技前沿自主创新的奋斗精神。丛书的成功出版可以证明，**中国科技工作者有志气、有能力在当代最重要的科技前沿驾驭和引领世界学术大潮，而不再仅仅是学习者和跟踪者**。

《中国人工智能自主创新研究丛书》的撰写、编辑和出版，得到了我国科技工作者的热烈响应，得到北京邮电大学出版社的大力支持。在此，丛书编委会表示由衷的感谢。

根据作者们完稿的先后，丛书编委会将分批推荐这些优秀的自主创新学术著作出版，与广大读者共同分享。

丛书编委会也将继续与北邮出版社和作者们一起，共同为出版、传播我国信息科技领域（包括信息、智能、量子等科技等领域）的创新成果而努力，为实现我国"两个一百年"奋斗目标做出积极的贡献。

《中国人工智能自主创新研究丛书》编委会

（钟义信执笔）

2020 年冬日

致　谢

感谢国家科学基金

作者一直从事"信息科学原理"和"人工智能理论"的基础理论研究。其间所取得的诸多创新成果,基本都是在国家自然科学基金和社会科学基金资助下完成的。没有这些资助,完成上述成果几无可能。这些基金包括:68872014,69171023,69982001,60496327,60575034,60873001,18ZDA027 等。

感谢中国人工智能学会"吴文俊人工智能科学技术奖"

2012 年 5 月,作者的系列研究成果《创建信息科学理论基础,创新人工智能核心理论》获得首届"吴文俊人工智能科学技术奖"的成就奖。奖励的意义不仅仅在于认可了作者的研究成果,更在于激励了作者不断创新的研究动力。

感谢母校

1951 年—1957 年,作者在江西省龙南中学求学;1957 年—1965 年,作者先后在北京邮电学院接受无线电通信与广播专业本科和信息论研究生专业的教育,均受到国家最高等级助学金资助。没有师长的教诲和学校的资助,作者不可能完成上述学业。

感谢家人

感谢父母在极其艰难困苦条件下的抚养与教育之恩；感谢终身伴侣和子女对作者从教和研究工作的体悉理解、全力支持和无私奉献。没有这一切，作者不可能如此心无旁骛专心致志地投入信息科学与人工智能基础理论的奋力攻坚。

新 版 前 言

    这是一部经历了 30 多年艰辛探索、终于从学术源头上实现了全面自主创新的人工智能理论学术专著。它的学术创新理念和创新路径发人深省。

    "AI is dead. Long live neural networks!"是 1987 年在美国加利福尼亚南部海滨城市圣地亚哥(San Diego)举行的"IEEE 第一届神经网络国际会议"现场曾经爆发过的呐喊。我痛感,这样的学术之争严重违背了学术"整体性"的原则!

    那正是我刚刚完成《信息科学原理》书稿决定全力以赴投入人工智能研究的时刻。这种呐喊无疑给了我"当头棒喝"!使我不得不用了几乎两年多的时间去系统研习人工智能和神经网络两个方面的历史文献,以探究竟。终于,我得到这样的认识:人工神经网络研究和人工智能研究两者的目标都是希望在机器上实现人类智能,但是前者遵循的是结构主义(模拟人类大脑新皮层的生物神经网络结构)的研究路线,后者遵循的是功能主义(模拟人类大脑的逻辑思维功能)的研究路线——**其实两者遵循的都是以"机械唯物论"为特色的科学观和以"分而治之"为特色的方法论,它们都是不适于人工智能研究的科学观和方法论!**正是由于遵循了不恰当的科学观和方法论,才使得同样以"智能研究"为目的的人工神经网络的研究和人工智能的研究两者不但不能实现"殊途同归",反而成为"同行冤家"。

    这是我所读过的所有科学文献都从来没有明言过的重大问题!

    为了破解这个含义深刻而意义重大的科学观方法论问题,我同时开启了对于人工智能和神经网络这两个研究领域持续 30 多年冷峻而艰辛的学习、研判、深思和探索,并决心另辟一条与"结构主义""功能主义"和"行为主义"完全不同的研究路径。

    于是,陆续收获了一批满是泥泞和汗水的研究成果:

    1992 年,我和潘新安、杨义先合作的学术专著《智能理论与技术:人工智能与神经网络》在人民邮电出版社出版,**论述了神经网络与人工智能的互补与合作关系**,直接批评和否定了"AI is dead. Long live neural network!"的无理狂言。

    2000 年,我的一篇 14 页的学术长文《知识论框架:信息、知识、智能的统一理论》在中国工程院的学术刊物《中国工程科学》问世(那时,一般论文篇幅被限制在 4 页左右),首次阐明"信息、知识、智能的转换"是生成智能的共性机制,**开辟了完全不同于结构主义和功能主义的人工智能研究新路径——机制主义研究路径。**

2007 年,我的学术专著《机器知行学原理:信息、知识、智能的转换与统一理论》在科学出版社出版,首次以机制主义理论和谐地融通了长期鼎足三分的人工智能专家系统、人工神经网络、感知动作系统的研究。

2014 年,我的另一部学术专著《高等人工智能原理:观念·方法·模型·理论》在科学出版社出版,用机制主义方法不仅和谐沟通了专家系统、神经网络和感知动作系统研究,而且打开了长期被视为禁区的"意识研究"的大门,建立了"基础意识、情感、理智三位一体"的高等人工智能理论。

这便是"机制主义人工智能理论"研究突破结构主义、功能主义、行为主义藩篱的探索之路及其阶段性标志。

2017 年 7 月,国务院发布了《新一代人工智能发展规划》。把人工智能研究提到国家战略的高度。人工智能研究的春天到来了。2018 年初春,北京邮电大学出版社决定出版《中国人工智能自主创新研究丛书》。我决定加入这套丛书的写作。

我知道,《信息科学原理》《知识理论框架》《机器知行学原理》和《高等人工智能原理》这些论著都是"机制主义(信息、知识、智能的转换)人工智能理论"的几个具有标志意义的里程碑,都是典型的"自主创新"和"源头创新"成果。不过,我最终决定以后者加盟《中国人工智能自主创新研究丛书》,理由是:它比其他几部论著更加明确而深刻地回答了 30 多年前我所触及的那个"科学观和方法论"课题——抓住了人工智能理论研究的真正源头。而且,"高等"的高就高在"机制主义"。

正如《高等人工智能原理:观念·方法·模型·理论》的标题所表明的那样,这是一部"高等"的(而不是初等的)人工智能原理性著作。其"高等"特征的基本标志主要是指:它在科学观、方法论、研究模型、研究路径、基础概念、基本原理等方面都远远超越了中外人工智能著作。

20 世纪中叶是时代演进的分水岭:此前的数百年,人类社会处于"工业时代",此后则兴起了"信息时代";与此相应,此前的科学是经典物质科学主导的时代;此后的信息科学迅速崛起而且广泛渗透,越来越呈现出"现代信息科学主导"的特色。

依据影响力的大小,科学研究的层次顺序包括:科学观→方法论→研究模型→研究途径→基础概念→基本原理。对于新学科的研究来说,首先要在实践的基础上形成清晰而正确的科学观和方法论,然后在它们的支配下构筑科学的研究模型和开辟正确的研究途径,最后重构充分必要的基础概念和基本原理,从而完成学科理论的系统创建。

智能是在主体与客体相互作用的过程中主体对相关信息进行复杂加工而生成的最高级产物。因此,人工智能是信息科学的核心、前沿和制高点,它所需要的科学观和方法论应当是现代信息科学的科学观和方法论。然而,不无遗憾的是,由于"意识总是落后于存在"的缘故,现代信息科学(包括人工智能)的研究虽然已经成为当今时代的社会存在,但是它所需要的科学观和方法论(它们属于意识领域)却尚未形成。于是研究者们便自发地沿用了早已存在的经典物质科学的科学观和方法论来开展信息科学和人工智能理论的研究,按照"分而治之"的方法论原则把智能分割成为一些互相孤立的局部理论,割断了局部理论之间的联系,因而迷失了整体理论。

这就是"人工智能理论被分割为互相脱节的三个分支:结构模拟的人工神经网络理论、功能模拟的物理符号系统理论、行为模拟的感知动作系统理论,却没有人工智能的整体理论"的历史原因。

既然迄今人工智能研究所沿用的"科学观和方法论"错位了(虽然如上所说这种错位有其历史的必然性而无可责怪),那么,在错了位的科学观和方法论的引领与支配下的研究模型、研究途径、基础概念和基本原理便不可避免地存在严重的局限和失准。

《机制主义人工智能理论》就是对当今人工智能理论展开的全面变革:(1)颠覆机械唯物科学观和机械还原方法论在人工智能研究领域的统领地位;(2)总结和创立适合人工智能研究需要的信息科学辩证唯物科学观和信息生态方法论;(3)突破人工智能研究一直沿用的孤立的"脑模型",创立"主客互动演进"的人工智能全局模型,后者实际上就是人类认识世界和改造世界这一活动过程的普适模型;(4)突破人工智能研究所遵循的"结构主义、功能主义、行为主义"研究路径,开辟以"生成智能的共性机制"为核心的人工智能研究新路径;(5)突破人工智能基础概念的局限性,特别是突破 Shannon 信息论的(统计型的语法)信息概念的局限性,创立"全信息"的新概念,突破原有的静态知识概念,创建"知识生态学"的新概念,突破原来的浅层"智能"概念,创建"意识-情感-理智"三位一体的综合智能新概念;(6)挖掘和总结人工智能的基本原理,提出和建立一组"信息转换原理"。由此,《机制主义人工智能理论》不仅实现了对人工智能互不认可的三大局部理论的和谐融通,而且揭开了基础意识的神秘面纱,实现了人工智能理论的全面突破和源头创新,如下表所示。

比较事项	现有人工智能理论	机制主义人工智能理论
科 学 观	物质科学的科学观(主客分离)	信息科学的科学观(主客互动)
方 法 论	机械还原方法论(分而治之)	信息生态方法论(生态演化)
研究模型	脑模型	主客互动的演进的信息模型
研究路径	结构主义,功能主义,行为主义	机制主义(生成智能的共性机制)
基础概念	纯形式化的信息概念 纯形式化的知识概念 纯形式化的智能概念	语法、语用、语义一体的感知信息 形式、内容、价值一体的知识概念 意识、情感、理智一体的智能概念
基本原理	未曾明确	信息转换与智能创生原理
最终结果	鼎足三分的三个局部理论	机制主义人工智能理论

总之,《机制主义人工智能理论》成功的秘诀在于:抓住了"科学观和方法论"这个科学研究的源头,总结了信息科学的科学观和方法论,在它们引领下构筑了"主客互动信息过程"的人工智能模型,发现并开辟了"信息→知识→智能"的机制主义

研究路径,系统重构了"信息→知识→智能"转换所涉及的基础概念和基本原理体系。

为了突出"机制主义"的学术特色,同时又能表明本书与第一版的内在联系,此次再版采用了更加明确的标题《机制主义人工智能理论》。新版本完全删除了原书第 7、8、9 三章,增加了全新的第 1、2、8 三章,大幅度改写了新版本第 9 章的第 4 节内容,使它更加深刻化和体系化,而且在整体面貌上焕然一新。

经过这样的大增大删,《机制主义人工智能理论》很好地保持了相当优美的体系结构:

第 1 章　为什么要研究人工智能

第 2 章　怎样研究人工智能

第 3 章　人工智能的原型理论

第 4 章　历史上的人工智能研究方法

第 5 章　人工智能理论的源头:信息理论

第 6 章　人工智能理论的支柱:知识理论

第 7 章　人工智能的第一类信息转换原理:感知

第 8 章　人工智能的第二类信息转换原理:认知

第 9 章　人工智能的第三类信息转换原理:谋略

第 10 章　人工智能的第四类信息转换原理:执行与优化

2018 年 10 月 31 日,习近平主席指出:人工智能是引领这一轮科技革命和产业变革的战略性技术,具有溢出带动性很强的"头雁"效应。要加强基础理论研究,支持科学家勇闯人工智能科技前沿的"无人区"。对于我们这些从事人工智能基础理论探索达半个多世纪之久的老科技工作者们来说,这是明确的肯定和巨大的鼓舞。实事求是地说,**此前半个多世纪,我国确有一小群人在极其困难的条件下披荆斩棘,孤军深入,深深闯入了人工智能科技前沿无人区的腹地,建立了远远超越国内外现有人工智能理论的"中国自主创新的人工智能理论"**。今后这些人也定将继续勇闯智能理论新的无人区,努力攻克人工智能科技前沿更多的新的制高点。

感谢国家制定了《新一代人工智能发展规划》,感谢北京邮电大学出版社对我国自主创新的人工智能理论研究成果的关注和支持,也感谢广大同行对人工智能理论自主创新的执着坚持和取得的丰富成果,使以往分散无助的自主创新研究可以凝聚成为汹涌澎湃的创新洪流,为我国和世界人工智能理论的发展做出更加巨大的贡献!

钟义信

2019 年秋日

北京

前　言

当您拿起这本《高等人工智能原理》的时候，您（特别是比较熟悉人工智能相关领域的读者）很可能会提出这样的问题：为什么作者要在这个时候提出"高等人工智能"的概念和阐述"高等人工智能"的原理？

这正是作者希望在前言交待的基本问题，包括：什么是智能和人工智能？人们应当怎样来研究智能和人工智能科学技术？什么是高等人工智能？它与现行人工智能在科学观念、研究方法、基本概念、系统模型、工作原理上有什么不同？为什么本书要定名为《高等人工智能原理》？它的基本动力和主要目标是什么？与迄今国内外出版的各种人工智能学术著作相比，它的与众不同的学术观点、学术思想、学术特色和可能的学术贡献是什么？

（一）智能和人工智能含义的再理解

宇宙的起源，生命的本质，智能的奥秘，是耸立在现代科学技术地形图上三座巍峨壮阔的峻岭险峰。攀上这些高峰，将可能使人们对世界的认识为之一新。由此，可以体会智能科学技术研究的复杂与艰难，由此，也可以领略智能科学技术研究的价值与意义。

智能，是研究智能科学技术，特别是研究"高等人工智能理论"必须首先准确把握的基础概念。相信人人都会同意：如果在基础概念的理解上差之毫厘，那么，研究的结果就很有可能失之千里。这就是为什么开张明义就应当对智能和人工智能含义进行"再理解"。

那么，什么是智能？

现代汉语词典对"智能"的解释非常简明：智慧能力。

韦氏大字典的解释是"Capacity for understanding and for other forms of adaptive behavior（理解能力以及各种适应行为的能力）"。

牛津字典的解释则是"Power of seeing，learning，understanding，and knowing（观察、学习、理解和认识的能力）"。

显然，这些工具书对智能的释义都有道理，而且通俗易懂。然而，毕竟辞书的释义是为广大的非专业读者服务的。因此，它不可避免地美中不足，不能满足科学研究的需要。可是，智能的概念是整个智能理论的基础。如果这么基础的概念都没有深刻定义，那么整个智能理论的研究就可能存在比较大的风险。为了科学研究的需要，这里将给出两个不同层次而又互相密切关联的智能概念（姑且也称之为"定义"）。

人类智能

总的来说，人类智能是人类智慧的子集。

具体地说，人类智慧就是人类为了追求不断改善生存发展条件这个**永恒目的**而凭借已有的**先验知识**去发现问题（包括发现和定义所处环境中需要解决而且可能解决的**问题**，并预设求解的**目标**）和解决问题（即在获得问题和目标这些**信息**的基础上，提取必要的**专门知识**，进而在目标引导下运用信息和专门知识来制定求解**策略**，并把策略转化成**行为**，从而解决问题实现目标）的能力；以及在解决老问题之后又发现新问题和解决新问题的能力。

人类发现问题的能力依赖于人类的目的和知识，是一类思辨性、内隐性和创造性的能力，称为隐性智慧，人们对这种能力至今知之甚少；而解决问题的能力依赖于收集信息、提取知识和在目的导引下生成解决问题的策略的能力，是操作性、外显性和学习性的能力，称为显性智慧，人们对它的了解日益深入并获取了越来越多的成果。为此，人们把显性智慧专门称为人类智能。显然，人类智能是人类智慧的子集。

人工智能

人工智能是人造机器所实现的人类智能。

具体来说，人工智能是指：针对人类设计者所给定的**问题**、**领域知识**、**目标**，机器根据这些初始**信息**去提取求解问题所必要的**专门知识**，进而在目标引导下运用信息和专门知识制定求解**策略**，并把策略转化成**行为**，从而解决问题实现目标的能力。

同样需要注意的是，一般，求解问题所需要的专门知识可以从领域知识提取，但在领域知识不足以支持问题求解的情况下，就需要通过学习来提取新的知识。

不难看出，这里给出的两个智能概念与各家词典所做的解释之间不存在矛盾，因为上述人类智能和人工智能的定义显然都需要观察、学习、理解、认识和适应能力的支持。然而这两个定义却更为明确更为深入，更具有科学研究的可操作性：不仅阐明了两类智能概念的内涵和相互关系，而且揭示了生成智能的科学途径，使它们不仅可望，而且可及。这是科学研究所特别期待的。

定义表明，一方面，人类智能和人工智能两者是相通的，表现在两者都要通过获取信息、提取知识和在目标引导下制定策略解决问题。另一方面，它们之间又存在原则的差别：人类具有自身的目的和一定的先验知识，因而在面对具体环境的时候能够自主发现和定义需要解决的问题并预设求解问题的目标，而且，人类可以通过获取信息和提取知识创造性地制定策略解决问题；而机器则没有自身固有的目的和知识，因此机器本身不能自主地发现和定义问题以及预设求解目标，它的问题、知识和目标都是人类设计者事先给定的，因而机器只能在人类给定的框架内解决问题；而且，由于人类所给定的"问题-领域知识-目标"不一定充分和合理，因此，机器解决问题的"创造性"也会受到局限。

应当指出，"面对具体环境，根据永恒目的和先验知识来发现和定义问题，并预设求解目标"的能力是人类创造力的首要前提，没有这个前提就谈不上人类智能。这是人类智慧特有而机器所没有的能力，而且通常在人类的思维过程中完成，因此，可以称为"**隐性智慧**"；相应地，可以把"获取信息、提取知识、制定策略和解决问题"的能力称为"**显性智慧**"。可见，人类智慧同时包含隐性智慧和显性智慧以及它们之间的交互；人工智能只有显性智慧。

由于隐性智慧比显性智慧更加复杂，目前还没有获得系统性的研究成果。而且，由于本书基本上定位于人工智能的研究，因此，这里将主要关注"显性智慧"的问题，而把"隐性智慧"作为未来进一步研究的课题。

和其他学科类似，智能科学技术的研究领域也由相辅相成的两个方面构成。

一方面是智能的原型研究，目的在于揭示和阐明智能的生成机理。智能的原型就是自然智能，即生物智能，包括人类的智能、动物的智能和植物的智能。但最受关注的是人类智能，因为，人是万物之灵，灵就灵在拥有至高无上的智能。原型研究主要是指脑神经科学和认知科学研究，也与医学、生物学、人类学、社会学、环境学、哲学、语言学等学科密切相关。它们构成了智能科学技术的基础理论研究。

另一方面是将原型智能转化为机器智能的研究，目的是在理解原型智能生成机理的基础上在机器系统中尽可能地复现自然智能，制造具有一定智能水平的机器。这种机器系统的智能就称为"人工智能"或者"机器智能"。这是智能科学技术的应用基础研究和应用研究。

人们记得，**人工智能**（Artificial Intelligence, AI）这个术语是 1956 年 McCarthy 在美国麻省 Dartmouth 夏季研讨会期间为了表述"**利用计算机模拟人类逻辑思维能力**"这个新生学科而创造的，它只关注和代表"计算机模拟人的逻辑思维能力"这种特殊的机器智能，而不代表全部"机器智能"。换言之，那个 AI 只代表关于逻辑思维智能的模拟，而不代表关于形象思维和创造性思维这类智能的模拟。例如，它不代表"人工神经网络系统",也不代表"感知-动作系统"。可见,AI 的实际含义只是 AI 的字面含义的一个特殊部分。

这样,就产生了 AI 的字面含义和实际含义不一致的问题,并在历史上产生过许多本不必要的矛盾。其中一个突出的矛盾事例就是 AI 拒绝接纳人工神经网络的研究,致使后者不得不与模糊逻辑研究和进化算法研究联合另立门户,称为"计算智能(Computational Intelligence,CI)",造成国际智能科学技术研究学术界的"欠和谐"。

为了克服历史上遗留下来的这些矛盾,为了有利于今后智能科学技术研究与交流的和谐发展,这里有必要重新明确 AI 的定义,使它的实际含义和字面含义保持一致:字面的 AI 和实际的 AI 都表达**"全部人工智能"**。因此,在本书以下的行文中,**"人工智能(AI)"**就完全等同于**"机器智能"**(Machine Intelligence,MA),把原来的"利用计算机模拟人类逻辑思维能力"的学科则称为**"狭义的 AI"**,或传统的 AI。

（二）智能科学的重大意义

根据人类智能和人工智能的定义,可以做出如下判断:

智能,是一切生物物种能力的最高体现:一种生物拥有的智能水平越高,它在生物物种谱系中所处的地位就越高。于是,智能科学技术是生命科学技术的制高点。

同时,智能是人们对信息资源进行深度加工所能获得的最高级产物,因此,智能科学技术是信息科学技术的核心、前沿和制高点。

由此也可以说,**智能科学技术是 21 世纪信息科学技术和生命科学技术这两大带头科学技术所共生的而且是最精彩的交叉科学技术**。

思想指挥行动。对一个人来说,智能水平越高,他能取得成就的可能程度就越高;对一个国家来说,它所拥有的智能科学技术水平越高,它的国民经济、社会文明、国计民生和国家安全的发展能力也就可能越好,在国际竞争中制胜的机会就越大。这是智能科学技术在整个科学技术体系和经济社会发展进程中的重大意义之所在,也是本书写作的根本动力。

由智能的定义可以知道,人类的智能活动(显性智慧)至少需要以下功能来支持,而且缺一不可:信息获取(由感觉器官系统承担)、信息传递(由传导神经系统承担)、信息处理(由初级皮层承担)、知识生成(由高级皮层承担)、策略制定(由联合皮层和前额叶组织承担)以及策略执行(由效应器官承担)。不难理解,"知识生成"和"策略制定"是整个智能活动过程的核心,是"智能"的主要承担者和体现者,因而可以被称为"核心智能"。

在信息科学技术的体系中,信息获取功能的承担者被称为"传感系统",信息传递功能的承担者被称为"通信系统",信息处理功能的承担者被称为"计算系统",知识生成和策略制定功能的承担者称被为"核心人工智能系统",策略执行功能的承担者则被称为"控制系统"。其中,传感系统和控制系统是智能系统与外部世界之间的两端接口(输入环节和输出环节),通信系统是智能系统与这两端接口之间的联络中介,计算系统是智能系统的预处理,核心人工智能系统则是智能系统的真正核心。而整个传感、通信、计算、核心人工智能、控制的有机整体,才构成了完整的人工智能系统。

人类智力能力的进化规律和信息科学技术的发展规律,都是由简单走向复杂、由表层走向核心。具体地说,人类智力能力的进化是沿着由两端(感觉器官和执行器官)走向中介(传导神经系统)再至大脑前端(初级皮层),最后到达大脑新皮层而臻于成熟。同样,信息科学技术领域的发展也由两端(传感系统和控制系统)走向中介(通信系统)再至前端(计算系统),最后走向核心(核心人工智能系统)才能趋于完善。

二战结束的半个多世纪以来,传感、控制、通信、计算等领域突飞猛进,取得了长足的进步。信息科学技术的发展呈现出**"万事齐备,只待智能"**的态势。一方面,传感、控制、通信、计算等科学技术的进步为处于核心前沿和制高点的人工智能科学技术的发展准备了必要的基础,同时,也为它们自身的智能化以及整个科学技术和经济社会的智能化孕育了强大的社会需求。事实上,"智能化"已经成为当今世界社会各行各业普遍而强烈的共同呼唤。这就是为什么如今**"智能 ABC"**,……,**"智能 XYZ"**的呼声响彻了环球大地!

智能科学技术已经成为当代科学技术关注的焦点,智能科学技术登上科学技术核心舞台的时机已然到来。

(三)应当怎样研究智能科学技术?

智能科学技术本身性质所固有的基础性和深刻性、智能科学技术研究工作所特有的复杂性和前沿性、智能科学技术应用所具有的普遍性和广泛性、以及智能科学技术应用可能给社会发展带来的革命性和转型性,这一切就决定了:智能科学技术的研究(包括自然智能的研究和人工智能的研究),决不可以等闲视之。

从科学研究的纵深角度看,由于智能科学技术研究的对象实质是信息(而不是人们所熟悉的物质和能量本身),是以信息为主导因素的开放复杂系统(而不是人们所熟悉的封闭系统和简单系统),是通过新颖的生成机制所演化的奇妙智能(而不是人们所熟悉的普通信息处理机制和普通的信息能力),深深地触及到了学术研究的科学观和方法论问题,而且都不是传统科学观和方法论所能解释清楚的问题。**因此,智能科学技术的研究不应当期望在传统的科学观和方法论框架内就能求得满意的结果,而必须从根本的科学观和方法论的考察做起。**

换言之,智能科学技术的研究需要新的科学观和新的方法论。

从科学研究的横断角度看,由于智能科学技术的研究内容既涉及信息科学技术(包括信息理论、知识理论、智能理论、决策理论以及传感技术、通信技术、存储技术、计算技术和控制技术等),又涉及生命科学技术(神经生理科学、特别是脑神经科学),还涉及人类学、社会学、心理学、思维科学、认知科学、哲学等众多学科,天成自然地形成了一个以智能科学为核心的学科群。因此,**智能科学技术的研究不应当期望仅仅局限在某些个别学科领域内就可以解决问题,而应当在整个学科群的综合视野内探寻智能生成的根本规律。**

或者说,智能科学技术的研究应当是学科群的研究。

以下,就从"科学观与方法论的深度"和"天成自然学科群的广度"两个角度来考察现有人工智能研究的现状,探求高等人工智能研究的生长规律。

(四) 人工智能研究面临的严峻挑战

智能系统是一类以信息为主导特征的开放性复杂信息系统,它与以物质和能量为主导特征的物质系统有着迥然不同的性质和运动规律。然而,人们所熟悉的传统科学观和方法论基本上是在近代物质科学研究过程中逐渐形成和发展起来的,它们已经不能完全适应智能科学技术研究的需要。人工智能的发展亟需新的科学观和方法论。

具体来说,近代形成和逐渐发展起来并曾在近几百年科学技术发展中屡试不爽而且发挥了巨大积极作用功不可没的"分而治之,各个击破"和"系统结构决定论(认为系统的结构是系统能力的决定性因素)""系统功能主导论(认为系统的功能是系统能力的主导因素)""系统行为表现论(认为系统的行为是系统能力的主要表现方式)"等传统的科学观和方法论思想,已经不能完全适应智能科学技术研究的需要,因而在相当程度上制约了智能科学技术的发展,使智能科学技术经历了一段颇为复杂曲折的探索过程。

不妨简要回顾一下半个多世纪以来人工智能发展的历程,其中各种成功的经验和不成功的教训都发人深省,并且都可以追溯到科学观方法论的根源。

面对自然智能和人工智能这类复杂的研究对象,古代流行的笼而统之的物质观和囫囵吞枣的整体论研究方法肯定不能解决问题,因而人们普遍认为,必须运用研究物质系统时所采用的"分而治之,各个击破"的近代科学研究方法论来处理。问题是:应当怎样"分"?

首先,按照"分而治之"和"系统结构决定论"的传统思想,人们相信:既然人类的智力功能定位在大脑皮层,后者是一个大规模的生物神经网络,因此,只要能够把大脑皮层的结构模拟出来,就等于模拟了人类大脑智能系统的能力。这样,就催生了"人工神经网络"的研究方向。1943年以来,人们在这个方向上取得了不少令人鼓舞的进展,如模式识别、故障诊断、组合问题优化等。但是,由于工业技术条件的限制,人工神经网络只能是大脑神经网络结构大大简化的模拟,人工神经网络的结构复杂性与大脑神经网络的结构复杂性相差悬殊;更为重要的是,人工神经网络的工作机制(学习算法)与大脑神经网络的工作机制更是相去甚远,因此,人工神经网络研究的前景颇受挑战和质疑。

于是,按照"分而治之"和"功能主导论"的思维观念,人们转而利用已经成长起来的电子计算机系统模拟当时人们最为关注的人类大脑逻辑思维功能。1956年以来,人们在这个方向上也取得了许多令人振奋的成果,如击败国际象棋世界冠军卡斯帕罗夫的"Deeper Blue"专家系统等。但是,模拟人类的逻辑思维功能注定了需要大量而系统的知识做基础,而知识的获取、表达和推理都存在巨大的困难,于是,逻辑思维功能模拟的方法陷入了"知识瓶颈"的困境。而且,功能模拟方法所研究的智能系统居然不考虑基础意识功能和情感表达功能,也是这个研究方法的重要缺陷。

在这种情势下,"分而治之"和"行为表现论"的观念和方法应运而生,人们撇开智能系统的结构和功能,把研究注意力转向模拟智能系统的"刺激-响应"行为表现,认为只要把智能系统在某种环境下的"刺激-响应"行为关系模拟出来了,就等于模拟了这个系统的智能。MIT人工智能实验室推出的爬行机器人就是这种行为模拟方法的代表性成果。但是,行为模拟方法很难模拟深层的智能,这是它的先天局限。

虽然目标都是同为人工智能的研究,但是由于研究的方法思路各不相同,上述人工智能研究的结构模拟方法、功能模拟方法、行为模拟方法相继发展起来之后,很少相互沟通与合作,一直未能形成合力。相反,它们之间究竟"孰优孰劣"的争论却时有发生,终于形成互不认可、鼎足而立、各自为战的研究格局,在一定程度上延缓了人工智能研究的发展。

既然社会对于智能科学技术已经涌现强烈的需求,而目前人工智能的研究现状又处于三足鼎立的分离状态,那么智能科学技术工作者就天然地肩负着一项神圣的使命:在已有发展成果的基础上寻求人工智能研究的新方法,把人工智能研究的"分力"转化为"合力",促进人工智能的新发展。

有鉴于此,国内外不少有识之士都注意到了这个矛盾和克服这个矛盾的社会需求,并主动担负起了"化分力为合力"的任务。其中,最具代表性的努力是人工智能权威学者之一的 N. J. Nilsson 在 1998 年出版的 *Artificial Intelligence*：*A New Synthesis* 以及作为人工智能后起之秀的 S. J. Russell 与 P. Norvig 在 1995 年出版后又在 2003 年和 2006 年再版的长篇巨著 *Artificial Intelligence*：*A Modern Approach*。这两部学术著作分别宣称是人工智能的"新集成"和"新途径",而且都不约而同地试图以 Agent 能力扩展为线索把现有结构模拟、功能模拟、行为模拟三种人工智能研究成果拼装在 Agent 系统上。

不过,这种"拼装"只是表面的黏合和堆积,并没有揭示结构模拟、功能模拟和行为模拟三种主流方法内在的本质联系。因此,寻求"化分力为合力"的任务远远没有完成。

（五）我们的发现和进展

我们的研究发现,面对人工智能这类开放的复杂信息系统,发端于物质系统的"分而治之"方法论存在的主要问题是:把复杂信息系统分解为若干子系统的时候,丢失了各个子系统之间相互联系相互作用的信息;而这些信息恰恰是开放复杂信息系统的活的灵魂和生命线;因此,按照"分而治之"方法论分别完成各个子系统的研究之后,却怎么也不可能通过对这些子系统的"拼装"恢复原有复杂信息系统的面貌和性质。这便明确宣告:传统的"分而治之"和机械的"还原论"方法论在开放的复杂信息系统研究领域的失效!

传统方法论失效的事实既令人沮丧,又令人振奋。这是因为,只有丢掉了对于传统科学观和方法论的幻想,才会促使我们不得不义无反顾并全力以赴地探寻新的科学观和探索新的方法论。结果,终于发现:"信息观、系统观、机制观的三位一体"才是人工智能这类开放复杂信息系统所需要的科学观,"基于信息转换的机制主义方法论"才是开放的复杂信息系统所需要的方法论。

首先,关于"**信息观**":由于"智能"系统(包括自然智能系统和人工智能系统)是以信息为主导特征的复杂系统:没有信息便不可能有智能,信息不同就可能导致系统的智能水平的不同。因此,信息的因素和信息转换的规律就成为智能系统的核心灵魂和整体命脉;而智能系统所涉及的物质因素和能量因素则只能看作是信息运动这个核心过程的支持性条件。于是,在研究和探索智能系统奥秘的时候,首先**就应当抓住信息和信息转换的本质特征,而不应把物质结构和能量形式作为本质的特征**。这是研究智能这类开放复杂信息系统与研究物质系统和能量系统的根本区别。

其次，关于"**系统观**"：对于智能系统这类开放复杂的信息系统，必须保持信息的内涵的完整性和信息转换过程的系统性，这种信息内涵的完整性和信息转换过程的系统性是正确认识这类复杂信息系统的基本前提和根本保证。在这里，**信息内涵的完整性就是指信息的形式（语法信息）、内容（语义信息）和价值（语用信息）的三位一体（全信息）；而信息转换的系统性就是指信息转换在时空领域的整体规律**。如果这种信息内涵的完整性和信息转换过程的整体性被"分而治之"方法所不恰当地肢解和割断，甚至被丢失，就势必会使信息系统的本性遭到破坏，并可能导致智能能力的丧失。

最后，关于"**机制观**"：对于任何智能系统来说，"**智能生成的机制**"才是贯穿整个智能系统全局的灵魂和生命线；至于智能系统的"结构"和"功能"则都是为实现和保障智能生成的机制这个核心灵魂和生命线而服务的；而系统的"行为"则是智能生成机制所实现的结果表现。因此，"智能生成的机制"是比"系统的结构、功能和行为"更具本质意义的特征。抓住了智能生成的机制，才算真正抓住了智能系统的核心本质。

按照开放复杂信息系统的"信息观、系统观、机制观"的理念，智能系统（包括自然智能系统和人工智能系统）智能（其实也包括基础意识、情感等智能要素）生成的核心机制便是以全信息为基础的信息转换。于是，水到渠成，"**信息转换**"便成为智能系统这类开放复杂信息系统的基本方法论。

事实上，正是按照"以信息观、系统观、机制观的三位一体为科学观，以基于（全）信息转换的机制主义为方法论"，我们已经发现：智能生成的共性核心机制就是信息-知识-智能转换，简称为"信息转换"，也发现并阐明了与此相关的"全信息理论"和"知识生态学结构"，因而建立了与结构模拟、功能模拟和行为模拟方法在学术理念上全然不同的"智能生成的机制模拟方法"；进而还发现了"人工智能的结构模拟、功能模拟、行为模拟方法分别是机制模拟方法在不同知识条件下的和谐特例"，从而形成了"人工智能的统一的方法和理论"。不仅如此，我们还欣喜地发现，"基础意识、情感、智能的生成机制其实都是在各自条件和各自目标下的信息转换"。这是意义重大的发现！

综合以上这些发现和进展，一个以信息观-系统观-机制观的三位一体为科学观念、以基于（全）信息转换的机制主义为方法理念的"**高等人工智能理论**"便浮出了水面，与现有的人工智能理论研究相比，高等人工智能理论研究的理念、方法、深度和广度全然面貌一新。

由此我们便发现：按照传统"分而治之"方法论形成的结构模拟、功能模拟、行为模拟三种方法之间之所以不能互相认可，不能形成合力，根本原因就在于它们各自依据的"科学观和方法论"存在严重的局限性和片面性，掩盖和割断了事物内在的信息联系,因此难以真正触及到智能问题的深层本质,也难以互相沟通。而一旦运用新的更为先进的科学观和方法论阐明了智能的深层本质,它们之间内在的本质联系便会豁然显现出来!而且,更加深刻和更加科学的理论体系也便由此矗立在我们的面前。

(六)《高等人工智能原理》的特色

当我们利用上述"复杂信息系统的科学观和方法论"重新审视人工智能理论的时候,就可以清晰地看到:目前人们研究的"人工智能"不仅在研究方法上处于"鼎足三分,各自为战"的状态,形成了少有沟通甚至互不认可的三个人工智能理论学派,而且在研究内涵上也都局限于"既没有意识又没有情感"的不完整的智能系统模型。一句话:方法上不沟通,模型上不完整;究其根源则是观念上不合理!

"复杂信息系统的科学观和方法论"已明确昭示:只要抓住"智能生成机制"这个统领全局的系统灵魂和智能系统"信息转换"这个贯通全局的基本原理,不仅结构主义、功能主义和行为主义方法可以统一于机制主义方法,信息理论、知识理论和智能理论可以互相和谐沟通,而且智能系统的感知、注意、记忆、意识、情感、理智、决策理论就都可以被统一的方法贯通描述,呈现出"一通百通"的景象!

于是,我们看到,通过一部学术专著来系统总结这一系列崭新成果以便引起更多研究人员来关注和深化扩展这些成果的时机显然已经成熟。这就是本书写作的具体动机。

本书曾经定名为《人工智能统一理论》,后来放弃了,最终定名为《高等人工智能原理》。这是因为,本书的成果不仅在于用机制主义方法和信息转换原理统一了现有的结构主义、功能主义、行为主义三足鼎立的人工智能理论,更为重要的是,与迄今出版的所有人工智能学术著作相比,本书所研究的高等人工智能理论无论在智能系统基本模型、智能系统研究的科学观念、智能系统研究的方法理念、还是智能理论研究成果的深度和广度诸多重要方面都有了实质性的突破与提升,使得原有"人工智能"的概念框架已经难以包容这些崭新的内涵。

高等人工智能和现有人工智能之间的基本联系和主要差别有如下表所示:

比较项目	现有人工智能	高等人工智能
科学观念	信息观	信息观、系统观、机制观的三位一体
学术理念	形式化的 Shannon 信息概念	形式、内容、价值三位一体的"全信息"概念
科学方法	结构、功能、行为:孤立模拟	机制模拟:结构、功能、行为的统一模拟
学术途径	信息处理技术	信息转换原理
系统模型	逻辑思维(无意识无情感)的智能	意识、情感、理智三位一体的智能

可以看出，"高等人工智能原理"的"高等"主要体现在：新的科学观念、新的学术理念、新的科学方法、新的学术途径、新的智能系统模型、新的智能科学原理。这就使得本书很难用传统的"人工智能"来概括；而"高等人工智能"则比较贴切地体现了上述这些新颖特色。

本书将明确定位于原理的探索和阐述，而不在于具体的技术细节。因为对于任何学科来说，揭示和阐明学科的基本原理都是首要的和根本的任务，而技术实现则在基本稳定的基本原理基础上可以不断深入并且与时俱进。这也是本书的一个重要考虑。况且，作为"高等人工智能理论"领域的初创性著作，它的主要目标和任务也只能是阐明总体的框架和基本的学术原理，而它的许多技术实现方面的重要问题需要今后进一步深入研究。

由于"高等人工智能理论"本身的深刻性、复杂性、创新性和困难性，作者明白，想要通过一部学术专著就能够一览无余或一劳永逸是绝对不可能的事情。本书的意义主要在于也仅仅在于正式明确地提出了"高等人工智能原理"的科学观念、方法理念、基本原理和研究纲要，而更加深刻、更加辉煌和更有意义的研究必然有待未来。因此，本书只能算是高等人工智能理论研究的一个开篇和引论。

本书的写作有幸得到一系列国家自然科学基金项目的资助，有幸得到了众多国内外学术师长的指引和教诲，有机会能与大量国内外学术同行特别是中国人工智能学会和北京邮电大学智能科学技术研究中心各位同仁进行友好探讨和深入切磋，得到了北京邮电大学校内外各届不计其数先后参与"Unified Theory of Artificial Intelligence"课程的博士生和硕士生的热烈反馈，得到了科学出版社各位领导与编辑的热心支持与帮助，得到了家人无微不至的关爱与亲切感人的鼓励。假如没有这一切，本书的写作和问世肯定都将成为不可能。在此，作者谨对以上所有朋友表示由衷的敬意和诚挚的感谢！

在本书的写作过程中，虽然作者处处尽心尽力，希望能够做得尽善尽美，但是，由于高等人工智能理论本身的博大精深而作者学术水平又实在有限，书中不足之处和谬误疏漏必定在所难免。在此，作者竭诚欢迎并恳切希望广大读者不吝批评和指正，共同为高等人工智能理论的发展做出积极的努力，为我国和整个人类社会的智能化做出有益的贡献。

作者谨志

2012 年秋于北京

目　　录

第1篇　总　　论

第 2 篇　历史上的智能研究：成就与不足

第3篇　基　础

第4篇　主　　体

第1篇 总　论

为何要研究人工智能？怎样研究人工智能？

作为本书的开篇，这里将讨论并澄清两个与人工智能理论研究直接相关而且不可回避的基本问题：首先必须回答的问题是：为什么要研究人工智能？紧随而至的另一个必须回答的问题则是：应当怎样研究人工智能？

虽然国内外出版的人工智能著作已经多得不可胜数，但是"为什么要研究人工智能"和"怎样研究人工智能"这样两个基本问题却一直没有从学理上得到深刻的阐明。因此，澄清这两个基本问题就势在必行，否则，就会因为不懂得"为什么要研究"而弥散研究的动力，也会因为不懂得"应当怎么研究"而迷失研究的方向。

从目前人工智能发展所面临的实际情况来看，人们既有"人工智能只是少数研究人员的兴趣"的说法，也有"人工智能是人类命运的终结者"的说法；既有"人工智能只是计算机学科的延伸，并没有什么新的理论值得研究"的说法，也有"人工智能是培育全新物种"的说法。真是不一而足。可见，解决"为什么要研究"和"怎样研究"的问题确实已经刻不容缓。

为此，本篇将分别安排第1章和第2章来阐明这两个重要的基本问题。

第1章 从科学技术发展规律看：
为何要研究人工智能？

智能，是生物主体（特别是人类主体）在与环境客体相互作用的过程（特别是人类认识世界和改造世界的过程）中由主体对信息进行的复杂加工所产生的高级产物。因此，人工智能的研究是信息科学最复杂、最精彩，也是最重要的篇章。而信息科学技术本身的崛起和发展，则是整个科学技术发展规律使然，当然也是人类社会发展规律所使然。本章的任务，就是要从理论上阐明这一论断。

实际上，任何一门科学技术的发生发展都不是纯粹的偶然事件。尽管它们出现的具体时间和具体地点具有偶然性，它们具体会由什么人发现和建立也会具有偶然性，但是，这门科学技术究竟是否应当发生，则必然受制于科学技术发展的普遍规律。于是，为了深刻理解人工智能和信息科学技术发生发展的缘由和必然性，首先需要了解科学技术发生发展所遵循的普遍规律。

科学技术发生和发展的普遍规律主要包括三个基本方面，即：它是怎样发生的（起点）？又是怎样发展的（过程）？它的归宿是什么（结局）？具体来说，就是要问：(1)为什么科学技术会发生？它的发生机制是什么？(2)科学技术发展的方向是什么？发展的轨迹又如何？具有什么样的历程标志？(3)科学技术发展的最终目标是什么？将会与人类形成什么样的相互关系？下面就来阐述这些问题。

1.1 辅人律：科学技术是怎样发生的？

为了理解"人工智能和信息科学技术是科学技术发展规律所使然"，首先必须澄清：人类社会为什么会出现科学和技术？科学技术发生和发展的基本规律是什么？科学技术与人类的关系是什么？只有在宏观上懂得了这些基本道理，才能高屋建瓴地把握人工智能和信息科学技术的真义和精髓，从而产生研究、掌握和发展人工智能和信息科学技术的强烈责任感、巨大激情和创新动力。

1.1.1　人类的生物学进化和文明进化

众所周知,科学和技术都不是与生俱来的。在远古的原始时代,世上既没有科学,也没有技术。那时,人类还处在茹毛饮血的原始状态。他们群居生活在原始森林之中,赤手空拳,以采集和捕猎为生,以野果和猎物为食。但是,当弱小的猎物被捕杀得越来越难寻觅,低处的野果被采摘得越来越少见,他们自身的生存便受到越来越严重的威胁。按照达尔文进化论的原理,环境改变之后,"生存的需求"便驱使着原始人类自觉不自觉地要不断进化,以增长新的本领来适应新的环境,求得生存和发展;否则就会遭到环境的淘汰而被灭绝。

考察表明,人类的进化分为两个基本阶段:首先是生物学进化阶段(初级进化阶段),这是一个漫长的进化阶段;然后才是文明进化阶段(高级进化阶段),这一阶段至今仍在继续,而且演进得越来越快速,越来越高级。

在生物学进化的阶段,人类主要通过自身各种器官功能的分化和强化来增强自身的能力。直立行走,手脚分工,是人类生物学进化阶段的主要成果。由四脚行走进化到直立行走,人类的视野大大开阔了,认识环境认识世界的能力大大增强了,也使人类身体的灵活性大大增强,适应环境的能力大大提高。通过手脚的分工,人类的双手从行走功能中获得解放,手的功能大大增多,变得更加灵巧,使人类适应环境和改造环境的能力空前增强。

不难理解,由于人类生理器官功能分化和强化的有限性,人类生物学意义上的进化过程不可能无限制地展开,因而也不可能无限制地取得显著成效。当人类自身器官功能的分化和强化达到或接近饱和程度之后,由生物学进化所带来的新的能力增强必然逐渐进入相对稳定的状态。然而,人类争取更加美好的生存和发展条件的需求却永无止歇地继续增长。

毫无疑问,人类生物学进化的相对饱和状态与人类不断高涨的生存发展需求之间的矛盾,必然要激发新的人类进化机制,以便继续满足人类不断增长的生存和发展需求。这种新的进化机制,便是人类的"文明进化"机制。于是,在生物学进化到达"山重水复疑无路"的境地之后,人类进化过程便由生物学进化转向文明进化的阶段,出现"柳暗花明又一村"的新的进化景象。

那么,什么是"文明进化"? 它是怎样发展起来的?

与通过人类自身内部器官功能的分化和强化来增强人类能力的"生物学进化"完全不同,"文明进化"是通过利用外部世界的力量来增强人类自身的能力的。生物学进化是"着眼于人体内部",文明进化是"着眼于外部世界"。它们是两种不同的、然而又是相辅相成的进化机制:生物学的进化是初级的进化;文明进化则是高级的进化。一般地说,生物学进化阶段不可能有文明进化的机制,但是文明进化阶段并不排斥生物学的进化机制，如果后者还有潜力的话。

文明进化的机制是怎样出现和建立的？其实，这个过程很自然，但是却可能经历了极其漫长的摸索时间。

比如，当原始森林中那些长得比较低矮因而比较容易采摘的野果被采摘完了之后，以采摘为生存手段的原始人类就得想办法去采摘长在树木上段的果实。最直接的办法当然就是爬树，这是赤手空拳的原始人类能够做到的事情，不需要任何工具，不需要任何外力的帮助。但是，爬树充满风险，爬得越高，风险越大。曾经有多少原始人类因为爬树采摘而摔伤致残致命！在漫长的进化过程中，不知道什么时候什么人曾经不在意地舞弄从地上拾起的树枝，却忽然勾下了长在树木高处原来徒手够不着的野果！这样，这个身外之物——树枝——在客观上就"延长"了人的手，扩展了手的功能，使原来赤手空拳办不到的事情办成功了。这种不经意的成功是一个伟大的发现：人们可以利用身外之物来扩展人类自身的能力。

或许，第一个取得这种成功的人并没有立即意识到这件事情具有什么伟大的意义。或许，他在取得了这次成功之后也就立即忘记了（因为他是在不经意的情况下成功的）。但是，这种偶然的成功包含着成功的必然规律。因此，尽管他自己没有意识到，尽管他的成功也没有引起他人的注意，无论如何，这种成功必然又会在别的时候在别的地方在别人身上再次出现。这样，一而再，再而三，频繁的偶然出现早晚会被人们注意。一旦人们注意到这么多"偶然"的成功，这种个别的经验就转变为众人的认识。于是，"借助身外之物，强化自身的能力"渐渐就会成为人们共同的信条。

诸如此类的"偶然发现"肯定会在人类的活动中不断出现。比如，人们活动中遇到谁也搬不动的巨石（或重物），但是，说不定有什么人也许在无意的玩耍中把断树枝的一头插在巨石底下，而树枝又恰巧垫在旁边另一块石头上，结果他在树枝的另一端轻轻地一按，竟把巨石撬动了！断树枝（身外之物）大大扩展了人的力量！这类偶然的成功，多次不经意的出现，也早晚会被人们注意到，终于成为人们的经验。

由于篇幅的原因，我们不可能在这里仔细叙述当初原始人类所经历过的各种各样的"偶然"发现和"偶然"成功的过程。但是可以确信，这种偶然的发现和偶然的成功肯定会不断地在世界各地反复发生。即使仅仅从上面所描述的这些个别例子中，我们已经可以清楚地看出，文明进化（要害是"利用身外之物，扩展自身能力"）是怎样在长期的摸索过程中慢慢破土而出，逐渐被人们所注意，所感悟；同样也可以清楚地看出，科学技术是怎样在漫长的摸索过程中一次又一次地冲击，终于渐渐破土而出，被人类所认识，所接受。

实际上，上例的"断枝撬石"就是现代科学"杠杆原理"的原始萌芽，其中的"断枝"则是现代技术中"杠杆"的原始形态。概言之，一切原始工具背后的原理，就是原始形态的科学;一切工具制造的方法,就是原始形态的技术。

可见,人类由生物学进化阶段向文明进化阶段的转化,由"内部器官功能的分化和强化"机制向"利用身外之物强化自身功能"机制的转化,是科学技术发生的前提条件。如果没有这个转化条件,如果没有"利用身外之物,扩展自身能力"这种需求,那么,科学技术是永远也不会发生的。总之,"人类不断改善生存发展条件(因而不断增强自身能力)的需求"造就了"科学技术发生的前提";而人类的"生物学进化"向"文明进化"的转变则是"科学技术发生的机制"。这两者在一起,就构成了科学技术的"发生学"原理。

1.1.2　人类的文明进化与科学技术的发生

可见,科学技术之所以会发生,根本原因在于要"利用身外之物强化自身能力"。这里的"身外之物"就是科学技术利用外部的资源所创造的各种工具,正是通过使用各种各样的工具,才可以使人类的能力得到加强。因此,科学技术从它诞生的那个时刻起,就是为了辅助人类扩展认识世界、适应世界和改造世界的能力,为了使人类能够不断改善自己生存和发展的条件。如果不是因为存在"辅助人类扩展能力"这种内在固有的需要,科学技术本来是没有发生的理由和发生的机缘的。

总之,"辅人"(利用外部的资源制造工具,辅助人类扩展自身的能力)是科学技术所以能诞生的唯一原因。反之,如果人类没有"利用身外之物制造工具来强化自身能力"这样一种需求,科学技术再好,也没有发生的根据,因此没有发生的可能。这就是科学技术的本质特征,是科学技术固有的天职和本性。这也就是"科学技术辅人律"的真正意义和全部内涵。

"科学技术辅人律"原理可以归结为图1.1.1的模型。

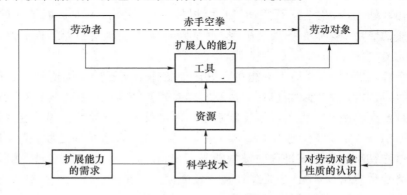

图 1.1.1　科学技术发生学原理(辅人律)的说明

图 1.1.1 表明,古代人类赤手空拳地与劳动对象打交道(虚线所示),生产力十

分低下,生存发展的条件非常艰难。人类为了生存与发展,就必须不断增强自身的能力。于是,一方面由于"扩展能力以改善生存发展条件"需求的推动,同时也由于在实践中对劳动对象的性质逐渐有所了解,慢慢地、自觉不自觉地出现了朦胧的科学技术萌芽(如上面所描述的"原始杠杆")。后者利用外在的资源制造简陋的工具,实现了对于人类生存(认识世界和改造世界)能力的扩展。

显然,随着改善生存发展条件的需求越是走向更高级的水平,对于劳动对象性质的认识越是走向更深入的程度,科学与技术就越来越向前发展,利用资源的能力就越来越强,制造的工具也就越来越先进,它们对于人类能力的扩展就越来越深刻,越来越全面,社会生产力的水平也就越来越提高,越来越强大。

这个科学技术发生学原理及其模型(图 1.1.1)既能言之成理,也符合迄今为止人们所知晓的科学技术发生发展的事实。因此,可以成为我们对于科学技术发生机理的合理解释。

通过对于科学技术发生学原理的分析已经可以看到:科学技术的本质功能和本质使命是"利用外在资源,创制先进工具,扩展人类能力"。倘若不是因为背负着这样崇高的本质使命,科学技术本来是不可能发生和发展、也没有必要发生和发展的。

科学技术发生学的原理深刻地揭示了科学技术的本质使命是"利用外部资源,创制先进工具,扩展人类能力"。科学技术数千年(甚至数万年)发展的整个历程也同样证明,科学技术始终在忠实地履行着"利用外部资源,创制先进工具,扩展人类能力"这一天赋的本质使命。

1.2 拟人律:科学技术是怎样发展的?

既然科学技术是为增强人类的能力服务的,那么,人类具有哪些能力? 科学技术是怎样增强这些能力的?

科学技术发生学的原理被归结为"辅人律"。这是 1.1 节讨论所得到的一个十分重要的结论。那么,科学技术按照人类"扩展能力"的需要发生之后,又会按照什么规律向前发展呢? 这就是本节要探讨的问题。

1.2.1 科学技术拟人发展的基本逻辑

在对科学技术发展规律进行具体的分析之前,我们不难根据逻辑学的原理做出这样的宏观判断:既然科学技术是为了满足"辅助人类扩展能力"的社会需求而发生的,那么,它的整个生长发展过程也必定要按照"辅助人类扩展能力"的方向展开下去,这样才能保持逻辑上的一致性。

　　事实证明,这个推论不但符合逻辑学的基本原理,而且完全符合人类社会和科学技术本身发展的整个历史过程。当然,这种"符合"是从历史发展的宏观过程来说的,而不是从局部的细枝末节的过程来说的。实际上,任何根本性的规律都必须在宏观的时间空间尺度上才能观察出来,如果仅仅局限在狭小的时空尺度上考察,往往只能得到一些"坐井观天"或"管中窥豹,只见一斑"甚至"一叶障目,不见泰山"的结果。

　　既然"辅人律"的要旨是"利用外在之物扩展自身能力",那么,按照这一基本原理,"人类自身能力发展的实际需要"就是第一位的要素,人类存在什么样的"能力发展的实际需要",就必然要产生"所要利用的外在之物(所要发展的科学技术)"。换言之,究竟科学技术朝什么方向发展,或者究竟要发展什么样的科学技术,就根本的意义上说,取决于人类能力发展的实际需要。这种关系可以用图 1.2.1 来表示,这也恰好就是"科学技术发展拟人律"的含义解释。

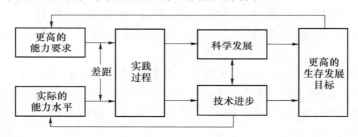

图 1.2.1　科学技术拟人律逻辑模型

　　模型表明,追求"更高的生存发展目标"是人类社会进步的基本的、也是永恒的动力,为此,就必然会对人类自身提出"更高的能力要求",而当时人类所具备的"实际能力水平"与这种更高的要求之间就出现能力的"差距"。正是这种能力的差距,成为一种无形的然而又是巨大的导向力(也可以称之为"看不见的手"),支配着人类在实践摸索的过程中自觉或不自觉地朝着缩小这个差距的方向努力。这种努力的理论成果就沉淀为"科学发展",而这种努力的工具成果则成为"技术进步",从而反过来增强了人类的能力,使原来存在的能力差距不断缩小(见"辅人律"的分析)。科学技术发展的结果,不但缩小了原来存在的能力差距,而且也会推动人类提出"更高的生存和发展目标"。于是,新的更高的能力又会成为新的需求,新的能力差距又会出现,新一轮的实践摸索和科学技术进步又要开始。

　　总之,新的目标—新的能力要求—新的能力差距—新的科学发展—新的技术进步—更新的目标—更新的能力要求—更新的能力差距—更新的科学发展—更新的技术进步,如此螺旋式上升,成为科学技术进步和人类社会发展的一个有起点而没有终点的运动逻辑。

在这个模型里,我们清楚地看见,科学技术的发展的的确确跟随着人类能力扩展的需求亦步亦趋,贯彻始终,从宏观上来说,从来没有脱离这个轨道。这就是为什么我们把科学技术发展方向的规律称为"拟人律"的道理。为此,我们应当紧紧抓住"辅助人类扩展能力"这个思路和线索,来考察和追寻科学技术发展的具体轨迹。

于是,我们要问:人类有哪些能力需要利用科学技术来扩展?人类需要扩展的这些能力互相之间具有什么关联?科学技术是怎样实现"辅助人类扩展能力"的需求的?它"扩展人类能力"的一般原理是什么?人类需要扩展的这些能力之间的关联是否与科学技术发展的逻辑过程存在什么对应的关系?

1.2.2　科学技术拟人发展的基本阶段

首先,人类需要扩展的基本能力是什么?

关于人类能力的刻画,存在许多不同的粒度。粒度越细,刻画得越具体,但也可能失去许多重要的宏观背景和相互联系;粒度越粗,刻画得越宏观,但也可能失去微观信息。因此,具体的取舍,取决于研究问题的实际需要。从科学技术发展规律的角度看,如上所说,适宜于从宏观的角度来分析和考察认得能力,因为只有这样才能抓住规律性。

从宏观的角度来考察,人的能力可以分解为三个基本方面:体质能力、体力能力、智力能力。显然,这三种能力的地位和作用是各不相同的:一般,体质能力反映人的体质结构的合理性和强健性,是人的全部能力的基础,没有良好的体质,体力和智力就没有前提;体力能力反映人的力量的充沛性和持久性,它建筑在体质能力的基础上;智力能力则反映人的思维和智慧的理智性和敏捷性,它建筑在体质能力和体力能力两者基础上。三种能力的这种相互关系可以在一定程度用图 1.2.2 来表示。

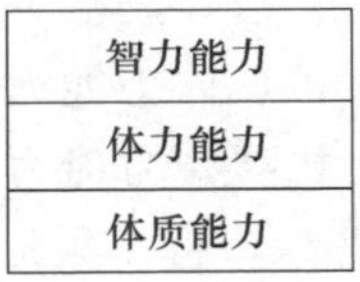

智力能力
体力能力
体质能力

图 1.2.2　人的能力构成分析

人的上述三种能力是一个有机的统一体,不可能把它们截然分割开来。也就是说,在正常的情况下,不存在完全没有体质基础的体力和智力,不存在完全没有体质和体力基础的智力,也不存在完全没有智力的体质和体力能力或者完全没有智力和体力的体质能力。

考察表明,人类群体进化的情况确实如此。在人类的进化过程中,体质、体力和智力三者大体是协调发展的。不过需要指出,当我们说到三种能力"协调发展"的时候,并不意味着三种能力的发展在任何时候都是"三一三十一",没有发展的重点。恰恰相反,在人类整个进化的历程中,能力的发展也呈现出明显的阶段特征:在三种能力保持大体协调发展的前提下,人类的体质能力需要首先发展起来,接着是人类的体力能力需要得到不断地强化,最后才是人类的智力能力实现长足的进步。当然,也要说明,这里所说的"人的体质能力需要首先发展起来"也不等于说"只有人的体质能力发展到头以后"其他能力才能发展。

事实上,"能力的协调发展"和"能力发展的阶段特征"两者之间并不存在什么矛盾,它们是辨证的统一体。一方面,人类三种基本能力不能截然分割,它们互相交织,相互支持,相互促进,也相互制约;另一方面,人类发展的过程也确实显现出一定的阶段性。换句话说,任何时候,人的能力的发展都不会绝对地单打一,不可能只允许一种能力得到发展而其他的能力维持原状;同样,任何时候,人的能力发展也都不可能三者平起平坐,绝对均等。

同群体进化的情形一样,人类个体的生长发育过程是也是如此,一方面是体质能力、体力能力、智力能力的协调发展,同时也显现出能力发展的阶段性:人的体质能力总是最先开始发展起来,在此基础上人的体力能力也开始逐步得到强化,而人的智力能力则是在前两者成长发育的基础上逐步生长和展开,因而大体上显现出体质发育、体力发育和智力发育的各种不同阶段。

现在的问题是,外在之物是怎样扩展人的能力呢?

回顾 1.1 节"科学技术发生学"的讨论就知道,外在之物扩展人的能力是通过制造工具来实现的;而工具的制造一方面需要资源,另一方面需要科学技术知识。通过科学技术知识的运用,把资源转变成为工具,通过工具的作用,实现人的能力的扩展。于是,我们又得到了另一个重要的因素链:资源-科学技术-工具-能力扩展。

对应于人类三种能力的扩展需求,需要有三类工具来实现:

- 扩展体质能力的质料工具;
- 扩展体力能力的动力工具;
- 扩展智力能力的智能工具。

其中,质料工具的主要作用是扩展人的体质能力。也就是说,把质料工具与人的体质能力结合在一起,就可以:具有更强的硬度、更好的弹性、更满意的应力特性、更高的熔点、更低的凝聚点、更强的耐压能力、更强的抗腐蚀能力和抗辐射能力等。

质料工具的制造一方面依赖于物质资源,另一方面依赖于物质结构和材料力学理论。换言之,制造质料工具的关键在于,利用材料科学技术的知识和技能把各种物质资源转变成为具有各种优良性质的材料,并根据力学原理把材料加工成为相应的工具。

动力工具的主要作用是扩展人的体力能力。把动力工具与人的体力能力结合在一起,就可以实现:具有更强的推动力、牵引力、荷重力、悬浮力、冲击力、切削力、爆破力、摧毁力等。动力工具的制造依赖于能量资源,同时依赖于能量守恒与转换理论。

制造动力工具的关键在于,利用能量科学技术的知识和技能把能量资源转换成为各种形式的动力。当然,任何动力工具的制造都离不开优良的材料,因此更准确地说,动力工具的制造需要能量和物质两方面的资源,需要能量科学技术和材料科学技术两方面的知识和技能。

智能工具(即各种人工智能机器系统)的主要作用是扩展人的智力能力。于是,把智力工具与人的智力能力结合在一起,就可以:具有更敏锐的观察能力、更广阔的感知能力、更精细的分辨能力、更高效和更可靠的信息共享能力、更强大的记忆能力、更快捷的计算能力、更好的学习与认知能力、更明智的决策能力、更强大的控制能力等。

智能工具的制造一方面依赖于信息资源,另一方面依赖于信息加工与转换(把信息转换成为知识并进一步转换成为智能)的知识。因此,制造智能工具的关键,在于利用信息科学技术的知识和技能把信息资源提炼成为知识,并进一步把知识激活成为智能。当然,任何智能工具的制造也离不开优秀的材料和动力,因此,更准确地说,智能工具的制造需要信息、能量和物质三方面的资源,需要信息科学技术、能量科学技术、材料科学技术诸多方面的知识和技能。

不难把上述讨论的因素链简明地归纳成为表 1.2.1。

表 1.2.1　资源-科学技术-工具-能力的关系

所利用的资源	所需要的科学技术	所制造的工具	所扩展的能力
物质	材料	质料工具	体质能力
能量＋物质	材料＋能量	动力工具	体力能力
信息＋能量＋物质	信息＋能量＋材料	智能工具	智力能力

进一步,把本节以上所讨论的两个方面的内容结合起来,还可以引出“科学技术发展拟人律”的一个极为重要的规律:正如人类的能力的发展呈现出“体质能力的发展最先起步,接着是体力能力,然后是智力能力的发展”,科学技术的发展也是“材料科学技术最先发展,接着是能量科学技术,然后是信息科学技术的发展”。

这里有什么奥妙呢?

人类能力发展和科学技术发展的这种先后顺序,不是偶然的,而是有着深刻的进化论根源和认识论根源。

一方面,在人类的体质能力、体力能力和智力能力这三者之间,作为“万物之灵”的“灵性”体现,智力能力相对而言最为复杂,体质能力相对而言较为简单,体力能力则介于前二者之间;而人类的进化过程必然从简单走向复杂,因而就必然会有体质能力的进化在前,体力能力的进化在后,智力能力进化更后的能力进化之序。

另一方面,从利用资源制造工具(即科学技术)的发展过程来说,在物质资源、能量资源、信息资源之间,物质资源相对而言比较直观,信息资源相对而言比较抽象,能量资源则介于前两者之间;而人的认识过程总是要从直观逐渐走向抽象,因而必然会有材料科学技术的发展在前,能量科学技术的发展在后,信息科学技术的发展更后的科学技术发展之序。

于是,我们可以导出与表 1.2.1 有联系又有区别的表 1.2.2。

表 1.2.2　时代-资源-科学技术-工具-能力的关系

时 代	表征性资源	表征性科学技术	表征性工具	扩展的能力
古代	物质	材料科学技术	质料工具	体质能力
近代	能量	能量科学技术	动力工具	体力能力
现代	信息	信息科学技术	智能工具	智力能力

与图 2.2.1 的科学技术发展逻辑模型一起,表 2.2.2 也是刻画"科学技术发展拟人律"的重要方面。图 2.2.1 表现了科学技术的发展必然服从拟人的逻辑机制,而表 2.2.2 则表现了科学技术拟人发展的具体结果。

表 2.2.2 表明,古代人类所利用的表征性资源是物质资源,与此相应,古代的表征性科学技术是材料科学技术,表征性的工具是质料工具。当然,这并不是说古代人类只能利用物质资源而完全不会利用能量资源和信息资源。事实上,黄帝发明和利用了指南车同蚩尤打仗,就是利用古代信息技术的例证,因为指南车是用来指示地理方位的技术。同样,古代人类也会利用风车来判别风向,利用水车来灌溉农田,这些都是古代人类利用能量资源的证据。不过,从总体上说,古代人类所利用的能量资源和信息资源都是浅层次的,非常简单的,真正具有表征意义的资源还是物质资源。

表 2.2.2 表明,近代(大体从发明蒸汽机算起,一直到 20 世纪中叶)人类所利用的表征性资源是能量资源,相应的表征性的科学技术是能量科学技术,表征性工具是动力工具。当然,近代人类对物质资源的利用水平远远超出了古代的利用水平,近代材料科学技术也获得了新的巨大进步。近代人类利用信息资源的能力也得到了长足的发展,如望远镜、显微镜等获取信息的技术工具都是在近代发明的。但是,作为近代这个时代的表征性的资源和科学技术,只能是能量资源和能量科学技术。

表 2.2.2 告诉我们,现代(大体从 20 世纪中叶算起)人类所利用的表征性资源是信息资源,与此相应,表征性的科学技术则是信息科学技术,表征性的工具是建立在信息获取(感知)、信息传递(通信)、信息处理(计算)、信息提炼(认知)、信息再生(决策)、策略执行(控制)有机集成基础上的智能工具——各种各样的人工智能机器系统。

这是十分重要的结论,它指明了当代科学技术发展的总体方向。当然,这不是说,现代社会材料科学技术和能量科学技术不再重要。正如前面所说,科学技术总体上是协调发展,材料科学技术和能量科学技术都出现了许多前所未有的突破和发展。但是作为这个时代与前面各个时代所不相同的、具有表征性意义的,却只能是信息科学技术的发展、信息资源的利用、智能工具的创制和应用。

这些就是"科学技术发展的拟人律"给人们的启示。

1.3　共生律:科学技术与人类的关系

根据人类能力扩展的需要,科学技术按照"辅人律"的原理破土而出,走上了历史的舞台,又根据扩展人类能力的需要按照"拟人律"的原理从古代、近代走到了现代。那么,按照"辅人律"和"拟人律"发生和发展起来的科学技术将来会有什么样的前景呢? 这就是本节要研究和回答的问题。

1.3.1　共生律是辅人律和拟人律的必然结果

由于材料科学技术的发展,人类对物质资源的认识和利用的水平越来越高,加工的能力越来越强,具备各种优异性能和功能的新材料不断被开发出来,使工具的质料性能越来越好,质地坚,重量轻,塑性好,能在各种极端环境(高温、高压、高湿、高真空、超低温等)和恶劣环境(有毒气体、有腐蚀性液体等)条件下保持性能水平,在许多方面都大大超过了人类本身体质质料的性能,有效地扩展了人类的体质能力。从总的情况来说,现代工具的质料性能已经越来越好地满足了各种应用需求。当然,随着人类认识世界和优化世界的活动不断地向深度和广度推进,肯定会对于材料提出更多和更高的要求。这也意味着材料科学技术在未来的发展中还会开辟出更广阔的空间。

由于能量科学技术的进步,人类对能量资源的认识不断深化,转换能量的方法越来越有效,各种自然能源(如煤炭、水力、风力、太阳能等)越来越有效地被转换为高级的动力(电力),而且越来越高级的能量(如核能)不断地被开发出来,并且被越来越巧妙的方法与质料工具相结合,创造出越来越先进的动力工具。这些动力工具通常都具有极高的工作速度、极高的工作精度、极高的工作一致性、极高的标准化程度、极高的工作强度和极高的工作持久能力等。以这样的动力为基础制造的动力工具,它们的工作指标都已经远远不是人的体力能力可以比拟的了,如各种各样的机车、机床、汽车、火车、轮船、飞机等,所有这些先进工具的动力性能都已经大大扩展了人的体力功能,越来越充分地满足了各种实际应用的需要。毫无疑问,随着人类认识世界和优化世界的活动不断向深度和广度进军,性能更加优越、更加清洁、更加安全的新的能源会继续被源源不断地开发出来。

　　由于信息科学技术的迅速成长,人类对信息资源的认识也在不断深入,对信息资源的开发和利用不断取得新的进展。人类正在越来越充分地学会利用各种信息资源,把他们转换成为相应的知识,进一步把知识转换成为智能,并与卓越的材料和高效的动力有机结合,创造出各种奇妙的智能工具。这些工具具有极高的信息发现与识别能力,宏大的信息存储容量,极快和极可靠的传输速度,极高的运算速度和精度,极好的控制强度和精度,甚至越来越好的推理能力、理解能力和学习能力。除创造性思维能力不可能赶上(更不可能超过)人类外,其他方面的信息处理能力几乎都可以胜过人类。信息系统处理海量信息的能力使人类折服,人类曾经望洋兴叹的"四色定理"也已被机器证明出来了,人类世界象棋冠军也被"深蓝"计算机所战胜。然而,对于"智能工具"来说,这一切还仅仅是开始。更加精彩更加令人叹服的成就还在后头。

　　人类社会进步的历程表明,单纯利用物质资源的加工产品(材料)和力学原理构成的工具——质料工具,由于没有动力和智能,只是一类静态的工具(如农业时代的锄头、镰刀、棍棒等),需要靠人来驱动,也要靠人来驾驭,因而也被称为"人力工具"。它们的功能相对较少,主要是扩展人的体质能力。例如,锄头的质地比人手的质地坚硬得多,因此可以用来锄地;镰刀的质地比人手的质地更锋利,因此可以用来割麦;等等。不过,人力工具虽然相对简单,但它们是农业时代社会生产工具的基本形态,古代人类正是依靠使用人力工具开创了农业时代的伟大人类文明。而且,材料本身不仅仅可以用来制造人力工具,同时又是制造动力工具和智能工具的基本要素。

　　从一种资源(物质)的开发和利用到两种资源(物质和能量)的开发和综合利用,标志着人类认识世界和改造世界能力的一个伟大进步。人类社会进步的历程表明,同时利用物质资源产品(材料)和能量资源产品(动力),就可以制造自身具有动力的工具,称为动力工具,如工业时代的机车机床、火车轮船、飞机船舰等。这种工具不再需要人力来驱动,但还需要人来驾驭。正因为动力工具利用了自身的动力,扩展了人类的体力能力,就具有了比人力工具高得多的劳动生产率。例如,机车机床的劳动生产率显然比人类手工生产的劳动生产率要高出许多,飞机火车的行走能力和运载能力更是人力所无法相比。动力工具是工业时代社会生产工具的主流,近代人类正是依靠使用动力工具才创造了工业时代灿烂的人类文明。材料和动力的结合不但可以制造各种用途的动力工具,而且也是制造智能工具的不可或缺的要素。

　　同样,从开发和综合利用两种资源(物质和能量)到三种资源(物质、能量和信息)的开发和综合利用,标志着人类认识世界和改造世界能力的一个更加伟大的进步。人类社会进步的历程表明,综合利用物质资源产品(材料)、能量资源产品(动力）和信息资源产品（知识），就可以制造不仅具有自身动力，而且自身具有智能的高级工具，称为智能工具，如人们已经熟悉的计算机、人工智能专家系统和智能机器人等。这种智能工具不需要人力的驱动，也不需要人的驾驭，是一类自主的类人机器。正因为智能工具利用自身的动力和智能，综合扩展了人类的体质能力、体力能力和智力能力，因此，与动力工具相比（更不要说人力工具了），可以大大提高劳动生产率，可以保证更好的劳动质量，甚至还可以自行开拓各种新的产品。例如，人们熟悉的 CIMS（它只是智能工具的初级形态），就可以根据产品市场销售的情况，提出新的产品设计，完成新产品的加工、制造、装配、调测、包装、上市，整个过程可以自行完成，只在决策层次需要人的判断和干预。智能工具将成为信息时代社会生产工具的主导，现代人类将利用智能工具创造出前所未有的信息时代辉煌文明。

以上的分析启示我们，从人力工具（质料工具）到动力工具再到智能工具的发展历史是一个进化的过程，是人类知识能力的继承、积累、深化、拓广、创造的过程。第一代工具（质料工具、人力工具）只利用了物质一种资源，因此可以称为"一维工具"；第二代工具（动力工具）利用了物质和能量两种资源，可以称为"两维工具"；第三代工具（智能工具）则综合利用了物质、能量和信息三种资源，当然就应当称为"三维工具"了，如图 1.3.1 所示。这种工具的升级换代，标志了人类认识世界和改造世界的深度和广度得到了质的升华。

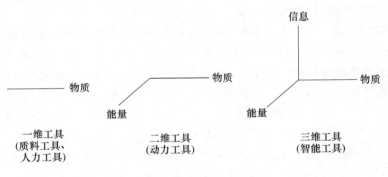

图 1.3.1　三代工具的特征

工具的换代是继承基础上的创新，而不是简单的替代淘汰。因此，动力工具不是淘汰或抛弃了人力工具，而是对人力工具的继承和发展。比如，锄头镰刀不是被近代农业机械抛弃了，而是被综合到耕作机和收割机之中并赋予了新的动力。同样的道理，智能工具也不会简单地淘汰或抛弃动力工具或人力工具，而是以更高级的形式把它们综合到新的工具结构体系之中并赋予新的能力。例如，智能化的农业收割机必然会在继承现有收割机的基本功能基础上通过装配传感系统而赋予信息获取能力，通过配备智能芯片而赋予分析与决策能力，通过配备无线网络而赋予远程信息处理能力,通过配备控制系统而赋予协作能力,等等。正是因为这个缘故,动力工具就能够具有人力工具的功能而又比人力工具强大;智能工具会具有动力工具的功能而又比动力工具"聪明"。

综上所述,科学技术发展到今天,人类凭借着现代科学技术的成就所创造的工具体系已经大大扩展了人类的体质能力、体力能力和智力能力,使人类认识世界和优化世界的能力已经得到了空前的增强,而且毫无疑问,未来的科学技术成就将在此基础上继续增强人类的各种能力。

1.3.2 "机器治人"说缺乏科学根据

到这里,人们也许会提出一个问题:与人类自身的能力相比,工具体系的能力变得越来越强,会不会导致人类与工具之间关系的改变呢? 言外之意就是担心会不会有朝一日工具"反客为主"?

这种担心表面上看似乎很有道理,合乎逻辑。但是有这种担心的人忘记了前面强调过的两个重要的事实和前提。

第一,从"科学技术辅人律"的分析知道,科学技术不是社会的主体,只有人类才是社会的主体(这也是前面强调过的"人本"思想);只当人类自身的能力不能满足人类改善生存发展条件的需要的时候,人类才创造了科学技术来帮助自己扩展自己的能力。所以,科学技术的发生纯粹是因为"辅人"的需要。这是科学技术的本质。前曾提及,之所以有人鼓吹"机器统治人类"的恐怖,主要是因为他们不懂得或不接受"科学技术辅人律"这个客观事实和规律。既然科学技术及其产物(工具、机器)并不是任何社会的生物主体,那么,它与人类这个社会主体之间就不存在上述"谁统治谁"的关系。事实上,如果有人感受到"机器的压迫",那他们感受到的是"机器背后"的另一类人所施加的压迫。统治与被统治是人类内部的关系,而不是人类与机器或人类与其他事物之间的关系。

第二,于是有人就会说:如果机器的能力不断增长,有朝一日成为真的人类甚至超过了人类,会不会反过来统治人类呢? 前面的分析曾经指出:信息科学技术的发展正在创造出各种各样的智能工具;同时指出,这些智能工具在信息获取、信息传递和信息执行方面的能力可以赶上和超过人类,在信息认知和决策这些创造性思维能力方面将不断向人类学习,但是永远不可能赶上更不可能超过人类。原因很显然:机器是人类创造的,但是人类自己并不能说明自己的创造性思维究竟是怎样进行和怎样实现的(这或许是一个永远说不明白的谜),也就不可能使机器拥有创造性思维的能力。智能机器永远是智能机器,智能机器永远不可能等同于人类:即使在许多非创造性的能力方面可以超过人类,但是在创造性能力方面却永远不可能望其项背。这个事实就决定了:科学技术将永远遵循"辅人律"和"拟人律"的规律前进；无论科学技术怎样地不断发展，无论机器的能力怎样地不断增长，机器终究是辅助人类的工具，不可能统治人类，也不可能取代人类。

由此导出的，便是科学技术发展的第三个规律：共生律。它的更具体更准确的表述是"人为主体、机器辅助、人的创造性能力优势与机器的操作性性优势两者相辅相成的人机共生"。

既然科学技术是为辅人的目的发而生，按照拟人的能力增强的规律而发展，那么发展的结果就必然回到它的原始宗旨——辅人。于是，人类的全部能力就应当是自身的能力加上科学技术产物（智能工具）的能力，即：

$$人类能力 = 人类自身能力 + 智能工具能力 \qquad (1.3.1)$$

这就是"共生律"的表述。

在这个共生体中，人类和智能工具之间存在合理的分工：智能工具可以承担一切非创造性的劳动（广义的劳动），人类主要承担创造性劳动，但是在需要的时候也可以承担非创造性的劳动。这样，人类和智能工具之间就形成了一种和谐默契的"优势互补"的分工与合作。显然，在这个合作共生体中，人类处于主导地位，智能工具处于"辅人"的地位。

人类，作为万物之灵，创造性是他的"灵"的集中体现。人类具有众多方面的能力，这些能力构成了一个有机的能力整体。其中，人的许多能力是可以由机器替代的，唯有创造能力是人的天职，是"人之所以为人"的标志，是机器不能取代的职责。在这个意义上可以说，一个人如果一生一世都没有创造，那么他的价值（除生殖遗传外）就几乎等同于机器。反过来说，机器几乎可以做任何事情，唯独不能超越人的创造力。

但是，如果没有智能工具在共生体中发挥辅人的作用，人类就要亲自从事一切意义的劳动，那么，人类的精力就不得不消耗在许多本不应消耗的地方，他的创造性也就不可能得到真正有效地实现。总而言之，人有人的作用，机器有机器的作用，两者合理分工，默契合作，人主机辅，恰到好处，相得益彰。这才是科学技术"共生律"的本意。

归结起来，本章阐明了科学技术发生发展的三大定律。"辅人律"说明科学技术之所以发生，完全是为了辅人的，这是科学技术的本质功能；"拟人律"说明科学技术的发展方向和路线是要适应人类能力扩展的需要，体现了一种拟人的规律；"共生律"说明科学技术发展的前景是与人类自身形成"人主机辅，相得益彰"的共生关系。

可以看出，这里所阐述和总结的"科学技术三大规律"是一个相辅相成的完整有序的有机整体，既不可以分割，也不可以缺省，更不可以颠倒："辅人律"讲的是科学技术的"发生缘由"，"拟人律"讲的是科学技术发展的"方向路线"；"共生律"讲的是科学技术"发展的归宿"。

理解科学技术的三大规律,对于把握科学技术的发展规律,预测和指导科学技术的健康发展,具有非常重要的意义。特别是对于"为什么当代要大力发展信息科学和人工智能"的问题,给出了深刻的论证。

本章小结与评注

本章阐明的最重要结论是:正像物质科学是工业时代的表征性科学一样,信息科学技术是信息时代的标志性科学技术,而人工智能科学技术则是信息科学技术的核心、前沿和制高点,是信息科学技术最重要、最高级和最精彩的篇章。

这并不是我们主观臆断给出的结论,而是站在人类社会发展历史的宏观高度上,高屋建瓴地分析科学与技术发生发展的原因和发展的使命,从而发现了科学技术发生的"辅人律"、科学技术发展的"拟人律"和人类与科学技术之间的"共生律"。正是根据这组基本规律,我们才清晰地揭示了人类社会要从早期的游牧时代和农业时代逐步发展到工业时代,进一步发展到信息时代和智能时代的必然趋势。这样,我们才深刻理解了"信息科学技术和信息时代的到来不是偶然的,而人工智能科学技术和智能时代的到来乃是历史的必然"。

我们希望,认识和理解这些规律和趋势而不是简单地背诵结论,可以使人们深刻理解信息科学技术和人工智能科学技术对于当今时代的重要意义,深刻领会到当今时代人们所肩负的伟大历史责任;还可以帮助人们观察和预测科学技术(包括信息科学技术和人工智能)未来的发展和走向,做到高瞻远瞩,胸怀全局。

本章参考文献

[1] KUHN T S. The Structure of Scientific Revolution [M]. Chicago：University of Chicago Press，1962.

[2] 龚育之. 关于自然科学发展规律的几个问题[M]. 上海：上海人民出版社,1978.

[3] 陈筠泉,等. 科技革命与当代社会[M]. 北京：人民出版社,2001.

[4] 孙小礼,等. 信息科学技术与当代社会[M]. 北京：高等教育出版社,2000.

[5] 陈筠泉,等. 新科技革命与社会发展[M]. 北京：科学出版社,2000.

[6] 殷登祥. 时代的呼唤：科学技术与社会导论[M]. 西安：陕西人民教育出版社,1997.

[7] 赵红洲. 科学和革命[M]. 北京：中共中央党校出版社,1994.

[8] 赵红洲. 大科学观[M]. 北京:人民出版社,1988.

[9] 杨沛霆. 科学技术史[M]. 杭州:浙江教育出版社,1986.

[10] 钟义信. 信息科学原理[M]. 3 版.北京:北京邮电大学出版社,2002.

[11] 钟义信. 社会动力学与信息化理论[M]. 广州:广东教育出版社,2006.

[12] 冯天瑾. 智能学简史[M]. 北京:科学出版社,2007.

[13] 吴丹. 蒋劲松. 王巍. 科学技术的哲学反思[M]. 北京:清华大学出版社,2004.

[14] 亚里士多德. 工具论[M]. 余纪元,等译. 北京:中国人民大学出版社,2003.

[15] 培根. 新工具论[M]. 许宝揆,等译. 上海:商务印书馆,1997.

第 2 章　从科学研究的认识论规律看：
怎样研究人工智能？

　　科学技术"辅人律""拟人律""共生律"表明，信息科学技术是信息时代的标志性科学技术，而人工智能科学技术则是信息科学技术发展的高级阶段，是信息科学技术的最复杂、最困难，然而也是最精彩、最重要的篇章。

　　现在的问题是，初级信息科学技术需要满足什么条件才能转变到高级阶段呢？从当前国内外的总体情况来看，以互联网和物联网为主要标志的初级信息科学技术已经充分展现了其形式信息（语法信息）的获取、传递、存储、处理的巨大能力，大体上走到了它的能力的"饱和临界点"。突破这种"饱和临界点"，使信息网络不仅具有巨大的信息获取、传递、存储和处理能力，而且能够积累和利用形式、内容、价值三位一体的信息和知识生成智能策略和智能行为来解决各种复杂问题，就得依靠智能科学技术了：互联网需要发展成为智能互联网，物联网也需要发展成为智能物联网。这也就是说，现在正是初级信息科学技术走向它的高级阶段——人工智能科学技术——的关键时期。

　　于是，一个新的问题摆在了科技工作者面前：应当怎样来发展人工智能科学技术？是沿着初级信息科学技术发展的模式继续前进？还是应当按照信息科学技术高级阶段自身所固有的特点采取新的发展模式？这是必须深思而且需要正确回答的问题。

2.1　科学研究的认识论规律：顶天立地的研究纲领

　　认识论规律，是从事任何工作都必须充分了解并且必须严格遵守的指导原则。至于科学研究，更是存在一套体现认识论规律的研究纲领。人们的科学研究活动符合了这个研究纲领，研究就可能顺利成功，否则就可能遭受挫折，甚至失败。每个学科的研究都要遵守这个研究纲领。

2.1.1　什么是科学研究的认识论规律?

尽管具体的科学研究内容丰富多彩,种类繁多,而且通常都非常深奥复杂,但是归结起来的共同特点就是"不断认识新事物"。根据认知科学的研究,认识新事物的方法多种多样,概括起来主要有两种:一种是从全局到局部;另一种是从局部到全局。这便是认知科学的"两条路线之争"。

起初,多数人认为认识事物只能从局部入手。他们认为,人们能够具体接触到的都是局部的东西,因此,只能从容易上手的局部问题做起。不过,"从局部做起"的路线虽然容易起步,它的最大问题却是"胸中没有全局",具有很大的盲目性,只能"摸着石头过河",走一步算一步,无法保证研究的方向正确,因而往往导致后续工作的无效甚至失败。历史上这种失败的教训不计其数。

经过数十年的深入研究与实践检验,人们终于认识到,认识新的事物必须坚持从全局着眼,然后逐步深入到各个局部。因为,只有首先在宏观上把握了事物的全局,才有可能做到居高临下,高瞻远瞩,高屋建瓴,心中有数,确保后续的研究朝着正确的方向逐步深入到各个局部。需要说明的是,"从全局开始"所要求的是把握全局的宏观概貌与整体态势,并不要求掌握全局的细枝末节,因此是完全可以做得到的。

实际上,有效的认识论(包括认识与实践)的规律通常是:在认识事物的时候坚持从全局到局部,形成全局的战略方针;有了战略方针的指导,在实践(解决问题)的时候则要坚持从局部到全局加以实现。这就是人们常说的"(认识问题的时候应当)从大处着眼,(解决问题的时候应当)从小处着手"。类似地,在分析问题和认识问题的时候,战略决定成败,而在处理问题和解决问题的时候,细节决定成败。这也是"大处"与"小处","战略"与"细节"以及"自顶向下"与"自底向上"之间的辩证关系。

有了以上的认识,现在就可以针对"以认识世界为特征"的科学研究来考虑:怎样才能体现和落实科学研究的认识论规律——从全局(天)到局部(地),也就是"顶天立地的研究纲领",其中包含六大基本要素。

(1) 要有正确的"科学观"

按照认识论的规律,不管是否意识到,人们从事任何有意义的活动,都必然是在自己的"世界观"指导下进行的。观念指导行动,不是在这种观念指导下行动便是在那种观念指导下行动。不存在没有观念支配的行动,除非是无意识的行动。同样道理,作为有明确意义的科学研究活动,人们首先就应当对所研究的对象领域具有一个宏观的然而也是基本的认识:这个研究领域是什么? 它具有什么基本特性? 这就是科学研究领域的"世界观"的问题,特别称之为"科学观"问题。

没有明确的科学观,科学研究活动就可能变得像无头苍蝇;即使具有明确的科学观但是如果这个科学观不正确,这样的科学研究也难免会走错路,劳而无功。所以,具有正确的科学观是做好科学研究的首要条件。

(2) 要有正确的"方法论"

按照认识论的规律,人们对所要研究的对象领域有了正确的基本观念之后,接下来需要解决的问题就是:在宏观原则上应当怎样实施这个领域的科学研究才有效? 这就是科学研究的"方法论"问题,也就是要解决"怎么做"的问题。只有在宏观原则上明白了应当"怎么做",才可能找到适合这个领域特点的解决问题的具体方法。

显然,方法论与科学观之间紧密相关:科学观是方法论的思想源头和理论依据,方法论是科学观的反映和体现:有什么样的科学观就会产生什么样的方法论。科学观是对研究领域的宏观认识,方法论是在这种宏观认识的引领下形成的对研究领域的宏观处置原则。科学观是人们认识事物的最高层次,方法论是人们认识事物的次高层次。不存在没有科学观的方法论,也不存在没有方法论的科学观。两者相辅相成,形成一个宏观的辩证统一体。

科学观和方法论都是科学研究的宏观指南,都是抽象的指导原则。然而,正是这些抽象的指导原则规范着、引导着和支配着科学研究的具体活动。人们对于科学研究活动本身有切身的感受,却往往对支配科学研究活动的科学观和方法论缺乏体验。所以,人们经常把科学观和方法论称为引领科学研究的"看不见的手"。

从哲学的意义上说,科学研究的具体活动是一种社会的存在,而抽象的科学观和方法论则是这种社会存在所升华而成的社会意识。众所熟知,作为社会意识的科学观和方法论是在作为社会存在的科学研究活动的基础上逐渐生长出来的,而科学观和方法论一旦形成,便会反过来指导、规范、引领、支配科学研究活动。

因此,这里隐藏着一个问题:如果某个新的学科领域的科学研究还处在初始阶段,因而尚未形成自己的科学观和方法论,那么,这一时期的科学研究应当运用怎样的科学观和方法论呢? 本书将在随后专门讨论这个问题。

(3) 建立恰当的"(全局)研究模型"

在确立了适合本学科领域的科学观和方法论之后,接下来应当解决的问题就是要在科学观和方法论的指导下,恰如其分地、科学合理地描述所要研究的学科领域的内容,准确全面地绘制反映本学科领域整体面貌、基本特征和环境约束的"工程蓝图",以作为整个学科领域研究的基础。这便是本科学领域的"研究模型"。

不难理解,科学观、方法论、研究模型之间也是紧密联系的。实际上,对于同样一个研究领域,如果科学观和方法论不同,得到的研究模型也会不同。在这个意义上也可以认为,研究模型是一面镜子,它可以反映出研究模型背后的科学观和方法论是否恰当。只有在正确的科学观和方法论的指导下,才能够建立科学合理的学科领域研究模型。

研究模型是后续研究活动的学术空间。正确的研究模型为后续研究活动提供了合适的工作舞台,奠定了良好的工作平台。相反,如果研究模型不准确或者有漏洞,就不可能保障后续研究结果的正确性和完整性。

(4)确定合理的"研究路径"

有了正确的科学观、方法论以及在科学观方法论指导下构筑的全局研究模型,就为学科的研究奠定了良好的基础。但是,面对科学合理的全局研究模型,应当选择择怎样的研究途径来实施具体的研究? 这就成为十分重要而且不可回避的问题。

虽然俗话中有"条条道路通罗马"的说法。但这句话其实并不完全准确。实际上,对于科学研究来说,面对同样的全局研究模型,不同的研究路径将会导致不同的研究效果;不同的研究路径不仅可能使研究的效率、研究成本和研究风险大不相同,也可能会导致研究结果大不相同,甚至,有的研究路径可能永远都达不到研究目的。这就是人们常见的"殊途不能同归"的例子。

选择研究路径必须有充分的科学依据。最重要的科学依据便是适合于本学科领域的科学观和方法论。正确的科学观使人们能够根据"研究对象的性质是什么"来选择与之相适应的研究路径;在此基础上,正确的方法论则可以使人们能够把握选择研究路径的基本原则和宏观指南。

由此可见,**科学观、方法论、研究模型、研究路径四者之间也是相互联系、相互作用、相互影响、相互制约的有机整体,它们一环套一环构成了一个学科领域科学研究的整体定位、工作框架和基本规范。**只有为学科领域确立了科学合理的整体定位、工作框架和基本规范,具体的科学研究活动才有成功的把握。

(5)挖掘学科领域的"基本概念"

在科学观方法论的指导下,构筑了正确的研究模型并选择了恰当的研究路径形成了明确的学科规范之后,接下来的工作便是:针对研究模型和按照研究路径去深入挖掘足以支撑整个学科领域学术研究所需要的基础概念。这些基础概念的作用就是整个学科领域学术大厦的基本支柱群,因而必须做到基础坚实,结构合理,而且在一定层面上相对完备,不应当存在重要的疏漏。

这里只要求概念的"相对完备"(而不是"绝对完备"),这是因为:概念的挖掘不可能一蹴而就和一劳永逸,而是应当与时俱进。随着科学研究的逐渐深入,会有更加深刻更加新颖的概念陆续被挖掘出来。这是正常现象,是研究工作不断深入和学科不断发展的必然结果,也是学科有深度有前景的表现,能够不断地开创新的局面。

而要想做到基础概念的"坚实和完备",根本的方法仍然是要深刻理解本学科领域的科学观和方法论,全面关注研究模型和正确把握研究路径。换言之,一个学科领域的科学观、方法论、研究模型、研究路径这些科学研究的规程要素(如上所说,他们共同确定了本领域的整体定位、基本框架和学科规范)必须贯穿在整个科学研究的全过程。

(6)建立学科领域的"基本原理"

毫无疑问,学科领域的所有基础概念都是十分重要的,但是,所有这些基础概念不应当是彼此孤立的。它们之间必须互相联系,互相支撑,互相制约,相辅相成,结成一个完整的有机的知识网络。

把基础概念编制成一个层次恰当、深度恰当、广度恰当、联系适度、结构完整的知识网络,通常是要通过建立"概念关系"来实现的。其中的"概念关系"通常就表现为人们熟悉的"基本原理"(它们往往可以通过"算法"来实现)。概念是"节点",关系是"连线"。通过建立基本原理把所有的概念有机地联通起来,整个学科的知识便被体系化和鲜活化了。

所以,在科学观和方法论指导下建立合理的学科研究模型和选择恰当的研究路径,就确定了整个学科领域的学科定位,有了准确的"学科定位"才能有效地挖掘深刻而完备的基础概念和普遍而完善的基本原理,从而建构完善的"学科理论"。

2.1.2　顶天立地的科学研究纲领

2.1.1 小节关于"科学研究的认识论规律"的讨论,可以归结为表 2.1.1。

表 2.1.1　顶天立地的研究纲领

研究要素	要素意义	要素地位	要素作用
科学观	开启科学研究全部过程的天际源头	顶天	学科基础
方法论	驾驭全部科学研究过程的云端龙头	顶天	
研究模型	在科学观方法论指引下构筑的全局蓝图	转换	
研究路径	在科学观方法论指引下选择的路径导向	转换	
基础概念	全局蓝图中需要落地的基本要素	立地	学科理论
基本原理	全局蓝图中要素之间的相互联系	立地	

表 2.1.1 示出了体现认识论规律的、对任何学科都适用的科学研究认识程序,实际就是一个"顶天立地(从天到地)的科学研究纲领",它包含了组成科学研究普适规程的所有要素的名称、含义、地位和相互关系。

其中,**科学观和方法论**两者高度抽象,"高耸云天",往往不为人们所知悉;然而正是它们统领着科学研究的全局,而且无时无刻不在引领和支配着人们的研究工作,因而拥有至高无上的地位和作用,是整个科学研究纲领中"顶天"的两个要素。忽视了科学观和方法论,就丢掉了科学研究的高度。

注意到,在科学研究的术语中存在"范式"的概念。它的基本含义是"世界观与行为方式"。在科学研究领域,"世界观与行为方式"就是"科学观与方法论"。因此,科学观和方法论两者作为辩证的统一体,也常常被人们称为**科学范式**。理论上认为,每一个成熟的学科都会形成自己独特的科学范式。这也从更为一般的意义上说明了科学观和方法论对于科学研究至高无上的重要性。

研究模型和研究路径两者处于承上启下的中间的转换层次:一方面,它要根据上面的科学观和方法论层次所提供的定位约束来建构学科领域的全局工作蓝图和导引研究的路径走向;另一方面,又要向下面的基础概念和基本原理层次提供符合领域要求的规划蓝图和路径导向的约束。显然,对于学科领域的科学研究来说,研究模型和研究路径两者都是极为重要的要素,如果这两个中间层次的转换不妥当,就可能导致基础概念和基本原理不能恰如其分地支撑全部学科领域的需要。

基础概念和基本原理两者是科学研究普适规程中的立地(落地)标志:忽视了它们,理论便无法落地。如上所说,基础概念和基本原理两者也必须符合科学观和方法论的规范定位。这种"符合"不是通过制度的规定来达成,而是通过研究模型与研究路径两者的合理转导来实现。这样,科学观的源头作用和方法论的龙头作用才能在整个科学研究过程中得以贯彻始终。

表 2.1.1 的最后栏目特别指明:(1)科学观、方法论、研究模型、研究路径这四个要素在整体上的作用,是为学科领域的科学研究确立了"**学科基础**",规定本学科的研究必须遵循的基本观念、方法原则、全局模型和路径导向,它们是本学科领域科学研究的总体指导原则。(2)依据正确的学科定位,基础概念和基本原理这两个要素共同构成学科领域的"**学科理论**",它们是在学科领域的科学观和方法论的引领和指导下、针对学科的研究模型、遵循学科的研究路径所构筑的具体理论结果。

需要注意的是,这里所说的*"学科基础"不是简单的"研究对象的定位",而是强调要从学科领域的"科学观、方法论、研究模型、研究路径"四个方面联合起来确定学科领域科学研究的基础,它既是学科领域的总体框架,也是学科领域的总体规范*。由此可以体会"学科定位"在整个科学研究规程中的重要性!

所以,在开拓新学科领域的科学研究的时候,理想的程序是:*首先深入研究并确立适于新学科领域的学科基础,它体现为学科的科学观、方法论、研究模型和研究路径;然后依据学科基础来构筑学科理论,包括学科的基本概念和基本原理*。

从学科领域的科学研究整体来说,只有首先满足表 2.1.1 所表示的科学研究的学科基础,科学研究才能产生完美的学科理论。但是,遗憾的是,在许多实际情况下,人们往往只关心学科理论本身,不了解不关心学科基础。事实上,学科理论的根子在学科基础;如果学科基础错了,学科理论的正确性就无从谈起。

对于从事科学研究的各类具体研究人员来说,如果想要从事任何创造性的科学研究活动,原则上都应当深入研究和深刻理解科学研究的认识论规律,包括学科基础和学科理论的关系。只有那些从事应用性、局部性和底层性研究的科技人员（这类人员数量众多），或许可以不必专门关注科学研究的学科基础问题。不过，即使对于这些人员，如果他们能够认真关注和深刻理解本学科的学科基础，那么，他们也肯定能够如虎添翼，把自己的工作做得更加有效，更加富有创新性。

最后需要说明，虽然表 2.1.1 中的"学科基础"和"学科理论"是一个统一的有机整体："学科基础"决定了学科整体框架和性质，"学科理论"是贯彻学科定位所得到的具体学科理论。但是，考虑到其中"学科基础"的先决性、指导性和重要性，"学科理论"内容的庞大性和丰富性，同时注意到本书篇幅的有限性，本章以下两节将只讨论科学研究中的"学科基础"问题，而不讨论其中的"学科理论"。

2.2　经典物质科学的学科基础

考察发现，从学科基础的角度看，存在两种不同类型的科学研究。

一种类型是现存的既有领域科学研究。例如，经典物质科学领域的科学研究和能量科学领域的科学研究。这些领域的科学研究已经持续了数百年之久，是一种相对成熟的科学研究类型。虽然这些学科领域的科学研究仍在不断向前推进，但是它们在长期的实践中已经形成了一套符合自己学科特色的学科基础，因此，原则上它们就可以沿着既有的学科基础继续展开新的研究。

另一种类型是新兴领域的科学研究。例如，信息科学领域的科学研究特别是人工智能领域的科学研究。它们基本上是 20 世纪中叶迅速崛起的崭新研究领域，迄今还处在发展的初级阶段，还没有来得及形成一套适合信息科学和人工智能学科特点的学科基础。对于这类学科，就需要深入研究和积极探索符合自己学科特色的学科基础。

有鉴于此，我们就来分析一下这两类学科的学科基础。通过这样的对比分析，人们可以比较深刻地感悟到：以往的人工智能研究是否存在问题？在哪些方面存在问题？究竟应当怎样研究和发展人工智能科学技术？

考虑到经典物质科学的相对成熟性和现代信息科学特别是人工智能科学的新兴性和不成熟性，本节将简要地介绍经典物质科学的学科基础，2.3 节则将比较详细地分析和探讨现代信息科学特别是人工智能科学的学科基础。

2.2.1　经典物质科学的科学观和方法论

按照定义，经典物质科学是"研究物质性质及其加工规律"的学科。具体来说，经典物质科学以物质资源为研究对象，以物质资源的基本性质及其加工（成为各种材料)的规律为研究内容,以增强人的体质能力为研究目标。

根据科学技术发展的"辅人律""拟人律"和"共生律"的分析,经典物质科学研究的活动最早可以追溯到人类社会的原始时代。那时,人类为了扩展自己的体质能力,开始尝试制作石刀、石斧、木棍、弓箭一类原始工具,并不断探索各种不同质料的性质,制作不同性能水平的人力工具。因此,经典物质科学孕育和形成的科学观和方法论渊源久远,大体孕育于原始社会时代,演绎于农业时代,明确于工业时代。由此也可以体会,作为科学研究领域的社会意识形态的科学观和方法论的孕育、演绎和明确是在科学研究社会实践的漫长过程中逐渐完成的。

按照科学"辅人律""拟人律"和"共生律"的原理,根据扩展人类能力的社会需求,科学技术的使命从农牧业时代的"加工物质资源,制造人力工具,扩展人类的体质能力"发展到工业时代的"同时加工物质资源和能量资源,制造动力工具,扩展人类的体力能力"再进一步发展到信息时代的"综合加工物质资源、能量资源和信息资源,制造智能工具,扩展人类的智力能力",科学研究的社会实践活动不断向着新的深度、广度、高度和复杂度向前推进。因此,科学研究社会实践活动所形成的科学研究的科学观和方法论也在不断地改变自己的内容和形式。

在农业时代和工业时代的前期,人类的科学研究活动总体上还处在科学研究发展的初级阶段。在这一阶段科学研究实践基础上形成的经典物质科学的科学观,具有比较明显的"机械唯物论"特征。

经典物质科学的科学观认为自己的研究对象——物质具有如下基本特性:

(1) 客观存在性;
(2) 与主体无关性;
(3) 可分性;　　　　　　　　　　　　　　　　　　　　　　(2.2.1)
(4) 孤立性;
(5) 静止性。

前曾指出,科学观解决"是什么"的问题,方法论解决"怎么做"的问题。究竟应当怎么做? 显然不能随心所欲,而是应当根据研究对象的性质来分析和确定。换言之,方法论的确立必须从科学观的基本观念中获得启示。正是根据如上所述的经典物质科学的科学观,导致了具有如下特征的**经典物质科学的方法论**:

(1) 观察方法;
(2) 实验方法;
(3) 模型方法;　　　　　　　　　　　　　　　　　　　　　　(2.2.2)
(4) 数学方法;
(5) 针对复杂对象的分而治之方法(即"机械还原方法论");等等。

这里有必要强调指出,经典物质科学方法论中的"分而治之"方法的更为完整的表述是"分而治之,各个击破,直接合成"。这是经典物质科学处理复杂系统(复杂问题)的通用方法,称为"还原论"方法。它在整个科学发展过程中发挥了巨大的作用,做出了巨大的贡献,以致人们把整个经典物质科学的方法论都称为"**机械还原方法论**"。在一定程度上可以认为,正是因为借助了"机械还原方法论",把原本复杂的科学研究领域通过分解的方法变成一组比较简单的子领域,从而可以对这些子领域进行深入的研究。而且领域越分越细,科学的研究能够越做越深入,于是使近代和现代科学的研究领域不断扩展,研究内容不断深入。

当然,随着近代科学的不断进步,人们对于物质对象的认识不断深化,经典物质科学的科学观(特别是其中的"孤立性"和"静止性")逐步被修正为"相互联系性"和"动态变化性"。与此相应,经典物质科学的方法论也随之逐步得到新的补充,如"计算方法""仿真模拟方法"等。不过,作为历史走过的痕迹,还是可以把上面列出的各点看作是经典物质科学的科学观和方法论的基本特性和特征。

2.2.2　经典物质科学的研究模型和研究途径

经过长期的经典物质科学研究社会实践的探索,人们终于总结和形成了经典物质科学的科学观和方法论。在它们的启发下,经典物质科学的研究逐渐从朦胧的试探摸索逐渐总结和形成了各种研究模型和研究路径。

就研究模型而言,根据经典物质科学的科学观(与主体无关、孤立、静止、可分)和经典物质科学的方法论(实验法、模型法、数学法、分而治之法)的启示,根据经典物质科学的研究对象种类异常繁多的事实,人们针对经典物质科学不同的分领域构筑了各种不同的分领域研究模型、比如力学系统的研究模型、热学系统的研究模型、电学系统的研究模型、生物学系统的研究模型等;同时,针对经典物质科学不同层次的研究也构建了各种不同层次的研究模型,比如物体的宏观模型、中观模型、微观模型等。

虽然并不存在统一的经典物质科学研究模型,但是,所有这些研究模型的构建都遵循一些基本的建模规则,如:

(1)研究模型必须在符合研究目的和满足某些假设的条件下对原型的某种简化;

(2)研究模型必须能够反映原型的基本结构、功能、性质、关系和工作过程;

(3)研究模型必须易于物理实现或仿真实现;

(4)研究模型必须便于数学方法或逻辑方法的描述;

(5)研究模型的性能和特征参数必须易于测量、调节和控制,等等。

利用这样建构的各种研究模型,就大大方便了经典物质科学各个分领域和各个研究层次的科学研究,有力地促进了经典物质科学研究向深度和广度的发展,造成了物质科学的繁荣发达。

　　至于经典物质科学的研究途径，根据经典物质科学的科学观（与主体无关、孤立、静止、可分）和经典物质科学的方法论（实验法、模型法、数学法、分而治之法）的启示，根据经典物质科学主要关心"各种物质的结构及由此产生的性质和功能"的思想，人们采取了"**结构分析**"和"**功能分析**"的研究途径。

　　利用结构分析和功能分析的途径，通过分析各种研究子领域和不同研究层次的物质客体的结构、性质和功能，一方面了解各种物体本身的性能和用途，以及怎样把它们加工成为各种有用的材料产品；另一方面了解怎样通过改变物体的结构来获得更加优秀的性质和功能，从而开拓更多更好的应用。

　　人们不仅利用经典物质科学的研究模型和研究途径来认识现存的各种物体的结构、性质和功能，而且还进一步利用这些研究模型和研究途径来探索通过各种方法（如合成）来创造新的、具有更加优秀性能的新型物质（如各种合金等）。

2.3　现代信息科学的学科基础

　　物质科学是工业时代的标志性科学，信息科学是信息时代的标志性学科。因此，信息科学有自己独特的科学范式，有自己独特的科学观与方法论，因而有自己独特的学科基础。

　　人工智能科学是信息科学的核心、前沿和制高点，人工智能学科的学科基础其实就是信息科学的学科基础。因此，在以下的叙述中只讨论信息科学的学科基础，包括它的科学观、方法论、研究模型和研究路径。

2.3.1　信息科学的科学观和方法论

　　认识论的规律告诉我们，人类认识能力的发展通常都是由认识直观的事物开始，然后逐渐走向比较抽象的领域。随着"以比较直观的物质资源为研究对象的"物质科学研究的不断进展（特别是经过第二次世界大战的催生），一门新的、"以比较抽象的信息资源为研究对象"的学科理论——信息科学应运而生。

　　信息科学所关注的不再是物质对象，而是比物质更为抽象的信息对象。因此，信息科学的研究对象、研究内容、研究方法和研究目标都会体现出人类认识能力的发展，并鲜明地体现出 20 世纪中叶以后人类认识世界和改造世界的新需求、新进程、新能力和新特点。

　　那么，什么是信息？什么是信息科学？什么是信息科学的科学观和方法论？

　　根据本书作者长期的研究，我们可以给出如下的定义。

定义 2.3.1　信息（客体信息）

任何事物的信息，就是该事物所呈现的运动状态及其变化方式。

世间一切事物都在运动，因此一切事物都在产生信息。这就意味着，信息是一种普遍存在的研究对象。定义表明，了解事物的信息是人类认识事物的必经途径。信息是人类认识世界所需要的中介，是人类生存和发展所依赖的宝贵资源。

定义还表明，事物客体的信息只取决于事物客体本身的状况而与人类观察者的主观意志无关，甚至也与是否存在人类观察者无关。例如，在遥远的宇宙的深空，虽然那里没有人类观察者（至少目前看来是如此），但是那里也存在事物，因此也存在事物所呈现的运动状态及其变化方式——信息，只是人类无法对它进行研究而已。

人类作为生活在宇宙中的一类有智慧的认识主体，为了生存与发展的需要，必须通过信息来认识客观世界和改造客观世界，并在此过程中不断改造自己。图 2.3.1 表示了这种主体与客体/环境相互作用的宏观模型。

模型中的"主体"是有目的有知识的人类，当然，"主体"也可以是其他生物，还可以是人类制造的智能机器。不过，最典型的主体是人类。如果把图 2.3.1 的宏观模型详细展开，就可以得到主体与客体/环境相互作用的标准模型（图 2.3.2）。

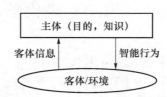

图 2.3.1　主体与客体/环境相互作用的宏观模型

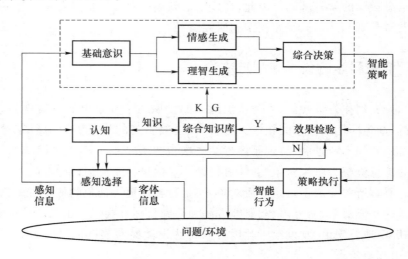

图 2.3.2　主体与客体/环境相互作用的标准模型

图 2.3.2 的标准模型显示,主体一旦受到客体所产生的客体信息的作用,为了实现自己生存与发展的目的(G),就会运用自己的知识(K),针对这个客体信息产生自己的智能行为来反作用于客体,从而形成主体与客体之间的相互作用。图中还详细地表现了"从接受客体信息的作用开始到产生智能行为反作用于客体结束"的主体客体相互作用的全过程。如果图中的主体是人,图 2.3.2 就是人类的智能模型;如果图中的主体是机器(这时,图中的目的 G 和知识 K 需要由人类设计者赋予),图 2.3.2 就是人工智能的模型。

图 2.3.2 的模型示出,主体产生智能行为的过程包含四种转换:

(1) 由客体信息到感知信息的转换(感知与注意);

(2) 由感知信息到知识的转换(认知);

(3) 由感知信息到智能策略的转换(基础意识、情感、理智生成与综合决策);

(4) 由智能策略到智能行为的转换(策略执行)。

这里需要特别强调的是,主体产生的行为必须是智能行为,否则就会引起两方面的不良后果:(1)因为行为不够智能,主体就不可能在主体客体相互作用过程中达到自己的目的,它的行为就成为失败的行为;(2)因为行为不够智能,这种行为就可能破坏客观规律,引起环境的恶化,给主体的生存发展带来风险。因此,"产生智能行为,保障主体与客体之间实现双赢:主体能够实现自己的目标,环境规律能够得到维护",这是信息科学和人工智能研究的根本目的。

问题是:怎样才能保证主体产生智能行为,避免出现那些不良的后果而实现主体与客体/环境之间的和谐相处和共同发展呢? 这便涉及一个新颖的、非常具有普遍性而且具有特别重大意义的研究课题——生态学。

定义 2.3.2　生态学

生态学是指这样一门科学,即:为了保证在一定生物圈范围内实现各有关生物物种之间能够和谐相处与共同发展,而强调要研究和建立各个物种之间的良好相互关系以及这些物种与它们的环境之间的良好相互关系。

可以看出,生态学的特点是:它特别关心生物圈内各种生物物种(而不是某一种或某几种生物物种)之间的良好相互关系以及生物圈内各种生物物种与它们的环境之间的良好相互关系,关心这些良好关系的目的,是实现生物圈内各个生物物种的和谐相处与共同发展。显然,这种"良好相互关系"必定是"智能"的相互关系。这与信息科学和人工智能的宗旨是一致的。

其实,"生态学"的概念不仅仅适用于信息科学领域,也适用于一切具有"又竞争又合作"关系特点的复杂领域。这应当是在复杂世界中求得"公平竞争,合作共赢"的普遍法则。

把这种生物学领域的"生态学"的理念和方法应用到信息领域,把图 2.3.2 主体客体相互作用标准模型中的各个信息单元看作是生态学的各个"生物物种",就产生了一种特殊的生态学-信息生态学。它关注的领域是信息领域,但它保持和运用了生物学领域生态学的研究理念。

定义 2.3.3　信息生态学

信息生态学是指这样一种学科:为了保证信息过程中各有关信息单元之间能够和谐相处共同发展而强调要研究和建立各个信息单元之间的良好相互关系以及这些信息单元与它们的环境之间的良好相互关系。

由定义 2.3.3 又可以引出两个新的概念:信息生态过程和信息生态链。

定义 2.3.4　信息生态过程与信息生态链

信息生态过程是指在主体、客体相互作用的框架下,为了实现主体与客体及环境之间的多赢而由信息生成智能行为的过程;信息生态链是指其中信息所生成的产物链"客体信息→感知信息→知识→智能策略→智能行为"(图 2.3.2)。

图 2.3.1 和定义 2.3.2 都表明,并非所有的客体信息都能进入主体与体相互作用的系统,只有那些能够直接作用于主体的客体信息才能进入这个系统。换言之,只有那些能够直接作用于主体的客体信息才会参与信息生态过程,也因此才会引起主体的关注和研究;其他客体信息则不会受到主体的关注,因此不会成为信息科学研究的对象。

这样的处理很正常,世间的客体信息是无穷无尽的,信息科学所应当研究的客体信息则是有限的,取决于:(1)这些客体信息是否能够直接作用于主体(如果某些客体信息不能作用于主体,那么即使主体想要研究它也不可能);(2)这些客体信息是否与主体的目的有关(如果不相关,即使主体对它进行了研究也毫无意义)。

注意到,图 2.3.1 和图 2.3.2 的模型所表示的主体客体相互作用过程,乃是人类认识世界和改造世界的过程。人类正是利用模型所表示的信息转换作用来认识客体(认识世界)和反作用于客体(改造世界),从而达到不断改善人类生存与发展水平的目的。可见,图 2.3.1 和图 2.3.2 所描述的,正是人类进步与社会发展的本质过程,因而就成为了信息科学研究的基本模型。

定义 2.3.5　信息科学

信息科学是以信息为研究对象、以信息的性质及信息生态过程的规律为研究内容、以信息生态方法论为研究方法、以扩展人类的智力功能(它是人类全部信息功能的有机整体)为目标的学科。

定义 2.3.5 表明,信息科学的研究目的就是要扩展人类的智力功能。换言之,人工智能科学技术就是信息科学技术的研究目的。完全可以这样认为:图 2.3.2 既是信息科学技术的完整模型,也是人工智能的系统模型。

那么,什么是人类的全部信息功能呢?这可以从图 2.3.2 的模型得到清晰的说明,主要包括:(1)把客体信息转换为感知信息的"感知与注意功能";(2)把感知信息转换为知识的"认知功能";(3)把感知信息转换为智能策略的"基础意识、情感、理智与综合决策功能"；(4)把智能策略转换为智能行为的"策略执行功能"。人类和智能机器就是通过这些信息功能的有机整体来生成自己的智能行为，从而实现认识问题(认识世界)和解决问题(改造世界)的目的。

根据以上的分析，我们就可以总结和提炼出"信息科学的科学观和方法论"。

现代信息科学的科学观是"辩证唯物信息观"，它认为自己的研究对象——信息具有如下的基本宏观特性：

(1) 信息是事物呈现的运动状态及其变化方式；
(2) 信息可根据主体的需要而被加工；
(3) 信息具有整体性；　　　　　　　　　　　　　　　　　　　　　　(2.3.1)
(4) 信息具有开放性；
(5) 信息具有演化性。

可见，现代信息科学的科学观与经典物质科学的科学观两者之间不仅颇不相同，而且几乎相反。其实，如果从更为深刻的角度看，两者之间的关系并非"水火不容"，而实质上是"相反相成"。其中既反映了人类在认识世界和改造世界过程中认识深度的逐渐进步，也反映了物质与信息两个领域在性质上的巨大差异和互补。

物质与信息之间的关系看似"水火不容"，其实却是"相反相成"。因为，一切信息都是由物质直接或间接呈现出来的，人类的感觉器官所能得到的是客体信息，而不是客体本身，因此，人们只能通过物质所呈现的信息来认识物质和改变物质。这就是为什么著名的美国物理学家 John Wheeler 做出了"It from bit(万物源于信息)"的论断。反过来说，任何信息的运动(生态演化)过程都必须有相应的物质作为载体才能真正实现，世界上不存在没有载体的信息。

基于以上所阐明的信息科学观的五点基本理念〔(1)信息是事物呈现的运动状态及其变化方式；(2)信息可根据主体的需要而被加工；(3)信息具有整体性；(4)信息具有开放型；(5)信息具有演化性〕，人们可以得出如下结论：**现代信息科学的方法论就是"信息生态方法论"**。"信息生态方法论"具有如下的操作性特征：

(1) 信息与物质和能量构成三位一体，但信息是一切信息过程的统领；
(2) 主体与客体相互作用的目的是形成"信息-知识-智能"的生态链；
(3) 为此，必须在生态链各个环节之间形成良好的相互关系；
(4) 同时，必须在整个信息生态链与其环境之间形成良好的相互关系；
(5) 最后，选择适当的物质和能量产品在物理上实现上述信息生态过程。

(2.3.2)

可见，人们在研究经典物质科学问题的时候可以(而在面对复杂问题的时候则必须)在机械还原方法论的指导下，把复杂的问题分解为若干复杂度较低的"子问题"，在逐一解决这些"子问题"的基础上，把它们的解答合成为原问题的解答。但是，人们在研究现代信息科学问题(它们通常多是复杂问题)，就不应当继续沿用

"分而治之"的机械还原方法论,而应当在信息生态方法论的指导下,通过信息的整体演化来求得最终的解答。在这里,由于信息生态演化是在主体客体相互作用的框架下展开的,因此"信息整体"一词的意义就不仅是信息在形式上的完整性,更重要的是指"信息在形式(语法信息)、内容(语义信息)、价值(语用信息)"这个三位一体的完整性。这是信息科学方法论区别于物质科学方法论的关键所在。

总之,经典物质科学的科学观和方法论完全着眼于认识"客观的""以形式的形态存在且与主体无关的"物质运动规律;而现代信息科学的科学观与方法论则着眼于认识"现实的""与主体密切相关因而以形式、内容、价值三位一体方式存在的"信息的生态规律。

之所以造成这样重大的区别,根本的原因在于:经典物质科学严格排除一切认识主体的主观因素,而现代信息科学则充分关注认识主体在现实环境中"追求生存与发展"的目的。换句话说,经典物质科学是严格意义上的"自然科学",而现代信息科学则是严格意义上的"自然科学与人文社会科学的辩证综合"。这种区别,表现了科学研究的历史性进步。

2.3.2 信息科学的研究模型与研究途径

遵循现代信息科学的辩证唯物信息观和信息生态方法论,信息科学的全局研究模型必定表现为图 2.3.1(最简模型)和图 2.3.2(标准模型)所示的"主体与客体相互作用的演进模型"。其中的"主体"可以是人类,也可以是一切有生命的生物主体;当然也可以是人类主体或生物主体的"代理"——智能机器。

按照信息科学的定义"信息科学以信息为研究对象",似乎应当对宇宙中一切信息现象进行深入研究。不过,实际上,限于人类的观察与研究能力,对于那些在时间空间上与人类相距过于遥远的信息现象,人类无论如何也不可能对它们进行任何有效的观察和研究。因此,作为信息科学的内容,它所关注的只能是能够进入"主体客体相互作用框架之内"的信息对象。当然,随着科学技术的不断进步,人类的观察和研究能力将不断增强,能够进入"主体客体相互作用框架之内"的信息对象将越来越丰富。然而"主体客体相互作用框架之内"这个修饰词仍然有效。

注意到"主体与客体相互作用"这个前提就不难理解,一切生主体(包括人类和各种生物)都生活在一定的环境之中,都必须与环境中的客体打交道。一切生物主体都拥有"求生避险"的本能目的;人类主体则不仅要善于"求生避险",更要努力实现"不断发展"的目的。而为了实现"求生避险"的目的,就必须具有感知环境信息(获得客体信息,了解客体信息的形式、内容及其对于自身生存的利害价值)的能力,还必须具有在"利害关系"面前采取有利于生存和规避风险的行为能力。这便是初级水平的"智能"。而对于人类主体来说,为了实现"生存与发展"的目的,不仅必须具有感知环境的能力,在信息的层次上实现"趋利避害",更必须具有认知环境的能力(在感知环境的基础上,抽象概括出关于环境的理性知识,在知识层次上认识环境的规律),以及在理性知识基础上生成"实现新发展"的智能策略和智能行为;进而对自己生成的智能行为的效果和质量进行评估和改进的能力。这便是标准的"智能"(对照图 2.3.2 的模型)。只当实现了这种水平的"智能",主体客体相互作用框架下的"信息-知识-智能"生态过程才能够成功运行,人类主体"认识世界和改造世界,并在改造客观世界的同时也不断改造人类自己"的任务也才能够成功实现。

可见,**图 2.3.1 和图 2.3.2 的确是研究信息科学的普适模型,适用于人类,也适用于各种生物**。在后者的情况下,图 2.3.2 模型种的各种能力指标(感知与注意的能力、认知的能力、基础意识-情感-理智与综合决策的能力、策略执行的能力以及智能行为执行效果评估和优化的能力)都将相应地简化、特化甚至消失。

需要指出,在了解了图 2.3.2 的信息科学全局模型之后,如果需要研究其中的某个个别的单元(个别的信息转换过程),那么,就不应当对它进行孤立的研究,而应当把这个个别的单元仍然放在它的工作环境中、在信息生态链的约束条件下进行研究。这样才真正体现"信息科学观和信息生态方法论"的思想,这样研究所得到的结果才能支持整个信息生态过程。

可见,信息科学的辩证唯物信息观和信息生态方法论是构筑和论证信息科学全局研究模型的根本性指导原则。那么,在构筑了信息科学的全局研究模型的基础上,又应当怎样选择信息科学的研究路径呢?

我们知道,物质科学研究的对象是具体的物质,研究的目的是阐明某种具体物质的性质。因此,物质科学的研究途径首先就是要了解这种具体物质的结构,包括宏观的结构形态以及微观的分子结构;然后,基于这些结构的知识考察这种具体物质的功能,以及基于这种结构和功能的行为性能。

对于信息科学的研究来说,结构观察的研究路径和功能分析的研究路径显然都不足以揭示信息过程的深层本质。正确的答案仍然是:必须遵循信息科学的辩证唯物信息观和信息生态方法论的指导原则。

更具体地说,一般来说,信息科学的研究路径虽然存在多种多样的可能的选择,但是,真正有效的研究路径则必须能够满足信息科学的辩证唯物信息观理念和信息生态方法论的原则。否则,就会事与愿违。

在主体与客体相互作用的框架下,信息过程必然是根据主体的目的把客体信息转换为主体的感知信息,然后把感知信息提炼成知识,进一步把知识激活为能够解决问题达到主体目的的智能策略,并把智能策略转换为主体反作用于客体的智能行为。如果这样生成的智能策略和智能行为不能准确地解决问题达到目的,就要把智能行为反作用于客体的结果与预期目标之间的误差作为一种新的信息反馈到过程的输入端,通过学习增加新的知识,借此优化智能策略和智能行为,直到满意地达到目的为止。

需要指出,上述这个"由客体信息转换为感知信息、由感知信息转换为知识、再由知识转换为智能策略并进而转换为智能行为"的转换过程,正好就是生成智能策略和智能行为的共性工作机制。因此,**信息科学的研究路径可以实至名归地称为"机制主义研究路径"**。

总之,与物质科学的情形截然不同:物质科学的研究模型是物质个体的模型,信息科学的研究模型是信息生态过程的模型;物质科学的研究路径是关注结构分析的结构主义路径,信息科学的研究路径是关注智能生长的机制主义路径。

2.3.3 信息科学研究的特殊规律——范式转变

前曾指出,从全球范围信息科学技术发展的实际情况来看,当今时代正是由它的初级发展阶段(以互联网和物联网为主要标志)向它的高级阶段(以人工智能科学技术为主要标志)升级转变的时期。

在这样一个特殊的转变时期,应当怎样来认识信息科学的学科定位?换句话说,应当用什么样的科学观、方法论、研究模型、研究路径来定位信息科学的科学研究?这显然是一个需要深入思考和分析的问题。

我们知道,在长期孕育的基础上,在第二次世界大战交战双方对于信息的获取(雷达)、传递(通信)、处理(计算)、利用(控制)的迫切需求的刺激下,信息科学技术才得到强力催生,并在二战结束之后一飞冲天爆发起来的。信息论、控制论、系统论等科学理论也相继在 1948 年前后破土而出。从此,便开启了信息科学技术迅速发展的新时代,推动着工业时代向信息时代的快速转变。从 20 世纪中叶到当前阶段,信息科学技术的初级阶段获得了巨大的发展,各种传感技术、通信技术、存储技术、计算技术、控制技术、互联网技术以及物联网技术突飞猛进,而且达到了非常广泛的应用水平。

但是,这一阶段的信息科学技术研究与应用活动,显然还没有来得及形成与自己相适应的"信息科学的科学观和方法论",因而也没有形成自己特有的全局研究模型和研究路径。于是,非常自然而然的选择,便是沿用物质科学的科学观(机械唯物论)和方法论(机械还原方法论)。具体的表现是:人们把信息科学技术的研究当作如同物质科学的研究一样来对待,人们把复杂的信息科学技术研究也沿用"分而治之"的方法论来处理。因此,信息科学技术研究领域被分解为传感、通信、存储、计算、控制等一系列互相独立的"子学科"。直到 20 世纪 90 年代,通信技术与计算机技术之间各不相关,通信技术与控制技术之间也毫无联系,如此等等。

不仅如此,这一时期孕育发展起来的人工智能技术也被"分而治之"的机械还原方法论分解为模拟大脑皮层生物神经网络结构的人工神经网络研究、模拟人脑思维逻辑功能的物理符号系统与专家系统研究以及模拟智能系统"刺激-响应"行为方式的智能机器人研究(含智能 Agent)。代表性的研究模型是孤立的脑模结构型,脑功能模型;研究路径是结构模拟、功能模拟、行为模拟。

这种现象其实并不令人感到奇怪,因为信息科学的具体研究活动作为一种广泛的"社会存在",一定会产生与它相适应的"意识形态——科学观和方法论",但是,由于"意识形态通常落后于它的社会存在",因此,从 20 世纪中叶到 21 世纪 20 年代这个时期必然是"信息科学的科学观和方法论尚未形成,人们只能(而且也必然要)沿用已经存在而且非常熟悉的物质科学的科学观和方法论"。

沿用物质科学的科学观(机械唯物论)和方法论(机械还原方法论)的结果,使信息科学(包括人工智能)逐渐诞生了一系列局部性的学科理论,但是没有(或者说未能)建立起关于信息科学(和人工智能)的整体理论(统一理论)。这就是当今人们所面临的信息科学及人工智能发展的状况。

严格说起来,这种状况当然不符合信息科学(特别是信息科学的高级阶段——智能科学)的要求。不过,在信息科学发展的初级阶段,这种"子学科互相割据"的状况虽然不是理想的状况,但是,它还没有太过严重的危害,而且总算也为信息科学发展的高级阶段提供了一定的研究基础。

问题是,当信息科学走向它的高级阶段的时候,这种"一群子学科互相割据"的状况便不再能够被接受。因为,这种"割据"的存在就妨碍了信息科学(特别是它的高级阶段——智能科学)统一理论的探索,而没有统一理论的信息科学和智能科学便不是完全的信息科学和智能科学。

这便对当今信息科学的发展提出了"科学观和方法论转变"的任务,也就是所谓的"范式转变"的任务。根据表 2.1.1 的科学研究认识论规律,如果没有"科学范式"的转变,便不会有信息科学由初级阶段向高级阶段的发展,就不会有"主体与客体相互作用"的全局模型,也不会有"机制主义"的研究路径,最终就不可能有信息科学及其高级阶段——智能科学——的全局统一理论的问世。

对于当今我们面对的信息科学研究而言,**这个"范式转变"就是要完成:由物质科学的"机械唯物论"的科学观(2.2.1)向信息科学的"辩证唯物论"的科学观(2.3.1)的转变,以及由物质科学的"机械还原方法论"(2.2.2)向信息科学的"信息生态方法论"(2.3.2)的转变。**

正如表 2.1.1 的"科学研究的顶天立地研究纲领"所表示的那样,当科学观和方法论(两者的整体就是"科学范式")转变之后,势必会影响它的研究模型和研究路径也随之发生相应的转变,变为适用于信息科学的"主体与客体相互作用"的全局研究模型和"机制主义"的研究路径,从而形成真正适用于信息科学研究的学科基础。

换言之,在信息科学发展的初期(20 世纪中叶至今),由于信息科学的研究没有形成自己的科学观和方法论(科学范式),沿用了物质科学的科学观和方法分论,它的学科基础是不明确的。因此,在它的初级阶段,信息科学的发展是不健全的。只有通过科学范式的转变,形成了信息科学自己的科学观和方法论(科学范式),信息科学才能得到健全的发展。

这些,就是信息科学由初级阶段向高级阶段升级的转变时期——也就是当今人们所处的信息科学研究时期——所必须完成的特殊任务:范式转变。2.2 节所总结的信息科学的科学观(2.3.1)和方法论(2.3.2)就是信息科学(特别是它的高级阶段)所需要的科学范式。

本章小结与评注

本章根据人类认识论的宏观规律和认知科学的最新研究成果,针对科学研究的基本特点,分析和总结了开辟新学科所应当遵循的"顶天立地的研究纲领",特别指明科学观和方法论(它们两者的辩证统一就称为"科学范式")在确立新学科研究基础过程中的决定性作用。只有正确理解了新学科的科学观和方法论,才能准确构筑新学科的全局研究模型,才能面对全局研究模型恰当确立研究路径。而且,只当有了正确的科学观、方法论、全局研究模型和研究路径,才有可能建立正确的学科理论。

对此,我们的评注是:面对一门新的学科(如信息科学及其高级阶段人工智能),人们往往会直截了当地就去研究学科的理论本身,而不注意研究比科学理论本身更深刻、更基础、更重要然而也更隐蔽、更加看不见摸不着的科学观、方法论、全局模型、研究路径,因而往往走了许多弯路和错路,做了许多"白功"和"虚功"。不问科学观、方法论、全局模型和研究路径,直接奔向学科理论本身,似乎快了,实际是反而慢了。在科学研究的历史上,这种教训实在是太普遍了!

事实上,古人早有深刻的遗训:工欲成其事,必先利其器。说的就是:如果想要解决一个问题(一般是大问题、难问题、复杂的好问题),就必须事先准备好解决问题的工具。不要急急忙忙仓促上阵。对于新学科的研究而言,科学观、方法论、全局模型和研究路径就是最有用最强大最基础性的"工具"。

当今环境,人们心浮气躁,犯急性病,急功近利,追求短平快,不按科学规律办事,这种风气太盛了。我们需要认真学习科学规律,尊重科学规律,树立科学精神。这对于学习科学研究和从事科学研究的人来说,这种精神太要紧了。因此,本章的研究结果具有非常现实的重要意义。

本章参考文献

[1]　MCCULLOCH W C, PITTS W. A Logic Calculus of the Ideas Immanent in Nervous Activity [J]. Bulletin of Mathematical Biophysics, 1943, 5: 115-133.

[2]　WIDROW B, et al. Adaptive Signal Processing [M]. New York: Prentice-Hall, 1985.

[3]　ROSENBLATT F. The Perceptron: A Probabilistic Model for Information Storage and Organization in the Brain [J]. Psych. Rev. , 1958, 65: 386-408.

[4]　HOPFIELD J J. Neural Networks and Physical Systems with Emergent Collective Computational Abilities [J]. Proc. Natl. Acad. Sci. , 1982,79: 2554-2558.

[5]　GROSSBERG S. Studies of Mind and Brain: Neural Principles of Learning Perception, Development, Cognition, and Motor Control [M]. Boston: Reidel Press, 1982.

[6]　RUMELHART D E. Parallel Distributed Processing [M]. Cambridge: MIT Press, 1986.

[7]　KOSKO B. Adaptive Bidirectional Associative Memories [J]. Applied Optics ,1987,26(23):4947-4960.

[8]　KOHONEN T. The Self-Organizing Map [J]. Proc. IEEE, 1990,78(9): 1464-1480.

[9]　TURING A M. Can Machine Think? [J]Reprinted in ＜Computers and Thought＞, 5th ed. FEIG ENBAUM E A, FELDMAN J, eds. New York: McGraw-Hill, 1963.

[10]　WIENER N. Cybernetics [M]. 2nd ed. Boston: The MIT Press and John Wiley & Sons, 1961.

[11]　NEWELL A , SIMON H. A, GPS, A Program That Simulates Human Thought [A]. in Computers and Thought [M]. New York: McGraw-Hill, 1963.

[12]　FEIGENBAUM E A, FELDMAN J. Computers and thought [M]. New York: McGraw-Hill, 1963.

[13]　SIMON H A. The Sciences of Artificial [M]. Cambridge: The MIT Press, 1969.

[14] NEWELL A，SIMON H A. Human Problem Solving [M]. Englewood Cliffs：Prentice-Hall，1972.

[15] MINSKY M L. The Society of Mind [M]. New York：Simon and Schuster，1986.

[16] BROOKS R A. Intelligence without Representation [J]. Artificial Intelligence，1991，47：139-159.

[17] NILSSON N J. Artificial Intelligence：A New Synthesis [M]. San Mateo：Morgan Kaufmann Publishers，1998.

[18] RUSSELL S J，NORVIG P. Artificial Intelligence：A Modern Approach [M]. New York：Pearson Education Inc. ，2006.

[19] 钟义信.智能理论与技术-人工智能与神经网络[M].北京:人民邮电出版社,1992.

[20] 钟义信.机器知行学原理-信息-知识-智能转换理论[M].北京:科学出版社,2007.

第 2 篇　历史上的智能研究：成就与不足

探寻事物深层本质的有效途径，莫过于"溯本求源"，这是因为，事物的深层本质必然潜藏在它的发生机缘和发展过程之中；而把握事物未来走向的有效方法，则应当是"温故知新"。这是因为，事物未来走向必然与它的既有状况相关联，即使可能发生质的飞跃，也不会是无端的飞跃。

本篇是全书的背景篇，目的是追溯和梳理智能科学技术的源头——脑神经科学和认知科学的主要研究成果，回顾人工智能研究的成功经验和不成功的教训，在此基础上探求智能科学技术的新观念，确立智能科学技术研究的新方法。

通过本篇两章的解析，读者将可以在全局上了解：与国内外迄今出版的各种人工智能学术著作和教材相比，本书在学术观念、学术思想、研究方法和研究成果方面可能有哪些重要的不同，进而可以对这些思想、观念、方法和成果的正确与否及其学术意义做出自己的判断。

第3章 自然智能理论研究的启迪

本书在前言中已经指出：人工智能与人类智能之间既有本质的联系（因为前者是由后者引申出来的，而且两者都具有显性智慧），又有原则的区别（因为后者是前者的原型，前者只是原型的部分技术模拟；后者是隐性智慧和显性智慧的统一体，前者只具有显性智慧）。因此，如果不了解人类智能，便不可能（至少是很难）深刻理解人工智能。

既然如此，为了深入研究人工智能，便不能不在展开实际的研究之前首先去了解自然智能的研究状况，从中领悟智能科学技术研究所需要的科学观和方法论，为即将展开的人工智能研究奠定良好的学术基础。

自然智能就是自然创造物的智能，包括人类的智能、动物的智能、植物的智能。不过，"人是万物之灵"，灵就灵在它具有最高水平的智能。因此，我们将以"人类智能"作为自然智能的代表来加以考察。

人类智能是一个极其复杂的研究对象，涉及诸多方面的研究。这里将选择两个代表性的研究领域加以追溯：一个是脑神经科学的研究；另一个是认知科学的研究。因为前者展现了人类智能的物质结构基础，后者揭示了人类智能工作机制的奥秘。对于人工智能的研究来说，前者启迪了人工神经网络的研究，后者是物理符号系统（狭义人工智能）的原型。按照由直观而至抽象的普遍认识规律，这里将从脑神经科学的研究开始。

3.1 脑神经科学研究简介

为了给人工智能的研究提供必要的学术背景和基础，本节致力于回顾有关脑神经科学的一些重要研究成果，并着重了解有关人类大脑结构与功能方面的研究进展。鉴于人类大脑非常复杂，而且已经有了相当丰富的成果积累，这里的考察只能是概览或鸟瞰的性质。对此有专门研究兴趣希望深入探究的读者，可以参考文献[1-6]。

3.1.1　人类大脑与智能系统

人类的思维与智力功能主要定位于大脑,这已经成为现代国际学术界不争的认识。不过,这并非自古就有的共识。事实上,我国古代哲人曾经认为人类的智慧源自于"心"。所以,用来表达诸如"思维、思考、思想、思虑、智慧"的汉文字都以"心"为基础。西方古代学术界也曾有过类似的认识。不过,古代希腊的哲学家们却高屋建瓴,他们一直坚持认为,人的智慧来源于大脑的活动。

生物进化论对于整个生物进化发展历史的考察发现,随着物种由低级到高级的进化发展,生物的脑容量和复杂性不断增加。近代和现代的医学研究则证明:人类心脏的功能主要是为整个人体提供血液和营养,维持人的生命;人类的智力功能主要定位在大脑。

但是,仅有孤立的大脑本身并不能产生智慧能力。这是因为,一方面如果没有办法从外部世界源源不断地输入各种各样鲜活的信息,大脑就没有可供加工的具体对象和实际内容,因而不可能形成任何有价值的智能策略产物;另一方面,如果大脑没有办法把智能策略转变成为智能行为并反作用于外部世界,那么,就不可能对现实世界产生任何有智能的实际效用。

为了真正担负起"智能"的功能,大脑需要有各种感觉器官从外部世界获取信息,需要有相应的传导神经系统把信息传递到相应的部位,需要有各种记忆系统把信息保存起来备用,需要有各种相关的脑组织对信息进行必要的加工,需要有各种皮层组织把信息转换成为知识,进而把知识转换成为有智能水平的策略,需要有相关的脑组织把智能策略表达为适当的形式以便通过传导神经系统把它们传送到效应器官(也称为执行器官),并通过它们把智能策略转化为智能行为反作用于外部世界以产生智能行为的实际效果。这种实际效果本身又成为一种新的信息,通过感觉器官和输入传导神经系统反馈给大脑皮层,使大脑能够判断此前所产生的智能策略是否真正有效,并在多大的程度上实现了预期的目标,从而确定是否需要改进原先形成的策略,以及如何改进这些策略。

可见,人类的智能活动是通过一个复杂而完善的系统(我们称之为"智能系统")来完成的。在这个智能系统中,大脑处于核心的地位;感觉器官和效应器官位于大脑的两侧,是大脑与外部世界的接口:感觉器官把外部世界的信息输入大脑,效应器官把大脑生成的智能策略反作用于外部世界;输入传导神经系统负责沟通大脑与感觉器官之间的联系,输出传导神经系统负责沟通大脑与效应器官之间的联系。整个智能系统的示意功能结构可用图 3.1.1 来表示。

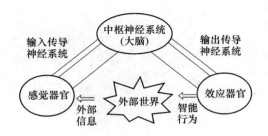

图 3.1.1　脑与智能系统

图 3.1.1 表明,一方面,在整个智能系统中,感觉器官、输入和输出传导神经系统、大脑(中枢神经系统)和效应器官各司其职,各尽其能,和谐合作,形成一个相辅相成的有机而完美的整体,与外部世界进行相互作用,使人的主观认识逐步接近客观规律,从而完成"认识世界和优化世界并在此过程中优化主观世界"的任务。在这个复杂而完整的智能系统中,缺少了任何一个环节都会使智能系统的整体功能受到破坏,使"在认识世界和优化世界的同时优化主观世界"的任务归于失败。

另一方面,智能系统中各种组织器官的作用又非绝对均等同一,而是错落有致井然有序:大脑处于核心地位;其他组织器官则围绕大脑核心功能展开工作。首先,感觉器官从外部世界获取信息;接着,输入传导神经系统把信息传递到大脑;随之,大脑在对输入的信息进行必要的预处理之后主要的任务是要**把信息转换成为知识并把知识转换成为智能策略**(请注意,我们把这部分功能称为"**核心智能**"或"**狭义智能**");继而,输出传导神经系统把智能策略传递到效应器官,最后,效应器官把智能策略转换成为智能行为反作用于外部世界。

因此,如果把关注的重点放在"核心智能"(因为狭义人工智能主要就致力于模拟核心智能的功能),那么就可以把考察的重点聚焦到大脑(中枢神经系统)本身。

3.1.2　脑的组织学

图 3.1.2 给出了大脑中枢神经系统"矢状面"解剖的示意结构。图中示出,中枢神经系统自下而上包括脊髓、延髓、小脑、脑桥、中脑和大脑皮层等部分。其中,脊髓的主要作用是中转大脑与躯体之间的神经信息和控制简单的反射;延髓的主要功能是调节心跳与呼吸,小脑的主要功能是协调运动平衡,脑桥的主要作用是沟通大脑皮质与小脑间的信息,中脑的主要作用是网状激活系统并传导和转换其间的信息,大脑皮层所承担的主要功能是自主运动感觉、学习、记忆、思维、情绪和意识。正是这些功能的联合作用,完成了把信息转换为知识和把知识转换为智能策略的任务。颅骨的主要作用是保护大脑皮层,垂体所起的主要作用是内分泌系统,丘脑的主要作用是处理感觉器官的信息并中转到皮层。

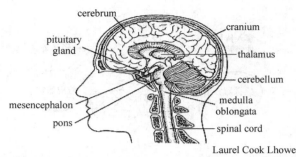

Laurel Cook Lhowe

spinal cord 脊髓，medulla oblongata 延髓，cerebellum 小脑，thalamus 丘脑，cranium 颅骨
cerebrum 大脑皮层，pituitary gland 垂体，mesencephalon 中脑，pons 脑桥

图 3.1.2　大脑结构示意图

由于这里的主要关注点是大脑皮层所担负的"把信息转换为知识（称为**知识生成**）并把知识转换为智能策略（称为**策略制定**）"的核心智能，因此，后面将着重考察大脑皮层的结构与功能。

脑科学研究指出，大脑皮层有古皮层、旧皮层、新皮层之分，这是依据大脑皮层进化过程的早晚所做的划分。最古老的低等动物（如腔肠类动物）就已经拥有了古皮层，它的任务主要是嗅觉信息的处理和记忆，它是支持低等动物生存发展的最早的脑组织。旧皮层是低等动物进化到比较高等的动物（如爬行类动物）的时期逐渐发展起来的，负责更多的信息处理与存储的功能，因此支持了这些物种获得更多的生存与发展的机会。新皮层则是高等动物（如哺乳类动物、灵长类动物，特别是人类）才拥有的高级皮层组织，在物种进化过程的后期才发育起来。新皮层发展起来以后，也担负了一部分旧皮层的功能，因此，旧皮层和古皮层就逐渐退化。新皮层主要担负着执行高级智力功能的任务，它是这里考察的重点。为了叙述的简便，后面将把"新大脑皮层"简称为"大脑皮层"或"皮层"。

大脑由左、右两个半球构成，大脑半球表面覆盖着一层灰质，即大脑皮质（因此，这一层就叫大脑皮层），覆盖在间脑、中脑和小脑上面。左、右半球之间有大脑纵向裂隙，后者底部是连接两半球的横行纤维束，称为胼胝体。大脑皮质的表面凹凸不平，布满深浅不同的"沟"。"沟"与"沟"之间的隆起部分称为"回"。这种凹凸不平的沟回结构有利于最大限度地扩展大脑皮层的总面积，而正是这个总面积决定着人类智力功能的水平。

在这些众多的脑沟之中，有三条沟最为重要，这就是：中央沟、外侧沟和顶枕沟。图 3.1.3 虽然没有直接标出这些脑沟的名称，但是图中却用不同颜色之间的边界标示了这三条沟的位置。

中央沟：从半球上缘中点的稍后方开始（在开始处稍微转至内侧面），向前下方斜行到半球的上外侧面为止，见图 3.1.3 中 A 区域为一方、B 和 C 区域为另一方所形成的边界。

外侧沟：从半球下部略靠前的地方开始，向上再向后方，沿着外侧面斜行，见图 3.1.3 中 C 区域为一方、A 区域和 B 区域为另一方所形成的边界。

顶枕沟：位于半球内侧面的后部，由前下走向后上，并略转至半球上外侧面，参见图 3.1.3 中的 D 区域为一方、C 区域及黄色区域为另一方所形成的边界。

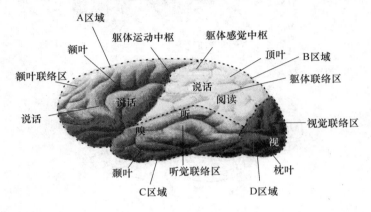

图 3.1.3　脑沟与脑叶

如图 3.1.3 所示，两个大脑半球都以中央沟、外侧沟、顶枕沟为界，划分出六个不同的区域，称为"脑叶"。这些"脑叶"在结构与功能上的特点分别是：

（1）额叶：位于外侧沟之上和中央沟之前（图 3.1.3 的 A 区域），主要功能是负责规划与运动。

（2）顶叶：位于中央沟与顶枕沟之间（图 3.1.3 的 B 区域），主要功能是负责躯体的感觉。

（3）枕叶：位于顶枕沟之后（图 3.1.3 的 D 区域），主要功能是视觉。

（4）颞叶：位于外侧沟以下（图 3.1.3 的 C 区域），主要功能包括听觉、学习、记忆、情感。

（5）岛叶：位于外侧沟的深处，不能直接看到，功能还不太清楚。

（6）边缘叶：在半球内侧面，包括额叶、颞叶、顶叶的下缘部分皮质区域，主要功能与情绪相关。

可见，人类的高级认知功能，包括信息输入的感觉功能（含视觉功能、听觉功能和躯体感觉功能）、记忆功能、信息处理功能、信息整合功能、学习功能、行为规划功能、输出运动功能以及情绪调节功能，主要都由大脑皮层承担。

进一步的研究发现，上述大脑皮层的功能还有更加细致的分区定位。不过，由于大脑功能分区的研究非常复杂，现在还没有获得最终的结果。目前比较公认的大脑功能分区的情况如图 3.1.4 所示。

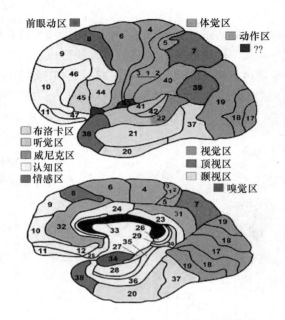

图 3.1.4　Brodmann 的大脑皮层功能分区

　　Brodmann 的研究把大脑分为 52 个功能区:3-1-2 区是初级躯体感觉运动区(Sm-1);4 区是初级躯体运动感觉区;6 区部分是初级躯体运动感觉区,部分是前运动区;5、7 两个区接受来自皮肤、肌肉、关节的各种感觉,进行高级整合,产生运动方向和肢体空间位置等感觉;17 区是初级视觉皮层(V-1);18 区是视觉联络区(V-2);19 区是视觉联络区(V-3),感知和整合视觉信息;41 区是初级听觉皮层(A-1);42 区是听觉联络皮层(A-2);22 区是高级听觉联络皮层(A-3);39-40 区是Wernicke 感觉语言区;43 区是味觉的高级皮层;44 区是 Broca 运动语言区。

　　需要说明的是,大脑皮层的这些功能定位并不是绝对的和机械的,而是高度灵活的。至少,现在已经发现以下几个重要的特点:

　　(1)"交叉性":每个半球都处理对侧(而不是同侧)躯体的感觉与运动。从身体左侧进入脊髓的感觉信息在传送到大脑皮质之前在脊髓和脑干区域交叉到神经系统的右侧;而从身体右侧进入脊髓的感觉信息在传送到大脑皮质之前在脊髓和脑干区域则交叉到神经系统的左侧;半球的控制区域也交叉控制对侧身体的运动。

　　(2)"非对称性":两个半球虽然在结构上十分相似,但并非完全对称,两个半球的功能也不完全相同。例如,语言的认知和表达功能主要定位在大脑的左半球,而语言的情感因素却与大脑的右半球有关。

　　(3)"分布性和补偿性":许多功能特别是高级思维功能通常都可以分解为若干子功能,这些子功能之间不仅存在串序的关系,也存在并序的关系。因此,对于某个特定功能的神经加工往往是在大脑的许多部位分布式进行的。正是由于这个缘故,某一部位的损伤不一定会导致整个功能的完全丧失,或者即使暂时丧失了,也可能逐步得到恢复,就是因为其他组织也可以承担受到损伤的那个组织的任务。事实上,大脑各部位的功能并不是完全互相独立的,只是某个功能以某个部位为主而已。

3.1.3　脑组织的细胞学

大脑皮质由数量巨大而大小不等的神经细胞(称为神经元)和神经胶质细胞以及神经纤维构成。其中神经细胞是皮质功能的基本单元;胶质细胞的主要作用是支持、维护、隔离和清扫(近来的研究发现了神经胶质细胞的一些新的功能,但是目前还没有得到完全的澄清);神经纤维的主要作用是实现各种神经连接。因此,这里主要关注神经细胞。

神经细胞的数量虽然十分巨大,但是它们却只有以下 5 种类型(如图 3.1.5 所示):

(1) 锥体细胞:最重要的传出神经元。

(2) 颗粒细胞:包括星形细胞和蓝状细胞等,大部分属于中间神经元。

(3) 梭形细胞:多聚于皮层的深层,轴突可成为投射和联络纤维。

(4) 水平细胞:仅见于皮层的浅层,是皮层内的联络神经元。

(5) 上行轴突细胞:多居皮层深层,但轴突长且垂直上行,是皮层内的联络神经元。

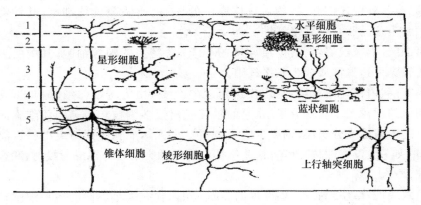

图 3.1.5　皮层细胞的分类

大脑皮层拥有巨量的神经元和神经纤维,但皮层各处的厚度却只有大约 2 mm,相当于 6 张名片叠在一起的厚度。皮层内的神经元和神经纤维一般都呈层状排列,按照神经细胞和神经纤维沿皮层纵深分布的种类、密度和排列规律,大部分皮层区可分为自上而下的六层(如图 3.1.6 所示):

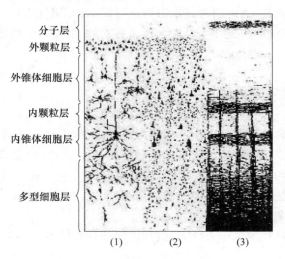

分子层
外颗粒层
外锥体细胞层
内颗粒层
内锥体细胞层
多型细胞层

(1)　　　　(2)　　　　(3)

图 3.1.6　皮层细胞的分层结构

第一层,分子层:约占皮层厚度的 10%,内含水平细胞和较小的颗粒细胞。其中到达此层的锥体细胞的顶树突、梭形细胞的顶树突、马蒂诺蒂细胞的轴突分支和传入纤维的末梢组成此层的切线纤维,故又称为切线纤维层。

第二层,外颗粒层:约占皮层厚度的 9%,主要是小颗粒细胞和小锥体细胞。此层纤维少,故称为无纤维层。

第三层,外锥体细胞层:约占皮层厚度的 30%,含大量锥体细胞,其轴突下行构成大脑半球的联合和联络纤维。

第四层,内颗粒层:约占皮层厚度的 10%,含密集的颗粒细胞,其中的大颗粒细胞的轴突可达深部或成为联络纤维。

第五层,内锥体细胞层:约占皮层厚度的 20%,由大量锥体细胞构成,其中大锥体细胞的顶树突上行达分子层,它的轴突发出很多侧枝。中等锥体细胞的顶树突上行达第四层或分子层,轴突少或无侧枝。小锥体细胞的顶树突上行可能到第四层,轴突一般没有侧枝。所有这些锥体细胞的轴突下行分别成为投射、联合和联络纤维。

第六层,多型层:约占皮层厚度的 20%,层内含有大小不同的梭形细胞,其中,小型梭形细胞的顶树突上行达第五层,中型细胞的顶树突上行达第四层,大型细胞的顶树突上行达分子层;各型细胞的轴突下行分别成为投射、联合和联络纤维。

新大脑皮层的 6 层结构是由古皮层的 3 层结构衍生而来的,其中第 2、3 层进化较晚较新,分化程度最高,属于联络性层次,主要发出和接收皮层间的联络纤维,古皮层没有这些层次。第 4 层接受特异性的传入纤维,属于传入性层次。第 5、6 层为传出层次,发出下行纤维与皮层下联系。

值得特别指出的是,虽然大脑皮层的神经细胞和神经纤维形成明显的层状结构,但是大脑皮层的功能单位却呈现出垂直的柱状结构,因此称这些功能单位为"功能柱"。一个功能柱通常垂直贯穿皮层的所有层次,柱内的神经元具有相似的反应性质,即:同一柱中的神经元具有相同的感受野,相同的功能性质、相同的运动反应。不同的柱之间由短距离的水平纤维相互连接。当一个"功能柱"达到足够强的兴奋时,就会对邻近的"功能柱"产生抑制性影响,称为"侧抑制性"。因此,可以认为,柱形结构是大脑皮层的功能单位,大脑皮层是由大量的"柱形结构"构成的。

大脑皮质神经元之间形成纵横交错极其复杂的连接,构成大规模的神经元网络(简称为神经网络)。正是由于神经元之间的连接的广泛性和复杂性,使大脑皮质具有高度的表达、处理、分析与综合能力,构成了丰富多彩的思维活动的物质基础。

人的大脑大约包含有 10^{12} 个神经元,每个神经元又大约与 $10^3 \sim 10^4$ 个其他神经元相连接(这些连接的机制称为突触),形成极为复杂而又灵活多样的神经网络。虽然每个神经元都十分简单,但是如此大量的神经元之间如此复杂的连接却足以表达极其丰富多彩和变化万端的运动方式;同时,如此大量的神经元与外部感受器之间的多种多样的连接方式也蕴含了变化莫测的反应方式。总之,神经元之间联结方式的高度多样化导致了表达能力的高度多样化,这是"连接主义"理论的基础。

按照各自功能的不同,神经元分为感觉神经元(也称输入神经元,用来传导感觉冲动)、运动神经元(也称输出神经元,用来传导运动冲动)以及中间神经元(也称联合神经元,在神经元之间担负联络功能)。

每个神经元在结构上由胞体(细胞的中央主体)、树突(分布在细胞体的外周)和轴突(细胞体深处发出的主轴)构成,如图 3.1.7 所示。

细胞体一般位于神经细胞的中央,是神经元的营养中心和代谢中心,它本身又由细胞核、细胞质、细胞膜组成,细胞核内含有核糖核酸和有关蛋白质组成的遗传物质;细胞质由内质网和高尔基体构成。其中内质网是合成膜和蛋白质的基础,高尔基体的主要作用是加工合成物以及分泌糖类物质。作为神经元的胞衣,细胞膜以液态脂质双分子层为基底并镶嵌着具有各种生理功能的蛋白质分子。

细胞体的外周通常生长有许多树状突起,称为树突。它们是神经元的主要信息接收器。

细胞体还延伸出一条主要的细长管状的纤维组织,称为轴突。在轴突外面,可能包裹有一层厚的绝缘组织,称为髓鞘,也称"梅林鞘(Meilin Shealth)",它可以保护轴突免受其他神经元信息的干扰。具有髓鞘的轴突称为有鞘轴突。通常,髓鞘被分为许多更短的段,各段之间的部分称为"朗飞节(Ranvier Node)"(见图 3.1.7)。

没有髓鞘的那些部分轴突就称为无鞘轴突。

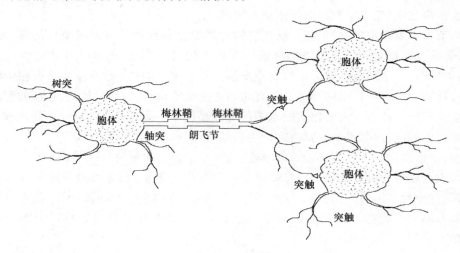

图 3.1.7　神经元结构示意

　　轴突的主要作用是在神经元之间传导信息,传导方向是由轴突的细胞体作为起点传向它的末端。通常,在轴突的末端会分出许多末梢,这些末梢同其后的神经元树突(或者细胞体,或者轴突)构成一个个特别的联络机构,称为突触(Synapse)。正是通过大量这样的特殊连接,构成了复杂的神经元网络,称为生物神经网络。

　　突触的结构很复杂,每个突触的前一个神经元轴突末梢称为"突触前膜(Pre-synapse Membrane)",后一个神经元的树突(或细胞体或轴突)称为"突触后膜(Post-synapse Membrane)",它们之间的窄缝空间称为"突触间隙(Synapse Cleft)"。依据突触前膜和后膜两者之间通信媒质性质的不同,突触分为化学突触和电突触两大类型。前者以化学物质(称为"神经递质")作为通信的媒质,后者以电信号作为通信的媒质。哺乳动物神经系统多为化学突触,所以,通常所说的突触,多指化学突触。作为通信媒质的神经递质种类很多,这里不作详细的考察。

　　在静息状态下,神经细胞膜的电位具有"内负外正"的分布,即细胞膜外的电位比膜内的电位大约高出 70 mV。如果由于某种因素使这个电位差大大缩小(比如变为 40 mV),神经细胞就会处于兴奋状态并输出电信号(称为动作电位),这个过程称为"去极化"。而如果由于某个过程使这个电位差变得更大(比如变为 100 mV),神经细胞就会处于"抑制"状态,这个过程称为"超极化"。神经细胞发放动作电位的机理如图 3.1.8 所示。

　　那么,神经细胞产生的动作电位(神经信息)是怎样传递给其他神经细胞的呢?

　　神经细胞产生的电位信号可以沿着轴突进行无衰减的传输,但传到突触间隙之后,电位信号就不能继续传递了。这时,受到这个电位信号的作用,存储在突触前膜众多小泡内的化学递质就会被释放到间隙中并扩散到后膜,后膜的受体与递质结合则可使后膜电位变化,产生各种突触后效应。其中一种效应是使后神经元兴奋,称为兴奋性突触后电位;另一种效应则是使后神经元抑制,称为抑制性突触后电位。通过这样的生物电化学过程,完成了信息的传递。

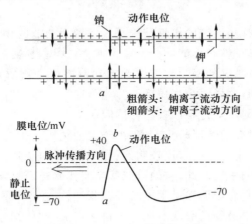

图 3.1.8　神经细胞发放动作电位机理

　　大脑皮层的每个神经元都与为数众多的其他神经元之间形成各种突触连接:有兴奋性的,也有抑制性的;有强的,——也有弱的;有远的,也有近的;有略早的,也有略迟的。每个神经元每时每刻都要对所有这些突触后电位在时间上和空间上进行综合,然后决定是否输出动作电位。这个过程,称为神经元突触的整合过程。每个神经元都在进行突触的整合,而大脑皮层中数以千亿计的神经元都在时时刻刻地进行着突触整合,大脑皮层就是以这种方式处理着变化无穷的信息,产生着丰富多彩的决策。

　　到这里,我们从研究智能理论特别是人工智能理论的需要出发,对于脑神经科学的研究成果作了一个简略的回顾,主要包括智能系统与大脑的关系、大脑的组织理论以及大脑皮层的细胞理论(关于大脑神经细胞工作的离子运动详细过程,由于与人工智能的研究关联性较远,这里从略)。正是这样一个复杂的大脑结构,支持了人类大脑千姿百态变化无穷的智慧能力。这些研究成果,显然成为人工神经网络的原型基础。

　　应当指出,随着科学技术的进步,人类观察和分析大脑物质结构的手段越来越先进,对脑组织的观察越来越细致。分子生物学的建立,更对脑组织活动的分子离子过程得到了前所未有的认识。新近问世的功能核磁共振设备不但可以观察大脑的静态组织结构,而且可以观察大脑工作的动态过程,观察和分析在不同的外部刺激下和在不同的思维功能下,这些功能是由哪些脑组织合作完成的。所有这些进步,都会为脑神经科学带来新的研究成果。不过,从目前人工智能研究的需要考虑,我们的考察暂且到此为止。

3.2　认知科学研究简介

一般认为,大脑神经系统的组织结构是人类智力功能的物质基础。但是,有了这样的物质基础不等于就必然能够产生智力能力,这里,还需要有恰当的工作机制(如同那只"神秘的看不见的手")来组织调度和发挥这个物质系统的作用。因此,人们就要进一步追问:这样一个物质系统究竟是通过怎样的机制形成智力功能的?"认知科学"研究的任务,就是要回答这样的问题。

和脑神经科学研究的情况颇为不同:由于大脑物质结构的客观存在性质,人们对于脑神经科学的界定相对而言比较明确;然而,正是由于认知科学研究的是那只"看不见的神秘莫测的手",因此,它的研究甚至要比脑神经科学更加困难。

不仅如此,学术界对于认知科学本身的认识至今也仍然呈现着"仁者见仁,智者见智"的状态。其中最狭义的观点把认知科学定义为"认知心理学",而广义的观点则把它理解为"心理学,认知神经科学,神经生理学,信息学,人工智能,计算机科学,语言学,人类学,社会学和哲学的交叉与综合学科"。

这样一种多样化的认识状态给我们的考察带来了很大的困难:究竟应当按照什么观念(狭义的? 广义的? 介乎两者之间的?)来介绍和总结认知科学的成果?

显然,任何一种实际的决策都不可能生成万全之策:决策本身就意味着"选择"和"舍去"。按照本书确立的宗旨,这里只能根据人工智能研究的需要,选取认知科学最为基本和最为核心而且与人工智能研究最为相关的那些部分来加以综述。如果读者对于认知科学有特殊的兴趣,需要了解更细致的认知科学成果,可以参看文献[7-12]。

20 世纪 70 年代以来,无论是哪一种认知科学的理解,它们之间主要的共同之处都在于:把人类的认知系统看作是"一种物理符号系统",把人类的认知过程看作是"信息处理的过程"。因此,各种认知科学的共同关注点都集中在:这样的物理符号系统是如何进行认知的信息处理的? 其中的核心问题包括如下两个基本方面:一是认知过程的表达方法;二是基于这种表达方法的认知计算(或处理)模型。

从这种认识出发,本节将着重关注"处理信息的物理符号系统"中有关感知、注意、记忆、思维、语言、情绪等基本环节的概念理解和计算模型。这些也都是与人工智能的研究紧密相关的内容。

3.2.1　感知

按照认知科学的理论,一切认知过程都发端于"感知",它是认知过程的第一环节。所谓感知,就是通过感觉器官获知事物(外部世界的客体和认识主体的内部工作机构)的状态及其相互关系。这是整个认知过程的起始步骤。没有感知,就不会有认知的后续过程。

进一步分析认为,感知阶段又可以细分为感觉、知觉、表象三个相互联系和逐层递进的基本过程。

1. 感觉

一方面,外部世界的任何事物都具有一定的物理化学性质:发光或反射光线的能力,发声或者反射声音的能力,产生某种气味的能力,具有一定重量和表面物理特性等。这些物理化学性质对主体产生的作用,被称为"刺激"。另一方面,主体感觉器官的感受神经元(感受器)群体具有对一定物理化学性质敏感从而产生反应的能力。这种反应,被称为"响应"。因此,只要有某种事物出现,只要它的刺激量达到一定的程度,对它敏感的感受神经元群体就会产生反应(响应),使相应的感受器产生兴奋,形成神经冲动(动作电位),并沿着由轴突等神经纤维组成的特定神经通道,传入中枢系统的相应部位,形成"感觉"。

需要注意,感觉通常是指事物的个别特性在人脑中引起的反应,尚未进行综合分析和加工,因此是初步的和简单的心理过程。换言之,感觉是零星的反映而不是系统的反映,是局部的反映而不是整体的反映,是表面的反映而不是深刻的反映。

2. 知觉

神经系统对于相关外部刺激所做出的初级反应到达大脑皮层之后,经过综合分析和加工,完成了神经冲动时空序列的分类,形成特定类型的模式;这类模式在中枢的反应,就称为知觉。

所以,知觉是反映事物的整体形象和表面联系的心理过程。知觉是在感觉的基础上形成的,比感觉更复杂更完整。人们所感觉的是局部零星的信息,是模式的元素;而人们所知觉的则是相对完整的模式。

当然,模式有简单与复杂之分,知觉也有简单与复杂之别。但是,无论简单还是复杂,模式总是对应于某个完整的结构,知觉总是对应于某个完整的印象。因此,对于知觉而言,"结构关系"是它的表征性特性,也是它与感觉不同的固有特性。

目前,认知学界对于知觉的形成尚有不同的认识。比如,构造理论学派认为,人们的经验和期望对于知觉的生成具有重要影响,在同样的刺激条件下,具有不同经验和期望的人们所生成的知觉可能不完全相同;但是吉布森生态学理论却认为,经验对于知觉的生成不起作用,因为知觉是直接的,不需要推理或联想。对此,格式塔理论提出了一种"简单性知觉"原则，认为：如果一个构造（知觉模式）存在多个不同的表现形式，其中比较简单的形式会更容易被接受。当然，这些理论尚待进一步的检验。

3. 表象

表象，指经过感知的事物在脑中再现的形象，是客观对象不在主体面前呈现时，在观念中所保持的客观对象的形象的复现。表象是刺激在大脑皮层中建立的稳定模式表征，它是相关神经元冲动所形成的相对稳定的时间空间序列。

认知科学认为，表象是由"感知"到"概念"的过渡，表象具有如下一些特征：

第一，直观性。表象是在知觉的基础上产生的，是直观的感性反映。

第二，概括性。表象是多次知觉概括的结果，是知觉的概略再现。

第三，综合性。表象可以是多种感觉（如视觉和听觉等）的综合映像。

第四，思维性。形象思维就是凭借表象进行的思维操作。

表象又可以分为记忆表象和想象表象。

记忆表象的特征包括：（1）记忆表象可以具有模糊性、不稳定性和片断性；（2）记忆表象不受当前知觉的限制，可以经过复合融合达到比感知更丰富更深刻的水平。

想象表象的特征包括：（1）想象表象是对原有表象进行加工而形成的新表象；（2）想象表象来源于具体的感知，也会受到语言的影响；（3）想象表象可以有"无意想象""有意想象""再造想象"和"创造想象"之分。由于想象表象的研究比较复杂，目前还在不断深入。

3.2.2　注意

"注意"是认知心理活动在某一时刻所处的特殊状态，表现为对一定对象的指向（朝向什么对象）与集中（在一定方向上活动的强度）。注意在认知活动中扮演着重要的角色，因为若是没有注意的能力，感知就会变得盲目，变得漫无目标，就可能一事无成。

注意在感知过程中实现了三项重要的功能：（1）"选择"功能，即选择所关注的对象，而不再是漫不经心；（2）"维持"功能，即维持在所关注的对象上，从而可能有所深入；（3）"调节"功能，即当主观和客观情况发生变化时，适应这种变化。

那么，注意功能是怎样实现的呢？它的工作过程是怎样进行的呢？对此，认知科学尚未得出统一的解释。但是，按照"注意的选择功能"发生的深度的不同，人们先后提出了以下多种可能的工作模型来加以解释。

1. 过滤器模型

这种模型认为来自外界的信息是大量的，而高级中枢的加工能力是有限的，为了避免高级中枢系统的过载,需要用过滤器对输入信息加以调节(见图 3.2.1),选择其中一些信息进入高级分析阶段,其余信息则被过滤。

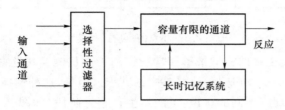

图 3.2.1　注意的过滤器模型

2. 衰减模型

认知科学研究人员设计过一种"双耳分听试验":给被试的两个耳朵同时呈现两种材料,让被试大声追随从一个耳朵听到的材料,并检查被试从另一个耳朵所获得的信息。前者称为"追随耳",后者称为"非追随耳"。结果发现,被试从"非追随耳"所获得信息很少。

研究者认为,追随耳的信息加工方式可以用过滤器模型解释,非追随耳的信息也有可能通过过滤器而被加工,只是在通过过滤器时会被衰减(故在图 3.2.2 的模型中以虚线表示),在意义分析过程中有可能被过滤掉。衰减模型中引入了"阈值"的概念,认为已经存储在大脑中的信息在高级分析水平上的兴奋阈值各不相同,从而影响过滤器的选择结果。

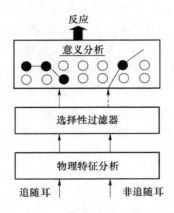

图 3.2.2　注意的衰减模型

3. 反应选择模型

也有认知科学研究者认为,注意并不在于选择知觉模式,而在于选择对刺激的反应,如图 3.2.3 所示。感觉器官感受到的所有刺激都会进入高级分析过程,中枢则根据一定的法则进行加工,对重要的信息才做出反应,不重要的信息可能很快被新的内容冲掉。

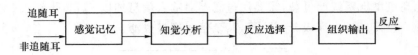

图 3.2.3　注意的反应选择模型

　　人们还提出过更多的模型来解释"注意"的工作机制。从这些模型可以看出,注意的基本功能就是一种选择,这是基本的共识。但是,这种选择功能究竟发生在认知的什么阶段,却有不同的认识:可能发生在感觉阶段(如图 3.2.1 所示的过滤器模型),也可能发生在知觉阶段(如图 3.2.2 所示的衰减模型),还可能发生在更高级的中枢处理阶段(如图 3.2.3 所示的反应选择模型)。除上面提到的这些模型外,研究人员仍然在不断地提出一些关于注意机制的新模型。这些模型表明,人们对于注意功能机制的认识还需要进一步地深入研究。

　　总之,注意是认知过程的第一道"关口":什么刺激值得关注,什么刺激应当被抑制。这是一个非常基础的功能,目前认知科学对于它的研究还在不断深化的过程之中。限于篇幅,这里就从略了。

3.2.3　记忆

　　记忆,是认知过程的重要环节,包括"记"和"忆"两个方面:前者是在头脑中积累和保存个体经验的心理过程,后者是从头脑中提取个体经验的心理过程;"记"是人脑对新获得的行为的保持,"忆"是对过去经验中发生过的事物的回想。由于有了记忆,人们才能积累和增长经验。有了记忆,先后的经验才能互相联系起来,使心理活动成为一个不断增进和发展的过程,而不是静止和孤立的过程。

　　认知科学认为,记忆本身包括三个基本过程:(1)把感官获得的外界信息转换成各种不同的记忆代码,进入记忆系统,称为编码;(2)信息在记忆系统中有序可靠地保持,称为存储;(3)信息从记忆系统中被唤醒和输出,称为提取。

　　认知科学还认为,人类的记忆分为感觉记忆、短期记忆和长期记忆,如图 3.2.4 所示。

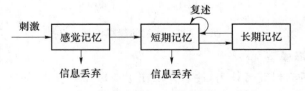

图 3.2.4　记忆的模型

　　模型表明,环境的各种刺激都可以进入感觉记忆,但是只有被注意的刺激才能进入短期记忆,其他未被注意的信息则被丢失;进入短期记忆的信息经过复述可以进入长期记忆,其他信息也被丢失;进入长期记忆的信息则将被永久保存,而且是按照信息的"语义"来保存。

1. 感觉记忆

感觉记忆又称为瞬时记忆,各种感觉信息在这里是以"视象"和"声象"的形式保持一段时间(几十到几百毫秒)。这种表象是最直接的原始记忆。感觉记忆的特征是:(1)记忆非常短暂;(2)可以处理与感受器同样多的物质刺激能量;(3)以相当直接的方式对信息进行编码。

2. 短期记忆

被注意到的信息才可以进入短期记忆。短期记忆由若干个记忆槽组成,来自感觉记忆的信息单元分别进入不同的槽。短期记忆一般只保持 20～30 秒,如果加以复述,则可以继续保持,延缓丧失。但是如果复述的间隔太长(比如大于 30 秒),就起不到延缓的作用。与感觉记忆中可以处理大量信息的情况相比,短期记忆的记忆能力相当有限。经验表明,短期记忆的容量为 7－2～7＋2 个组块。

短期记忆扮演缓冲存储器的角色,它所存储的信息是正在加工使用的信息;在这里可以将许多来自感觉的信息加以整合。因此,短期记忆也被称为工作记忆。它的工作模型如图 3.2.5 所示。

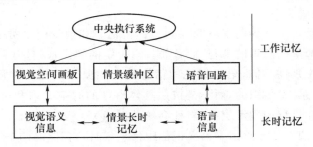

图 3.2.5　工作记忆模型

图中表明,工作记忆负责对感觉系统送来的视听信息进行相应加工,其中语音回路负责"音象"信息的加工;视觉空间画板负责"视象"信息的加工;情景缓冲区为语音回路、视觉空间画板和情景长时记忆之间提供暂时信息整合空间,中央执行系统负责各子系统之间以及它们与情景长时记忆的联系,注意资源的协调和策略的选择与计划,将不同来源的信息整合成完整连贯的情景。

目前,人们对于短期记忆的信息提取机制的理解有多种认识,有的认为是通过系列扫描实现的,有的认为是在所要提取的信息的位置上直接提取的,也有的认为是通过上述两种方式的混合方式实现的。但是,每种方式都有一些问题没有澄清,原因是对于工作记忆的编码过程还存在盲区。

3. 长期记忆

经过短期记忆(工作记忆)处理的信息才会进入长期记忆,后者有巨大的容量,是一个真正的信息存储库,可以长时间保存信息。在这里,信息(特指陈述性信息)是按照信息的"语义(内容)"来保存的。但是关于在长期记忆系统中信息的形式(感觉器官只能感受到客体的形式)是怎样转换为信息内容的,却还没有见到认知科学的论述。

认知科学认为,长期记忆可以分为程序性记忆(或技能性记忆)和非程序性记忆(或陈述记忆)两种类型,后者又可分为情景记忆(事件性记忆)和语义记忆(事实性记忆或陈述记忆)。

程序性记忆是对已经习得的行为和技能的回忆。某种程序性记忆一旦被启动,这种习得行为或技能便会下意识地按程序展开和完成。典型的程序性记忆事例包括人们对骑车、打字、体育运动技巧的记忆等,一旦掌握了骑车的技巧,当需要骑车的时候相关的技巧就会自动展开和完成。

情景记忆是个体对于某些人物(可能包含自己,也可能不包含)在一定时间和地点所发生的具体事件(包括事件的过程)的记忆。它的特点是要有清醒的意识的参与(而不是像程序性记忆那样下意识地进行),而且事件发生时间、地点、人物和过程都是非常具体化和非常个性化的。情景记忆属于认知过程的感觉和经验的层次,与个人的信念相关。

语义记忆是关于世界基本事实和知识的记忆。和情景记忆类似,语义记忆的特点也是要有清醒的意识的参与,而且要具有一定的知识基础;但和情景记忆的信息的具体性和个别性不同,语义记忆的信息具有抽象和概括的性质,并且是按照"知识的语义关系"来组织的,而不是按照具体事件的时空关系和过程来组织。语义记忆属于认知过程的理解层次,与社会的共识相关。

作为例子,图 3.2.6 给出了语义记忆中信息(知识)存储的两个模型。

由图看出,语义记忆系统是以事物的"语义(内容)"来组织信息和知识的,而不是按照事物的外部形态或其他特征来组织。在模型(a)中,各个概念之间依照"语义"的关联程度互相连接成网络结构,连线的长度越短,表示关联程度越紧密;而在模型(b)中,各个概念则是按照"语义"的抽象层次组织成网络结构,层次越高,对应的概念越抽象。语义记忆的这种知识组织方式,十分有利于实现按照事物的"语义(内容)"来进行检索和提取。

总的来说,认知科学关于记忆的三个要素(编码、保存、提取)的研究都取得了一些进展,但是对于其中"编码"和"提取"的具体工作机制的揭示还不具体和深入,特别是对于语义记忆(包括语义编码、语义存储、语义提取)的工作机制还没有可用的成果。

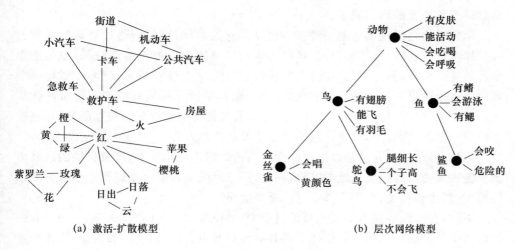

图 3.2.6　语义记忆的模型

3.2.4　思维

目前人们对于"思维"这一概念还存在着不同的理解：一种理解，是把思维仅仅看作是"从现象中求得真知"的过程，以获得"知识"作为思维活动完成的标志；另一种理解，是把思维看作是"获得知识和解决问题"的过程，以正确解决问题作为思维活动完成的标志。幸好，两种理解的不同只是概念内涵界定的不同，并不妨碍研究的实质。这里，暂时采取后一种理解。

按照这种理解，可以认为，"思维过程"是认知活动的中心环节，是在面对特定实际问题、约束条件和预设目标的情况下，获得信息和知识进而寻求"能够满足约束、解决问题、达到目标"的策略的整体能力。

事实上，感知、注意、记忆等认知环节都是基础性和预备性的环节，是为思维过程服务的：感知和注意这两个环节的联合作用可以获得所需要的信息，记忆环节则对这些信息（和知识）进行初步的处理并加以保存，供思维环节使用。

根据目前的认识，思维可以有形象思维、抽象思维（也称为逻辑思维）、灵感思维、创造性思维等不同的类型。不过，这里只拟简述形象思维和抽象思维两种思维形式的主要结果；至于灵感思维和创造性思维的情况，由于目前的研究还处在发展过程之中，成果不多，因此从略。

1. 形象思维

认知科学认为，形象思维是在感知、注意、记忆的基础上展开的最基本的思维形式，它的特点是以事物的形象特征信息为思维材料，通过比较、分类、聚类、类比、归纳和抽象概括等各种处理方法，形成对事物的某种规律性判断与认识。模式识别就是形象思维的典型例子。

形象思维是形成概念的一种基本途径。它的具体过程是：通过对某类事物的大量样本进行观察、分析和归纳，可以提取该类事物的各种典型性特征，构成该类事物的特征集合，称为这类事物的"模板特征"；为这个模板命名，就可以得到一个概念。这个模板特征就是这个概念的内涵，而具备这个模板特征的所有事物就是这个概念的外延。可见，形象思维包含了由具体的形象到抽象的概念的升华，也就是由"形式"到"内容"的升华。这是非常重要的思维过程。

当然，形象思维并不是以形成概念为自己的终点。实际上，形象思维的结果提供了各种概念作为抽象思维的基础，同时，形象思维又可以运用以形象信息为基础的类比、联想和想象，产生出创造性的思维成果。

不过，在由大量样本形成模板的过程中，如何提取样本的"特征"是一项十分微妙而且十分复杂的工作。任何样本都具有大量各色各样的特征，那么，什么样的特征才是样本的典型性特征？需要多少特征才能构成模板的特征？在实际的形象思维过程中，这往往成为一种"经验性"的处置。

另外，由于形象思维的关键步骤是"归纳算法"，而通过归纳所建立的概念是否具有普遍意义取决于所观察的样本是否具有足够好的"遍历性"。一般而言，在许多实际观察的情形下，样本的"遍历性"很难得到严格的验证。因此，形象思维所获得的认识很可能具有局限性：当出现新的观察样本的时候，所得到的认识可能需要做出调整和改变，以不断改善形象思维的质量。

而且，当形象思维所得到的某个概念和其他相关概念（包括同级的概念、上级的概念以及下级的概念）相联系的时候，或者说，当形象思维不断向深度和广度展开的时候，当形象思维所获得的结果成为大规模网络的时候，也仍然有可能需要对原来所获得的概念做出必要的调整。这是因为，在形成某个概念的时候，由于实际条件的限制，人们未必能够全面考虑到与这个概念相联系的种种因素。

2. 抽象思维（逻辑思维）

抽象思维是以概念为原料的思维形式，因此也可以说抽象思维是"概念思维"。而概念是形象思维的产物，因而也可以说抽象思维是形象思维的继续和深化。抽象思维的主要方法是运用规范的逻辑规则进行演绎推理，所以也常常称为逻辑思维。可以看出，抽象思维的特点是从已有的认识推论出新的认识。显然，这是一种非常重要的思维形式。

既然抽象思维是以概念为基础的思维形式，而概念是具有明确内涵的，因此，抽象思维是一种基于内容的思维，不可能是基于纯粹形式的思维。同时，既然抽象思维的方法是逻辑推理，而无论是逻辑规则还是数学公式本质上都是以内容为依据的关系规定或数量规定，因此，抽象思维的逻辑推理也必然是基于内容的推理，不可能是基于纯粹形式的推理。

需要说明的是,前面提到"形象思维的主要方法是归纳"而"抽象思维的主要方法是演绎",这当然是一个相对的说法。事实上,在复杂的思维情形下,以归纳为主要方法的形象思维常常也需要演绎来支持;以演绎为主要方法的抽象思维也常常需要归纳来补充。因此,不能把形象思维看作是仅仅为抽象思维服务的初级思维形式,也不能把抽象思维简单地看作是在形象思维基础上进一步展开的高级思维形式。实际上,这两种思维形式之间的关系是互相补充和相辅相成的。

3.2.5　语言

语言是人类建立的关于世界各种事物、信息、知识的有序表示系统。

如果一个表示系统得到一群人的公认,他们就可以用它表达对世界的认识和表达自己的思想,就可以在此基础上互相交流认识和交流思想,成为他们的共同语言。借助语言,人们的个体活动就可以转变成为集体的社会活动。

人类的自然语言主要指口语和文字两种基本语言形式。无论是口语还是文字,都是人们不可见的内部思维的外在(可听见或可看见)表达形式。这就是为什么语言可以使人类个体活动转变为集体社会活动的道理。

语言的基本问题主要包含两个方面:一个是如何用语言来表达世界和表达思想,这是语言的表达问题;另一个是如何理解语言所表达的内容,这是语言的理解问题。语言学就是研究语言表达和理解的基本规律的科学。认知语言学就是以认知科学的观点研究语言的表达和理解的共同规律的科学。在这里,"认知"是指人们感知识界和对世界万物形成概念的方式。

认知语言学把语言的运用(理解)看作是一种认知活动,认知语言学的任务就是要研究与认知有关的语言的产生、获得、使用和理解过程中的共同规律以及语言的知识结构。因此,认知语言学的内容主要包括:(1)关于语言概念形成的认知问题,即人是怎样运用符号对事物进行概念化表达的;(2)关于语言使用和理解的认知过程,即人是怎样运用语言结构实现交际(理解)功能的。

认知语言学有三个基本特征,他们都与语义有关:(1)语义在语言分析中的首要地位;(2)语义的普遍一致性;(3)语义的经验性。

由此,认知语言学形成了如下的基本观点:

(1)语言是对客观世界认知的结果,是对现实世界进行概念化以后的符号表达。

(2)认知语言学以意义为中心,认为人类在对客观现实进行体验和规范化的基础上形成了范畴,每个范畴对应一个概念,同时形成语义,逐步形成概念结构和语义系统。

(3)用有规则的认知方式和有组织的词语来描述世界纷繁的事物,这些认知方式包括体验、原型、范畴化(概念化)、意向图式、识解、隐喻、概念整合等。

　　(4) 追求对语言现象以及语言与认知的关系做出统一的解释。

　　(5) 认为语言不是独立系统,它是客观现实、生理基础、心智作用、社会文化等多种因素综合作用的结果,对语言的解释必须参照人的一般认知规律。

3.2.6　情绪

　　情绪是人类个体在与情景交互作用过程中的一种心理表现,对人的活动具有重要的影响。情绪具有明显的激动性、情景性和暂时性特征。与情绪密切相关的概念是情感,它是人们内心的体验和感受,是构成个性心理品质的稳定成分。与情绪不同,情感具有稳定性、深刻性和持久性的特点。情绪和情感合称感情。但是,有时也把情绪和情感合称情感。

　　认知科学认为,情绪是影响认知功能的重要因素,认知与情绪之间经常存在相互作用,因此,忽略情绪作用的认知理论是不完全的。

　　一方面,情绪会对认知能力产生影响:兴奋和欢乐的情绪会使人的认知能力得到正常的甚至超常的发挥,而悲伤和忧郁的情绪则会压抑人们的认知能力。另一方面,认知水平也会对人的情绪状况产生影响:具有较高认知能力和水平的人能够在困难或危险的情境中保持沉着和冷静的情绪,而认知能力和水平较差的人则可能在这些情景中产生恐惧和绝望的情绪。

　　认知科学的研究发现,对当前情景的估计和过去经验的回忆这样一些认知因素在情绪的形成中有着重要的影响。例如,当面对某种危险情景的时候,如果某人根据自己过去的经验而估计这种危险情景是可以控制的,那么,他就可能产生镇定从容的沉着情绪;反之,如果他根据过去的经验而估计这种危险情景难以对付,他就可能产生惊慌失措的恐惧情绪。

　　认知科学还认为,情绪的问题包含三个不同的层次,即:在生理层次上的生理唤醒,在认知层次上的主观体验,以及在表达层次上的外部行为。总的来说,情绪的产生不是单纯地决定于外界刺激和机体内部的生理变化,而是刺激因素、生理因素、认知因素三者的综合作用的结果。

　　为了比较人们不同的认知能力和情绪因素,也为了对人们的认知能力和情绪素养进行培养和引导,学术界提出了"智商"和"情商"的测试方法。不过,考虑到认知与情绪的高度复杂性和现有"智商"与"情商"测试方法的过于简单,这里暂不介绍。

　　此外,认知科学还有其他一些研究成果,尤其是在意识方面。最近 20 年来,又重新引起了心理学特别是认知心理学学术界对意识问题的关注。特别是一批诺贝尔奖获得者相继加入研究,使意识问题的研究出现了新的高潮。不过,目前获得的成果还不是十分显著,因此不在此介绍。

3.3　脑科学与认知科学的融通:"全信息"科学观

温故是为了知新,溯源是为了求真,为了青出于蓝而胜于蓝。如果希望人工智能的研究在某些方面实现"胜于蓝",首先就应当尽可能地"了解蓝",了解人工智能的主要理论基础——脑神经科学和认知科学——的研究状况,包括它们成功的经验和失败的教训,这样才能从中找到进一步发展的方向。

本着这个精神,通过以上两节的内容概略地介绍了作为人类智力功能物质基础的"脑神经科学"和作为人类智力功能机理的"认知科学"的相关研究现状。正是脑神经科学和认知科学的研究为人工智能理论的研究提供了重要的思想源泉。事实上,人工智能的两个重要分支——人工神经网络和物理符号系统——就分别是在脑神经科学和认知科学的借鉴和启发下发展起来的。通过对于脑神经科学和认知科学研究状况的回顾,人们既看到了已有的研究进展,也看到了研究中存在的不足。

一方面,人类大脑系统及其产生的智力功能是一类极其复杂的研究对象。它的复杂程度甚至不亚于宇宙起源和生命本质。另一方面,人类对于智能基础理论(包括脑神经科学与认知科学)的科学研究历史又还太短促(大约不超过两个世纪),关于复杂系统研究的观念、理论、方法和手段也都还在逐步完善之中。因此,在温习脑神经科学和认知科学研究状况的过程中,人们在学习的同时也会注意到,现存的理论还有许多不足。这应当是在情理之中的事情。

正是这些不足与期待,成为脑科学和认知科学研究工作者继续努力的重要方向。同时,也正是这些不足与期待,启迪和促使人工智能理论研究工作者不断展开新的思考和探索,从而在理论上发现能够弥补这些不足与满足这些期待的新观念和新方法,使人工智能的研究实现继往开来。

本书 3.3 节的内容,就是在以上两节"温故"的基础上,针对脑神经科学与认知科学研究中的一个重要(远不是全部)"不足与期待"所展开的新思考和新探索,以及在此基础上所获得的新观念和新思想。

3.3.1　脑神经科学与认知科学:存在"理论的断裂"

颇为有趣也颇为发人深思的是,如果仔细回味本章前面两节所考察的内容,就不难发现:虽然脑神经科学的研究结果和认知科学的研究结果两者分别都能"自圆其说",但是脑神经科学的研究结果和认知科学的研究结果之间却存在巨大的"断裂",使两者互相不能圆满"搭界沟通"。这就不能不引起我们的高度关注。

这里所说的"理论断裂"主要表现在其中的"信息"理论上面。脑神经科学和认知科学之所以会在信息理论方面出现"不搭界"的断裂现象,主要有两方面的原因。

一方面,人类大脑是处理信息的复杂系统,认知更是涉及大脑信息处理机理和探索思维奥秘的复杂过程,因此,脑神经科学和认知科学两者都必然与"信息理论"结下难解之缘,需要信息理论的支持。

另一方面,在脑神经科学和心理学(认知科学的前身)的早期研究阶段(大约可追溯到 100 多年以前),学术界又还没有清晰的"信息"理论可用;虽然后来出现了 Shannon 的信息论,但后者本质上是"通信的数学理论",只关注了信息的形式因素(即语法信息),没有涉及信息的内容和价值因素(即语义信息和语用信息)。在这种情况下,脑神经科学和认知科学领域的研究者把 Shannon 信息论当作了完整的信息理论来使用,无暇仔细探究脑和认知过程中信息问题的深刻内涵(涉及语法信息、语义信息和语用信息)。这样,就难免发生如下所述的"不搭界"的问题。

脑神经科学的研究表明,"感觉器官"通过它们各自神经元的树突接受外部世界各种事物的刺激,产生相应的神经冲动,发放生物电脉冲信号,经由轴突和突触机构传递到后续神经元和相关区域,成为感觉系统输出的信息。这些信息接着就会沿着神经纤维进入短时记忆系统,并在这里进行编码和相关的处理。处理所得到的有用结果则将进入长期记忆系统保存。

脑神经科学研究的这个重要结果认为,无论何种性质的(视觉的、听觉的、嗅觉的、味觉的、触觉的或者其他的)感觉神经元,它们都只能对外界刺激的某种或某些物理、化学性质的形式参量(比如,外界物体发出的光强度、光波长、发光的起始和持续时间、声音的震动频率、声音的强度、声音的起始和持续时间、化学物质的成分及其浓度、物体的外部形态、物体的质地、物体的重量以及物体运动的速度及其变化情况等)产生相应的反应。但是,这些感觉神经元却不可能感受到这些物理化学参量的内在含义(内容),因为事物的形式参量是具体的,可以被感觉器官所感知;而事物的含义却是抽象的,无法被感觉器官所感知。

脑神经科学提供的这类研究结果已经被人们普遍接受,因为这种感觉的能力和性质可以通过各种实验得到证实。不仅如此,人工制造的"感觉器官"——各种各样的传感器(如声音传感器、光传感器、化学传感器、压力传感器等),它们也只能对外部刺激的某种或某些物理化学性质的形式参量敏感,不可能对外部刺激的内在含义(抽象的内容)具有感知能力。

用信息科学的术语来表述,上述脑神经科学的结论可以表达为:感觉神经系统(包括人造的传感系统)只能感受到外部世界各种刺激的"语法信息"(即关于事物外部形态的信息),而不能感受到外部世界各种刺激的"语义信息"(即关于事物的内容信息)和"语用信息"(即关于事物的价值信息)。如上所说,人们普遍接受脑神经科学的这个研究结论。

在信息科学术语中，由语法信息、语义信息、语用信息三者组成的有机整体称为"全信息"。因此脑神经科学的这个研究结果也可以更简明地表述为：人类感觉系统只能感受外部事物呈现的语法信息，而不能感受它们的全信息。人造感觉系统（各种传感器）也是如此。

另一方面，认知科学的研究结果却表明，在人类认知活动的整个过程中，反映外部世界各种事物内容的"语义信息"和反映外部世界各种事物价值的"语用信息"发挥着关键的作用。这种作用是如此之关键，以致可以认为：正是"语义信息""语用信息"与"语法信息"的整体（全信息）作用，人类认知的任务才得以完成。换言之，认知科学的研究结果实际上表明：人类是不可能仅仅停留在不知内容为何物的"形式"层面上来实现认知的。

实际上，认知科学关于语义信息和语用信息作用的论述，贯穿了认知活动的全过程。

首先，感知阶段的"注意"功能就深刻地表现了语义信息和语用信息的作用。

人们为什么会具有注意的功能？认知科学的回答是：由于后续各个认知环节的存储能力与处理能力有限，所以要通过注意功能对感觉到的信息有所选择和有所舍弃。这个回答解释了"注意功能"的必要性问题。但是更为要紧的是应当阐明"注意"的工作机理：也就是要回答"注意"系统究竟根据什么准则来决定选择或决定舍弃一个外部刺激的？显然，在一般情形下，人们会说"选择那些新颖而利害攸关的刺激；舍弃那些陈旧且与己无关的信息"。那么，什么是"新颖而利害攸关"的刺激？这就关系到当事者的"目的"，只有那些新鲜的而且有利于（或者有害于）当事者所追求的目的的信息才会显得"新颖而利害攸关"，因此会选择那些与其目的直接相关的新颖刺激，而舍弃那些与其目的不相关（或相关程度较小）的刺激。换言之，人们肯定要关注那些对他们的目的而言具有重要"语用信息"的刺激而舍弃那些"语用信息"较小的刺激。可见，"注意"的主宰者是"语用信息"。如果进一步问，什么事物具有或不具有重要的语用信息呢？这又涉及这些事物的内在含义——语义信息。对于确定的主体而言，一个事物是否具有或者具有什么样的语用信息，是与这个事物的语义信息（内容）密切相关的。

现有的认知科学研究了"注意"功能的各种可能的实现模型（过滤器模型、衰减其模型等），但是没有深入追究"注意"功能内在的工作机制。一旦分析了"注意"的工作机制，就可以发现：语义信息和语用信息在"注意"环节发挥着多么关键的作用——如果没有语义信息和语用信息，就不可能实现"注意"的功能！

其次，在记忆阶段，认知科学指出了：在长期记忆系统中，信息是按照语义关系来组织的。也许，程序性记忆与信息的语义因素的关系还不太明显。但是，陈述性记忆（包括情景记忆和语义记忆）就直接依赖于信息的语义因素了。特别是语义记忆，不管是激活-扩散模型还是层次网络模型或者其他语义网络模型，信息的存储方式都是依据语义因素来组织的。其实，我们还有理由认为，即使在短期记忆或工作记忆系统，语义信息也发挥着关键的作用：从感觉系统输入的信息（特别是听觉的信息和视觉的信息）一旦进入工作记忆系统，就要把输入信息的语法、语义、语用因素（即全信息）通过编码表达出来。否则其后的长期记忆系统怎么能够"按照语义来组织信息的存储结构"呢？而且，也有理由认为，长期记忆系统不但必须按照"语义"因素来组织信息的存储结构，而且也必须按照"语用"的因素来组织信息的存储结构。因此，比较合理的判断是，长期记忆系统是按照"全信息"来组织信息的存储结构的。可见，工作记忆系统的编码远比目前想象的情况要复杂；长期记忆系统的信息组织方式也比目前的认识要复杂。正是有了这样复杂的编码和这样复杂的长期记忆系统信息存储结构，才使信息提取（检索）变得那么合理和方便。

在思维阶段，形象思维虽然必须从事物的形象（语法信息）出发，但是要形成概念则无论如何也离不开事物的内涵（语义信息）和价值（语用信息）因素的支持。因此，形象思维的过程正是从语法信息出发经过语义信息和语用信息的提炼而到达概念的过程。抽象思维的逻辑演绎推理和决策，更是语法信息、语义信息和语用信息综合作用的结果，因为，任何逻辑规则都不是纯粹的形式关系。至于语言的理解，没有语义信息和语用信息因素的语言就失去了语言的实际意义，就谈不上语言理解的问题。同样可以证明，人的情绪和意识也都与"全信息"密切相关。

谈到人类认知的"决策"过程，更是"语用信息最大化"的过程。如果只有语法信息而没有语义信息和语用信息的参与，那么，这种决策只能是某种"形式化的推测"过程，而不是在利用语义信息和语用信息实现理解基础上所做出的合理判断。

综上所述，一方面，脑神经科学的研究表明，作为认知系统的信息输入门户，感觉神经组织只能感知外部事物的语法信息，不能感知它们的语义信息和语用信息；另一方面，认知科学的研究却表明，语义信息和语用信息在认知的整个过程（包括注意、记忆、思维、语言、决策等）都扮演着十分关键的角色。

于是，在脑神经科学理论与认知科学的结论之间就显露了一个十分明显的"理论断裂"：一方面，脑神经科学断言，感觉器官提供给认知系统的只是事物的"语法信息"，而没有提供认知科学所需要的"语义信息和语用信息"。另一方面，认知科学却表明，整个认知过程都需要语义信息和语用信息的支持。供应者给出的只是语法信息，使用者需要的却还要语义信息和语用信息。这就是矛盾。

这样，人们就要问：既然认知过程所需要的外部事物的语义信息和语用信息不能通过感觉器官对外部事物的感知而得到，那么，这些语义信息和语用信息究竟从何而来呢？难道是从天上掉下来的吗？当然不是。是上帝事先安排的吗？更不可能。是在认知过程内部产生出来的吗？看来只有这种可能。如果是这样，那么，它们又是在认知过程的什么环节、按照怎样的工作机制和原理产生的呢？可是，对于这样一个重要的问题,无论是脑神经科学还是认知科学都没有给出任何解答,甚至一直没有关注过。

然而,对于智能理论的研究来说,这是一个根本性的问题,而且是不能回避的问题,脑神经科学与认知科学之间出现的这个理论"断裂"应当得到科学合理的解决。

3.3.2　认知科学研究:需要"全信息",也能生成"全信息"

以上所介绍的关于脑神经科学理论与认知科学理论之间"互不搭界"的情况,至少可以引出以下两个非常重要的结论。

第一,虽然认知科学的文献从来都不曾言明,但在以"信息加工理论"为重要理论支柱的认知科学研究工作中,它所研究的"信息"概念实际上是"语法信息、语义信息和语用信息"的三位一体(即"全信息")的概念,而不是迄今为止信息科学技术学术界所流行的"Shannon 信息"概念,后者的实质是只考虑形式不关注内容和价值的"统计型的语法信息",不能满足认知科学的要求。

第二,认知过程中关于外部事物的"语义信息和语用信息"不能从感觉系统输入,只能在认知过程内部通过一定的机制产生。认知科学的研究目前用到了"语义信息和语用信息"的术语,但是,还没有真正研究和揭示"语义信息和语用信息"是在认知过程的哪个环节产生以及如何在这个认知环节中产生的。

这两个结论之所以非常重要,是因为:一方面,它是认知科学(因而也是人工智能理论)必须面对而又还没有被阐明的重要理论问题,如果能够得到解决,将极大地有利于认知科学和人工智能理论研究工作的深化;另一方面,迄今为止,信息科学技术领域普遍认识的"信息"概念都是 Shannon 信息理论所阐述的"统计型语法信息"概念,它是一种不完全的信息概念,阐明"全信息"概念,将会导致整个信息科学的基本观念和信息技术的基本面貌发生革命性的进步。

下面就分别来说明这两个问题。

1. 全信息:认知科学所真正需要的信息观

前面的讨论已经列述了"全信息"在认知过程的"注意、记忆、思维、语言、情绪、意识、决策"等各个环节中的具体作用,这些都是不难接受的结论。下面试图从理论上阐明:为什么认知过程需要的信息是"全信息",而不是传统观念中的 Shannon 信息。

众所周知,现有信息科学技术领域的"信息"概念是 Shannon 在 1948 年为了研究通信的数学理论而建立的[14],在这里,信息的含义是"用来消除随机不确定性的东西",因此信息的量就可以用"所消除的随机不确定性的数量来度量"。

若有随机变量 X,假设它有 N 种可能的状态 $\{x_1, \cdots, x_n, \cdots, x_N\}$,这些状态出

现的概率分布为$\{p_1, \cdots, p_n, \cdots, p_N\}$,则它的随机不确定性大小可以用$H(X)$度量。$H(X)$称为$X$的概率熵,它是概率分布的泛函:

$$H(X) = -\sum_n p_n \log p_n \qquad (3.3.1)$$

其中,$H(X)$的单位是"比特"。在理想观察(即观察的结果可以完全消除不确定性)条件下,式(3.3.1)也可以表示"X所能提供的信息量"。

可见,Shannon理论中的信息概念是一个统计量,只有在满足概率统计条件的场合才能应用这种意义下的信息概念。如果所考虑的问题不满足这些统计的条件,就不可能存在概率分布,就无法利用式(3.3.1)来计算它的信息量。换句话说,在传统信息理论的场合,所有信息问题的解答都是一种统计分析的结果,而不是理性理解的结果。而且,这样计算得到的结果只具有"形式"的因素,不涉及内容(语义信息)的因素,也不反映价值(语用信息)的因素。

显然,这样的信息理论不能满足认知科学的要求。事实上,早在1956年Shannon本人就曾郑重指出过:作为一个严格的统计数学分支,Shannon信息论不宜应用于心理学和经济学的研究!但是,遗憾的是,人们忽视了Shannon的忠告。

研究表明,作为认知活动的主体,正常的人类都具有三种基本认知能力,这就是:感觉的能力、理解的能力以及判断"合目的性"的能力。而且,这三种认知能力构成一个缺一不可的整体。因此,在与外部世界打交道(认知外部世界各种事物)的时候,人类认知活动的第一步骤必然是利用自己的感觉能力感知外部事物的外部形态,获得它的"语法信息";同时利用自己的先验知识和经验进行"合目的性"的判断,判断外部事物是否符合自己所追求的目的,从而获得"语用信息";进而利用自己的理解能力理解外部事物的内涵,获得"语义信息"。主体在获得了事物的"语法信息"之后,就可以了解事物的外部形态,获得了事物的"语义信息"之后,就可以了解事物的内在含义,获得了事物的"语用信息"之后,就可以了解事物的效用价值。因此,只有获得了事物的语法信息、语义信息和语用信息,才算获得了事物的全部信息(称为"全信息")。而只有获得了事物的全信息之后,认识主体才能具备决策的能力,才可以确定对待这个事物的态度:支持?反对?还是忽略?这是人类认知活动的基本形式,也是基于信息进行决策的基本形式。

从人类个体发育的角度来看,人的认知活动确实存在如下几种不同的方式。(1)最原始的方式是幼儿阶段信赖权威(父母)的"人云亦云"式的**盲从认知**:父母怎么说,他就怎么接受。(2)随后的方式是少年时期众说纷纭的"多者为尊"式的**从众认知**:多数人怎么说,他就怎么接受。(3)最高级的方式是成年以后独立思考的"理性理解"式的**自主认知**:什么符合道理,他就接受什么。盲从认知、从众认知、自主认知,这是人类个体认知能力发展的三个发展阶段。

显而易见,盲从认知是最简单易行因而最轻松省事最容易被接受的认知方式,但是孕育着"万一权威出错"的巨大风险;从众认知也是比较方便快捷因而也是容易被接受的认知方式,它的风险在于"统计的样本不满足遍历条件因而结论的可信度受到质疑"(而"样本不遍历"的情形几乎时时处处都会发生);而且,即使样本满足遍历条件,统计的结果也只是一种平均的行为,它并不保证每一次实现的结果都正确。自主认知是最费劲因而最不容易被接受的认知方式,然而,只有基于知识的自主认知才是最科学最可信和最安全的认知方式。

统计,就是上面所说的"多者为尊"的从众认知方式。在当今的信息时代,统计所需要的工具(计算机)极其强大而且方便可用,网络上的统计样本异常丰富而且容易获得,因此,特别容易得到人们的广泛喜爱。然而,正如上面所指出的,统计样本虽然容易获得,但是"统计样本不满足遍历条件"的风险依然时时处处存在。况且,从本质上说,统计不是建立在(利用语义信息)理解内容和(利用语用信息)判明是否符合目的的基础上的认知,因此,在通常缺乏"遍历"统计样本的"探索新知"的认知情况下,统计方法将不保证能够有效地解决问题。

当然,盲从认知、从众认知、自主认知都是人类认知的重要方式。从个体发育的过程来看,在幼儿发育阶段,盲从认知是必然的选择;否则,如果在幼儿阶段拒绝盲从认知方式,而其他认知方式的能力又还没有建立起来,就会出现认知的空白。在初入社会的少年阶段,从众认知也是一种必然的选择,因为那时盲从认知已经不能满足他的认知要求,而自主认知的条件又还不具备,因此,如果拒绝从众认知方式,也会造成认知的缺位。但是,随着发育的推进,随着盲从认知和从众认知阶段所积累的经验和知识的不断丰富,特别是随着认知主体的理解能力和追求目标能力的不断增强,自主认知就会逐渐成为主导的认知方式。盲从认知阶段获得的正确知识可以继承下来,成为尔后从众认知的知识基础;其中一些错误的知识结果则会在从众认知阶段得到纠正;同样,从众认知阶段获得的正确知识也会得到继承,成为其后自主认知阶段的知识基础,一些错误知识则会在自主认知阶段得到纠正。可见,盲从认知、从众认知和自主认知这三种方式不是互相矛盾的,而是承前启后和互相支持的。

从人类的群体发育过程来看,也同样要经历蒙昧时期的盲从认知、幼稚时期的从众认知、成熟时期的自主认知这样三个历史性发育阶段。只不过,蒙昧时期盲从认知所信赖(盲从)的权威不一定是家中的父母,而可能是某些先知先觉分子、英雄人物甚至是"神仙和皇帝"。幼稚时期从众认知的"众"通常是一定地域内的人群,随着社会的发展,这种地域的范围可以不断扩大,"众"的成员也会越来越多;从众认知的基本方式是投票表决,但是这种投票方式也有可能被某些人物所操纵。而成熟时期自主认知的理解力既来自于自身的经验也来自于社会的教育,由于知识本身所具有的客观规律性,基于知识的自主认知应当是符合科学规律的。

无论如何,在探索未知的场合,基于理性理解的自主认知应当是解决问题的根本方法。自然智能的研究、人工智能的研究以及其他学科的研究,都是典型的"探索未知"的活动。这里既不存在绝对的权威，往往也不存在遍历的样本。因此，基于"人云亦云"的盲从认知和基于"多者为尊"的从众认知都不足以解决问题，而基于理性理解的"自主认知"才是解决问题的基本方法。

有鉴于此，认知科学应当特别重视理性的自主认知。而这就需要高度重视作为语法信息、语义信息、语用信息三位一体的全信息的研究，而不能满足于统计语法信息的 Shannon 信息理论。

当然，有必要再次强调，这里所说要重视基于理性理解的"自主认知"，不应当排斥"盲从认知"与"从众认知"的成果，而应当是继承"盲从认知"和"从众认知"所积累的成果。自主认知是在"盲从认知"与"从众认知"基础上发展起来的认知能力。这才是全面准确的理解。

如上所述，基于理解的自主认知，就是充分利用"全信息"所实现的认知。这是因为：如果获得了事物的语法信息，就可以了解它的外部形态从而实现形式分类，进一步，如果获得了事物的语义信息，就可以了解它的内在含义从而实现理解，最后，如果又获得了事物的语用信息，就可以了解它的效用价值从而可以做出决策。这就意味着，"全信息"概念和方法在认知科学和人工智能理论研究中可以也应当扮演关键的角色。

总之，改造 Shannon 信息论的"信息观"，建立新的以"全信息"为标志的"信息观"，这就是追溯到脑神经科学和认知科学研究成果的源头，并通过对它们的研究成果进行系统"温故"而启迪出来的重要"新知"。

2. 第一类信息转换原理：揭示人类大脑生成全信息的奥秘

认知科学需要"全信息"，这已经是不争的事实。那么，认知系统能不能自主生成"全信息"？

答案是完全肯定的。本书将在第 5 章阐明：通过感觉器官虽然只可以从外部事物直接获得它的语法信息，而不能获得它的语义信息和语用信息；但是，利用这样得到的语法信息，却可以在人类大脑（它是一个有目的的智能系统）内部生成相应的语用信息和语义信息，从而生成全信息。这就是第一类信息转换原理。

为了避免重复，关于第一类信息转换原理的详细情况，将在本书 5.2 节阐释，这里不再叙述。

这样，有了第一类信息转换原理这个"大脑内部生成语义信息和语用信息"的机制，就可以支持认知科学关于注意、记忆、情感、理智、语言、决策等认知活动。换言之，脑神经科学关于"感觉器官只能获得外部事物的语法信息"的论断，认知科学关于"认知过程需要语义和语用信息"的论断，看起来互相不能搭界沟通，但是，通过第一类信息转换原理却可以使这两个论断顺利沟通了。

第一类信息转换原理不仅圆满地消除了脑神经科学理论与认知科学理论之间的久已存在的"不搭界"问题，实现两者的"无缝搭界"，而且也进而证实了：认知科学所需要的确实是"全信息"的科学观,而且认知科学也确实可以拥有"全信息"的科学观。这是一个重要的结果。

3. 全信息:信息科学技术应当接纳的科学观

上面的讨论说明:虽然人类的感觉系统只能从外部事物获得它的语法信息,但是,通过第一类信息转换原理,人类大脑内部可以利用已经得到的语法信息自主生成相应的"全信息",使认知过程可以顺利完成。

这样,能够利用语法信息生成全信息的第一类信息转换原理,一方面使脑神经科学和认知科学之间在信息理论上的"鸿沟"得以填平,使两者可以实现"互相搭界"。另一方面,也由此宣示了:**"全信息"是脑神经科学和认知科学理论得以和谐沟通的正确的科学观。**

信息科学技术是以信息问题为研究对象、以信息生态过程的规律为研究内容、以信息生态方法论为研究指南、以扩展人类的信息功能(这些功能的有机整体就是智能)为研究目标的科学技术[16,17]。那么,为什么迄今的信息科学技术所接纳的却是 Shannon 理论的信息观呢? 信息科学技术究竟要不要接纳"全信息"的科学观呢?

作为信息科学技术的研究内容,信息生态的全过程主要包含:信息获取、信息传递、信息处理、知识生成和策略制定(知识生成就是从信息中提炼知识,也就是把信息转换为知识;策略制定就是把知识转换为智能策略,这两者的整体就是"狭义人工智能")以及策略执行,如图 3.3.1 所示。

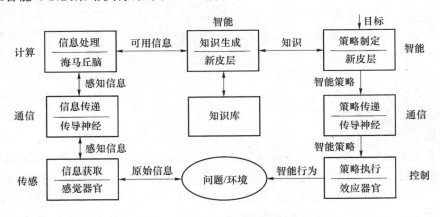

图 3.3.1　信息科学技术体系模型

图 3.3.1 表明,传感科学技术的主要任务是扩展人类感觉器官从外部世界获取信息的功能,通信科学技术的主要任务是扩展人类传导神经系统在人体内部传递信息的功能,计算科学技术的主要任务是扩展大脑的海马和丘脑存储和处理来自感觉器官的信息的功能,狭义人工智能科学技术的主要任务是扩展人类大脑新

皮层转换信息(首先把信息转换为知识,进而把知识转换为智能策略)的功能,控制科学技术的主要任务是扩展人类执行器官执行智能策略从而改变外部事物状态的功能。所有这些功能的有机整体,就是完整的人工智能。

可以看出,在信息科学技术的这些分支学科之中,狭义人工智能科学技术处在核心地位:其中的信息获取、信息传递、信息处理都是为了使狭义人工智能系统可以生成智能策略(把信息转换为知识进而把知识转换为智能策略);而策略执行则是为了把狭义人工智能系统生成的智能策略在现实世界中发生实际效用。既然"全信息"是由脑神经科学与认知科学启迪出来的新的信息观,那么,作为扩展人类智力功能的人工智能科学技术以及整个信息科学技术,就应当在科学观念上与脑神经科学和认知科学保持一致。这就是说,信息科学技术也应当接受"全信息"的信息观。

可是,迄今为止,信息科学技术所秉持的信息观却是 Shannon 信息理论的信息观,即统计型语法信息意义下的信息观,一种排除了信息的语义和语用因素的信息观,一种不完全的信息观,一种不能满足现代科学和现代社会需要的信息观。

那么,为什么信息科学技术会接受并应用统计型语法信息意义下的信息观呢?道理很简单,因为在信息科学技术的所有分支学科中最先引入信息概念和信息理论的是通信科学技术,它的雏形是 1928 年 Hartley 的信息传输理论,它的标准理论是 1948 年 C. E. Shannon 建立的信息论,即"通信的数学理论(Mathematical Theory of Communication)"。Shannon 十分明确地指出[14],通信工程的任务就是把发送端发送的、经过信道噪声干扰的信息波形在接收端尽可能精确地恢复出来(即干扰背景下的"波形复制"),至于这些波形的含义(语义信息)和价值(语用信息)因素,都与通信工程无关因而可以略而不计,把它们留给信息的接收者(人类用户)去处理。所以,尽可能精确地复制通信的波形(即保留语法信息)、略去语义信息和语用信息,就成为通信理论的基本特色。由于通信系统中的波形是一种随机现象,因此,这种波形所携带的是一种随机型(统计型)语法信息。

应当指出,通信理论之所以可以忽略信息的语义和语用因素,这是因为,通信系统所传递的信息最终总是由人来使用的,人是最终的用户;只要发送端能把负载了信息的信号波形足够准确地传输到接收端,有智能的人类通信用户就可以把通信系统所丢弃的语义信息和语用信息从信号波形中还原出来。也就是说,通信理论事实上把人作为通信系统的一部分,把语义信息和语用信息的恢复任务交给了人类用户,而不是通信技术系统。

正因为通信理论的"统计型语法信息"概念建立得比较早(1928—1948 年),这个概念在通信、信号检测和随机控制等场合的应用也确实有效,而真正需要考虑"语义信息和语用信息因素"的学科(如人工智能和认知科学等)又出现得比较晚(1956 年以后),于是,Shannon 信息论的信息观念自然就先入为主了。不仅如此,描述和处理语义信息和语用信息所需要的数学工具——模糊集合理论[14]和模糊逻辑理论[15]也是在 1965 年以后才陆续问世。因此,在此之前人们自然就把已经先入为主的"统计型语法信息"当作真正全面的"信息"概念而在各个领域广泛使用了。

也正因为如此,Shannon 信息论的信息观念已经广泛渗透到整个信息科学技术领域,甚至被牵强附会地应用到了心理学、经济学、社会学、文学、艺术学等众多学科。这些滥用虽然也导致了一些负面的结果,但令人奇怪的是,人们不认为这是滥用信息观念的结果,反而认为这是自己没有理解信息的"神秘性质"的结果。

值得一提的是,作为一位严肃的科学工作者,Shannon 本人曾对这种广泛的滥用提出过警告。他说[15]:近年来,信息论简直成了最时髦的学科。它本来只是通信工程师的一种技术工具,但现在无论在普通杂志还是在科学刊物都占据了重要的地位。这是因为它与计算机、控制论以及自动化这样一些新兴学科关系密切,同时也因为它本身的题材新颖。结果,它已经是名过其实。许多不同学科的同事们或者因为慕其名,或者希望寻求科学分析的新途径,都把信息论引入各自的领域。总之,现在信息论已经名声在外。这种声誉固然使我们本学科的人感到愉快和兴奋,但也孕育着一种危险。诚然,在理解和探讨通信问题的本质方面,信息论是一种有力的工具,而且它的重要性还将继续与日俱增。但它却肯定不是通信工作者的万灵药。而对于其他领域的人则更是如此。要知道,一次就打开全部自然奥秘的事情是罕见的。否则,人们一旦认识到仅仅用几个像信息、熵、冗余度这样一些动人的字眼不能解决全部问题的时候,就会灰心失望,而那种人为的繁荣就会在一夜之间崩溃……信息论的基本结果,都是针对某些非常特殊的问题的。它们未必适合像心理学、经济学以及其他一些社会科学领域。实际上,信息论的核心是一个数学分支,是一个严密的演绎系统。因此,透彻地理解它的数学基础及其在通信方面的应用,是在其他领域应用信息论的先决条件。我个人相信,对于上述那些领域,信息论的许多概念是有用的(有些也已经显示出光明的前景)。但是,这些应用的成功,绝不是简单地生搬硬套所能奏效的。相反,它应当是一个不断研究不断试验的过程。

令人不无遗憾的是,人们没有耐心研究 Shannon 提出的这些中肯的分析和劝告,仍然在粗枝大叶囫囵吞枣地把 Shannon 的统计信息理论应用于那些非统计的场合。

当然,由于语义信息和语用信息的问题比语法信息的问题更复杂,对他们的研究存在一定的困难。不过,我们也注意到,需要利用"语义信息和语用信息"的认知科学、人工智能科学、后来进入逻辑运算阶段的计算机科学、语言学以及经济学等学科,在自己的学术发展中已经明确表示不满足于 Shannon 的信息概念。著名信息论学者 L. Brillouin 在 1962 年就曾明确地指出:Shannon 信息论忽略信息的意义(语义信息)和价值(语用信息)是因为通信工程的特殊需要;这并不意味着人们永远都应这样做(见他的专著 *Science and Information Theory*[16])。

如果仔细调查一下科学文献,就会发现,早在 20 世纪 50 年代就已经有人(Carnap 等)在研究语义信息的理论。在计算机科学的软件理论研究中,语义信息更成为一个重要的研究对象。在经济理论领域,信息的语义和语用因素一直被研究人员所关注。不过,直到后来出现了模糊集合理论[17]和模糊逻辑理论[18],语义信息以至全信息理论的研究[19,20]才得以取得进展。进入 21 世纪以来,在自然语言理解和信息检索的研究中,语义网络(Semantic Web)也已经成为国际学术界主要的研究方向。

以上的简要讨论可以引出这样的结论:作为信息科学技术发展的初期阶段,人们把"统计型语法信息"当作真正全面的信息概念,这是一种难以避免的认识发展过程。但是,信息科学技术发展到了今天这个阶段,匡正信息概念的必要性和可能性都已经具备。因此,全面理解信息的概念,阐明信息的语法、语义、语用三位一体(全信息)的时机已经到来。

何况,作为信息科学技术源头的脑神经科学和认知科学已经确证了"全信息"的科学观,那么,信息科学技术本身还有什么理由拒绝或者无视"全信息"的科学观呢?

虽然在信息科学技术领域采纳"全信息"的观念和理论并不是一件容易的事情,特别需要对现行的信息技术做出重大的调整和更新。但是可以预期,只要接纳和利用全信息的理论,现有的初级信息科学技术就有希望走向高级的智能化的信息科学技术新阶段。这是新的"信息观"将为信息科学技术以及整个人类社会带来的巨大裨益。

本章小结与评注

要想对某个事物达到完全彻底的了解,就要追根寻源,从它的源头开始进行全面的考察。遵循这个学习原理,本章从人工智能源头的研究情况开始追踪,探究人工智能研究应有的科学观念和学术思想。

脑是人类智能的物质基础,认知是人类智能的工作机理。它们是人工智能理论的真正源头。因此,本章对于脑神经科学和认知科学已有的研究成果进行了简要的回顾和分析,试图从中梳理出脑神经科学、认知科学和人工智能理论共有的规律。事实上,脑神经科学的确启迪了人工智能的人工神经网络研究,认知科学则支持了人工智能的物理符号系统的发展。

特别有意义的是,通过对脑神经科学和认知科学的溯源,竟然发现了这两个学科之间在信息理论上对不上号或者说是"互相脱节"：脑神经科学断言，感觉器官只能从外部世界获得事物的语法信息；而认知科学却宣称认知过程需要语义信息和语用信息的支持。于是，一个尖锐的问题便浮现在人们面前：认知过程所需要的语义信息和语用信息究竟从何而来？

通过为脑神经科学和认知科学之间这两个长久以来一直未能互相沟通的重要结论"建桥搭界"发现了"第一类信息转换原理"：感觉器官虽然只能获得外界事物的语法信息，但是有"目的"的人类大脑内部却可以利用这个语法信息自主生成相应的语义信息和语用信息。由此，便不仅使这两个学科在信息理论上的脱节得到了沟通，而且证明了：人类的认知过程却是不仅需要信息的形式因素（称为语法信息）的支持，尤其需要信息的内容因素（语义信息）和价值因素（语用信息）的共同支持；语法信息、语义信息和语用信息的三位一体被称为"全信息"。因此，上述结论也可以更简明地表述为：**认知过程需要"全信息"的支持**。这是一个重要的结果，它意味着，认知科学需要新的信息观！

由于认识规律的缘故，具体来说，由于人们的认识总要经历由表及里以及由简单到复杂的发展过程，只关注事物形式因素（语法信息）因而也相对比较简单的 Shannon 信息论比较早（1948 年）地登上了学术舞台，使得其后（1956 年）问世的人工智能以及更晚（20 世纪 70 年代）登上舞台的认知科学也受到了 Shannon 理论"形式化信息观"的影响。

但是，随着人工智能一类复杂信息系统受到越来越多的关注，人们逐渐发现，形式化的相对简单的 Shannon 理论信息观实在不能满足复杂信息系统研究的需要。于是，经过多年的努力，更为深刻当然也更为符合复杂信息系统要求的信息概念——全信息观念和理论终于应运而生。越来越多的人也终于认识到，作为一种研究复杂深刻的信息过程的学科，认知科学必须遵循全信息的科学观念和理论。

这样，从逻辑上说，作为人类智能的模拟物和延长物，**人工智能的研究也应当像它的源科学一样，接受和贯彻"全信息"的观念和理论，而不应当继续沿用 Shannon 信息论的语法信息观**。否则，人工智能理论的研究就不可能到位。这是本章"溯本求源"所得到的基本结论。

作为进一步的引申，人们不难注意到，目前整个信息科学技术领域大体上也都遵循和运用着 Shannon 信息论的统计语法信息观念。这在很大程度上束缚了信息科学技术的发展潜力。因此，为了使整个信息科学技术走向智能化，从而为经济的发展与社会的进步做出更高水平的贡献、对整个信息科学技术进行"全信息"的改造与提升也是势在必行的选择。

本章参考文献

[1]　GAZZANIGA M S,等. 认知神经科学:关于新质的生物学[M].周晓林,高定国,等译.北京:中国轻工业出版社,2011.

[2]　FRACKOWIAK R S J, et al. Human Brain Function [M]. Amsterdam: Elsevier, 2004.

[3]　BAARS B J. How Brain Reveals Mind: Neuroimaging Supports the Central Role of Conscious Experience[J]. Journal of Consciousness Studies, 2003, 10(9):100-114.

[4]　BAARS B J, GAGE N M. Cognition, Brain, and Consciousness [M]. Amsterdam: Elsevier, 2007.

[5]　FODOR J A. The modularity of mind [M]. Cambridge: MIT Press, 1983.

[6]　MARCUS A. The Birth of the Mind: How A Tiny Number of Genes Creates the Complexities of Human thought [M]. Seattle: Amazon, 2003.

[7]　孙久荣.脑科学导论[M].北京:北京大学出版社,2001.

[8]　JOHNSON H M, et al. Brain Development and Cognition [M]. New York: Wiley-Blackwell, 2002.

[9]　WILSON R A, et al. The MIT Encyclopedia of the Cognitive Science [M]. Cambridge: MIT Press, 1999.

[10]　POSNER M I. Foundations of Cognitive Science [M]. Cambridge: MIT Press, 1998.

[11]　罗跃嘉.认知神经科学教程[M].北京:北京大学出版社,2006.

[12]　武秀波,等. 认知科学概论[M].北京:科学出版社,2007.

[13]　丁锦红,等.认知心理学[M].北京:中国人民大学出版社,2010.

[14]　SHANNON C E. Mathematical Theory of Communication[J]. Bell System Technical Journal, 1948: 379-423; 632-656.

[15]　SHANNON C. E. The Bandwagon [J]. IRE Transactions on Information Theory, 1956,(3):3.

[16]　BRILLOUIN L. Science and Information Theory[M]. 2nd ed. New York: Academic Press, 1962.

［17］　ZADEH L A. Fuzzy Sets Theory ［J］. Information and Control ，1965，
　　　　（8）：338-353.

［18］　ZADEH L A. Toward A Generalized Theory of Uncertainty ［J］. Information
　　　　Science，2005，172：1-40.

［19］　钟义信. 信息科学原理［M］. 5 版. 北京：北京邮电大学出版社，2002.

［20］　钟义信. 机器知行学原理［M］. 北京：科学出版社，2007.

第4章　人工智能研究方法的变革

　　任何事物的发生发展都有一定的发端缘由和生长机理。如果仅仅看到事物的现实状况,而不从头了解它发生的动力和演进的法则,就很难准确地把握它的深层本质、发展规律和未来走向。

　　人工智能理论的研究,已经走过了半个多世纪的路程,取得了许多重要的成果和宝贵的经验,也遭遇了不少困难和挫折,积累了不少值得记取的教训。在第3章回溯两个母学科——脑神经科学和认知科学——发展的脉络轨迹的基础上,本章的目的就是希望从头考察人工智能学科本身的历史经验与教训,探讨人工智能理论未来研究的方法和方向。

　　正确的科学观和方法论,是科学研究成功的根本保障。如果说前一章对于脑神经科学和认知科学研究历史和现状的概略考察启示了"全信息"的科学观念,那么,我们期望,本章对于人工智能理论自身研究历史和现状的剖析,能够在科学研究方法论方面得到宝贵的启迪。

4.1　人工智能研究鸟瞰

　　无论对于什么学科,它的基本概念都是学科理论体系的基石。如果基石出现了错位,有朝一日就可能使理论大厦发生倾覆。因此,对于一个学科的基本概念的审核和校准,应当是对这个学科发展历史考察的首要组成部分。对于人工智能学科来说,校准它的基本概念的需求已经十分迫切。这是因为迄今"人工智能"这个术语的理论内涵与它的实际所指已经严重失配,由此也已经产生了麻烦。如不及早校正,就会引出更多的麻烦。

　　于是,作为回顾人工智能研究的历史经验与教训的第一步,这里有必要先来澄清它的基本概念:究竟什么是"人工智能"?

4.1.1　人工智能的基本概念

比人工智能更为基础的概念是智能。那么,什么是智能?

权威辞书韦氏大辞典的解释是"理解和各种适应性行为的能力"。

这个定义无疑可以接受,因为要理解一个问题或理解一个事物确实需要有智能;要对不断变化着的环境产生适应性的行为,具有随机应变的能力,也同样需要智能。事实上,任何成功的应变行为,都建立在对客观环境所发生的变化的正确(至少是基本正确)理解的基础上。理解是比较、分析、推理、演绎、归纳的结果,是有理智地思索、思维的结果,通过思维到达认知,到达理解;有了正确的理解,才可能产生理智的策略,才可能产生恰到好处的或大体恰当的应变行为。而这一系列的思维活动,包括观察、比较、分析、分类、类比、演绎和归纳,正是智能的表现。

同样非常权威的牛津辞典的说法与此相似,不过更为具体化。它认为,智能就是"观察、学习、理解和认识的能力"。

这显然也是正确的。正如上面所分析的,如果没有观察的能力,对任何实际情况的变化都视而不见、听而不闻,自然就无智能可言。但是如果仅仅能察觉到事物的变化,而不能通过学习来理解和认识这种变化的含义,不能正确地了解这种变化给自己的生存和发展会带来什么利害影响,因而不能面对这种变化采取正确和合理的行动来应对,那么,这种情形也仍然不能认为是有智能的。

上述两个定义都是可以接受的,因为"观察、学习、理解、认识和适应"的能力确实是智能的基本要素。只是从研究智能的机制来说,它们都没有提供必要的启示和帮助。这两个定义都只是解释性的,用一组名词来解释另一组名词,在概念上没有进一步的深化。因此虽然这两个定义都没有错误,我们却不能就此满足。

与这两个定义相比,第三个定义比较成问题,因为它宣称:智能是人类固有的属性,是人类社会实践的产物。

它的意思是:只有人类,而且只有作为社会成员参与社会实践的人类才具有智能;作为个体的人,若不与他人交往,不是社会成员,不参与社会实践,也不会有智能;至于那些不属于人类的其他生物,更不可能具有智能。按照这种定义,既然智能是人类固有的属性,那么,机器和其他生物都不属于人类,它们当然不可能具有智能。这个定义使智能的概念陷入了绝对化和神秘化的境地,实际上堵塞了研究人工智能的道路,等于宣布了不可能存在人工的智能。

第四个定义是很多人工智能教科书经常采用的说法:人工智能是研究如何使机器能够完成一些原本只有人才能完成的工作的学科。

这种说法看似有理,其实存在很多问题。首先,它也把智能看作只有人才能具有的能力。其次,什么是"人才能完成的工作"? 没有给出任何清晰的解释。事实上,人能完成的工作是一个极其含糊的概念,有的极其复杂(复杂到机器根本不可能完成),有的极其简单(简单到不需要任何智能)。所以,这些教科书中的智能概念远远没有把问题说明白。

此外,还有许许多多各色各样的定义。这里不拟逐一列举。

既然我们对所有这些智能定义都不十分满意。那么,究竟应当怎样定义智能的概念才算是比较合理呢? 我们认为,虽然智能是一个复杂的概念,但是,同任何其他事物一样,智能也不应当是绝对的东西:要么全有,要么全无;智能也不应当是不可知的东西,智能是可以被认识甚至可以被复制,至少可以被逐步深入地认识和越来越多地被复制。

为了理解智能的性质,我们先来考察几个比较简单的例子,通过它们来体会智能的内在含义。

例 1　迷宫问题。

设有某个"迷宫"如图 4.1.1 所示。

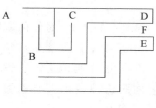

图 4.1.1　迷宫

从迷宫的入口走到出口,通常存在多种不同的走法,例如图 4.1.1 中的 A-C-D-B-F,A-B-E-B-F,A-B-D-B-F,A-B-F 等,其中,有的路径非常畅快,有的则相当迂回;更多的路径可能是盘来绕去但最终走不到出口的死胡同,也有的路径可能走来走去又回到了入口。

设想某人来试探这个迷宫,如果经过若干次的摸索,走过若干次的弯路之后,他能够总结出几种从入口走到出口的走法,而且知道其中的最佳走法(即最短路径走法),那么,算不算这个人具有一定的智能表现? 当然要算。类似地,如果有一个机器,经过若干次试探之后也能发现一条最快的路径(如图 4.1.1 中的 A-B-F),而且能够记住这条最快的路径,那么也就应当承认这个机器具有一定程度的智能。

实际上,信息论的创始人 C. E. Shannon 就曾经在早期设计过这样一个"电子老鼠",它在经过若干次试探之后能够找出并记住走出迷宫的最佳路径,此后,只要把它放在迷宫的入口处,它就总是按照最佳路径很快走出迷宫。这条最佳路径不是人替它选择的,而是它自己通过摸索、学习和记忆找到的。如果把迷宫的结构改变一下,那么"电子老鼠"就需要重新试探;但是,在经过若干次重新试探之后,它又能够在新的环境下找到新的最佳路径走出迷宫,并且能够在以后记住这条新的最佳路径,以及利用这条最佳路径。于是,我们也应当承认这个"电子老鼠"确实具有一定的学习能力和记忆能力,也就是具有一定程度的智能。

例 2　字谜问题。

设有一个字谜如下:

$$SEND$$
$$+\ MORE$$
$$\overline{MONEY}$$

　　假定在上述字母的加法算式中,每个字母分别代表 0 到 9 中的一个十进制数字,而且不同的字母应当代表不同的数字(即不允许两个以上的字母代表同一个数字)。运算的规则完全遵守普通算术的加法规则(包括求和过程中的"逢 10 进 1"的进位规则)。

　　现在要问,式中各个字母分别代表什么数字才能使这个加法算式成立? 显然,如果有人能够解出这个字谜,正确地给出上述算式中各个字母所应当代表的数字,我们就应当认为他有一定的智能,因为解出这种字谜需要一定的观察、比较、运算、记忆的能力。同样,如果某个机器能够完成这个任务,我们也得承认它具有一定的智能。事实上,一个不太复杂的逻辑推理机就可以求出上式中各个字母所代表的数字,它们分别是:$S=9, E=5, N=6, D=7, M=1, O=0, R=8, Y=2$。

　　通过以上两个简单的例子,结合我们对于人类自身智能活动和人工智能机器表现的体验,我们可以体会到,就一般的意义来说,"智能"就是利用信息和知识制定策略来解决问题达到目标的能力。

　　不过,对于人类来说,其中的"问题"是他们根据自身生存发展的目的需求和所拥有的知识由他们自己发现和定义出来的,求解问题的目标也是根据他们自身的目的需求和所拥有的知识由他们自己设定的;而对于人工智能机器来说,问题、知识、目标都是由人事先给定的。

　　于是,我们可以分别归纳出人类智能和人工智能的定义如下:

　　人类智能,就是根据人类自身生存发展的长远目的和拥有的先验知识去发现需要解决的问题并预设求解问题的目标;在此基础上获取相关的信息、提取解决问题所需的专门知识、在目标引导下把知识激活为解决问题的策略并转换成行为去解决问题达到目标的能力。

　　人工智能,就是在给定问题、领域知识和问题求解目标的前提下,机器获取相关信息、提取解决问题所需专门知识、在目标引导下把知识激活为解决问题的策略并转换成行为去解决问题达到目标的能力。

　　对比两个定义表明,人类智能与人工智能之间最重要的区别是:前者自身具有明确的目的和先验的知识,因此有能力发现问题、定义问题和预设求解问题的目标;后者则没有自身的目的和知识,因此需要由人类设计者事先给定问题、领域知识和求解问题的目标。它们之间的这个区别具有根本性的意义。

　　以上定义表明:智能,特别是人工智能,是一个很具体的概念,而不是玄之又玄和不着边际的概念。任何智能都面对一定环境中的一定问题和一定的目标,而不是面向任意环境、任意问题和任意目标(后者是无所不能的"神灵",而不是人工智能)。

定义也指明,智能是一种能力,是获取信息、处理信息和利用信息生成知识和策略的能力。但是,定义又强调了,这种获取、处理和利用信息的能力应当在满足给定约束条件的前提下能够引导到成功地解决问题达到预定的目标。如果不能成功地解决问题达到目标,那么这种能力还不能称为智能(除非给定的问题-约束-目标本身是不合理的)。

显然,这样定义的人工智能不仅是具体的,而且是有水平高低程度差别的。智能程度的高低,取决于需要解决的"问题"的难易程度。问题越复杂,难度越高,解决这种问题所需要的智能程度就越高;反之亦然。

以上所分析的例子以及由此所引出的人类智能和人工智能定义都使我们有理由相信,应当引入一个"智能度"的概念来刻画智能的等级。也就是说,智能应当不是"天下乌鸦一般黑",而是可以划分为不同等级水平(智能度)的。比如,地球上迄今所知晓的各种生物物种之中,人类具有最高等级的智能度,动物具有较低等级的智能度,植物具有更低等级的智能度,无机物的智能度最低,可以设定为零。自然,我们还可以把智能等级划得更细。例如,不同的人的智能度也有所不同。按照这样的理解,智能就不再是人类所固有的属性,生物也具有某种程度的智能,机器也可以被赋予某种程度的智能。换言之,人工智能是可以存在的。

特别重要的一点是,这里的智能定义还具体指明了:实现或复制人类智能的科学途径,在于有效地获得有用的信息、正确地处理这些信息以便获得相应的知识,以及利用这些信息和知识生成解决问题的策略。无论是生物界的自然智能,还是人工设计的机器智能,它们的核心奥妙都在于此。由此可以明白,智能是与信息、知识密切联系在一起的:没有信息,就不可能有知识;没有信息和知识,就不可能有智能。从智能生成机制的观点来看,信息-知识-智能形成了一个不可分割的生态链。如果忘记了这点,就可能会失去方向。

这一定义也可以概括韦氏大辞典和牛津大辞典的智能定义。这是因为,任何理解能力、应变能力、观察能力、学习能力和认识能力的基础,都在于获得信息、处理信息、提取知识和利用信息与知识生成策略,否则便无法发现环境的变化,无法理解环境的变化,无法实现正确的应变。

另一方面,在了解了"什么是智能"的同时,也许还有必要弄明白它的反问题或者对偶问题:什么不是智能? 只有理解了"什么是智能"又理解了"什么不是智能",才能更深刻地把握智能的本质。

那么,什么不是智能呢?

由上述智能的定义可以直接推知,对于给定的问题、给定的先验知识和预设的问题求解目标,如果不能由此去获得必要的相关信息,不能由此提取求解问题所需要的专门知识,不能在目标导引下把知识激活成为智能策略,因而不能解决问题达到目标,那么就会被认为没有智能。

值得注意的是,在给定"待求问题-先验知识-求解目标"的前提下,"获取相关信息-提取专门知识-生成智能策略-解决待求问题"是一个紧密相关的环节链条,这些环节之中任何一个环节的功能缺损都会导致"不能在给定条件下解决问题达到目标"的后果,都会导致"没有智能"的结果。其实不同环节的功能缺损应当导致不同的具体结论。例如,假若不能获得必要的相关信息,这应当是比较严重的智能能力缺损,因为没有信息就不会有知识,也就不会有智能策略;如果能够获得必要的相关信息,只是不能由信息提取相应的知识,那就应当认为还是具有一些程度的智能(具有感知和识别信息的能力);如果不仅能够获得必要的相关信息,还能把信息转变成为相应的知识,只是还不能在此基础上生成解决问题的智能策略,这种情形就应当认为至少具有中等水平的智能(具有感知能力和初步的认知能力);如此等等。也就是说,只有那些完全不具备"获得信息-提炼知识-生成智能-解决问题"能力的情形才能被认为是完全没有智能的情形。

还可以进一步认为,在给定的问题、领域知识以及预设目标有矛盾因而不能成功求解问题的时候,如果不能恰当地重审领域知识和反思预设目标(比较可能的情况是对领域知识的理解不够确切,或者预设目标不够合理,或者两者兼有),不能在此基础上调整知识或/和目标,从而不能修正信息-知识-智能策略,最终不能解决问题达到目标,那么,这种情形可以被认为是不完全的智能,但不能认为没有智能。

这样才符合"智能可分(可以被划分为不同等级)"的概念。

还值得提及的是,各种"自动化机器"的共同特点是:首先需要识别"所面临的问题是否属于本系统所处理的问题",如果答案是"属于",就按照事先设计好的程序按部就班地进行处理,直至达到目标;如果答案是"不属于",就拒绝处理。人们通常认为这类机器没有智能,不是智能机器。实际上,"自动化机器"所执行的程序本身隐含了一定的智能,这是程序设计者的智能的体现,因此把这类机器系统完全看作是一种无智能的机器系统是不准确的,事实上它们能够聪明地解决符合一定类型的问题,因而也是一种有智能的系统;只不过这类系统的智能被固化了,缺乏学习能力,不能灵活地适应新的需求和解决新的问题,是一种不完整的智能。

也有很多人认为:计算机只能处理事先编好了程序的问题,不能处理事先没有编好程序的问题,因此计算机是没有智能的系统。这种认识也不够准确。实际上,按照"智能可分"的概念,既然计算机能够处理那些事先编好了程序的问题(很多是复杂问题),这本身就表明计算机确实具有一定程度的智能。至于目前的自动化机器和计算机不能解决"事先没有编制程序"的问题,这只表明它们的智能程度还比较低,比较刻板。

以这种观点来认识问题,不仅比较合乎实际,而且也可以比较合理地解释:为什么近年来自动化领域的研究会出现"智能自动化"的新方向? 同样也可以合理地解释:为什么近年来计算机科学领域的研究也出现了"智能计算"的新方向? 实际上，自动化机器和计算机都在从较低程度的智能向较高程度的智能方向发展。

在智能概念讨论的最后，还有必要关注"怎样检验机器是否有智能"的问题。这就是著名的"图灵（Turing）测试"（也称为"双盲测试"）的课题。图灵所设计的测试方法可以这样描述：把要测试的机器 M 放在一个房间里，另一个房间则安排了一位作为测试参照系的人（H），机器是否有智能？就是根据 M 的表现与 H 的表现互相比较的结果来判定的。测试要求：M 与 H 之间互相不能看见对方（"双盲"中之一盲），同时主考人 E 也不知道哪个房间安排的是 M，哪个房间安排的是 H（"双盲"中的另一盲）；M 和 H 分别可以通过某种通信方式与 E 相沟通。测试的时候，E 根据事先准备好的"测试问题集"，把问题提给 M 和 H；而 M 和 H 则必须把自己的答案传送给 E。在测试完成之后，如果 E 不能分辨哪些答案是 H 给出的，哪些答案是 M 给出的，就认为这个机器的表现与人的表现不分高下，因而被认为具有智能；否则，就认为没有智能。

可以看出，图灵测试方法同样存在上面所说的绝对化观念，即：面对给定的问题，只有当机器的表现同人的表现完全等效的时候才被认为有智能；否则就被认为没有智能。这显然违背了"智能可分"的准则。当然，图灵测试是历史的产物。时代前进了，科学进步了，我们的认识也应当不断深化。

按照我们给出的智能定义和"智能可分性"假设，衡量一个机器是否有智能，就应当看这个机器是否能够"在给定问题–领域知识–预设目标的前提下，获得信息、知识和智能策略，从而在满足约束条件下解决问题达到目标"，而没有必要非同人的能力做比较不可。面对给定的问题（特别是复杂的问题），机器的表现比人的表现强也罢，比人的表现差也罢，只要能够在给定条件下成功地解决问题，就应当认为具有一定的智能。

图灵测试的另一个缺点是：它完全没有从智能的生成过程和生成机制来考虑问题，而只是单纯地从行为主义的观点来考虑问题。它的基本信念是"只要受试的机器与受试的人在表现上相同，就认为受试机器具有和人同样的智能"。实际上，这个信念是不可靠的。行为的相似不一定能说明它们在智能上也相似（参看西尔的"中文屋"问题），这在很大程度上取决于测试的"问题集"是否足够合理：在某一组"问题集"的范围内，它们的行为可能相同；而在另一组的"问题集"范围内，则可能不完全相同，甚至完全不同。

4.1.2　"人工智能"含义的辨析

按照字面含义，"人工智能"应当指"*一切人造系统的智能*"。但实际的情况却不是这样。

人工智能（Artificial Intelligence，AI）这一术语是由 J. McCarthy 在 1956 年

Dartmouth 暑期学术研讨会期间创立的,旨在用它来表述"利用电子计算机模拟人类智力能力的研究"。但是,无论从当时研讨的问题还是从后来实际研究的内容来看,"人工智能"这一术语实际表征的都是"利用**计算机**模拟人类**逻辑思维**功能的研究"。

为什么是这样呢?

原因其实很显然,一方面,当时,计算机已经成为一种功能强大的研究工具,没有任何其他的研究工具能够与计算机的能力相媲美;另一方面,当时学术界只对人类智力功能中的逻辑思维最为推崇,因而只对模拟人类逻辑思维能力发生兴趣。

事实上,学术界很早就已经认识到,人类的智力活动(思维活动)存在三种不同的思维形式,即形象思维、逻辑思维(也叫抽象思维)和创造性思维;但当时人们普遍认为形象思维是初等的、次要的和不严密的思维,逻辑思维是高等的、重要的,而且是(建立在逻辑理论基础上)严密的思维,创造性思维虽然是最高等的思维但也是最神秘最困难的思维,因此,人工智能研究没有考虑形象思维和创造性思维的模拟问题,只对逻辑思维的模拟感兴趣。于是,自那时以来,人工智能的研究,基本上都专注于通过巧妙的编程,利用计算机的逻辑推理能力来求解各种科学问题。这种传统一直发展到后来盛行的人工智能专家系统的研究,成为一个颇为激动人心而又引人入胜的研究领域。

如上所见,"人工智能"术语的字面内涵和它所实际表征的学术领域范围之间,没有实现准确匹配:它的字面含义是"一切人造系统的智能",而实际所指则是"计算机模拟的逻辑思维所体现的智能"。字面含义与实际所指存在两方面的差别:一方面,前者是指"一切人造系统",后者是指"利用计算机模拟的系统";另一方面,前者是指"整个智能",后者是指"逻辑思维所体现的智能"。

显然,这种"字面含义远远大于实际所指"的学术命名的不当之处在于,它以"电子计算机所模拟的逻辑思维智能"代替了"一切人造系统的智能",即"以偏概全"。这种情况不可避免地会产生许多问题,为智能科学技术的研究带来许多麻烦和负面的影响。

实际发生的情况,确证了这一点。

其中一个明显的负面的影响,是使许多人误以为"人工智能是计算机科学的一个分支"。这种误解流行很广,而且一直持续到现在。这种误解使人工智能的研究思路局限在计算机(更准确地说是局限在诺伊曼串行处理计算机)学科的框架范围内,因而在一定程度上限制了人工智能自身学术思想的创新发展。另外,人工智能的研究长期局限于逻辑思维模拟,没有关注其他重要思维形式的模拟,也使自身的研究空间受到很大的局限。20 世纪 80 年代雄心勃勃的日本"第五代计算机"的研究归于失败的原因有很多,恪守计算机和逻辑思维的学术思路是其中的原因之一。如果正本清源,人工智能不应当被理解为计算机学科的一个分支,而应当是信息科学的一个分支。

　　另外一个明显的负面影响,是妨碍了"非计算机方式"的人工智能研究的发展。这方面的一个典型案例是人工神经网络研究所遭到的境遇。显而易见,人工神经网络系统本质上也是一种人造的智能系统,因而是一种不折不扣的"人工智能"系统。但是,由于它不符合"利用计算机模拟逻辑思维"的学术定义,而是采用了神经网络的联接主义并行处理的学术思想来模拟人脑的思维能力,结果便遭受到"人工智能"学派的严厉批评和压制,被长期拒绝在"人工智能"大门之外。人工神经网络的研究工作者只好被迫另外寻找自己的立足空间,于是把人工神经网络的研究与模糊逻辑和进化计算研究相结合,另立"**计算智能**(Computational Intelligence, CI)"的研究。此后很长一个时期,"人工智能"和"计算智能"之间便形成"河水不犯井水"而且互不认可的格局。这种互不相容、互不合作的状态,实际上对双方的发展都造成了不利的影响,妨碍和延缓了整个人工智能研究的发展。

　　为了消除已经存在的负面影响和避免可能继续发生新的负面影响,为了建立普遍有效的人工智能理论,促进人工智能研究的健康发展,也为了使"人工智能"这一术语回归本真的内涵,符合多数人的直觉,**本书将"人工智能"重新定义为"一切人造系统的智能"**,以代替原来"用计算机模拟逻辑思维智能"这样的片面含义。今后,在论及原有人工智能这一术语的时候,就采用"**狭义人工智能**"的表述。

　　经过这样重新定义的"人工智能"就和"机器智能"的含义达成了互相之间的完全等效:这是因为世间一切"机器"都是人造的系统(人工的系统),或者反过来说,一切"人造的系统"都是某种形式的机器(静态的机器或者动态的机器)。所以,"机器的智能"就是"人工的智能",或者"人工的智能"就是"机器的智能";而与它们对应存在的原型智能,则是"自然的智能(即生物的智能,当然其中最精彩的是人类的智能)"。

　　可以认为,一切人工智能(或机器智能)系统都是对于各种自然智能系统的某种模拟。更具体地说,自然智能是人工智能研究的原型,人工智能是自然智能在机器上所实现的某种程度的模拟和复制。本书以下就将坚持这样的理解,即:"**人工智能**"和"**机器智能**"互相等效同义,除非另有特殊的申明。

　　在这样的约定下,基于功能模拟的狭义人工智能研究和基于结构模拟的人工神经网络研究以及基于行为模拟的感知-动作系统研究,分别都是人工智能的研究。

4.1.3　人工智能研究的历史与现状

　　人乃万物之灵。如果能在机器上复现人类的智能,让机器成为善解人意和得心应手的工具,甚至可以在一定程度上像人类一样聪明能干,可以代替人(至少是辅助人)去完成各种体力劳动和智力劳动任务,使人类可以从体力劳动和智力劳动中逐步获得解放。这是人类的千古梦想,也是长期以来学术界一直追求的远大目标。

1. 人工神经网络[1-8]

古代希腊哲人就已经认识到,人的智慧功能主要定位于大脑。长期以来人类就一直梦想揭开大脑智慧的神秘面纱,甚至把人类大脑的智慧复制到机器上,为人类服务。但是,只有近代科学技术的发展,才使"用机器模拟人类智能"的梦想显露了希望的曙光。生物学和生命科学的进步,特别是脑神经科学研究的进展,引发了人们对大脑皮层的关注。

19 世纪末期,意大利学者 Golgi 和西班牙学者 Cajal 发现了大脑皮层的神经元以及神经元之间的连接状况,后来,美国学者 James 等人发现,大脑皮层是一个规模巨大的神经网络。现代研究表明,大脑皮层神经网络大约有 10^{11} 个神经元,每个神经元又大约与 $10^3 \sim 10^4$ 个其他神经元互相连接。正是这个规模巨大和高度复杂的神经网络支持了人的高级认知功能。

人们于是很自然地设想,如果能够把人脑神经网络模拟实现出来,制造人工的智能系统岂不就会大有希望? 1943 年,神经生理学家 McCulloch 和年轻的数理逻辑学家 Pitts 合作发表了一篇研究论文,他们用数理逻辑的方法描述了单个神经元的工作原理。利用这样的神经元模型,人们构造成功了一些基本的逻辑运算单元。后来,Hebb 又发现了神经元之间互相联结的规则,使单个神经元可以通过互相连接组成一定规模的神经网络。接着,Widrow、Rosenblatt 等人发现了各种各样的神经网络模型,包括神经网络的联结方式和调整网络结构的学习方法,使人工神经网络显现一些初步的智能。到 20 世纪 50 年代的末期,人们已经可以利用人工神经网络完成英文字母识别、模式分类和自适应性的信号处理等任务,引起了学术界浓厚的兴趣。

不过,由于人脑神经网络的规模过于巨大,限于当时可实现的工艺发展水平,要在实验室特别是在工业上制造这样规模巨大的人造神经网络,存在太大的困难。同时,人脑神经网络的学习机制也过于复杂,人们还没有真正理解这种学习机制的奥妙。因此,只能用小规模的神经网络结构和简单的学习规则来进行模拟。然而,由于人工神经网络规模的大幅度降低和网络学习规则的大幅度简化,而且与真实的生物神经元相比,人工神经元的结构和功能也都存在不少的差异,这一切,就使得大脑神经网络所具有的神奇智力功能无法在人工神经网络中得到展现,使人工神经网络所能实现的"智能"被限制在一些虽然也还算出色然而不算惊人的水平。

20 世纪 80 年代以后,Hopfield、Hinton、Grossberg、Rumelhart 和 Kohonen 等人先后提出了许多新的神经网络模型和新的网络学习算法,使人工神经网络的研究出现了令人耳目一新的进步,在诸如模式识别、联想记忆、故障诊断、组合问题优化求解等方面表现了优秀的性能。但是,上面所说的现实矛盾仍然没有得到根本的解决。

于是,人们逐渐看到,虽然人工神经网络的研究看起来有着很光明的理论前景,但是实际的研究进展却越来越明显地面临着"进退两难"的尴尬局面:一方面,若是向人脑神经网络的目标前进,就会面临"规模太庞大,规则太奥妙,无法企及"的巨大困难;而另一方面,若是向着工业可实现的人工神经网络后退,却又面临着"智能水平几近消失"的境地。真可谓"前进不得,后退不能",一时还难以找到突破难关的良策。

虽然随着技术的进步,特别是纳米技术和量子技术的进步,使大规模人工神经网络的实现成为可能,但是,神秘的人类大脑神经网络的工作机制和学习算法却至今仍是难解的谜团。

2. 狭义人工智能[9-15]

其实,早在 20 世纪 40 年代末期和 50 年代初期,一些敏感的研究者便开始思考和探索模拟人脑智力能力的新出路。这时,人们欣喜地看见,1945 年问世的电子计算机已经显示出令人惊叹的计算和处理能力,它不仅可以进行一般意义上的数值计算,而且可以进行带有逻辑推理的信息处理。此外,电子计算机还具有远远超越人类甚至令人叹为观止的运算速度、运算精度和工作持久能力。正是因为电子计算机具有这样众多优异性能,人们情不自禁地给它起了一个美丽动听的别名"电脑"。于是,利用"电脑"来模拟"人脑"的想法,便成为一种自然的向往和选择。

1956 夏季,由 J. McCarthy 发起和联络,邀请了 M. Minsky、C. Shannon、N. Rochester、T. More、A. Samuel、R. Solomonoff、O. Selfridge、A. Newell 和 H. Simon 等十多位活跃在计算机、通信与控制等领域的科学工作者在美国麻省的 Dartmouth 举行了为期近两个月的学术研讨会,专门研讨如何利用电子计算机模拟人类抽象思维的问题。当时的学术界,把以逻辑推理为特征的抽象思维看作是人类最重要的高级思维形式,而对形象思维、辩证思维和创造性思维则很少关注。因此他们认为,如果能够用电子计算机模拟人类逻辑思维的功能,就等于在计算机上复现了人类的高级思维能力。基于这种认识,McCarthy 建议把这个研究领域命名为"人工智能"(Artificial Intelligence,AI)。

前面曾经指出,人们利用人工神经网络来模拟人类智能,是建筑在"承担人类高级智力功能的大脑皮层是大规模神经网络"这个学术信仰的基础上。那么,人们利用计算机来模拟人的智能,它的学术信仰又是什么呢?

Simon 和 Newell 等人认为,虽然计算机和人的材质和构造都很不相同,但是,面对"问题求解"的任务,他(它)们在功能上是等效的物理符号系统,都是通过数值计算和逻辑符号推理这类"信息处理"的功能来寻求问题的解答。这就是所谓的"异质同功"原理。因此,用计算机模拟人的逻辑思维功能应当不存在原理上的障碍。

有了这种新的学术思路,又有了电子计算机的研究手段,研究的工作便迅速展开,研究成果也接踵而至:Simon 和 Newell 等人合作研制成功的软件系统"逻辑理论家(Logic Theorist)",显示了"像人一样思考"的程序,能够证明罗素和怀特海德合著的《数学原理》第 2 章的大部分定理;H. Gelernter 也研制出了几何定理的证明系统;Samuel 制成了具有学习功能的跳棋程序,居然通过学习战胜了它的设计者,显示了令人鼓舞的前景。不久,Simon 和 Newell 又推出了称为"通用问题求解系统(General Problem Solver)"的新的软件系统以及"手段目的分析(Mean-Ends Analysis)"方法,试图为问题求解提出一种通用的程序。

不过,随着研究的逐步深入,人们发现,"问题求解"需要相应的知识做基础;问题的范围越广,需要的知识就得越丰富。于是,人工智能面临至少两方面严峻的挑战:一方面,如何获取求解通用问题所需要的无边无沿的知识?这是"无穷知识"的获取问题。另一方面,即使有了所需要的无穷知识,在求解具体问题的时候如何有效地从无穷知识中选取所需要的具体知识?这是"特定知识"的选取问题。而且即使有了必要的知识,如何把它们恰当地表达出来使计算机能够理解并进行演绎推理?这是"知识表示与推理"问题。这些问题都是"通用问题求解"所必然要面对而又难以解决的科学难题,人们称之为"知识瓶颈"。

为了回避这些难题,从 20 世纪 70 年代开始,人们便从"通用问题求解"转向"专门问题求解",但是求解问题的基本方法没有改变。于是,就催生了大批面向专门问题求解的"专家系统":医疗专家系统、地质探矿专家系统、数学专家系统、教学辅助系统、自然语言理解专家系统等。其中最杰出的代表是 IBM 研制的专家系统 Deeper Blue,它曾战胜国际象棋世界冠军卡斯帕罗夫,在学术界和公众中引起巨大的轰动。

专家系统的知识领域变窄了,需要的知识比较有限,可以通过人工方法来获取和编制。但是无论如何,专家系统也仍然需要知识。因此,知识获取的困难原则上仍然存在。除此之外,知识的表示、处理、推理等都需要逻辑理论的支持,而现有逻辑理论(标准的、非标准的)的能力远远不能满足应用的需求。因此,专家系统研究也遭遇到许多困难(仍称为"知识瓶颈"),至今仍然横亘在"物理符号系统"研究的道路上。

3. 感知-动作系统[16]

人工神经网络的研究途径遭遇到"规模结构复杂和学习机制深奥"的困难,物理符号系统的研究方法又面临"知识瓶颈"和"逻辑瓶颈"的困扰。人们在向"智能"进军的道路上,真是难关重重。不过,既然人们深知智能是最复杂的研究对象之一,而人工智能的研究对人类社会的进步又具有极为重大的意义,因此,人们决不会轻易放弃自己的努力。

20 世纪 70 年代以来,机器人的研究和应用在世界各地方兴未艾。但是,初期研制的机器人基本上是处理简单操作的机械式工业机器人。进入 80 年代以后,"智能机器人"的研究开始在国际学术界受到越来越多的重视。在专家系统和人工神经网络的研究双双遇困的情况下,智能机器人的研究为人们寻求新的出路燃起了希望。

为了绕开专家系统遭遇的"知识瓶颈"和人工神经网络面临的"结构复杂性",MIT 的 Brooks 教授领导的"智能机器人"研究队伍转向"黑箱方法"寻求解决出路。他们认为,在给定问题、约束和目标的前提下,智能机器人不必像专家系统那样通过获取知识和演绎推理来产生行动策略,它们可以直接模拟智能原型(人或生物)在同样情况下的"输入(刺激)输出(响应)行为",也就是让智能机器人模拟智能原型"面对什么样的情况(输入)时应当产生什么样的动作(输出)"。如果能够把这种"输入(刺激)输出(响应)行为关系"模拟成功了,就意味着在给定情况下机器人能够和智能原型一样解决问题。换言之,在给定的任务下,这样的机器人就具有与原型一样的智能。

用这种思路研究智能机器人系统的原理很直接:首先,明确"给定的任务"是什么;其次,把完成给定任务所需要的"输入(情景)与输出(行为)的关系"表达成为"若出现什么情景,则产生什么动作(If⋯ Then ⋯)"的规则形式;然后,把这些规则存入智能机器人的规则库。当智能机器人面对给定任务的时候,只要能够感知和识别当前面对的"情景模式",它就自动产生与之对应的"动作",从而可以按部就班地完成任务。所以,这种智能系统也被称为"感知-动作系统"。

按照这种思路,Brooks 的研究团队研制成功了一种"爬行机器人",它能够模拟"六脚虫"在高低不平的道路环境下行走,不会撞墙,不会跌倒。1990 年,他们在国际学术会议上成功地演示了这个能行会走而不翻倒的智能机器人。同时,他们还在会议上发表了学术论文,介绍这种智能机器人的研究思路,宣传"无须知识的智能(Intelligence without Knowledge)"和"无须表示的智能(Intelligence without Representation)",给人们留下了深刻的印象。"黑箱方法"成功地回避了人工神经网络和物理符号系统所遭遇到的困难,成为研究人工智能的新方法。

虽然这种"无须知识"也"无须表示"的感知-动作系统能够模拟比较简单的智能系统行为,但是也面临着新的挑战:对于复杂智能系统的行为模拟,这种方法也有效吗?

4. 研究近况

基于功能主义研究路线的狭义人工智能研究,目前处于相对稳定的状态。他们在 20 世纪 60 年代末创立了一个代表性的国际学术会议,称为"人工智能国际联合会议(International Joint Conference on Artificial Intelligence, IJCAI)",每两年一届,会议发表的论文大体可以代表当时的研究水平和动向。从前几届国际人工智能联合会议论文集 IJCAI2007 和 IJCAI2009 的内容可以看出,近年的研究方向没有重大变化。

IJCAI2007 在印度的海德拉巴德市举行,本届大会共设置了 10 个论题,包括:①约束满足问题;②知识表示与推理;③学习;④多智能体(分布式智能);⑤自然语言处理;⑥规划与调度;⑦机器人学;⑧搜索;⑨不确定性问题;⑩网络与数据挖掘。十分明显,这些都是"物理符号系统学派"典型的传统研究课题。虽然每个论题的研究都有新的进展,但研究的领域基本稳定。

IJCAI2009 在美国举行,这届大会也设置了 10 个论题,包括:①智能体与多智能体;②约束、满足性与搜索;③知识表示、推理与逻辑;④机器学习;⑤多学科课题及应用;⑥自然语言处理;⑦规划与调度;⑧机器人学与视觉;⑨人工智能中的不确定性;⑩网络与基于知识的信息系统。可以看出,与 IJCAI2009 相比,唯一的变化是增加了"多学科课题及应用"。

前已述及,基于结构主义路线的人工神经网络研究,由于未被"人工智能"学派接纳,于是便与模糊逻辑和进化计算的研究互相合作,组成了"计算智能"的新学派,并于 1994 年创立了一个新的国际会议——"计算智能世界代表大会(World Congress on Computational Intelligence,WCCI)"。由于这个研究路线是由神经网络(包括人工的和生物的)、模糊逻辑和进化计算三个团体汇合而成,因此学术研究方向比较丰富多彩,涉及诸如神经动力学、计算神经科学、生物信息学、遗传算法、进化计算、模糊集合理论、模糊逻辑、模糊控制、模糊信号处理、粗糙集、粒计算、人工生命、粒子群智能、蚁群算法、自然计算、免疫计算、模式识别、数据挖掘、无监督学习、组合优化、主成分分析、独立分量分析、支持向量机、量子计算与分子计算、概率推理、光子系统、混合算法、信息安全等,几乎把"物理符号系统"以外所有与智能有关的课题都包含了。

通过近年来这两个系列性代表性国际会议的论题目录的对比,人们可以明显地感受到"基于功能主义和物理符号系统的狭义人工智能"的稳健姿态和"基于结构主义和神经网络的计算智能"的扩张姿态。其中,也显露出它们之间的历史渊源和现实竞争的态势。

相对"基于逻辑符号系统的狭义人工智能"和"基于神经网络的计算智能"两大学派的情况而言,基于"动作-感知系统的黑箱智能"发展情况比较平静。在通常情形下,感知-动作系统方面的研究成果会出现在计算智能的学术会议上。

在 20 世纪末与 21 世纪初,人工智能领域的研究出现了一个引人注目的重要动向。这就是:人们不满足于狭义人工智能、计算智能和黑箱智能三大学派分道扬镳和各自独立发展的学术格局,希望在三者之间建立适当的联系,形成相互合作的发展格局。这种愿望显然十分合理,反映了人工智能整体发展的需要,也反映了人工智能研究的历史性呼唤。人们认为:尽管三大学派研究的角度和风格各不相同,但是共同的目标都是研究人造智能系统,因此,至少应当能够互相沟通,互相补充,形成"合力",推进人工智能的研究。这确实是一种自然而合理的愿望。

体现这种合理愿望和研究动向的两个突出事例包括:人工智能研究著名的领军人之一的 Nils J. Nilsson 于 1998 年出版的学术专著 *Artificial Intelligence:A New Synthesis*[17]和人工智能领域的后起之秀 Stuart J. Russell 与 Peter Norvig 于 1995 年出版、之后又再版的长篇巨著 *Artificial Intelligence:A Modern Approach*[18](全书篇幅 1 000 多页,引用了 1 000 多份文献)。前者的标题是"人工智能的一种新集成方法",后者的标题是"人工智能的现代途径"。两部专著的共同思想,是希望以 Agent 作为载体,以 Agent 智能水平扩展为轴线,把狭义人工智能、计算智能和黑箱智能的内容串联起来,以期形成一个统一的人工智能理论,如图 4.1.2 所示。

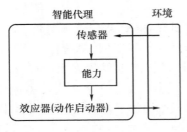

图 4.1.2 Agent 智能扩展

图中示出智能代理（Agent）与环境（Environment）之间通过传感器（Sensors）和效应器（Actuators 或 Motors）互相联系,传感器可以感知环境的状态,效应器可以给环境施加作用,如果"Capability（能力模块）"提供的是一些"条件-动作规则",这就会使 Agent 成为"感知-动作系统";如果"能力模块"提供一些有智力水平的能力,Agent 就会成为更高级的"智能系统";而如果"能力模块"提供人工神经网络的学习能力,Agent 就会成为具有学习功能的智能体,等等。

可以看出,这是一个相当自然的想法。这是因为,狭义人工智能、计算智能、黑箱智能正好就是从不同侧面模拟人的智能的三种理论和方法。如果把这三种理论内容都集成到 Agent 上,原则上应当是可以把它们串接起来的。不过,从这两部学术著作可以看出,他们的"现代方法"基本上是站在狭义人工智能的立场上来进行"集成"的,他们只是把黑箱智能看作一种简单的 Agent,把计算智能仅仅作为 Agent 学习能力的一种具体实现方法。因此,他们只是看到了三大学派之间一些外部的表面联系,并没有发现三者之间根本性的内在的本质联系。所以,这种"现代集成"只是一种"黏合拼接"的集成。

无论如何,Nilsson 和 Russell 等人希望对"三分天下"的人工智能研究成果进行"集成"的愿望是正确的,而他们的集成方法一时未能从根本上得到解决也是可以理解的。大凡深刻的科学进步总是要经历"由表及里和由浅入深"的过程,不可能"一蹴而就"。

作为长期关注和参与人工智能研究的人员,本书作者也具有与 Nilsson 和 Russell 等人同样的感受和认识,也力主把结构模拟、功能模拟和行为模拟三大学派凝聚融合成为和谐的合力,以利于人工智能整体的发展。

不过,本书作者不大欣赏 Nilsson 和 Russell 所采用的通过表面拼接把三者黏合在一起的做法,而是希望能够站在比他们更为彻底的立场,另辟蹊径,另寻他途,通过从源头上总结人工智能研究的新科学观念和新科学方法,探索和把握"智能"的深层本质,发现三大学派的内在的联系,在此基础上建立人工智能理论的新体系,并按照智能深层本质所显示的内在联系把结构模拟、功能模拟、行为模拟三种方法的研究成果顺理成章地纳入新的统一的理论体系,实现和谐地融通。

5. 人工智能研究面临的方法论问题

人是万物之灵,灵就灵在它具有高度发展的"智能"。正是因为这个缘故,"智能"才值得成为现代科学最为复杂、最为困难然而却最具吸引力的研究对象之一。

诚如 Russell 等人所言,与物理学的研究相比,智能科学的研究不知道需要多少个"爱因斯坦"才有可能及其项背!从这个意义上可以说,不管今天的智能科学研究存在多少问题和缺陷,都不足为怪,毕竟研究对象太复杂,太困难了。

也正是由于研究对象高度复杂,人们不可能期望一次就揭开它的全部奥秘,人们只能逐步逼近真理。因此,在探索奥秘的漫漫征途上,任何学术研究成果都可能具有继往开来的性质:一方面,它克服了前人研究成果的某些不足,达到了新的认识高度;另一方面,这个成果在新的高度上又可能包含着新的不足,需要后人加以改进。可以说,不断发现和不断改进已有成果中的缺陷,是学术进步的正常途径。我们发现并改进了前人的研究成果,我们就前进了。同样,后人发现和改进了我们的研究成果,他们也就进一步向前发展了。科学探索就是这样互相接力,逐步向前推进的。

那么,怎样来发现问题和克服缺陷呢?对于学术研究而言,概念的正确性和方法的科学性是最为重要的事项。这是因为,有效的学术研究,就是要建立在正确的概念基础上运用科学的方法来探求新的结果。因此,为了有效推进学术研究,首先就应当对"学术概念的正确性"和"研究方法的科学性"给予特别的关注。

前一章,通过对于脑神经科学、认知科学和信息科学研究历史与现状的考察发现,迄今所流行的一个重要科学观念——Shannon 信息——存在比较严重的(虽然是难以避免的因而是无可责怪的)局限性和片面性。本章 4.1 节,通过对人工智能研究历史的分析则表明,迄今所采用的"研究方法"也存在比较明显的(虽然是历史余留的因而是可以理解的)局限性。

人工智能研究领域的方法论问题明显表现在狭义人工智能、计算智能、黑箱智能的研究共同遵循了近代流行的"分而治之"方法论:把复杂的问题分解为若干相对简单的问题,然后逐一击破;在具体实施分解的时候,又分别遵循了近代科学方法论的"功能主义""结构主义""行为主义"三种不同的途径;狭义人工智能研究的核心目标是追求对于"人类逻辑思维功能"的模拟,所以有了"物理符号系统";计算智能研究的核心目标是追求对于"大脑神经网络结构"的模拟，所以有了"人工神经网络"；而黑箱智能研究的核心目标是追求对于"智能系统行为"的模拟，所以就有了"感知-动作系统"。

这样三种研究方法各自有一定的科学道理，并因此各自取得了一定的进展；同时也各有局限，因而各有困难。这是可以理解的。问题是，在以往漫长的研究过程中，它们之间曾经发生过激烈的争论，发生过尖锐的互相批评和指责，却没有认真地思考三种方法究竟各自有什么样的缺陷需要改进，也没有互相之间的主动沟通，没有实现互相补充和互相合作以寻求更完善的方法。这种长期鼎足三分的状况在客观上延缓了人工智能研究整体的进步与发展。

总之，人工智能理论三大学派之间的分野，不是因为具体的学术枝节问题所引起的，而是由于科学研究方法论的不到位所造成的，因此也不是通过（例如，以Russell 等人为代表的）就事论事的"黏合拼接"方法就可以解决的。这是一个值得认真关注并且需要从方法论的高度来解决的问题。

4.2　科学研究方法的进化

由于智能问题的深刻性和复杂性，因此，科学研究方法论的指导就具有特别重要的意义。为了更加有效地促进人工智能研究的发展，这里有必要分析科学研究方法论本身的发展历程以及它在指导人工智能科学研究过程中产生的经验与教训。

智能科学是信息科学的核心、前沿和制高点，同时又是生命科学最为精彩的篇章。信息科学和生命科学是现代科学的两大带头学科，信息科学的"信息观"和生命科学的"系统观"组成了现代科学观念的基础结构。因此，特别有必要总结信息科学和系统科学背景下的现代科学方法论。

4.2.1　科学方法论的进化

科学研究需要方法论的指导，这在理论上并无异议。然而在科学研究的实践活动中，这却是一个颇有疑义的问题，或者比较缓和一些说，是一个结论比较模棱两可的问题。首先经常遇到的问题是，究竟什么是科学研究方法论？它和科学研究方法有什么关系？接踵而来的问题是，什么人需要关心科学研究的方法论问题？是不是人人都要关心科学研究的方法论？

无论是在自然科学领域还是社会科学领域，一个比较有代表性的观点认为，科学研究方法论是关于科学研究方法的一般理论，只有那些研究哲学和自然辩证法或专门研究科学方法论的人们,才需要认真关注科学研究的方法论问题,而对于大多数从事具体科学研究特别是对于从事工程技术研究的人员来说,科学研究方法论的问题离他们太远,人们就没有必要为方法论的问题操心。

由于篇幅有限,也由于本书的性质的缘故,这里不宜全面地分析这些观点。但是,从人工智能研究面临的实际情况考虑,至少有必要明确以下几个问题。

第一,科学研究方法论的确是关于科学研究方法的一般性理论,但也正是因为如此,它对各种具体的研究工作和研究方法就具有宏观制约和指导的作用。如果在宏观方法上发生了偏差或缺陷,就会影响到具体研究方法和研究工作的正确性。因此,科学研究方法论问题事实上是与一切科学研究工作和科学研究工作者直接相关的问题,不管人们在主观上是否已经清晰地意识到它。

在科学研究的实践活动中往往有这样的情形:在具体的研究方法上看似乎没有什么缺陷,但最终结果却产生了错误。尤其是在人工智能的研究中常常遇到这样的例子:整个逻辑推理过程检查不出什么毛病,但推理得出的结论却不正确。究其原因,大多情况是因为推理的前提有偏差。在科学研究的实践中,这类"中间过程很完美,但是前提条件不合理"的失败教训,其实不在少数。因此,在科学研究的过程中不能满足于具体方法的严密正确,而应当经常从宏观上进行全面地审视。把宏观的驾驭和微观的实施有机地结合起来,把战略的筹划和战术的落实巧妙地结合起来,才能避免这类问题。

对于人工智能的研究来说,由于它通常涉及人们主观思维和客观事物规律的深层本质问题,因此这种宏观思考和微观实现的有机结合就更加重要。科学研究方法论可以帮助人们在宏观层面把握问题求解方法的科学性和合理性。掌握正确的科学研究方法论,就可以帮助人们在面对实际问题的时候做到高瞻远瞩和高屋建瓴。

第二,科学研究方法论虽然是科学研究方法的宏观规律,但它并不是一成不变的东西,随着科学研究不断向深度和广度的推进,随着人类认识能力的不断增强和提高,科学研究方法论本身也在不断深化不断演进。因此,人们不能满足于对历史上已经总结出来的科学研究方法论的了解,而应当不断思考由于科学研究领域的扩展和研究深度的深化所带来的新因素和新变化,使自己的科学研究工作能够不断与时俱进。

经常听到有人这样说:科学研究方法论一般具有非常稳定的品格,几百年也难得发生重大的变化。应当认为,这种说法只说对了一半。不错,作为研究方法宏观规律的科学研究方法论确实是相对稳定的体系,不会年年月月都发生改变。问题在于,方法论总要进步,不会一成不变。即使它可以稳定数百年,但总有发生质变的时候。我们今天所处的时代正是工业时代向信息时代急速转变的时期,研究的对象由物质和能量的二元结构变成了物质、能量和信息组成的三元结构,因此,也是以物质和能量为支柱的传统科学向以物质、能量和信息为支柱的现代科学急速转变的时期。既然研究的对象发生了重要的变化,这种变化必然促使科学研究方法论随之更新发展。因此,处在这个时代,人们必须敏锐地关注科学研究方法论的发展和变化。

在这方面,古老的"文火煮鱼"故事提供了一个很生动的教训:鱼儿对锅里水温初期的缓慢升高不敏感,而一旦感觉到水温太高的时候则已经没有力气跳出逃生了。同样,如果人们在科学方法论处于质变前夜的缓变时期不够敏感,那么,一旦方法论发生质变就很可能跟不上而落伍了。

人工智能涉及的科学研究方法论,正好就处在这种新变化和新发展的影响最深刻的范畴。我们所熟悉和习惯的传统科学方法论,已经不再能够完全满足人工智能研究的需要。因此,必须特别关注和总结科学研究方法论的新特点。

4.2.2　科学方法论演进概要

科学研究方法论是关于科学研究活动一般规律的科学,它的内容包括观察和理解科学问题的一般观念(科学观念),发现和定义科学问题的一般方法,确定研究方向的一般原则、获得科学知识形成研究成果的一般原理、途径、手段和程序,评价科学研究成果的一般准则,揭示各种科学研究方法的特点、作用和相互关系以及科学研究方法自身的发展规律等。

可见,科学研究方法论其实包含了科学观和方法论两个方面,这是因为,方法和观念两者是不可分割的:正确的观念孕育正确的方法;观念是抽象的、无形的,方法是具体的、可操作的,在正确的观念指导下运用正确的方法就可以产生有意义的研究成果。由此可以体会,科学研究方法论对于具体的科学研究活动具有多么重要的指导意义。

科学研究方法论并不是天生就有或者上天恩赐的,也不是某些聪明人头脑里生长出来的。科学研究方法论是人们在长期科学研究实践活动中对于成功的经验和失败的教训进行不断总结提炼而逐渐形成和发展起来的。所以,科学研究方法论并不玄妙,也不神秘,它来自科学实践而又高于科学实践,是人人都可以掌握和运用的。

正因为如此,从古代到近代到现代,科学研究方法论的发展经历了从不完善到相对完善的过程。了解科学研究方法论的发展过程,除可以使人们更深刻地认识和把握科学研究方法论外,更重要的是有助于人们更好地运用现代科学方法论来发现人工智能研究的问题,找到解决问题的科学方法,推进人工智能研究的发展。

1. 古代科学方法论

由于古代的科学研究刚刚从蒙昧状态脱胎出来,还带有朦胧幼稚的浓重色彩,因此,古代科学研究方法论处于发展的原始阶段。在这样的阶段,人们开始摸索、思考和试探,形成自己对于世界和对于科学问题的一些初步认识,但是还没有形成系统而深刻的科学研究方法。

古代科学研究方法论的突出特点是**"笼而统之的整体科学观"**和**"浅层直观的观察-思辨-猜测-检验的方法论"**。

这种特点是与当时的科学水平密切相关的。古代人类把自己所面对的大自然看作是一个神秘的庞然大物,因此形成了"笼而统之的整体科学观"。古代人类没有先进的工具,只能通过自己的感觉器官直接对大自然各种现象进行笼统而浅层的观察;由于没有先进的工具,也没有办法对所观察的现象进行科学分析,只能凭借自己的头脑进行思辨和推测;在此基础上形成一些看似有理的假说。至于这种假说究竟正确与否,只有通过更多的观察来验证。如果检验的结果为真,就把这种假说肯定下来;如果检验的结果为假,就予以否定。

可以看出,在古代科学研究方法论的体系中,"观察"和"假说检验"大体上都属于"眼见为实"的过程,人人都有能力实践和处理这种过程。只有"思辨"和在思辨的基础上提出"假说"才具有科学研究的性质,只有那些有一定训练、有一定水平的人才能完成这种工作,而不是随便什么人都有这种能力。所以,思辨是古代科学方法论的核心。

建立在笼统观察和头脑思辨基础上的古代科学方法论,影响和促进了古代科学的发展,在我国有墨家的《墨经》,荀子的《天论》,周易的"阴阳五行",道家的"一生二,二生三,三生万物"等,在西方则有著名的"太阳历法""日心说"和"原子论"等。它们对当时的科学研究都发挥了重要的指导作用。

但是,由于观念比较笼统,方法比较原始,古代科学方法论不可避免地导致过许多重大的科学谬误。西方的"地心说"和炼金术、我国的"心为思之官"和"天圆、地方说"等,都反映了基于表面观察和单纯思辨方法的局限性,它们无疑也给科学的发展带来负面的影响。

2. 近代科学方法论

人类总在不断追求改善自己的生存发展条件,这是人类社会前进的不竭动力。正是凭借这种动力,促使社会永远不会停留在原有的水平。一方面,随着社会的生产活动和科学研究在深度和广度上不断向前推进,人们越来越认识到"笼统的整体科学观"和"观察-思辨-假说的方法论"不再能够满足认识世界和改造世界的新需要。另一方面,由于生产的发展和社会的进步,积累了越来越丰富的经验和知识,也为科学研究提供了越来越好的工具和手段,为形成新的科学研究方法论创造了较好的基础。近代科学研究方法论由此应运而生。

　　近代科学研究方法论当然继承了"观察-思辨-假说-检验"的基本方法，但是，它的观察能力和思辨方法都大大前进了。近代科学研究方法论的一大进步和特色，是不再坚持"笼而统之"的科学观，代之而起的是它的"还原论"科学观。它坚信：(1)世间一切复杂的事物都可以分解为一些相对简单的基元(比如，单元、分子、原子等)；(2)只要把分解出来的这些相对简单的基元的性质研究清楚了，就可以还原出相应的那个复杂事物的性质。这样，它的思辨就有了新的深度。

　　因此，和古代科学研究方法论"笼而统之的整体科学观"大不相同，**近代科学方法论的特点是基于"还原论"的观念，采用"分而治之"的方法，把复杂的问题分解为若干相对简单的问题来解决，从而可以把思辨做得更深入。不仅如此，近代科学研究方法论还具备了更多的实验工具和手段来支持它的观察和思辨过程，使理论与实践相互结合，相互支持。**

　　这样，原来"笼而统之，囫囵吞枣"的方法就让位于"分析分解，分而治之"的方法。结果，各种复杂的对象就逐渐被分解为许多相对简单的对象加以研究，原有的各种学科就被分解为许多更为专门的学科，导致科学研究的分工化、学科的专门化和成果的深刻化趋势。而且，这种分解和分工越来越细，分解出来的专门学科越来越多，形成了近代科学越来越丰富多彩和越来越庞大的专门学科体系，带来了近代学科的空前繁荣和迅猛发展。

　　近代科学研究方法论的另一大特色，是它的研究"日益工具化"。过去是依靠人的感官直接观察研究对象，依靠人的头脑进行主观思辨。到了近代，可以借助各种越来越多样化和越来越先进的仪器仪表对研究对象进行观察，通过设计相应的实验系统对观察的数据进行动态地分析处理和推演，通过收集整理综合实验结果提炼研究的结论，又通过实验来检验和评判研究的成果。"日益工具化"的结果，使研究的过程和结果变得越来越客观，越来越深刻，越来越可信，越来越可用。

　　不仅如此，由于"工具化"的程度不断推进，特别是由于"工具"的先进程度和能力不断改进，使过去无法进行甚至无法想象的研究变成可能。遥远空间环境、极端(高真空、高气压、超高温、超低温)环境、危险(有毒、有害)环境、超越人类感觉能力的超宏观和超微观环境等古代人类无法涉足和无法企及的研究，在近代都变成现实的研究内容，使科学研究的广度和深度得到极大扩展。

　　在此基础上，近代科学研究方法论进一步提炼并形成了一套相当完整的操作原则，包括：如何对已有的成果质疑，如何发现已有成果的问题，如何提出新的科学假说，如何检验新的科学假说，如何进行科学观察，如何设计各种科学试验，如何形成新的科学理论，如何评价科学成果，如何将科学理论系统化并从中发现新的问题等，对近代科学研究发挥了重要的指导作用。

　　由此可见，与古代科学研究方法论相比，近代科学研究方法论无论在基本科学观念上，还是在科学研究方法上都发生了质的跃进。在近代科学研究方法论的指导下,近几百年的科学研究产生了巨大的进步,出现了空前的发展和繁荣,为改善人类生存发展条件做出了史无前例的贡献。

3. 面向开放复杂信息系统的现代科学研究方法论

近代科学方法论已经相对完整,对近代科学技术的发展也发挥了积极的作用。但是,由于 20 世纪中叶(第二次世界大战结束)前后,科学研究的对象和领域发生了新的重大变化,由传统的物质与能量领域进入一个崭新的领域——信息领域,使科学研究方法论又形成了新的质变需求和条件。结果,便产生了现代科学研究方法论。

相对于近代科学研究方法论而言,现代科学研究方法论的最为重要的进步,是发现了"还原论"的科学观念和"分而治之"的研究方法存在严重缺陷。虽然这些缺陷在近代已经有所察觉,但是没有得到解释和确认,因而一直没有得到纠正。例如,对于一个复杂的机械系统来说,"还原论"的问题表现并不明显,因为在这里,人们研究的着眼点往往放在"物质的结构"上,而机械系统的"整体结构"恰好就等于各个"部分结构"的总和;这样,"分而治之"的方法也就被认为是天经地义,理所当然。

然而,面对以信息为主导特征的开放复杂系统,"还原论"的问题就变得十分明显了。在这里,人们研究的着眼点是系统整体的"能力",而信息系统整体的能力当然远远大于各个部分的能力的总和,这本身就意味着"还原论"不再能够成立。特别是,在对开放复杂信息系统应用"分而治之"方法进行分析分解的时候,通常就会失去分解出来的各个部分之间相互联系和相互作用的"信息",而这些信息恰恰就是开放复杂信息系统的灵魂和生命线。既然丢弃了系统的灵魂和生命线,那么,把各个部分机械地"合并起来"当然就不再可能恢复出原有的开放复杂信息系统。也就是说,"还原论"的科学观念确实失效了!

一个典型的例子是对于"大脑"的研究,它显然是一个开放的复杂的信息系统。在以"还原论"为基础的"分而治之"近代科学研究方法论的指导下,人们采用解剖分析的方法分别观察大脑各个部分的物质结构和能量关系,因此,对大脑的生物组织结构获得了比较清晰的了解。但是,人们并不能根据这样得到的大脑组织结构来全面揭示大脑思维奥秘:这样的物质是怎样思维的?这种物质是怎样产生精神的?可见,对于这类以信息为主导特征的开放复杂系统来说,仅仅了解它的物质结构是远远不够的。同样,仅仅了解它的能量转换关系也是远远不够的。

后来,人们利用断层扫描的方法来分别观察大脑各个部分的物质结构与能量关系,甚至把人的大脑进行切片研究,但是,即使孤立地把大脑各个切片的情况都研究清楚了,依然不能解释:大脑究竟为什么会思维?以及大脑究竟是怎么思维的?这就是因为,把这些孤立的切片重新复合起来的大脑已经失去了"各个切片之间相互联系和相互作用的信息",它就已经不再是真实的大脑了。

研究表明，在开放复杂信息系统的情形下，由各个部分生成系统整体的原理不是线性叠加，而是通过各个部分之间错综复杂的（高阶非线性和动态性的）相互作用。现在，人们把通过子系统之间复杂相互作用形成复杂的整体性质的过程称为"涌现"。这样所形成的系统整体性质不可能通过各个部分的性质的简单叠加来解释。因此，"分而治之"的传统方法和"还原论"的原理在以信息为主导因素的开放的复杂信息系统情形真的完全失去了效力。

我们的研究发现：（1）对于以信息为主导因素的开放复杂系统来说，信息的运动（而不是物质的运动和能量的运动）是它们的特征性运动；（2）为了认识这种信息运动的性质，必须在系统的整体上（而不仅仅是各个个别的部分上）保持信息的真实性，而不能破坏这种系统的信息真实性〔这里所说的信息的真实性包括信息内涵（形式、内容、价值）的完整性和信息在时空过程的系统性〕；（3）在这个基础上，只有通过深入探究系统的工作机制（而不是系统的结构、系统的功能和系统的行为；这是因为，只有工作机制才能反映系统工作的全局本质）才能阐明系统的运动规律；（4）正因为这类复杂系统的主导因素是信息现象（而不是物质现象和能量现象），因此，开放复杂信息系统所呈现的一切过程，实质上都是各种条件下的信息转换（而不是物质转换和能量转换），于是，只有这些信息转换过程才是揭开复杂信息系统奥秘及其工作机制的真正钥匙。

综合分析以上四点认识就可以发现，信息观念、系统观念、机制观念成为开放复杂信息系统的本质观念，信息转换则是理解开放复杂信息系统的基本工作原理和方法。这样，我们就可以总结出"**以信息观、系统观、机制观为主导观念和以信息转换为主导方法的开放性复杂信息系统的科学方法论**"。

当然，观念和方法是相通的，而不是互相孤立或隔离的：有什么样的观念就可以衍生出什么样的方法。因此，信息观、系统观、机制观，可以分别演绎出信息方法、系统方法、机制方法。在这个意义上可以说，信息、系统、机制，既是开放复杂信息系统的科学观，又是开放复杂信息系统的方法论。把这四个方面融会贯通起来就可以说：通过系统性（整体性）的信息转换来揭示工作机制（或者说"基于信息转换的机制分析方法"）应当是开放复杂信息系统科学方法论的要害和精髓。换言之，我们可以把"**以信息观、系统观、机制观为主导观念和以信息转换为主导方法的开放复杂信息系统科学方法论**"的完整表述与"**基于信息转换的机制主义方法**"的简略表述视为大体等同。在后面更具体的研究中可以越来越清楚地看到"基于信息转换的机制主义方法"对于人工智能研究的巨大意义。

按照"推陈与出新"和"继承与发展"的科学精神，我们对于近代科学研究方法论既不应当采取全面继承的态度，也不应当采取全盘否定的做法。根据"以信息观、系统观、机制观为主导观念和以信息转换为主导方法的开放复杂信息系统的科学方法论"思想，可以把"分而治之，各个击破，合成还原"的近代方法论改造成为

"保信而分,分而治之,保信求真"。其中"保信而分"就是要保证在分解复杂系统的时候不要丢失各个子系统之间相互联系相互作用的信息;"保信求真"就是要在"信息保真"的前提下探求信息过程的本质机制("求真"就是探求系统的工作机制)。这样,新的方法论就可以克服传统方法论丢失信息的缺陷而又比传统方法论更加准确地抓住了开放复杂信息系统的本质机制。当然,如果做不到"保信而分",就不应当"分而治之"。

可见,"以信息观、系统观、机制观为主导观念和以信息转换为主导方法的开放复杂信息系统科学方法论"并没有完全否定近代的科学研究方法论,也并没有全部否定"分而治之"的研究方法,而是对它进行了必要的限定。

开放复杂信息系统科学研究方法论的显著特色,是特别强调"在整体上实现信息保真和信息求真(探求本质机制)"的原则:也就是"基于整体信息转换的机制分析"的原则。无论是在分解还是在合成的时候,都必须遵守和保持信息的整体"真实性",并在此基础上特别关注开放复杂信息系统的工作机制。

4.3　概念与方法的重审:开放复杂信息系统的科学方法论

前面两节对人工智能的研究历史做了简要的回顾,对科学研究方法论演进做了概略的分析。当然我们不是为了回顾而做回顾,也不是为了分析而做分析。我们的目的,是要通过这些回顾和分析为人工智能研究的进一步发展提供重要的借鉴和启示。

那么,我们可以从中得到什么样的借鉴和启示呢?

这里可以得到的启示是:迄今人工智能的研究取得了许多难能可贵的成就,也存在许多不可忽视的问题;这些成就的取得归因于原有科学方法论的合理成份,而这些问题的存在也归因于原有科学方法论的缺陷和不足。因此,要想取得人工智能研究的进一步发展,必须首先在科学研究方法论方面下大的功夫。

4.3.1　人工智能研究遭遇的科学方法论问题

智能问题若是非常简单,可以一眼望穿,那很可能就不会需要关注它的方法论问题。然而,智能问题似乎奥妙无穷,就像是一种高度复杂的多面体,具有不同知识背景的人们从不同的角度观察就可能会得到很不相同的认识。因此,在人工智能研究中出现了狭义人工智能、计算智能和黑箱智能这样三种不同的学术思路,这本来也是十分正常的事情。如果这些学术思路的目标相同,都是为了揭开智能的奥秘,那么,随着各种角度和思路的研究工作不断深入,它们迟早都会在适当的阶段互相会合。

令人遗憾的是,人工智能研究的历史却表明,狭义人工智能、计算智能、黑箱智能三种研究思路和方法之间没有朝着同一个目标和方向互相靠拢、互相合作、互相补充和逐渐走向融合,而是在很长的时期内互不沟通,甚至互不认可以至互相指责,终于形成鼎足三分的格局。

一方面,1969 年,正当以感知机(perceptron)为代表的人工神经网络研究取得进展的时候,狭义人工智能的代表人物 Minsky 和他的同事 Papert 联名出版题为 *Perceptrons* 的著作,严厉批评人工神经网络的研究方法“没有科学性”。书中写道:Most of this writing is without scientific value and it is therefore vacuous to cite a 'perceptron convergence theorem' as assurance that a learning process will eventually find a correct setting of its parameters (if one exists). Our intuitive judgment is that the extension [to multilayer perceptrons with hidden layers]　is sterile(人工神经网络研究的大部分内容没有科学价值,因此,即使给出了一个“感知器收敛定理”来保证它的学习过程能够导致正确的参数配置,也是于事无补。我们的直觉断定,即使把感知器扩展为多层感知机也不能解决问题)。

由于 Minsky 本人在学术上的权威性,受到这种批评的影响,美国自然科学基金会和国防高等研究计划局以及其他一些科研资助机构几乎完全停止了对于人工神经网络研究的经费支持,使大量人工神经网络研究人员被迫转移到其他研究领域,造成了人工神经网络研究历史上的“Dark Age(黑暗年代)”。

甚至,到了人工神经网络复兴之后的 1988 年,Papert 还讥讽人工神经网络(联接主义)是建筑在沙滩上的研究。他在文章“*One AI or Many*(一种人工智能还是多种人工智能)?”中这样写道:

Minsky and I, in a more technical discussion of this history, suggest that the entire structure of recent connectionist theories might be built on quick-sands:it is all based on toy-sized problems with no theoretical analysis to show that performance will be maintained when the models are scaled up to realistic size (Minsky 和我在讨论人工神经网络的技术发展史之后认为:最近兴起的整个联接主义结构似乎建立在流沙上:它只停留在玩具的规模上,而且不能在理论上证明,当这些模型达到真实规模的时候,它们的性能是否能够保持)。

Papert 的文章题目(*One AI or Many*?)清楚地表明,他不承认人工神经网络的研究也是一种人工智能系统的研究。相反,他只承认“物理符号系统”学派的研究才是“人工智能”研究,而且认为这是唯一的人工智能研究。他不承认有多种“人工智能”研究,因此要把人工神经网络的研究拒斥在“人工智能”领域的大门之外。这显然是一种学术上很不公正的霸权主义和专断行为。

另一方面,当人工神经网络的研究在 20 世纪 80 年代中期取得新的进展(复兴)而狭义人工智能的研究遭遇"知识瓶颈"困扰的时候,人工神经网络研究者于 1987 年在美国加利福尼亚美丽的圣地亚哥举行了声势浩大的 IEEE 第一届神经网络国际会议,交流神经网络研究的新进展和新成就。会议期间一些人就神情激动地喊出了"AI is dead. Long live Neural Networks(人工智能死了,神经网络万岁)"的口号,表现了他们对狭义人工智能研究者的"幸灾乐祸"情绪。虽然这只是一部分人的偏激表现,但却反映了狭义人工智能研究者与人工神经网络研究者之间的不默契和不协调。在这之后,也正是由于两者之间的不合作和不妥协,人工神经网络研究者便于 20 世纪 90 年代初与模糊逻辑和进化算法的研究者合作,把他们的研究领域命名为"Computational Intelligence(计算智能)",以此来同狭义人工智能的研究"分庭抗礼,平分秋色"。

20 世纪 90 年代初期取得进展的感知动作系统研究(黑箱智能)代表人物 Brooks 也对曾经"称王称霸"的狭义人工智能发起抨击。针对狭义人工智能研究遭遇的"知识瓶颈",他疾呼,人工智能系统的研究根本就不需要知识,也不需要知识表示的方法。为此,他发表了"Intelligence without knowledge"和"Intelligence without representation"的主张,表示了对狭义人工智能研究方法的不赞同。

那么,为什么狭义人工智能、计算智能、黑箱智能三种研究学派各自对自己的研究都那么自信而对其他学派都那样不认可呢?这里当然有很多原因。其中一个重要的原因,是他们各自都坚信自己的研究路线是有着某种深刻的科学研究方法论作根据的,因而"无懈可击"或"有恃无恐";自以为当前所碰到的困难只是技术性的和暂时性的。

三种研究方法共同认为,按照近代科学研究方法论,面对任何复杂的问题,"笼而统之"的研究是不可行的,"分而治之"才是必然的选择。因此,人工智能的研究必须采取"分而治之"的方法,从不同的角度和侧面进行研究,才能逐步深入。这个认识似乎无可挑剔。

问题发生在如何具体实施"分而治之"。

他们之中的一部分人认为,传统的系统理论早有定论:对于任何系统而言,决定它的基本性质和能力的是系统的结构,于是,如果把系统的结构特性模拟出来了,也就等于把系统本身的性质和能力模拟出来了。这便是"**系统结构决定论**"。

他们之中的另一部分人则认为,任何系统结构的基本作用都是为了支持系统的基本功能,只有功能才是系统的主导因素。因此,如果对系统的功能实现了成功的模拟,也就意味着成功模拟了系统的主导因素和能力。这便是"**系统功能主导论**"。

他们之中的第三部分人认为,无论是什么样的系统结构和功能,系统的能力都要通过它对环境的相互作用——行为——表现出来,才能发挥实际的效用。因此,如果对一个智能系统的外部行为实现了模拟,也就等于实现了系统的能力。这便是"**系统行为表现论**"。

　　按照这样的认识，基于物理符号系统的狭义人工智能研究符合"分而治之"和"系统功能主导论"的研究方法；计算智能研究符合"分而治之"和"系统结构决定论"的研究方法；而黑箱智能研究则符合"分而治之"和"系统行为表现论"的研究方法。这样看起来，三种研究方法各自都具有坚实的方法论依据。何况，三者确实都取得了许多重要的研究成果。

　　但是，正如前面的分析所指出，面对人工智能这类开放复杂信息系统的研究，"分而治之"的近代科学研究方法论已经显露了严重的问题和缺陷。"系统结构决定论""系统功能主导论"以及"系统行为表现论"的观念也都面临质疑和挑战。

　　首先，系统的结构虽然是系统的重要特征，系统的结构不同可能导致系统的能力也不同。但是，系统的结构并非决定系统能力的唯一要素。系统的工作机制和系统的结构一样（甚至更加重要）也是决定系统能力的关键要素。在同样的系统结构基础上，如果系统的工作机制不同，系统的能力也将不同。这就好像同样一批演员在同样的舞台上表演同样的剧本内容，导演的思想风格不同，演出的效果就可能大不相同。更贴切的比喻是，面对相同的系统硬件结构，不同的软件系统可能导致系统性能完全不同。因此，系统的结构并不能单独地决定系统的能力。"系统结构决定论"的观念不能完全成立。

　　其次，系统的功能是形成系统能力的基础，这在系统功能完备的条件下也许可以成立。但是问题在于，人们对于像智能这样复杂的系统所具有的功能的认识至今还没有完全澄清。比如，作为智能必要基础前提的意识功能，作为智能重要因素的注意功能和情感功能，作为形成智能的必要材料的语义信息和语用信息的功能等，至今尚未阐明。在这样的条件下，目前已经被认识到的这些功能，是否足以完全决定系统的智能能力，这还是一个很大的疑问。所以，至少现今条件下的"系统功能主导论"是不完整的。

　　最后，智能系统的智慧能力不一定都需要（或者不一定都能够）通过外部可以观察和模仿的动作行为来表现，更多的体现深刻智慧的思维过程通常都是内隐的，是外部观察不到的（例如自然语言理解，智能人机对话，智能问题求解等等），因此，"系统行为表现论"只能用来解决比较表面化和行为化的智能问题，而不能解决所有智能问题，特别不能解决深层的智能问题。

　　总之，现有三种主流人工智能研究所遵循的近代科学研究方法论是不完善的。它们支持三种人工智能研究各自取得了一定的成功，发挥了一定的积极作用，但是由于它们不能充分准确地反映人工智能研究的深层规律，未能发现因而也未能沟通三种主流方法之间的内在联系，因此，必定会束缚人工智能研究的进一步发展。

　　如前所说，20 世纪末和 21 世纪初，国内外一些人工智能研究人员也注意到了人工智能研究所存在的这种"鼎足三分，互不认可"的格局，因而出现了本书作者的《智能理论与技术》[19]、N. Nilsson 的 *Artificial Intelligence：A New*

Synthesis[17] 和 Russell 等人的 *Artificial Intelligence*：*A Modern Approach*[18] 等多部专著,试图改善这种格局。不无遗憾的是,他们没有从科学研究方法论的根本问题去研究形成这种格局的根源,因此也没有从科学研究方法论的根本着眼点去解决问题,而是从 Agent 能力扩展的需求出发把三种研究内容串到一起。这是一种表面拼接的合成方法,没有也不可能从根本上解决问题。因此,目前三种研究思路互不认可的态势依然故我,依然不利于人工智能研究的健康发展。

4.3.2　人工智能研究的新型科学方法论

既然人工智能研究遭受了近代科学研究方法论的束缚,那么,显而易见的结论就是:为了推动人工智能研究的进一步发展,需要从根本上寻求新的更加科学合理的科学研究方法论的指导,而不是仅仅在具体的技术层面上的修补和改进。

4.2 节的分析已经表明:面对以信息为主导特征的开放复杂信息系统,我们已经总结**"以信息观、系统观、机制观为主导观念和以信息转换为主导方法的开放复杂信息系统科学方法论"**。如果要把这个方法论与传统的"分而治之"方法论进行对比,那么,如前所述,这个开放复杂信息系统科学方法论的操作性的解释也许可以表述为"保信而分,分而治之,保信求真"。其中的"保信而分"和"保信求真"可以看作是对传统方法论"分而治之,各个击破,合成还愿"的主要修正。

由于开放复杂信息系统的信息过程是一个完整的系统,因此,"保信而分"既体现了"信息观",又体现了"系统观";同时,由于"保信求真"是要求在遵循信息观和系统观的前提下寻求整个系统的本质机制(这里的"真"就是指整个系统的本质机制),而不是分别寻求各个分系统的机制,因而全面体现了信息观、系统观和机制观;而由于开放复杂信息系统的脉络就是信息运动的各个过程,因此它的灵魂就是各种信息的转换过程。

于是,按照"以信息观、系统观、机制观为主导观念和以信息转换为主导方法的开放复杂信息系统科学方法论"思想,根据脑神经科学和认知科学的研究结果,可以得到图 4.3.1 的智能系统模型。

模型示出了人类智能活动的信息全过程,也体现了开放复杂信息系统的科学方法论思想:首先,在目标的引导下,人的感觉器官从纷繁的环境中注意到和选择出值得关注的问题,并把问题的原始信息转换为输出的形式信息(这里的感知信息是一种语法信息,是问题的外表现象);传导神经系统则把形式信息传递到初级皮层进行处理(传递过程应当遵守信息不丢失原则,因此传到初级皮层的信息仍然是形式信息),通过初级皮层(包括工作记忆和丘脑)的处理,如分类、排序、变换、编码、计算等,信息变得比较便于应用,但仍然应当保持信息的基本性质(这也是信息不丢失的原则),并在此基础上生成全信息;接着,高级皮层的认知过程把信息转换为知识存入知识库（长期记忆）备用（获得了问题的知识，就意味着认识了问题的本质，这是"保信求真"的体现）；进一步，在目标引导下，高级皮层的决策过程把知识转换为解决问题的智能策略（解决问题的策略比较集中地体现了智能，因而也可以称为"智能策略"），后者被表达为适当的形式并由传导神经系统传到效应器官。在这里，智能策略被转换为智能行为作用于问题。如果上述所有过程都十分理想到位，问题就可以被智能行为解决（即达到预设的目标）；否则，解决问题的误差就成为新的信息，被感觉器官感知并通过上述过程来调整和改进智能策略，直至解决问题达到目标。这是一个动态学习的过程。

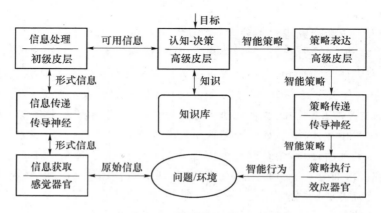

图 4.3.1　智能系统的信息模型

当人们面临的环境和面对的问题改变之后，相应的工作目标也会随之改变（工作目标一定要随着问题的改变而改变，而所有这些不断变化的具体工作目标都服务于一个永远不变的长远目的——不断争取更加美好的人类生存发展条件），但是，图 4.3.1 所示的智能活动过程的机理不会改变。人们仍然按照这个过程来建立求解新问题的新的智能策略和产生新的智能行为，不断地认识新问题解决新问题，不断地认识世界和优化世界。

所以，图 4.3.1 示出的是一个完整的而且具有普遍意义的智能活动信息模型：它充分地刻画了获得信息和知识并建立智能策略和智能行为的过程以及不断完善智能策略的过程。应当指出，根据误差反馈的新信息来调整改进智能策略和智能行为的过程也是智能活动不可缺少的过程（一次到位的理想过程在现实世界中非常罕见）。人们习惯上喜欢把反馈调整的过程称为"学习"过程。其实，整个智能活动过程都贯穿着学习的过程。

当然，人们所面对的各种各样的实际问题，有的比较简单，有的比较复杂；所面临的环境，有的比较严峻，有的比较宽松。因此解决问题所需要的智能水平，有的比较高级，有的比较一般。但是，无论哪种情形，图 4.3.1 所示的智能系统模型都可以适用,只不过其中各个单元的具体情况各有不同而已(有的单元甚至简单到可以被忽略)。

总而言之,图 4.3.1 的模型对于人类智能活动过程的描述充分体现了上述开放复杂信息系统科学方法论的思想,也体现了脑神经科学和认知科学所揭示的人类智力活动过程的基本特征,因而可以用来研究智能活动的问题和规律。

不过,也许有的读者会提出问题:图 4.3.1 的模型确实体现了开放复杂信息系统科学方法论思想的"信息观和系统观"以及"信息转换"方法,但是看不出它怎样体现了开放复杂信息系统科学方法论思想的"机制观"? 这个提问有一定的道理,原因是信息观和系统观比较直观明显:图 4.3.1 表示的是一个信息运动过程,所以明显地体现了"信息观";同时,图 4.3.1 表示的信息运动是一个完整的信息系统,所以也体现了"系统观";而"机制观"则比较深刻和抽象,所以不能由图 4.3.1"一眼看出",需要通过一定的分析才能看出。下面,我们就来进行这个分析。

图 4.3.1 的模型显示,就智能活动的基本过程来看,对于任何给定的问题、约束、目标而言,智能策略的形成主要经历了三个阶段,即:

(1) 首先获得问题-约束-目标的**信息**;

(2) 获得与此相关的**知识**(包括由信息提炼的知识以及知识库已有的相关知识);

(3) 在目标引导下由相关信息和知识生成求解问题的**智能策略**。

这样就可以看出,**"由信息转换为知识和进而在目标指导下转换为智能策略的整个过程"就是智能生成的共性核心机制**。

这就清楚地表明:在给定了问题、环境(即求解问题所必须遵循的约束条件,也是一种先验知识)和目标的前提下,只要获得了相关的信息,只要能够完成相应的"信息到知识的转换"以及"知识到智能策略的转换",那么,生成智能的核心任务就完成了。为了简明,可以把智能生成的共性核心机制表述为:**信息-知识-智能转换**。甚至,还可以更加简明地把它表述为"**信息转换**"。在这个意义上可以认为,**智能的生成机制就是信息转换**。也正是在这个意义上可以说:生成智能是信息转换的目的,信息转换则是生成智能的手段。

这里之所以把"信息-知识-智能转换"称为"智能生成的**共性机制**",是因为"信息-知识-智能转换"对任何情况的智能生成过程都适用。为什么又要加上"**核心**"的修饰词呢? 这是因为,完整的机制一方面还要包括信息获取过程,另一方面也还要包括由智能策略到智能行为的转换,甚至还要包括智能策略调整和完善的学习过程。所以,上述的"信息-知识-智能转换"只是智能生成的核心部分。不过,这个智能生成的共性核心机制是智能生成的本质部分,因此需要给予特别的关注。

到这里,我们就在"以信息观、系统观、机制观为主导观念和以信息转换为主导方法的开放复杂信息系统科学方法论"的指导下,根据脑神经科学和认知科学已有的研究成果,通过图 4.3.1 所示的智能活动基本模型,得出了全新的人工智能研究方法,也就是前面曾经总结出来的"**基于信息转换的机制模拟方法**"[20]。这是一个十分重要的结果。

顺便指出,"以信息观、系统观、机制观为主导观念和以信息转换为主导方法的开放复杂信息系统科学方法论"是一个完整的表述,信息观、系统观、机制观、信息转换方法,各有各的重要作用,而且形成了一个和谐的整体,构成了一个完整的科学方法论。不过,其中的"信息观"和"系统观"是人们已经比较熟悉的概念,而"机制观"和"信息转换方法"却是新颖和陌生的概念。因此,在后面的表述中,为了行文的简洁,有时也会把"信息观和系统观"看作是开放复杂信息系统不言而喻的约束而不一定明显表达出来,只突出强调"机制观和信息转换方法"这两个比较陌生的概念,以提醒人们重视以前不太熟悉的"机制观和信息转换方法",即"基于信息转换的机制模拟方法"。

与传统的"结构模拟方法""功能模拟方法"以及"行为模拟方法"相比,"基于信息转换的机制模拟方法"显然更为深刻地揭示了智能生成的机制,更为科学地总结了智能生成的规律。这是因为,如前所说,无论是智能系统的结构,还是智能系统的功能或者是智能系统的行为,它们都只是智能系统本质的部分表现,不可能深刻全面地反映(更不要说是决定)智能系统的本质。因此,无论是结构模拟方法,还是功能模拟方法,或者是行为模拟方法,它们都不可能独立地生成全面的智能。相反,基于信息转换的智能生成共性核心机制抓住了智能生成过程的本质和全局,深刻而全面地揭示了智能系统的工作机理,反映了生成智能策略和智能行为的共性规律,因此,是研究人工智能的根本方法。

鉴于人工智能研究在历史上已经形成了结构模拟方法、功能模拟方法和行为模拟方法,这里不妨按照历史发展的顺序,把它们分别称为人工智能研究的第一方法、第二方法和第三方法,而把基于信息转换的智能生成机制方法称为"**人工智能研究的第四方法**"。

本书后续相关章节将会给出关于"机制模拟方法"更为深入的介绍。此刻,我们只是简要地指出,由于人工智能机制模拟研究方法的实施途径体现为"信息-知识-智能转换",而其中的"知识"又存在自己的生态学结构,这就是在**本能知识**的支持下,"欠成熟的**经验型知识**"生长成为"成熟的**规范型知识**",再进一步生长(沉淀)成为"过成熟的**常识型知识**"(详见第 4 章),因此,在面对同样的信息(即对于同样的问题-环境-目标)的情形下,根据所使用的不同知识类型,机制模拟方法可以表现出四种相辅相成的具体工作模式:

模式 A:信息-经验型知识-经验型智能策略转换。

模式 B:信息-规范型知识-规范型智能策略转换。

模式 C:信息-常识型知识-常识型智能策略转换。

模式 D:信息-本能型知识-本能型智能策略转换。

显然,这四种工作模式都是标准的机制模拟方法"信息-知识-智能转换",只是它们各自所使用的知识类型不同而已。

后续章节也将证明:

- 基于结构模拟的人工神经网络是机制模拟方法模式 A 的特例。
- 基于功能模拟的物理符号系统是机制模拟方法模式 B 的特例。
- 基于行为模拟的感知动作系统是机制模拟方法模式 C 的特例。
- 目前尚未发现(或者尚待发现)机制模拟方法模式 D 的特例。

由此可见,现有人工智能研究的结构模拟方法、功能模拟方法、行为模拟方法分别是机制模拟方法在不同知识条件下的三个特例。

进一步考察,知识的生态结构(欠成熟的经验型知识→成熟的规范型知识→过成熟的常识型知识)表明,人工智能研究第四方法的模式 A(它的特例是结构模拟方法)原则上可以生长成为模式 B(它的特例是功能模拟方法)并进一步生长成为模式 C(它的特例是行为模拟方法)。换言之,人工智能研究的结构模拟方法(第一方法)、功能模拟方法(第二方法)以及行为模拟方法(第三方法)三者不仅成为机制模拟方法(第四方法)的三个特例,而且它们之间存在逐层递进的生长关系,实现了和谐地统一。历史上所表现的"互不认可,互不相容,互不沟通"的非良性关系在这里变成了"分工合作,相辅相成"的良性关系。

这是一个颇有启发意义的结果:在没有揭示出智能生成机制这个深层本质之前,结构模拟方法、功能模拟方法、行为模拟方法之间似乎没有什么联系,所以不能互相沟通,只能鼎足而立;而一旦揭示出了"知识生态"和"智能生成机制"这些深层本质,原先看似互相没有联系从而不能沟通的三大主流方法之间却在机制主义方法框架内实现了和谐地统一。可见,揭示事物的深层本质对于认识事物的内在规律是多么重要!

既然人工智能研究的第四方法是人工智能研究的根本方法,本书就将遵循这一根本方法来重新审视人工智能研究的全部问题,重新建立人工智能的知识体系。同时,本书也将在后面的章节致力于具体阐明和建立第四方法与第一、第二、第三方法之间的和谐关系,希望全面构建和谐统一的人工智能研究方法体系,以利于人工智能研究的健康发展。

还有必要再次指出,以"信息-知识-智能转换"为标志的"人工智能的机制模拟研究方法"(即第四方法)也可以更加简洁地表述为"**信息转换**"方法,即"以信息为源头、经过信息转换而最终生成智能策略"的方法。有了这个约定,后面我们就会更经常地使用"信息转换"这个比较简洁的术语来代替"基于信息-知识-智能转换的人工智能的机制模拟研究方法"这个比较冗长的表述。

后面将会看到,"信息转换"这个更为简明的术语却可以表达更加深刻和更加重要的科学内涵，它的科学意义至少可以和物理学的"能量转换"以及"质量转换"并驾齐驱。

同样值得指出的是，从智能生成的共性核心机制"信息转换"还可以澄清和纠正一个历史性的片面认识：当把"人工智能"定义为"利用计算机模拟人类逻辑思维智能"的时候，人们把人工智能理解为"计算机科学的一个分支"确实有它的道理；但是，当"人工智能"被正名为"一切人造系统的智能"的时候，特别是当发现了智能生成的共性核心机制就是"信息转换"的时候，上述认识就不再能够成立了（至少是不够确切了）；这时，人们就应当如实地接受：人工智能是"信息转换"的成果，是信息科学的一部分，而且是信息科学的核心、前沿和制高点，而不是计算机科学的一个分支。这也是一个非常重要的认识上的进步。

最后，意义更为深远的是，"信息转换"不仅仅是"智能生成"的共性核心机制，本书后续章节还将要证明，"信息转换"也是"意识生成""情感生成""注意生成"的共性核心机制。由此可以充分体会"信息转换"具有多么重要的作用和深刻的意义！

正是因为"基于信息转换的机制模拟方法"不仅是研究人工智能的根本方法，同时也是研究人工基础意识、人工情感和人工注意的根本方法，具有普遍性和根本性的意义，我们便把"基于信息转换的机制模拟方法"提炼为"基于信息转换的机制主义方法"，而且把运用"基于信息转换的机制主义方法"研究的包括人工基础意识、人工情感、人工智能的理论统一地定名为"高等智能理论"，以区别于传统的狭义的人工智能理论（更深入的分析见本书第 7 章）。

2006 年是狭义人工智能学科诞生的 50 周年。为了纪念这个不平凡的事件，中国人工智能学会联合美国人工智能学会和欧洲人工智能协调委员会等国际人工智能学术组织，于 2006 年 8 月在北京举行了国际人工智能学术研讨会（2006 International Conference on Artificial Intelligence，ICAI'2006）。来自世界五大洲近 30 个国家的代表近 300 人出席了这个世界人工智能学术界的盛会。中国人工智能研究的开拓者和领军人、中华人民共和国首届最高科学技术奖获得者吴文俊院士、国际计算智能的学术带头人、模糊集合理论创始人、美国加州伯克利大学 L. A. Zadeh 教授，日本人工智能的学术带头人 EBMT 机器翻译方法发明人 M. Nagao 教授等世界著名学者出席了大会并在全体大会上发表学术演讲。

基于我们自己在人工智能研究领域所取得的上述一系列研究成果，本书作者（当时担任中国人工智能学会理事长）代表会议组织者和东道主中国人工智能学会在《人工智能 50 周年：回顾与展望》的发展战略研讨会上做了如下的主题发言（摘要）。

50 年来，人工智能研究取得了令人瞩目的成就，但也存在一些不可忽视的问题，后者主要包括：

第一，在研究方法上，由于受到"分而治之，各个击破"方法论的影响，形成了结构模拟、功能模拟、行为模拟三者"鼎足而立，互不认可"的研究格局，未能实现三种方法的沟通与统一，客观上妨碍了人工智能研究取得更大的进展。

第二，在研究内容上，由于受到"分而治之，各个击破"方法论的影响，造成了人工智能研究与人工意识研究和人工情感研究的互相脱节，并且长期回避"人工意识"和"人工情感"这些基础性的领域，使人工智能的研究模型不能充分体现智能的客观本质，使研究的结果受到局限。

第三，在研究策略上，由于受到"分而治之，各个击破"方法论的影响，人工智能的研究长期围于工程技术层面，缺乏与自然智能研究（特别是脑神经科学和认知科学）之间的深入交流，使研究的思路和研究的深度受到限制。

为了从根本上改变上述状况，为了使未来人工智能研究发展得更好，建议各国同行共同努力，在今后的人工智能研究中努力实现以下目标：

第一，研究方法上，实现人工智能研究方法的融通，形成合力。

第二，研究内容上，把智能研究扩展为"意识、情感、智能三位一体"的研究。

第三，研究策略上，与自然智能研究深度互动。

为了简便，建议把体现上述三项目标的研究定名为"高等智能"研究。

这个旗帜鲜明的主题发言，得到了与会者的热烈响应。为了能够有效推动"高等智能"的研究，会议建议由中国人工智能学会负责筹备发起 International Conference on Advanced Intelligence（高等智能国际会议），从 2008 年开始举行第一届会议，然后每两年举行一届。中国人工智能学会接受并履行了国际会议委托的任务，已经在 2008 年和 2010 年成功地举办了两届高等智能国际会议，并于 2009 年在日本德岛大学创办了 International Journal of Advanced Intelligence（高等智能国际学报），为推动国际高等智能的研究创造了良好的交流平台。

事实上，如上所述，在此次国际会议之前，我们在"高等智能"三个目标的研究方面实际上都已经取得重要进展：关于第一个目标，我们已经建立"基于信息转换的机制模拟方法"，并且已经在机制模拟方法框架内形成结构模拟、功能模拟、行为模拟的和谐合力；关于第二个目标，我们已经发现，"基于信息转换的机制主义方法"可以统一阐明人工意识、人工情感和人工智能的生成机制，实现三位一体的整体研究；至于第三个目标，我们确信，"基于信息转换的机制主义方法"完全可以成为自然智能研究和人工智能研究深度互动的内容。

总之，充分体现"以信息观、系统观、机制观为主导观念，以信息转换为主导方法的开放复杂信息系统科学方法论"思想的"信息转换原理和机制主义方法"以及"高等智能三大目标"，不仅在我们的研究工作中已经取得实质性成果，而且通过此次人工智能国际会议，也已经在国际人工智能学术界达成了良好的共识，为未来人工智能研究的健康发展提供了方法论的基础和目标的引导。

4.3.3　本书的知识结构

本书第 1 章和第 2 章的研究结果表明:人工智能研究应当放弃已经显露严重缺陷的"分而治之"传统科学方法论,接受"以信息观、系统观、机制观为主导观念和以信息转换原理的机制主义方法为主导方法的开放复杂信息系统科学方法论"。其中的"信息观"应当是"全信息观";"系统观"强调的是信息过程的整体性;而"机制观"则应当是"基于信息转换原理的智能生成机制"。这是人工智能研究历史经验教训所得出的重要结论。

只有这样,才能把原先没有找到联系因而曾经长期处于"鼎足三分"状态的国际人工智能三大主流研究方法,也就是结构主义方法(它的代表是人工神经网络)、功能主义方法(它的代表是物理符号系统)、行为主义方法(它的代表是感知-动作系统),在基于信息转换原理的机制主义方法的框架内形成和谐统一的人工智能方法和理论。只有这样,才能对原先各自互相隔离的注意、意识、情感、智能、决策在机制主义方法基础上进行和谐一致的研究。只有这样,才能使原先各自独立发展起来的信息理论、知识理论、智能理论实现和谐有机的沟通,形成"人工智能的统一理论",也就是"高等人工智能理论"。

有鉴于此,本书的内容将做出如下安排:

第 1 篇(包括第 1 章和第 2 章)是全书的总论:分别回答"为什么要研究人工智能"和"怎样研究人工智能"这两个不可回避而且是最为根本性的问题,从中阐明了信息科学的科学观、方法论、研究模型和研究路径,以及信息科学/人工智能研究应当遵循的"顶天立地"研究纲领,为全书提供了总体框架。

第 2 篇(包括第 3 章和第 4 章)是全书的背景篇,通过对人工智能原型学科(主要是脑神经科学和认知科学)以及人工智能研究历史的回顾与分析,启迪人工智能研究应当遵循"源于原型科学,又高于原型科学"的基本原则,也就是"以信息生态过程(而不是结构、功能、行为)为灵魂"的基本原则。

第 3 篇(包括第 4 章和第 6 章)是人工智能的基础理论:其一是人工智能理论的源头理论——信息理论,特别是作者本人创建的"全信息理论",其二是人工智能理论的支柱理论——知识理论,特别是关于知识的内外生态学理论。这是人工智能研究长期忽视了的重要基础,也是人工智能研究的重大失误之处。

第 4 篇(包括第 7~10 章)是高等人工智能的主体理论:在前面各章的基础上,运用"以智能的共性生长机制为核心的机制主义方法"统一探讨人工智能的第一、第二、第三和第四类信息转换原理,它们分别完成由客体信息到感知信息、由感知信息到知识、由感知信息到包括基础意识、情感和理智三位一体的综合智能策略和智能行为的转换,从而完成了"机制主义人工智能理论"主体理论的建构。

最后,作为结语,将指出需要进一步研究的若干(但不是全部)问题。

本章小结与评注

历史是一面公正的镜子,既可以映照出正面的成就,也可以映照出负面的缺陷。因此,为了把握未来的发展,就不能不通过总结历史的经验和教训来获得宝贵的启示。

本章简要而系统地回顾了半个多世纪以来人工智能研究发展的历史,结果发现:由于人工智能理论研究的问题本身具有前所未有的深刻性和高度复杂性,因此,这些问题的研究和解决都必然要涉及科学研究方法论的层次。

众所周知,以"分而治之"为特征的"机械还原论"是近代物质科学的方法论,"系统结构决定论""系统功能主导论"和"系统行为表现论"是近代的系统观念。遵循这样的科学观念和方法论,导致人工智能研究走上了三种各不相同的研究途径,即"结构主义研究途径""功能主义研究途径"和"行为主义研究途径"。

然而,近代科学研究观念和方法论不能完全适应像人工智能研究这样一类以信息为主导因素的开放复杂信息系统研究的需要,近代流行的科学研究方法论也不再可能充分揭示开放复杂信息系统的根本运行规律。这是当今人工智能研究三大学派都遭遇到困难的症结所在,也是三大学派之间不能互相理解和互相融通、只能鼎足三分的方法论根源。

面对人工智能这样一类开放复杂信息系统的研究,能够真正行之有效的是"以信息观、系统观、机制观为特征的信息科学的科学观"和"以信息转换原理为特征的信息生态方法论"。由此便演绎出了以"信息-知识-智能转换"(它的更简洁表述是"信息转换")的人工智能研究新方法,它是比历史遗留下来的"结构主义""功能主义"和"行为主义"更加深刻更加科学合理的研究方法。这是本章"温故而知新"所启迪的重要结论。

综合以上各个章节的研究结果可以理解,人工智能研究所应当遵循的科学观是以信息观、系统观和机制观为特征的信息科学的科学观(也就是辩证唯物的科学观),其中的"信息观"应当是以"全信息理论"为标志的现代信息观,而不应当是传统 Shannon 理论的信息观;人工智能研究所应当坚持的方法论应当是以信息转换原理为特征的信息生态方法论,而不应当是传统的、仅具局部意义的"结构主义""功能主义"和"行为主义"方法论。

由此,便产生了与迄今为止所有传统人工智能理论很不相同的人工智能理论新体系,这就是本书要深入研究的体现"结构、功能、行为有机融通,基础意识、情感、理智三位一体"的人工智能统一理论,更确切地说是机制主义人工智能理论。

本章参考文献

[1]　MCCULLOCH W C, PITTS W. A Logic Calculus of the Ideas Immanent in Nervous Activity [J]. Bulletin of Mathematical Biophysics, 5: 115-133, 1943.

[2]　WIDROW B, et al. Adaptive Signal Processing [M]. New York: Prentice-Hall, 1985.

[3]　ROSENBLATT F. The Perceptron: A Probabilistic Model for Information Storage and Organization in the Brain [J]. Psych. Rev. , 1958, 65: 386-408.

[4]　HOPFIELD J J. Neural Networks and Physical Systems with Emergent Collective Computational Abilities [J]. Proc. Natl. Acad. Sci. , 1982, 79: 2554-2558.

[5]　GROSSBERG S. Studies of Mind and Brain: Neural Principles of Learning Perception, Development, Cognition, and Motor Control [M]. Boston: Reidel Press, 1982.

[6]　RUMELHART D E. Parallel Distributed Processing [M]. Cambridge: MIT Press, 1986.

[7]　KOSKO B. Adaptive Bidirectional Associative Memories, Applied Optics [J]. 1987, 26(23): 4947-4960.

[8]　KOHONEN T. The Self-Organizing Map [J]. Proc. IEEE, 1990, 78(9): 1464-1480.

[9]　TURING A M. Can Machine Think? [J]. Reprinted in ＜Computers and Thought＞, 5th ed, E. A. Feigenbaum and J. Feldman, eds. New York: McGraw-Hill, 1963.

[10]　WIENER N. Cybernetics [M]. 2nd ed. Cambridge: The MIT Press and John Wiley & Sons, 1961.

[11]　NEWELL A, SIMON H A. GPS, A Program That Simulates Human Thought [A]. //Computers and Thought. New York: McGraw-Hill, 1963: 279-293.

[12]　FEIGENBAUM E A , FELDMAN J. Computers and thought [M]. New York: McGraw-Hill, 1963.

[13]　SIMON H A. The Sciences of Artificial [M]. Cambridge: The MIT

Press，1969.

[14]　NEWELL A，SIMON H A. Human Problem Solving ［M］. Englewood Cliffs：Prentice-Hall，1972.

[15]　MINSKY M L. The Society of Mind ［M］. New York：Simon and Schuster，1986.

[16]　BROOKS R A. Intelligence without Representation ［J］. Artificial Intelligence，1991，47：139-159.

[17]　NILSSON N J. Artificial Intelligence：A New Synthesis ［M］. New York：Morgan Kaufmann Publishers，1998.

[18]　RUSSELL S J，NORVIG P. Artificial Intelligence：A Modern Approach ［M］. Pearson Education，Inc.，as Prentice Hall，Inc，and Tsinghua University Press，2006.

[19]　钟义信. 智能理论与技术：人工智能与神经网络［M］. 北京：邮电出版社，1992.

[20]　钟义信. 机器知行学原理：信息-知识-智能转换理论［M］. 北京：科学出版社，2007.

第3篇 基 础

人工智能理论的原型研究虽然涉及面很广,但主要涉及脑神经科学和认知科学:前者研究人类智能活动的主要物质基础——思维器官(大脑)的结构和功能,后者探讨人类认知能力(也称为认知功能)的生成机理。两者的有机综合,应当可以给出人类智能活动的基本图景。

虽然由于人类大脑的结构异常复杂,人类的认知机理更显神秘,使得这两个学科目前所取得的研究进展还不能令人十分满意,但是,通过对脑神经科学和认知科学已有成果和存在缺陷的系统总结和深入分析,却也已经为人类智能和人工智能的研究提供了十分重要的启发,包括本书第3章所解析的关于"全信息"科学观的启发和第4章所阐发的"基于信息转换的机制主义"方法论的启发。

信息,是一切智能的源头;没有信息,智能就无从谈起。知识,是信息和智能之间的中介,是生成智能的支柱,没有知识,就不可能生成高水平的智能。因此,信息理论和知识理论是人工智能理论不可或缺的基础。

通过这些总结和分析,人们清楚地看到:迄今,人工智能理论研究所秉持的信息观乃是"Shannon 信息论"的信息观,而不是"全信息"的信息观,人工智能理论研究所遵循的方法论则是以"分而治之"为特征的"机械还原方法论",而不是"以信息转换为特征的信息生态方法论"。这种表面化(只关注了信息的形式因素,忽视了内容和价值因素)的信息观和表面化(只关注了智能系统的结构、功能、行为,忽视了智能的生成机制）的方法论很难能够揭示人工智能的深层本质。因此，回归"全信息的信息观"，回归"信息生态方法论"，是人工智能理论研究的重要出路。

全信息的信息观和以信息转换为特征的信息生态方法论则表明，人工智能的基础理论主要涉及信息的理论和知识的理论。而且，人工智能研究所需要的信息理论并不是人们已经熟知的"Shannon 信息论"，而是"全信息理论"；人工智能研究所需要的知识理论也不只是人们所熟悉的"知识工程"，而主要是"知识的生态学理论"。

有鉴于此，本篇的内容就将分别阐明人工智能研究所需要的这两个重要的基础理论，即"全信息理论"和"知识生态学理论"，并阐明"全信息理论"与"Shannon 信息论"之间的关系以及"知识生态学理论"与普通"知识理论"之间的关系，为人工智能的主体理论研究奠定必要的理论基础。

第 5 章　全信息理论

本书前面各章的讨论所提供的最重要启示之一,是指明了:人工智能的研究,应当遵循和采纳新的科学的信息观,这就是"全信息"的科学观。

然而,目前国内外学术界普遍流行的信息观却是 1948 年 Shannon 信息论所阐述的纯粹基于统计信号波形形式的通信信息观。

这种情形,是人类的认识不能超越"由表及里,由浅入深"这一规律所使然:如同对于任何其他复杂的概念的认识一样,人们对"信息"概念的认识也必然要由"通信信息"这种表层认识开始,逐步走向深刻的"全信息"概念,而不可能一蹴而就。所以,我们不能责怪我们的前辈。

在经历了半个多世纪的实践与研究之后的今天,在经历了"脑神经科学与认知科学的结论之间互不搭界"的矛盾之后的今天,我们已经具备了条件,可以从 Shannon 信息论的"表层信息观"走出来,深入到"全信息的信息观"。因此,本章就将向读者介绍这种新的信息科学观——"全信息理论"。

为了便于读者深入地理解"全信息理论",5.1 节将从定性的角度比较系统地解析信息和"全信息"的基本概念,5.2 节将介绍全信息的分类方法和描述方法,从而阐明"全信息"与"Shannon 信息"的关系,在此基础上,5.3 节将从定量的角度给出全信息的数值度量方法,并从理论上证明"Shannon 信息"是"全信息"的特殊情形。

5.1　基　本　概　念

任何一门重要的科学都有自己的基本概念,它们是构成一门学科理论体系的基础。传统科学的基本概念是物质和能量,信息科学的基本概念是"信息"。

信息是信息科学研究的出发点和归宿,而且贯穿信息运动的全过程。具体地说,信息科学的出发点是认识信息的本质和它的运动规律;信息运动的全过程就是把信息转换为知识并把知识激活为解决问题的智能策略,它的归宿则是利用由信息转换而来的智能策略(策略本身也可以看作是一种高级的信息产物)解决各种各样的实际问题,达到人们追求的各种合理的目的。

显然,对信息概念的认识越透彻,对信息运动过程规律的理解就会越深刻,信息科学的发展就会越充分,信息科学的作用就会发挥得越到位。

5.1.1　现有信息概念简评

信息无处不在,无时不在,与人们的关系极为广泛而密切,是一类十分普遍而又十分重要的研究对象。长期以来,不同领域的人们都对信息问题展开过各自的研究。因此,很难穷尽历史上出现过的各种信息概念(定义),更不可能对所有这些信息概念都进行系统地解析和评述。

鉴于本书所具有的自然科学性质,这里将主要从自然科学(特别是信息科学)的角度来回顾一些有重要影响的信息概念,并对它们做出简要的述评。至于在哲学和社会科学领域(诸如心理学、经济学、社会学和图书馆学等)出现的信息概念,这里原则上不加考虑。

虽然信息与整个人类的活动都具有十分密切的关系,不过,最早把信息作为一种科学研究对象来加以探讨的,却是通信科学技术的工作者。这是因为,通信的本质就是传递信息,通信科学技术工作者时时刻刻与之打交道的对象就是信息。为了深入研究通信的规律,他们不能不研究信息的基本性质及其定量度量的方法,以便设计科学合理的通信系统。

由此及彼,由表及里,去粗取精,逐步深入,这是人们的认识过程所遵循的普遍客观规律。通信工作者对信息的理解也经历了同样的过程。

早期通信科技工作者基本上把信息理解为"消息"的同义语。例如,据我国《新词源》的考证,远在一千多年前,我国唐代诗人李中就在他的《暮春怀故人》诗作中写出了"梦断美人沈信息,目穿长路倚楼台"的诗句,其中的"信息"一词就是音信消息的意思。同样,在西方出版的许多学术文献中,信息(Information)和消息(Message)这两个概念之间也在很长时期内都互相通用。近代电信技术出现以后,人们又有了"信息就是信号"(Signal)的说法。20世纪中叶出现计算机技术以后,上述认识还进一步派生出"信息就是数据(Data)"或者"数据就是信息"的说法。除此之外,还有把信息理解为"情报"的。这些,当然都还是比较表面比较笼统而且也不够准确的认识。

美国数学家、控制论的主要奠基人维纳在1948年出版的《控制论》一书中通过排他的方法界定了信息的概念。他说:信息就是信息,既不是物质,也不是能量[1]。这是学术界第一次把信息与物质和能量相提并论,表明了信息的基础资源地位。

然而,"不是物质也不是能量的信息"究竟是什么？他当时没有回答。两年之后,维纳在 1950 年出版的《控制论与社会》[2]一书中指出:信息就是我们在适应外部世界,并把这种适应反作用于外部世界的过程中,同外部世界进行交换的内容的名称。他还认为:接收信息和使用信息的过程,就是我们适应外界环境的偶然性的过程,也是我们在这个环境中有效地生活的过程。在这里,维纳把人与外部环境相互作用的过程看作是广义的通信过程。这没有问题。因为,广义的通信本来就可以泛指人与人、人与机器、机器与机器、机器与自然物、人与自然物之间的信息传递与交换。不过,这里所理解的信息仍然有不够确切的地方。这是因为,人与环境之间互相交换的内容不仅有信息,也有物质与能量,把它们统统都称为信息,难免有"把信息与物质和能量混为一谈"之嫌！

比较技术化的信息认识发生在通信学术界。1928 年,美国工程师哈特莱在《贝尔系统技术杂志》上发表了一篇题为《信息传输》的论文[3]。文中,他把通信系统的"信息"理解为"选择通信符号的方式",并且第一次明确提出了"信息量"的概念和计算的方法,认为"可以用选择的自由度来计量信息量的大小"。他指出,发信者所发出的信息,就是他在通信符号表中选择符号的具体方式。例如,假定他从符号表中选择了"I am well"这样一些符号(空格也是一种符号),他就发出了"我平安"的信息;如果他选择了"I am sick"这样一些符号,他就发出了"我病了"的信息。发信者选择的自由度越大,他所能发出的信息量也就越大。例如,假定发信者只能从含有"0"和"1"两类符号的符号表中选择符号,而且规定他发出的每个"字"只能由一个符号组成。显然,在这个限制下,他的选择自由度非常小。他所能发出的"字"只能有两个:0,1。如果放松限制,规定每个字可以由两个符号组成,那么,他可能发出的"字"就可以增加到 4 个:00,01,10,11。因此,它们所能载荷的信息量就比原来增加了。如果进一步放松限制,使符号表的符号数目也可以增加,比如,由原来的(0,1),增加为(0,1,2),那么,他的选择自由度就更大了,在字长度为 2 的限制下,他所能发出的"字"的数目就增加到 9 个:00,01,02,10,11,12,20,21,22。哈特莱还注意到,选择符号的方式与所用的符号本身的形式(是 0,1 或者 ＋,－)无关,重要的是选择的方式。只要符号表的符号数目一定,"字"的长度也一定,那么,发信者所能发出的信息的数量就被确定了。

1948 年,另一位美国数学家 Shannon 在《贝尔系统技术杂志》发表了一篇题为《通信的数学理论》的论文[4]。它以概率论为工具,阐述了通信工程的基本理论问题,给出了计算信源信息量和信道容量的方法和公式,得到了表征信息传递重要规律的一组编码定理。虽然他在论文中并没有直接阐述信息的定义,但是,在进行信息量计算的时候,他把信息量的大小直接确认为随机不确定性程度的减少量(这个思想,在他的互信息量计算公式中表现得特别明确)。这就表明了他对信息定义的理解:信息,是能够用来减少随机不确定性的东西。这里的随机不确定性是指由于通信过程中随机噪声所造成的不肯定的情形,在数值上可以用概率熵公式来计量。于是,Shannon 的信息定义也可以表述为:信息就是能够使概率熵减少的东西。

根据这一思想,法裔美国科学家 Brillouin 在他的名著《科学与信息论》一书中直截了当地把信息定义为负熵[5];并且还杜撰了一个由 Negative 和 Entropy 合成而来的新名词 Negentropy 来表示负熵的概念。正是利用了这个观点,Brillouin 成功地驱除了名噪一时的 Maxwell 妖。Wiener 在 1950 年出版的《控制论与社会》一书中也曾经指出:"正如熵是无组织程度的度量一样,消息集合所包含的信息就是组织程度的度量。事实上,完全可以将消息所包含的信息解释为负熵。"

所以,信息是"组织程度的度量",是"负熵",是"用以减少随机不确定性的东西",这些就是 Shannon、Wiener、Brillouin 等人共同的理解,也是关于信息的经典定义。这些认识比仅仅把信息看作"消息""数据""情报"或"广义通信的内容"要深刻得多。数学上还可以证明,前面提到的 Hartley 的信息概念仅是 Shannon 信息概念的一种特殊情形。

与 Shannon 的定义相仿,M. Tribes 等人在 1971 年 9 月出版的《科学的美国人》杂志上发表的题为《能量与信息》的论文中曾经这样描述[6]:

"概率是对知识状态的一种数值编码。某人对某个特定问题的知识状态可以用这样的方法表示,即对这个问题的种种想得出来的答案各分配一定的概率;如果他对这个问题完全了解,他就能够对所有这些可能的答案(除了其中的一个之外)赋予概率 0,而剩下的那个则赋予概率 1。既然可以把知识状态编码成这样的概率分布,我们就可以给信息下一个定义:信息就是使概率分布发生变动的东西"。

这个定义看上去和 Shannon 的定义很不一样,实质却完全相同,都是统计性的语法信息,因为,用概率分布来表示知识状态仍然没有考虑信息的含义和价值因素。

控制论的另一位奠基人,英国生物学家 Ashby 在《控制论引论》一书中对信息提出了另一种理解[7]。他首先引入了一个"变异度"的概念。他首先给出了变异度的定义:任何一个集合,它所包含的元素的数目以 2 为底的对数就称为这个集合的变异度(在更简单的情形下,也可以把集合的元素数目直接定义为它的变异度)。然后,他就把变异度当作信息的概念来使用。不难证明,变异度实际上是 Shannon 熵的特殊情形:假设某集合 X 有 N 个元素,每个元素出现的概率都等于 $1/N$,那么,这个集合的 Shannon 熵就等于它的变异度。

这种基于变异度的概念后来还发展出一些新的说法,其中意大利学者 Longo 在 1975 年出版的《信息论:新的趋势与未决问题》一书的序言中认为:信息是反映事物的形式、关系和差别的东西,它包含在事物的差异之中,而不在事物本身[8]。自然,人们可以认为"有差异就会有信息",但是反过来说"没有差异就没有信息"却不够确切,这是因为"没有差异"本身就是一种信息。关于这一点,读者读到本书的后面就会更明白。

与此相关的说法还有"信息是被反映的差异""信息是被反映的变异度",等等。这些说法在"差异"和"变异度"的概念上又加了"被反映的"条件限制,显然这已经不是客观的信息,而是经过主观反映的信息。此外,还有人把信息理解为"物质和能量在时间及空间分布的不均匀性"。不均匀性也是差异的一种具体表现,是前述理解的特例,无须进行更多的分析。

不难看出,尽管 Shannon 的信息概念(以及由此引出的其他信息概念)比以往的认识有了很大的进步,既有概念的理解,又有计算的方法,而且在通信理论的发展中发挥了巨大的作用,但是也还存在明显的缺陷。

第一,Shannon 的《通信的数学理论》一文明确指出:通信的任务是在接收端尽可能精确地复制发送端所发出的波形,而波形的内容和价值却与通信工程无关,所以可以舍去。可见,Shannon 理论的"不确定性"纯粹是指波形形式上的不确定性,与此相应的信息概念也是指纯粹的波形形式不确定性的消除。既然这个信息概念排除了信息的含义和价值因素,它就无法满足那些需要考虑信息内容和价值因素场合(特别是研究智能理论的场合)的要求。

第二,即使在形式因素上,Shannon 信息论的信息概念也只是考虑了随机型的不确定性,整个理论完全建筑在概率论的基础上,因此,无法处理那些与非随机类型的不确定性(如模糊不确定性)相关联的信息问题;而后者也是一类普遍的存在。

总之,虽然历史上已经有了如此众多(事实上还存在更多)的信息定义,但似乎都还没有完全触及信息概念的核心本质。因此,还必须进一步去寻求更加合理、更加科学和更有意义的信息定义,以便更好地研究和解决现实世界已经提出的诸多信息问题。

5.1.2　信息定义谱系:本体论信息与认识论信息

现在,我们就来对信息的概念进行一番系统性的解析。

由于信息概念十分复杂,就像是一座五光十色的庞大多面体。因此,如果人们以不同的知识背景(就像带着不同的有色眼镜)或从不同的研究角度来观察信息,必然就会得到各不相同的认识。面对这类复杂的研究对象,从每个特定角度观察和理解到的信息似乎都很有道理,但是每个特定的角度都不可能反映信息的全貌。这其实就是人们熟悉的"盲人摸象"典故在认识论方面的根源:从某个局部来看是正确的,但从全局来看却是不完全的,具有各种各样的片面性。

为了避免"盲人摸象"现象在复杂的学术研究中重演,人们在定义信息的时候,必须特别注意说明自己在建构这个定义的时候所依据的约束条件或观察角度是什么。约束条件或观察角度不同,所得出的信息定义就会各不相同,所得到的信息定义的适用范围也会各不相同。

这样就引出了关于定义信息概念的"条件-定义"法则：**任何一个"信息定义"都必须明确这个定义所依据的"约束条件"**。这样，不管人们从多少种不同的条件出发建立了多少种不同的信息定义，都不会引起混乱。这是因为，依照这些"约束条件"之间的关系，人们就可以明白这些定义之间的相互关系，从而形成一个有机的定义体系，既体现定义的多样性，又体现定义的统一性。

这是一个普遍的法则：系统性法则（或者称为"多样性与统一性法则"）。

回顾历史，很多的信息定义提出者可能都忽视了这个法则。因此，某个信息定义实际上是针对某个特殊条件而建立的，但是定义提出者却没有明确指出（或者虽然定义提出者指出了，但并没有引起人们的注意）这个条件，使人们误以为这个定义是"无条件的信息定义"，是"放之四海而皆准的信息定义"，从而引发了与其他定义之间种种不必要的矛盾和麻烦。

著名的 Shannon 信息论所给出的信息定义是针对通信工程这样一个非常特殊的条件而建立起来的，这个特殊条件是"只需要关心携带信息的信号波形的形式，而不必关心波形所体现的内容和价值"。虽然 Shannon 本人在《通信的数学理论》一文中明确指出了这一点；可是人们却没有在意，于是把 Shannon 信息论所讨论的"信息概念"误认为就是"信息的通用概念"。这种误解一直延续下来，成为今天研究信息科学理论必须克服的一道障碍。其实，Shannon 并没有过错，错的是后来的滥用者们。

根据不同的需要，人们在不同的条件下建立了不同的信息定义，这是十分自然和正常的事情；依据不同条件所建立的各种信息定义具有各自不同的适用范围，这也完全合情合理。这样，由于信息的复杂性，也由于人们在观察和研究信息问题的时候所持有的背景、角度和出发点的千差万别，于是就导致了信息定义的"层出不穷，众说纷纭"，呈现出"智者见智，仁者见仁"的状态。

不过，如果对这些看似眼花缭乱的信息定义的约束条件加以分析和梳理，就会发现，这些"五花八门"的信息定义其实并非真是一团"剪不断，理还乱"的乱麻。恰恰相反，它们之间存在一种内在的"序"——按照各种信息定义所依据的约束条件的宽严松紧程度，人们可以自然排出一个信息定义的系列，构成**"信息定义的谱系"**。

表 5.1.1 就是按照"定义的约束条件-定义的名称-定义的层次-定义的适用范围"排列出来的信息定义的谱系表。

对照表 5.1.1 所给出的这个信息定义谱系，如果所定义的信息没有受到任何约束条件的限制，而是事物本身原原本本的表现，那么，它就属于最高层次的信息定义。正因为没有任何约束条件的限制，这个定义的适用范围就必然最为广泛。由于这个信息定义是客观事物自身的表现，这样定义的信息就被称为**本体论信息**。

表 5.1.1　信息定义的谱系

约束条件	定义名称	定义层次	适用范围
无约束	本体论信息	最高	最广
一个约束:存在认识主体	认识论信息	次高	次广
…	…	…	…
多个约束	…	较低	较窄
…	…	…	…
全部可能的约束	…	最低	最窄

如果在此基础上引入一个约束条件,最高层次的定义就退化为次高层次的定义,它的适用范围就比最高层次定义的范围要窄。比如,如果引入一个主体条件:"存在认识主体,因而必须站在主体的立场上来定义信息",那么,由于它必须受到这个条件的限制,这个信息定义的层次就比本体论信息的层次低,适用范围就比本体论信息的适用范围要窄。由于这个定义是站在认识主体的立场上建立的,因此,这个层次的信息定义就被称为"认识论信息"。

应当指出,本体论信息定义和认识论信息定义是最重要的两个信息定义。前者之所以重要,那是因为,本体论信息定义是一切其他信息定义的"总根源",一切其他信息定义都是在它的基础上施加一定的条件之后所产生的;后者之所以重要,那是因为,研究信息的根本目的是为人类(认识主体)服务的,因此,站在认识主体立场上建立的信息定义具有最实际的意义。因此,本体论信息定义是最根本的信息定义,认识论信息定义是最有用的信息定义。

进一步,在认识论层次信息定义的基础上,需要考虑和需要遵循的约束条件越多越严,相应定义的信息层次就越低,这样所定义的信息的适用范围也就会越窄。如果所有可能的约束条件都必须遵循,那么,在这样的条件下建立的信息定义的层次就最低,它的适用范围也就最窄。

另一方面,如果把与认识论信息相关的约束条件"必须存在认识主体,因而必须从主体的立场来定义信息"去掉,那么,"认识论信息定义"的定义就会退回成为"本体论信息定义",因为这时的信息概念已经不存在任何约束条件了。

与此类似,通过对"定义所遵循的约束条件"的删减(或增加),就可以使"信息的定义层次"相应地上升(或降低),并使"适用范围"相应地拓宽(或缩窄)。这一规则可以适用于所有各个定义层次。由此可见,**表 5.1.1 所表达的信息定义结构,确实是一个系统性的而且是互相和谐自洽的信息定义谱系。**

原则上,在表 5.1.1 的谱系中可以找到历史上出现过的各种信息定义的位置,只要把它们相应的条件分析出来就可以。或者更广泛地说,任何有意义的(即没有错误的)信息定义(包括历史上已经出现的和现在还没有出现但将来可能要出现的)都可以在这个谱系中找到合适的位置。

　　考虑到信息定义的重要性和本书篇幅有限,表 5.1.1 只具体列出了两个层次的信息定义,即"本体论信息"和"认识论信息",而没有逐一列出所有可能层次的定义。具体来说就是因为,如前所说,本体论信息是所有可能信息定义的"根",是所有其他信息定义的"源头",其他一切信息定义都可以在它的基础上增加相应的条件推导出来;而认识论信息是最具重要意义的信息定义,因为,人类研究信息科学必然要站在人类自己的立场来认识信息,并利用信息科学的各种原理和规律为改善人类自身的生存发展提供服务。同时,认识论信息可以看作是其他所有信息定义(除了本体论信息之外)的"总躯干",它们都可以在认识论信息定义基础上增加相应的条件导引出来。为了导引其他各种具体层次的信息定义,有兴趣的读者不妨在表 5.1.1 的谱系中自行进行相应的填补(这种填补可以使人联想到门捷列夫元素周期表的类似情形)。总之,本体论信息定义如同整个信息定义这棵大树的"根",认识论信息定义是它的"干",其他信息定义则是它多姿多彩的"枝叶"。

　　有了这样的信息定义谱系,人们就可以准确把握各种信息定义的内涵及其相互关系,也可以消除曾经出现过的一些信息定义之间的"矛盾冲突"。例如,历史上曾经流行过这样一个著名的"信息悖论":有人提出过这样一个问题:在出现人类之前,地球上(或宇宙中)是否存在信息? 结果产生了两种截然相反的答案:一种答案说"存在";另一种说"不存在"。持有这两种观点的人们都坚信自己的答案正确,互不相让。那么,信息科学工作者怎样才能合理地解释并沟通这两种截然相悖的答案呢?

　　原来,这两种看似相悖的答案,分别根源于两种不同层次的信息定义。按照本体论信息的定义,信息的存在与否不以人类主体的存在为条件,即使不存在人类,信息也依然存在。因此,在这个层次上人们可以说"在地球上出现人类以前,信息就已经存在了"。但是,按照认识论信息的定义,没有人类这个认识主体的存在,就没有认识论信息的存在。于是,人们就可以说"在人类出现之前不存在(以人类为观察主体的)认识论信息"。可见,两个截然相反的答案都是正确的,只是所依据的条件不同! 依据本体论信息的条件,答案就是"存在";依据认识论信息的条件,答案就是"不存在";其实它们之间并不存在矛盾,只是因为它们所依据的条件不同;而随着条件的增减它们可以互相沟通转化。由此可见,在应用信息定义的时候,明确它的条件是多么重要!

　　有了这样系统的而且自洽的信息定义谱系(这是信息科学研究的必要条件)之后,我们就可以开始来叙述具体的信息定义了。如上所说,我们只需要给出本体论信息和认识论信息这两个最根本和最重要的信息定义,其他层次的信息定义就可以依据具体的约束条件演绎出来。

本体论信息定义[9]：

某事物的本体论信息,就是该事物的运动状态及其变化方式的自我表述。

需要注意,本体论信息的"表述者"是事物本身,不反映主体的任何因素,而且与是否存在认识主体都没有关系。因此,本体论信息实际上就是自然界和社会各种事物所呈现出来的五光十色丰富多彩的"**现象**"。

定义中所说的"事物"泛指一切可能的研究对象,包括外部世界的物质客体,也包括主观世界的精神现象。定义中所说的"运动"泛指一切意义上的变化,包括机械式运动、物理运动、化学运动、生物运动、思维运动和社会运动等。"运动状态"是指事物的运动在空间上所展示的性状和态势,"状态变化方式"则是指事物的运动状态随时间而变化的过程样式。

宇宙间一切事物都在运动,都有一定的运动状态和状态变化的方式,也就是说,一切事物都在产生信息。这是信息(在本体论层次上)的绝对性和普遍性。而一切不同的事物都具有不同的运动状态和状态变化方式,这又是本体论层次上信息的相对性和特殊性。这是最广泛意义下的信息,是无条件的信息。在本体论层次的信息定义中,没有出现主体的因素。因此,本体论意义的信息与主体的因素无关,不以主体的条件为转移。

任何事物都具有一定的内部结构,同时也与一定的外部环境相联系,正是这种内部结构和外部联系两者的综合作用,决定了事物的具体运动状态和状态变化方式。因此,也可以把上述本体论信息的定义叙述得更为具体:**本体论信息是事物运动的状态及其变化方式的自我表述,也是事物内部结构与外部联系的状态及其变化方式的自我表述。**

正因为这样,为了获得一个事物的完整信息,就要同时了解这个事物的内部结构的状态及其变化方式以及它的外部联系的状态及其变化方式。了解了事物的内部结构和外部联系的状态及其变化方式,也就了解了这个事物的运动状态及其变化方式。

在有些场合,由于事物过于复杂,人们很难了解清楚它的内部结构的状态及其变化方式(例如,人的大脑结构太复杂,在短时期内不可能透彻了解它的全部精细结构),这时就可以把它看作是一个"黑箱"(或"灰箱"),并通过它的外部联系(如输入-输出关系等外部行为表现)的状态及其变化方式来把握该事物的信息。这便是人们熟知的"黑箱主义"的方法。

由此也可以引出一个结论:要认识一个事物,要描述一个系统,唯一的办法就是要通过各种可能的途径来获得关于该事物(系统)的信息,即获得关于该事物(系统)的内部结构的状态及其变化方式和外部联系的状态及其变化方式,或简言之,获得关于该事物运动的状态及其变化方式。舍此,别无他途。

需要再次强调,在本体论信息定义"事物运动状态及其变化方式的自我表述"

中,强调的是"自我"表述。这就是说,本体论信息是一种客观存在,不以主体的存在与否为转移,无论有没有主体,或者无论是否被某种主体所感知,都丝毫不影响它的"自我表述"。这是本体论信息的一个非常重要的特征。

顺便指出,有些人不满足于把信息理解为"现象",认为这种理解"把信息的地位和作用给看轻了"。其实,信息就是现象;而比它更为深刻的东西乃是从信息现象抽象出来的能够反映事物本质的"知识"。信息只能回答"What(是什么)"的问题,知识才能回答"Why(为什么)"的问题。作为现象的信息是具体的,因此可以通过感觉器官和传感系统感受到;作为本质的知识是抽象的,因此只能通过理解而得到。

认识论信息定义[9]:

认识主体关于事物的认识论信息,是认识主体关于事物的运动状态及其变化方式的表述。

对比本体论信息定义与认识论信息定义可以发现,它们之间存在本质的联系,这表现在两个定义所关心的都是"事物的运动状态及其变化方式"。但是,它们之间又存在原则上的区别,这表现在两个定义的"表述者"完全不同:本体论信息的表述者是"事物"本身;认识论信息的表述者却是"认识主体"。

本体论信息定义与认识论信息定义之间的区别,在于两个定义所依据的条件不同:前者没有任何约束条件,后者必须具有认识主体这个条件;而本体论信息定义与认识论信息定义之间的联系,使得它们之间有可能实现互相转化,实现转化的条件就是"表述者的转换",也是两个定义所依据的条件之间的转换("无约束条件"转换为"必须存在认识主体"或相反)。在这里,我们再一次看到,如果引入认识主体这一条件,本体论信息定义就转化为认识论信息定义;而如果取消认识主体这一条件,认识论信息定义就转化为本体论信息定义。

应当特别强调指出,由于引入了认识主体这一条件,认识论信息定义的内涵就比本体论信息定义的内涵更加丰富也更加深刻。这是因为,首先,作为认识主体,人类具有感觉的能力,能够感觉到事物运动状态及其变化方式的外在形式;其次,人类主体也具有理解能力,能够理解事物运动状态及其变化方式的内在含义;最后,人类主体还具有目的性,因而能够判断事物运动状态及其变化方式对自己的目的而言具有何种价值。

对于正常的人类认识主体来说,他的感觉能力、理解能力和目的性判断力三者是不可分割的统一整体,因此,认识主体对于事物的运动状态及其变化方式的外在形式、内在含义和效用价值这三者的关注也是不可分割的。这样,在认识论层次上来研究信息问题的时候,"事物的运动状态及其变化方式"就不像在本体论层次上那样简单了,这里必须同时考虑到形式、含义和效用三个方面的因素。

事实上,认识主体只有在感知了事物的运动状态及其变化方式的形式,理解了它的含义,判明了它的价值,才算真正掌握了这个事物的认识论信息,才能做出正确的判断和决策。我们把这样同时考虑事物运动状态及其变化方式的外在形式、内在含义和效用价值的认识论信息称为"全信息",而把仅仅考虑其中形式因素的信息成分称为"语法信息",把仅仅考虑其中含义因素的信息成分称为"语义信息",把仅仅考虑其中效用因素的信息成分称为"语用信息"。换言之,认识论信息就是"全信息"。

有鉴于此,也可以把认识论信息的定义表达得更为具体和明确:

认识主体关于某事物的认识论信息,也称为"全信息",是认识主体关于该事物的运动状态及其变化方式的表述,包括关于它的运动状态及其变化方式的外在形式(语法信息)、内在含义(语义信息)和效用价值(语用信息)的表述。

需要说明的是,这里所说的"语法信息、语义信息、语用信息"是从《符号论》借用过来的术语;它们在信息科学领域的确切含义已如上述:"语法信息"只与符号序列的形式结构相关联;"语义信息"只与符号序列的内容含义相关联;"语用信息"则与符号序列相对于认识主体的目标而言所呈现的价值效用相关联。特别提请读者注意,不要把这里的"语用"概念和语言学的"语用"概念混为一谈,后者存在更为复杂的情形,而且存在许多争议。

还要指出,由于引入了人类认识主体,认识论信息的内涵就比本体论信息内涵变得更加复杂了。具体来说,对于所有具有正常感觉能力的认识主体而言,他们从同一个"事物的运动状态及其变化方式"所获得的语法信息是一致的;对于具有同样知识背景和理解能力的认识主体而言,他们从其中所获得的语义信息也是一致的;对于具有同样目的的认识主体而言,他们从中所获得的语用信息也是相同的。但是,对于观察能力不同的认识主体,他们从中所获得的语法信息将有所不同;对于知识背景和理解能力不同的认识主体来说,他们从中所获得语义信息也将不同(例如,学过现代物理学的人能够从爱因斯坦相对论的著作中获得相应的语义信息;而对于没有受过相关教育的人却很难从中获得相对论的语义信息)。类似的情形发生在语用信息,具有不同目标的认识主体从中获得语用信息也将各不相同,甚至完全相反。这是信息的"个性化"表现,符合客观实际,符合科学规律。

可见,认识论信息的这种"复杂性"不是它的缺点,恰恰相反,这是它的优点:因为正是凭借这样"复杂的"全信息,才可以很好地解释现实世界复杂的信息现象,而人们所熟悉的 Shannon 信息则无法解释这种复杂性。

还要强调指出,在人工智能的研究领域,"全信息"概念具有特别重要的意义。这是因为,当机器被设计者赋以了相应的知识和特定的"目的性"之后,机器就可以具有特定的感知能力、一定的理解能力、特定的价值判断能力;反之,如果没有知识和目的,它的感知、理解、价值判断就没有方向。因此,表现外在形式因素的语法信息、表现内在含义因素的语义信息以及表现效用价值因素的语用信息构成了和谐的整体。

　　值得指出,一方面,这里的信息定义和历史上那些有效的信息定义是相通的。比如,维纳说"信息不是物质也不是能量";这里所说的"信息是事物呈现的状态及其变化方式"源于事物,但不是事物本身,更不是能量(比如,人们在电视屏幕上看到的节目其实都是演员所产生的运动状态及其变化方式,而不是演员本身;演员的运动状态及其变化方式可以通过电视转播系统转移到用户的屏幕上,而演员本身仍然在演出场地而不可能被转移到用户家中)。可见,两个说法是相通的。又如,Shannon 认为"信息是能够用来消除随机不确定性的东西",这里所说的"信息是事物呈现的状态及其变化的方式",其实 Shannon 所说的"不确定性",正是关于"事物所呈现的状态及其变化方式的不确定性",能够用来消除这种不确定性的东西正是"事物所呈现的状态及其变化方式"本身。可见,这里的信息定义与 Shannon 的信息概念也是相通的。

　　不仅如此,与维纳对信息的表述"信息就是信息,既不是物质也不是能量"和 Shannon 对信息的表述"信息是用来消除不确定性的东西"相比,这里的基本表述"信息是事物呈现的状态及其变化方式"更加明确具体!

　　有一种观点认为,全信息理论的语法信息和语义信息是可以接受的,但"语用信息"具有明显的主观性,不应当进入作为科学理论的信息科学研究范畴。显然,这是一种狭隘的而且是过时了的"纯客观主义"观点。其实,科学不仅应当研究客观世界的运动规律,也应当研究主观世界的运动规律,尤其应当研究客观世界与主观世界和谐协调的规律。人类认识世界的任务不仅包括认识客观世界,也包括认识主观世界以及主观客观的协调一致。回避和排除后两方面研究内容的科学,是不成熟和不完整的科学。

　　一般来说,在认识论层次讨论问题的时候,事物的形式、内容、价值是一个不可分割的三位一体;于是,信息领域的语法信息、语义信息、语用信息也是一个三位一体。研究语义信息要以语法信息为基础,因为"含义"是针对具体的状态和具体的状态变化方式来说的。同样,研究语用信息要以语义信息和语法信息为基础,因为"效用"是针对具体的状态及其变化方式所具有的含义来说的。在这个意义上,建筑在语法信息和语义信息基础上的语用信息(称为综合语用信息)具有"全信息"的含义。

　　在语法、语义和语用信息三者之间,语法信息是最基本的层次,语用信息则是最复杂和最实用的层次,语义信息介于两者之间。在信息理论发展的初期,人们故意排除了语义信息和语用信息的因素,先从语法信息入手来解决问题,这既是迫不得已的事情,同时又是很明智的选择。问题在于,我们不应当总是停留在语法信息这个相对简单相对表面化的层次,而应当继续深入地研究和解决语义信息和语用信息的问题。因为,语法信息只能解决通信工程这样一类问题,而凡是有智能、有

"目的"的系统,都必然要涉及语义信息和语用信息的问题。信息科学技术要有效地扩展人类信息器官的功能(特别是要扩展人类全部信息功能的有机整体——智力功能),就不能不充分利用包括语法信息、语义信息和语用信息在内的全信息。

可以认为,Shannon 信息论或统计通信理论是基于概率型语法信息的信息理论,而信息科学则是基于"全信息"的信息理论。这是信息科学与传统信息论之间的一个重要区别。正是由于引入了全信息的概念和理论,原先各自独立发展的识别论、通信论、控制论、决策论、优化论和智能论等才得以统一在信息科学的有机体系之中。因此,对于信息科学来说,"全信息"是一个十分重要的概念,全信息概念及其测度理论是整个信息科学理论大厦的基石。

不过这里还是有必要申明:虽然如上所说"全信息"的概念及其理论对于信息科学的研究具有特别基本和特别重要的意义,但是考虑到文字叙述上的简便,在本书以下的讨论中,如果不至于引起读者的误解,我们都把"全信息"简称为"信息"。只有在那些容易引起读者误解的地方或者在那些需要特别强调的地方,才会使用"全信息"的表述。这里请读者有所警惕:在后面讨论中遇到"信息"这个词汇的时候就要注意分析,它究竟是指"全信息",还是指经典意义的信息(Shannon 信息)?

还要指出,由于引入了认识主体,引入了认识主体与事物客体之间的关系,认识论信息还衍生出另一组有用的信息概念,这就是实在信息、先验信息和实得信息的概念。它们的具体含义可以解释如下。

具体来说,某个事物的**"实在信息"**是指这个事物实际所具有的信息。事物的实在信息是事物本身所固有的一个特征,它只取决于事物本身的运动状态及其变化方式,而与认识主体的因素无关。

主体关于某事物的**"先验信息"**,是指主体在实际观察该事物之前已经具有的关于该事物的信息。先验信息既与事物本身的运动状态及其变化方式有关,也与主体的主观因素有关。

主体关于某事物的**"实得信息"**,是指主体在观察该事物的过程中新获得的关于该事物的信息。因此,实得信息不仅与事物本身的运动状态及其变化方式有关,而且也与主体的观察能力以及实际的观察条件有关。在理想观察的条件下,主体 R 关于某事物 X 的实得信息量 $I(X;R)$ 应当是 X 的实在信息量 $I(X)$ 与 R 关于 X 的先验信息量 $I_0(X;R)$ 之差,即

$$I(X;R) = I(X) - I_0(X;R) \tag{5.1.1}$$

5.1.3　Shannon 信息:统计型语法信息

Claude E. Shannon 在 1948 年在 BSTJ 杂志发表了 *Mathematical Theory of Communication*(《通信的数学理论》)。由于它的主题是研究通信系统所传递的信

息、信息性质、信息度量和传递规律,后人便把它加以泛化,称为"Shannon 信息论",简称为"信息论"。毫无疑问,《通信的数学理论》是一篇划时代的论文,它对通信过程的信息理论的揭示可说是淋漓尽致,直到半个多世纪以后的今天,面向通信系统的信息理论几乎仍然没有超出它的理论框架,通信科学技术工作者还仍然享受着它的惠益。

　　Shannon 信息论面向通信工程,决定了它在理论上具有强烈的通信特色。Shannon 在《通信数学理论》一文中开章明义地指出,**通信系统的基本问题是:在(随机)噪声背景下,在信息接收端近似地或精确地复制发送端所发出的信号波形;信号波形的语义与通信工程无关,因而可以被忽略**。这就表明,Shannon 在建构他的《通信数学理论》的时候,通过深入分析,明确地抓住了"噪声背景下复制信号波形"这个核心。由于通信信道中不可避免的噪声是一类随机性的噪声,为了研究在"随机噪声背景下"的信号波形复制问题,他就需要引入概率论和随机过程这类统计数学方法作信号波形分析的为基本工具。这样,就使《通信数学理论》本质上成为"统计型的通信理论"。为了突出"信号波形"的复制,减少其他因素对信号波形复制的干扰,他就要排除信号(信息的载体)的语义因素和语用因素。这样就使他的《通信数学理论》成为一种"语法信息理论"。上述两个方面的综合作用,就明确无疑地决定了《通信数学理论》的科学定位必然是:"统计型语法信息传递理论"。

　　客观地说,Shannon 的这些思想完全符合通信工程的实际需要。他的上述两个分析切中了通信技术的要害,使《通信数学理论》变得新颖、清晰、可操作。因此,他的理论很快就获得了巨大的应用,对现代通信技术的发展做出了不朽的贡献。

　　按照上述信息的定义方法,统计型语法信息的具体特征是当它被用来描述本体论信息的时候,这种本体论信息必须满足:(a)运动状态是明晰型的(即非模糊型的);(b)状态变化的方式是统计型的;(c)只考虑这些运动状态及其变化方式的形式(语法信息),不考虑它们的含义(语义信息)和价值(语用信息)。

　　通信,是人类社会一项基本的信息活动;通过通信活动,人们可以实现信息的共享,实现社会成员之间的互相沟通与合作;而这种合作是社会进步的重要动力。这种合作的有效程度,是社会进步水平的一个重要衡量尺度。因此,通信技术的进步可以有力地促进经济和社会的发展。正因为如此,通信理论和通信技术的发展对于人类社会的进步可以做出巨大的贡献。

　　但是另一方面也要看到:通信,不是人类社会唯一的信息活动,甚至也不是最深刻、最具有核心意义的信息活动。科学技术发展的"辅人律"和"拟人律"告诉我们,科学技术发展到今天,扩展人类全部信息能力(即智力能力)的任务已经提到社会的议事日程。因此,在充分肯定 Shannon 信息论巨大贡献的同时,还要继续前进,探讨那些更深刻更重要的信息活动过程的规律。

　　那么,除通信外,人类还有哪些重要的信息活动呢?典型的人类信息活动过程所包含的"信息运动子过程"可以从图 5.1.1 的模型得到说明。

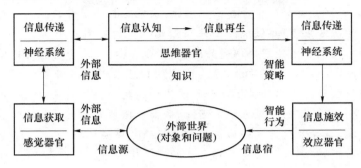

图 5.1.1　基本信息过程模型

这个模型指出,人类认识世界和改造世界这个动态的永无停歇的信息活动包括以下一些基本过程:(1)外部世界各种对象不断产生信息的过程(信息源);(2)信息获取(由本体论信息转换为认识论信息)的过程;(3)信息传递(信息在空间和时间上的转移)的过程;(4)信息认知(包括信息的预处理和由信息生成知识)的过程;(5)信息再生(由信息和知识生成智能策略)的过程;(6)信息施效(把策略信息作用于对象和解决问题)的过程;(7)信息组织(系统优化)的过程。

当然,这只是信息过程的一个基本"回合"。在人类认识世界和改造世界的活动过程中,这种"回合"不断螺旋式地循环前进,以至无穷;每循环一次,人类认识世界和改造世界的过程就深化一步,永不停歇。

因此,作为全面研究人类信息活动过程规律的信息科学,必然要面向图 5.1.2 所示的全部信息过程。由此可以清楚看出,信息传递只是整个信息过程的一个环节,而作为通信数学理论的 Shannon 信息论,只是信息科学理论体系的一个分支。

而且,Shannon 信息本身只是一类统计型的语法信息,是全信息概念的一个表面层次;全信息则是(包括统计型的和非统计型的)语法信息、语义信息、语用信息的三位一体。因此,把 Shannon 的信息理论拔高称为"信息论",是以偏概全、把树木当作森林的不当之举,把 Shannon 的信息理论当作"信息论"来应用,必然带来严重的问题。

其实,对于这一点,Shannon 本人具有非常清醒的认识,他在 1956 年的 *IRE Transactions on Information Theory* 发表了题为 *The Bandwagon* 的指导性论文[10]就曾经十分尖锐地指出:"近几年来,信息论简直成了科学上的'马戏宣传车'。它本来只是通信工程师的一种技术工具,现在却是无论在普通杂志还是科学刊物都占据了重要的地位……结果,它已经名过其实。生物学、心理学、语言学、基础物理、经济学、组织学等许多学科的同事都争相把它应用到各自的领域……这种情况孕育着一种危险。诚然,在理解和探讨通信问题的本质方面,信息论是一种有力的工具,而且它的重要意义还将与日俱增。但它肯定不是通信工作者的万灵药。而对于其他人,则更是如此。应当认识到,一次就能打开全部自然奥秘这种事情是几乎不可能的。如果不加以扭转,一旦人们发现仅仅使用几个像信息、熵、冗余度这样一些动人词汇并不能解决问题的时候,就会灰心失望,那种人为的繁荣就会在一夜之间崩溃……人们应当明白,信息论的基本结果都是针对某些非常特殊的问题,而与心理学、经济学以及其他社会科学很少关联……信息论的核心本质是一个数学分支,是一个严密的演绎系统。因此,透彻地理解它的数学基础及其在通信方面的应用情况,是在其他学术领域应用信息论的先决条件。"

这是多么坦诚、多么富于哲理和睿智的告诫!

为什么 Shannon 会发出这样严肃而清晰的告诫? 原因就在于他十分明白:(1)Shannon 理论处理的是统计通信的问题,它是一个严格的统计数学演绎系统,只有那些能够满足统计学公理的领域才可以应用;(2)按照通信工程的特点,Shannon 理论只考虑了统计语法信息,而没有考虑非统计型的语法信息问题,更没有考虑语义信息和语用信息的问题,因而不适合于像心理学、经济学和社会学这样一些需要同时考虑信息的语法、语义、语用因素的场合。

不难理解,只有全面考虑(统计型的与非统计型的)语法信息、语义信息和语用信息的"全信息理论"才能克服 Shannon 所指出的这些缺陷,从而可以应用到心理学、经济学和社会学等各个领域,成为整个信息科学共同的理论基础。

我们也注意到,近年来出现了一种学术观点,认为:Shannon 信息论所研究的信息其实并不是真正的信息,而只是信息的载体(信号),因而 Shannon 的信息论也不是真正的信息论,只是关于信息载体传输的理论。他们认为信息和它的载体是截然不同的两码事:载体是物质而不是信息;载体可以用数学方法进行定量研究,信息则不可以用数学方法进行定量的研究。因此,他们尖锐地批评 Shannon 理论用数学方法描述和度量信息是"给信息理论研究引错了方向"。他们认为信息理论研究必须彻底突破 Shannon 信息论的障碍和彻底冲决 Shannon 信息论的羁绊;认为不摆脱 Shannon 信息理论的羁绊,就无法建立真正的信息理论。

这里有必要指出,在本体论意义上,信息是"事物(包括物质和精神)运动的状态及其变化方式的自我表述"。事物是信息的载体,信息正是通过载体的某种或某些"物理参量的状态及其变化方式"来表现。可见,载体与信息之间存在密切的对应关系:对于载体参量的状态及其变化方式的研究,就是对于本体论信息的研究。

进一步,在认识论意义上,信息也是事物呈现的运动状态及其变化方式,不过,此时需要同时考虑状态–方式的外在形式(语法信息)、内在含义(语义信息)和效用价值(语用信息)。在这里,对于载体的研究就是对于语法信息的研究,即"如何用载体的物理参量的变化来表现语法信息"的研究。它是信息研究的重要方面,而不是"与信息无关"的研究。当然,人们不应当像 Shannon 信息论那样仅仅停留在

"语法信息"的研究上,因为那是远远不充分的信息研究。对于人们最关注的认识论信息(全信息)来说,人们不仅应当关注语法信息,更应当关注语义信息和语用信息,因为只有掌握了语义信息才能理解信息的内容含义,只有掌握了语用信息才能判断信息对于认识主体的价值。语法信息(形式)、语义信息(内容)、语用信息(效用)三者辩证地联系在一起,形成了"信息的三位一体"。正像不应当追求"没有形式、没有效用的内容"那样,人们不应当追求"不要语法信息、不要语用信息的语义信息"。因此,抛弃 Shannon 信息论的想法是没有道理的;停留在 Shannon 信息论的水平上也是不足取的。

还要注意:语法信息(事物的运动状态及其变化方式的外在形式)是可以被认识主体具体地感知的,语用信息(事物的运动状态及其变化方式对于主体的效用价值)是可以被主体具体地体验的,而语义信息(事物的运动状态及其变化方式的内容含义)则是抽象的,只有通过可感知的语法信息和可体验的语用信息两者的联合作用才能真正把握。因此,在这个意义上完全可以说,如果没有语法信息的研究,就不可能有语义信息的研究;或者说,只孤立地关注语义信息而不关注语法信息和不关注语用信息的信息理论,是一种空洞无物的信息理论,是一种不切实际的信息理论,因而也是一种行不通的信息理论。这也是为什么我们一直要特别强调"语法信息、语义信息、语用信息的三位一体"的"全信息理论"的原因。

5.2　全信息的分类与描述

通过上面关于信息概念的讨论,已经从定性的角度较好地把握了信息的实质。但是,仅有定性的理解显然是不充分的,我们还必须能够定量地把握信息。

但是,信息可以被度量吗?

那么,在国内外学术界,这还是一个存在争论的问题。有的人认为,同任何其他的研究对象一样,信息也是可以被度量的;有的人则认为,信息不可以被度量,甚至认为信息不可以用数学物理的方法来研究。

我们认为,任何事物(无论多么复杂)都具有定性和定量两个方面的属性。人们对事物的认识通常是先从定性方面开始,逐渐深入到定量的把握。有些研究对象在目前的科学技术状态下看起来似乎难以度量甚至不可度量,那是因为人们对这种对象的认识暂时还不够深入,同时也因为人们当前拥有的数学工具还不够强大。但是,随着人们对它的研究的不断深入,随着数学理论和方法的不断发展和完善,将来就可能找到合适的方法对它进行定量的把握。

实际上,"度量"可以有两层不同的意思:一种是绝对度量,另一种是相对度量。绝对度量给出的是面向特定单位的绝对的"数",相对度量给出的则是面向某种准则的相对的"序"，有时甚至是某种"偏序"。迄今，人们对于绝对度量比较熟悉，但是，对于一些比较复杂的事物，相对度量的需要会越来越普遍。无论是绝对的数值还是相对的排序，都是对于研究对象的定量把握。

对于信息而言，随机型的语法信息已经由 Shannon 建立了度量的方法；这为更复杂的全信息（它是语法信息、语义信息和与用信息的三位一体）的度量方法提供了一定的启发。虽然本书介绍的全信息的度量方法不一定是最优的方法（更不能说是唯一正确的方法），但它却是一种可行的方法。随着研究的进一步深入，这些度量方法将可能得到改进和完善。

为了研究和建立合理的信息度量方法，首要的任务是要解决信息的描述方法；而为了恰当地描述信息，又必须对信息进行适当的分类。

5.2.1　信息的分类

前面已经看到，信息是一种十分复杂的研究对象。企图找到一种通用的方法来描述各种各样的信息，即使不是不可能，至少也是很困难的。就算真的能够找到一种通用的方法来描述一切可能的信息，这种方法也必然是非常笼统、非常一般化，不可能具体细致地刻画各种不同类型的信息。为了有效地描述信息，一定要对信息进行分类，分门别类地进行描述，建立分门别类的描述方法。分类越是分得细致，描述就可以越是具体，度量也就可以越是有针对性。

众所周知，分类学本身也是一门相当复杂的学问，存在许多不同的分类准则。而运用不同的分类准则，就将导致不同的分类结果。当然，如果不同分类准则之间存在明确的关系，那么，这些不同的分类结果之间也会存在相应的关系。

同其他各种事物的分类问题一样，由于目的和出发点不同，信息的分类也存在不同的准则和方法。比如：

- 按照信息的性质，信息可以分为语法信息、语义信息、语用信息。
- 按照观察的过程，信息可以分为实在信息、先验信息、后验信息、实得信息。
- 按照信息对主体的作用，信息可以分为有用信息、无用信息、干扰信息。
- 按照信息的逻辑意义，信息可以分为真实信息、虚假信息、不定信息。
- 按照生成领域，信息可分为宇宙信息、自然信息、社会信息、生物信息、思维信息等。
- 按照信息源的性质，信息可以分为语声信息、图像信息、文字信息、数据信息等。
- 按照信息的载体性质，信息可以分为：机械信息、电子信息、光学信息、生物信息等。
- 按照携带信息的信号的形式，信息可以分为：连续信息、离散信息、半连续信息等。

显然,还可以有许多其他不同的分类原则和方法,这里就不再一一列举了。

毋庸置疑,在所有分类的原则和方法中,最重要的是按照信息的性质所做的分类。针对不同性质的信息,找到不同的具体描述方法,建立相应的度量方法,这样,才能有效地把握信息和利用信息。下面我们就按照这个准则来讨论信息的分类,并讨论描述信息的一般原则。

按照性质的不同,信息可以划分为语法信息、语义信息以及语用信息三种基本情形。其中最基本也是最抽象的是语法信息。它是迄今为止在理论上研究得最多也是最深入的层次。因此还可以进一步考虑语法信息的分类。

按照定义,语法信息是事物运动的状态及其变化方式的外在形式。根据事物运动的状态及其变化方式在形式上的不同,语法信息还可以作如下的分类:首先,事物运动的状态可以是有限状态或无限状态,与此相对应,就有有限状态语法信息和无限状态语法信息之分;其次,事物运动的状态可能是连续的,也可能是离散的,于是,又可以有连续状态语法信息与离散状态语法信息之分;最后,事物运动的状态还可能是明晰的,或者是模糊的,这样,又有状态明晰的语法信息与状态模糊的语法信息之分。

事物运动状态变化的方式又可以有随机型、半随机型以及确定型三类。所谓随机型的运动方式,就是各个状态是完全按照统计规则或概率规律出现的。于是这类信息又称为概率型语法信息或者统计型语法信息。所谓半随机型运动方式,是指:各个状态的出现是不可预测的,但是由于这类试验往往只进行一次或若干次,而不能在同一条件下大量重复,因此不能用概率统计的规则来描述,这类试验所提供的信息,就称为偶发型语法信息。确定型的运动方式是指其各种状态的出现规则是确定性的,这种方式的未知因素通常表现在初始条件和环境影响(约束条件)方面,与这类运动方式相对应的语法信息,就称为确定型语法信息。

这样,根据事物"运动的状态"和"状态变化方式"的不同,就可以得到如图 5.2.1 所示的语法信息的分类图。

注意到全信息包含语法信息、语义信息和语用信息三个分量这一事实,可以知道,全信息的分类应当包含上述 72 种情形。

需要指出,图 5.2.1 中列出的 24 种不同的语法信息形式,它们在理论上都是实际存在的。不过,在实际的研究工作和工程实践中,由于连续信息通常都可以(通过取样和量化等方法)实现离散化,因此研究离散型信息成为主要的目标。另外,在大多是实际的应用工程中,无限状态的情形往往可以通过求极限的方法(工程上可以通过平滑滤波等方法)由有限状态的情形来逐渐逼近,于是,研究状态有限的情形就成为更为基本的目标。这样,通过离散化和求极限等措施,最基本的语法信息形式就可以转化为 6 种类型了,即概率型语法信息、偶发型语法信息、确定型语法信息、模糊型概率语法信息、模糊型偶发语法信息以及模糊型确定语法信息。进一步,由于通常所说的模糊信息是指模糊型的确定性信息。因而真正最基本的语法信息就变为 4 种,它们是:离散有限明晰状态的概率型语法信息、离散有限明晰状态的偶发型语法信息、离散有限明晰状态的确定型语法信息、离散有限模糊状态的确定型语法信息。为了简便,我们分别把它们称为概率信息、偶发信息、确定信息和模糊信息。

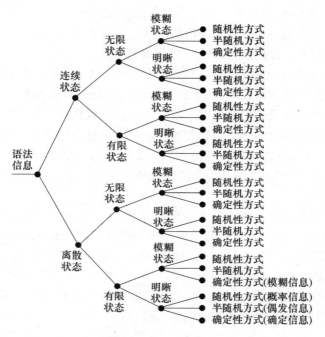

图 5.2.1 语法信息的分类

于是,整个信息的分类就可以化为如图 5.2.2 的表示,其中示出我们后面要具体研究的 6 种信息,它是由图 5.2.1 结合语义信息和语用信息并经简化得来的。

图 5.2.2 说明,在描述信息的时候,需要考虑的基本信息类型应当包括语法信息、语义信息以及语用信息,而其中的语法信息又包括概率信息、偶发信息、确定型信息和模糊信息。当然,在语法信息的这个分类基础上,语义信息和语用信息也可以做出相应的分类,因为语义信息和语用信息是建立在语法信息的基础上的。为了图示的简洁,这里没有直接示出语义信息和语用信息的分类情况。

有了信息分类的结果,就可以分门别类来研究各类信息的描述。不过,根据图 5.2.2 的分类关系,我们事实上不必对所有类型的信息都分别进行全面地描述和分析,只需要首先考虑语法信息范畴内的概率信息、偶发信息、确定型信息和模糊信息的描述;在此基础上,再考察语义信息和语用信息的描述,就可以得到全信息的描述。

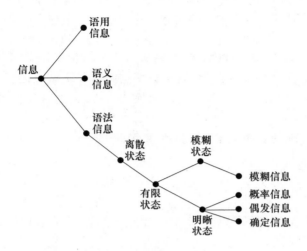

图 5.2.2　信息分类及基本信息

　　通过信息分类的讨论,我们也可以体会到描述信息的一般原则,这就是:按照信息的基本定义,要抓住"事物的运动状态"和"状态变化的方式"这两个基本的要素来描述信息。只要事物运动的状态和状态变化方式描述清楚了,它的信息也就描述清楚了。

5.2.2　信息的描述

1. 概率(语法)信息的描述

　　如上所说,这里,我们关心的概率信息是特指状态性质为离散、状态数目为有限、状态划分为明晰、状态变化方式服从概率规律的信息。

　　在实际应用的场合,我们常用这样的符号体系:X 表示一个试验,$X=(x_i|i=1,\cdots,n)$表示这一试验的所有可能状态的集合,$P=(p_i|i=1,\cdots,n)$表示这些状态出现的概率的集合,$(X,P)=(x_i,p_i|i=1,\cdots,n)$称为这一试验的概率空间。

　　概率空间(X,P)的各个元素(x_i,p_i),$i=1,\cdots,n$,正好描述了事物的运动状态和状态变化的方式。其中,$x_i,i=1,\cdots,n$,表示了所有可能的运动状态,而 $p_i,i=1,\cdots,n$,则表示了这些可能的运动状态是按照概率规律出现的:状态 x_i 以概率 p_i 随机地出现,$i=1,\cdots,n$。于是,概率空间就把整个事物运动的状态和状态变化的方式刻画出来了,它是描述概率信息的基本方法。

　　具体地,若有随机试验 X,它有 n 种可能的试验结果(运动状态),分别表示为 $x_1,\cdots,x_n$。假设在观察这一试验之前,观察者已经先验地知道这些状态出现的概率分别是 $p_1,\cdots,p_n$。这些概率称为先验概率。但是在观察试验的实际结果之后发现,这 n 个可能的状态的出现概率却是 $p_1^*,\cdots,p_n^*$,这些概率称为后验概率。这样,就可以写出观察前后概率空间的变换

$$\{x_i,p_i\mid i=1,\cdots,n\}\Rightarrow\{x_i,p_i^*\mid i=1,\cdots,n\} \qquad (5.2.1)$$

箭头左边是试验的先验概率空间,箭头右边是后验概率空间。先验概率空间描述了观察者关于 X 的先验信息,后验概率空间描述了试验的后验信息(在这里就是实验 X 的实在信息)。概率空间的变换式(5.2.1)的整体就可以用来描述观察者的实得信息。

在大多数实际的试验场合,后验概率分布($p_i\mid=1,\cdots,n$)是一个 0-1 型分布,即

$$p_i^*=\begin{cases}1,&i=i_0\\0,&i\neq i_0\end{cases}$$

如果用符号 p_s^* 来表示这种 0-1 型的后验分布,那么,在这种情况下,式(5.2.1)就可以表示为更简洁的形式

$$(X,P)\Rightarrow(X,P_s^*) \qquad (5.2.2)$$

当观察者对于 X 的出现概率没有任何先验知识的时候,就只能假定这 n 个状态出现的概率都相等,即:$p_i=1/n,i=1,\cdots,n$,我们用符号 P_0 来表示这种均匀型的先验概率分布。在这种情况下,式(5.2.2)又变为

$$(X,P_0)\Rightarrow(X,P_s^*) \qquad (5.2.3)$$

式(5.2.3)表示:在观察试验之前,观察者对试验结果一无所知;在观察之后,结果变得完全确定。在这种场合,观察者获得了最大的实得信息量。反之,若有 $P^*=p_0^*$,则观察者的实得信息为零。

可见,用概率空间以及概率空间的变换,可以很好地描述随机型试验的信息过程。

2. 偶发信息的描述

偶发信息是由半随机试验提供的。半随机试验的可能状态也是随机发生的,只是它们发生的规律不能用概率分布来描述,因为这类试验是偶尔发生的,而不是大量地重复发生的,不存在统计稳定性。

同随机试验一样,我们只考虑离散有限明晰状态的情形。现在假定有某个随机试验 X,它有 N 个可能的状态:$X_1,\cdots,X_N$。作为试验的结局,一般总有一个状态会实际发生。但究竟是哪个状态发生? 在观察之前,根据种种资料推断,观察者认为 x_1 发生的可能度为 $q_1,\cdots,x_n$ 发生的可能度为 q_n。显然,与概率的情形类似,应有

$$\sum_{n=1}^{N}q_n=1 \qquad (5.2.4)$$

但是,实际观察的结果,各种可能状态发生的可能度却是 $q_1^*,\cdots,q_N^*$。其中,

某个可能度 $q_{n_0}^* = 1$。其余 $q_n^* = 0$，$n \neq n_0$。我们把 $q_1, \cdots, q_n$ 称为观察者关于 X 的先验可能度分布，用符号 Q 表示，而 $q_1^*, \cdots, q_N^*$ 则称为试验 X 的后验可能度分布，用符号 Q^* 表示。从形式上看，这里的 Q 和 Q^* 与概率信息场合的 P 和 $P*$ 十分相似。二者的区别仅在于：Q 其实并不是概率，所以无法用统计的方法求出；Q 的数值纯粹是由观察者的经验确定的，因而带有很大的主观性。因此严格说起来，Q 是观察者关于 X 的主观经验性的先验可能度分布，而且，服从式（3.2.4）的归一化约束。正是这个缘故，有时也可以把可能度称为主观概率、经验概率、形式概率或主观置信度。于是，试验 X 的状态集合与其可能度分布一起，确实描述了半随机试验的运动状态和状态变化方式。因此可以和概率信息类似，定义 (X, Q) 和 (X, Q^*) 分别为半随机试验的先验可能度空间和后验的可能度空间，并且用它们来描述偶发信息的情况。

具体说来，在观察半随机试验 X 的过程中，观察者的实得信息可以用下面的可能度空间的变换来描述：

$$\begin{pmatrix} x \\ Q \end{pmatrix} \Rightarrow \begin{pmatrix} x \\ Q^* \end{pmatrix} \tag{5.2.5}$$

3. 确定型信息的描述

所谓确定型信息，是指由确定试验所提供的信息。而所谓确定型试验，是指具有确定的试验机构，但初始条件和环境条件具有动态或时变性的试验。

通常可以用如下形式的 n 阶的常系数线性微分方程来描述确定型试验系统的行为：

$$\frac{d^n y}{dt^n} + a_{n-1} \frac{d^{n-1} y}{dt^{n-1}} + \cdots + a_1 \frac{dy}{dt} + a_0 y = U(t) \tag{5.2.6}$$

其中，符号 $y(t)$ 表示系统的输出，符号 $U(t)$ 表示系统的输入。可以把式（5.2.6）中的 n 个变量 $y, \frac{dy}{dt}, \frac{d^2 y}{dt^2}, \cdots, \frac{d^{n-1} y}{dt^{n-1}}$ 称为该系统的状态变量。在这类场合，系统的状态就是一组数。只要给定在某个时刻的这样一组数，给定系统的输入以及描写这个系统动态关系的微分方程，就可以确定这个系统在未来时刻的状态和输出。这就是为什么把这种系统所提供的信息称为确定型信息的道理。有了状态方程，只要知道一个系统现时的状态变量和输入情况，就可以预测它未来的行为。也就是说，现时的状态变量包含着有关未来状态的信息，利用状态变量和状态方程就能充分描述这种信息。

如果已知某个系统或某个试验的各种状态以及状态之间的转移方式，那么，用图论的方法来表示这些状态和状态变化方式（即信息）是十分直观和方便的。

所谓图，就是若干顶点和边的集合。例如，图 5.2.3 示出的，就是一个由 5 个顶点和 7 条边共同构成的图。其中，A、B、C、D、E 是图的顶点，AB、BC、CD、DE、

BE、AE 和 CE 是图的边。用图来表示信息的时候,顶点就代表状态,边就代表状态转移的关系(状态变化的方式)方式。在图 5.2.3 中的各条边没有标明方向,这样的图被称为"无向图"。如果图中的边是有方向的(用箭头表示),这样的图就被称为为"有向图"。图 5.2.4 就是一个有向图。如果图中各边还注有数字,这样的图就称为加权图。可见,图 5.2.4 还是一个加权图,更确切地说是一个加权有向图。

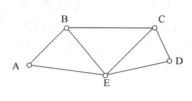

图 5.2.3　无向图

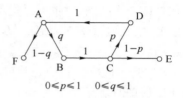

$0 \leqslant p \leqslant 1$　　$0 \leqslant q \leqslant 1$

图 5.2.4　有向加权图

其实,图 5.2.4 就是一个描述一年生植物的运动状态和状态变化方式的图。具体地说,它描述了这种植物的生活行为:图中的各个顶点表示该植物的生活状态(运动状态),各个边表示这些状态的转移方式和转移的途径。边上所注的数字,就是权,表示从某一状态向另一状态转移的概率或可能度;边上所注的箭头指示状态转移的方向。图中各个顶点的含义是:A—种子状态;B—植物状态;C—开花状态;D—已授粉的植物状态;E—未授粉的植物状态;F—种子的死亡状态。

图 5.2.4 表示:种子以概率 q 生长成为植物(种子死亡的概率是 $1-q$),植物肯定能够开花,开了花的植物以概率 p 授粉成功(不能授粉成功的概率为 $1-p$),已授粉的植物(花)必能结出种子。此后则重复这个过程。只要环境条件不发生明显的变化,这个有向加权图就能描述这种植物的生活信息。

当然,图 5.2.4 是一个具有随机因素的状态转移图,如果 $p=q=1$,则顶点 E 和 F 就成为孤立顶点,这时,植物的生活运动过程就成为确定性的运动,状态转移的方式和关系都具有确定的性质。

此外,这类信息也可以用矩阵来描述。还可以表示出连接的方向信息,如此等等。

除以上这些方法可以用来描述确定型信息外,数据表格、公式曲线等也可以用来表示确定型信息。实际上到处都可以看到这些信息表示方法的大量的应用,我们只通过一个普通的例子来加以说明。

考虑如下一个确定型决策问题:假设某单位需要购买某种产品 45 000 个,已知该种产品有四处供应来源(A,B,C,D),所购买的这些产品要分别送到三个不同的仓库点,表 5.2.1 列出各个仓库的容量和各个供应点可以供应的产品数量以及价格、运输费等数据。要求确定具体的采购方案,使所付出的总费用最少。

表 5.2.1　用表格来表示确定型信息

	一号库容量 10 000	二号库容量 15 000	三号库容量 20 000
A 点供应量 8 000	$C_{11}=3.00$ 元	$C_{12}=3.00$ 元	$C_{13}=4.50$ 元
B 点供应量 12 000	$C_{21}=4.80$ 元	$C_{22}=3.20$ 元	$C_{23}=5.00$ 元
C 点供应量 11 000	$C_{31}=6.00$ 元	$C_{32}=4.00$ 元	$C_{33}=5.50$ 元
D 点供应量 14 000	$C_{41}=5.30$ 元	$C_{42}=4.10$ 元	$C_{43}=6.00$ 元

显然,问题中已经给出了求解所需的全部信息。这些信息是通过文字叙述和数字表格的形式给出的。根据这些信息,运用适当的数学方法(在本例中便是线性规划方法),就可以制定一个确定的决策。不过,为了进行数学处理,上述用文字和表格给出的信息往往还要浓缩在数学公式里,以便进行运算和解析。可见,数学公式也是描述信息的一种方法。在本例中,如果用符号 x_{ij} 来表示从第 i 供应点购买并运到第 j 号仓库的产品数量,$i=1,2,3,4$;$j=1,2,3$。那么,我们就可以列出下列公式来表示所给出的信息:

目标信息为

$$C = \sum_{i,j} C_{ij} x_{ij} \rightarrow \min$$

约束信息为

$$\sum_{i=1}^{4} x_{i1} = 10\,000; \quad \sum_{i=1}^{4} x_{i2} = 15\,000; \quad \sum_{i=1}^{4} x_{i3} = 20\,000$$

$$\sum_{j=1}^{3} x_{1j} = 8\,000; \quad \sum_{j=1}^{3} x_{2j} = 12\,000; \quad \sum_{j=1}^{3} x_{3j} = 11\,000$$

$$\sum_{j=1}^{3} x_{4j} = 14\,000; \quad x_{ij} \geqslant 0, i = 1,2,3,4; \quad j = 1,2,3$$

有些确定型信息不便用数学公式来描述,就可以尝试用其他的方式(曲线、图形、语言等)来描述。例如,在模式识别的场合,许多模式特征都不便用数学表达式来表示,就采用了图形或语言来描述。比如,用一根垂直线加一个半圆来代表一个英文字母 D,用一根垂直线后接两个半圆弧来表示英文字母 B 等:

$$D = | + \supset$$
$$B = | + \supset + \supset$$

这种描述信息(模式特征)的方法,在"文法识别"型模式识别研究中使用得非常频繁。

至于把信息转变为某种物理量信号(比如电信号),或者把信息转换为某种代码或者信息的谐波表达式、相关分析、谱分析等,在一定意义上都可以看作是信息描述的方法。由于篇幅的限制,这里就不一一介绍了。

4. 模糊信息的描述

前面已经接触了模糊信息的一些概念,这里做进一步的补充:模糊信息的描述要涉及集合的概念。不过,这里涉及的是一类不同的集合——模糊集合[11]。

模糊集合(简称为模糊集)与普通集合的主要区别是:在普通集合的情形,一个元素要么具备某个特性,要么不具备某个特性,两者必居其一;而在模糊集合的情形,一个元素是否具备某个特性不再是"两者必居其一",而可能是以一定程度具备这个属性,这种"以一定程度具备"的性质称为"隶属度"。所以,模糊集合是由具有模糊隶属度的元素组成的总体:这些元素都具有某种(或某些)共同的特性,不过具有这些特性的程度有所不同。

例如,"远大于1的正实数集"就是一个模糊集。它的元素包括大于1的所有正实数都在某种程度上具备"远大于1"这个特性,其中,正整数"10"以上的正实数是百分之百地具备"远大于1"这一特性,"5"满足的程度可能只有百分之五十,而"2"满足的程度只有百分之几。但它们都"在一定程度上"具有"远大于1"这一性质。而1以下的正实数都不具备这一特性。因此,如果把这个"满足程度"(模糊隶属度)用图形画出来,就可以得到如图5.2.5所示的情形。

图5.2.5的曲线有一个专门的名称,称为模糊集的隶属度分布曲线。集合的隶属度分布曲线的意义是表明:集合论域内各个元素"满足"该特性的程度。定义百分之百地满足该特性的元素的隶属度为1,完全不满足该特性的元素的隶属度为0,其他为中间情况。这样,模糊集的隶属度分布曲线是一种具有平滑过渡的曲线,如图5.2.5所示。对照概率理论中普通集合的情况,普通集合的隶属度分布曲线(即示性函数)是具有突变跳跃的曲线,如图5.2.6所示。

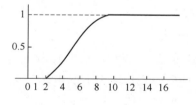

图 5.2.5　模糊集的一例

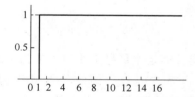

图 5.2.6　普通集合的"示性函数(隶属度函数)"

图5.2.6所示的是"大于和等于1的正实数集合",这当然是一个普通集:所有等于和大于1的正实数都具备这个特性,而其他数则不能满足这个特性。所以,它的"示性函数"或"隶属度曲线"就没有平滑过渡段,与图5.2.6表示的模糊集隶属度函数恰成鲜明的对照。

稍为规范一些的模糊集定义可以表述如下。

所谓给定了"论域 U"上的一个模糊子集 X 是指:对于任意 $u \in U$,都指定了一个数 $f_x(u) \in [0,1]$,这个数称为 u 对于 X 的隶属度。上述的映射 $f_x : U \rightarrow [0,1]$;

$u \rightarrow f_x(u)$ 称为 X 的隶属度函数。

值得指出的是,在 1965 年 L. A. Zadeh 的论文《模糊集理论》发表之前,数学只研究了普通集。如上所说,普通集的特征是"非此即彼,非彼即此",非常绝对。模糊集理论揭示了事物属性的渐变性,认识到现实世界实际事物和人的观念中存在大量"亦此亦彼"的情形。这样,就使理论的认识更接近于实际。上面,我们虽然只举了一个模糊集的例子,但是,现实中的模糊集的例子是不胜枚举的。例如,"大数集""小数集""高个子集""老人集""好书集""益鸟集""优秀演员集"等,都是模糊集的例子。根据模糊集的定义和性质,读者不难由此及彼,举一反三,这里就不多费笔墨了。

由于存在模糊性,就必然会引起某种模糊不定性。比如,一张本来黑白分明的图画,由于某种原因变得模糊了。那么,那些非白非黑的灰度色调究竟应当算是"白"还是"黑"?这就产生了不定性。而为了消除这种不定性,当然就需要有信息。我们把用来消除与事物的模糊性相联系的信息称为模糊信息。

因此,我们就很容易会想到,可以用模糊事物(集)的隶属度曲线来描述它的"运动的状态和状态变化方式"。我们把模糊集的第 i 个元的隶属度数值记为 f_i,整个模糊集上的隶属度分布则记为 F。需要注意的是,与概率的情况不同,这里的隶属度不满足归一化的要求,就是说

$$\sum_i f_i \neq 1, \quad f_i \in F \tag{5.2.7}$$

不过,作为模糊试验(模糊事物或模糊集合)的运动状态和状态变化方式的描述,隶属度分布仍然是一个有用的参量。与概率空间的概念相类似,我们把模糊试验 X 和它的隶属度分布 F 所组成的有序对 (X,F) 称为模糊试验的隶属度空间。这样,模糊试验所提供的模糊信息就可以通过试验前后(或观察前后)隶属度空间的变换来描述。若用符号 F 表示试验前的隶属度分布,F^* 表示试验后的隶属度分布,那么

$$(X,F) \Rightarrow (X,F^*) \tag{5.2.8}$$

就描述了一个模糊试验所提供的模糊信息。一般,在理想试验的场合,经过试验,模糊性可以被完全消除。这时,F^* 的元的数值只取 0 或 1,即

$$f_i^* = \begin{cases} 1, & \text{某些 } i \\ 0, & \text{其余 } i \end{cases}$$

这时的隶属度分布记为 F_s^*。它实际上已经蜕化成为一个普通集合的示性函数。

总之,不论是概率信息、偶发信息、确定型信息还是模糊信息,整个语法信息的描述方法都是通过对于"事物运动的状态和状态变化方式"的刻画来实现的。只要把试验前后的状态和状态变化方式刻画清楚了,就能充分地描述所考虑的语法信息问题。

5. 语义信息的描述参量

我们可以采用指称逻辑的概念来处理事物运动状态及其变化方式的含义表征问题。需要说明的是,所谓"事物运动状态及其变化方式的含义",主要是指"事物运动状态的含义"。状态的含义表征清楚了,状态变化方式的含义也就自然清楚了。

采用指称逻辑的概念来处理状态含义的表征问题,在这里就是要解决事物各种运动状态在逻辑意义上的真实程度的描述问题。于是,可以设置一个"状态逻辑真实度"参量,记为 t,它应当满足

$$0 \leqslant t \leqslant 1 \tag{5.2.9}$$

及

$$t = \begin{cases} 1, & \text{状态逻辑为真} \\ 1/2, & \text{状态逻辑不定} \\ a \in (0,1), & \text{状态逻辑模糊} \\ 0, & \text{状态逻辑为伪} \end{cases} \tag{5.2.10}$$

具体来说,如果某事物 X 具有 N 个可能的运动状态:$\{x_n, n = 1, \cdots, N\}$。记状态 x_n 的逻辑真实度为 t_n,每个 t_n 都满足式(5.2.9)和式(5.2.10)的要求。于是,就可以建立一个关于事物 X 的逻辑真实度空间,记为

$$\begin{bmatrix} X \\ T \end{bmatrix} \triangleq \begin{bmatrix} x_1 \cdots x_n \cdots x_N \\ t_1 \cdots t_n \cdots t_N \end{bmatrix} \tag{5.2.11}$$

其中,

$$T = \{t_n \mid n = 1, \cdots, N\} \tag{5.2.12}$$

称为 X 的逻辑真实度广义分布。称 T 为"广义"分布,是因为所有 t_n 的总和不一定归一,即有

$$\sum_{n=1}^{N} t_n \geqslant = \leqslant 1 \tag{5.2.13}$$

符号"$\geqslant = \leqslant$"表示"可能大于、小于或等于 1,而不是必然等于 1"(下同)。

显然,利用逻辑真实度空间的方法可以充分描述事物 X 的运动状态及其变化方式的逻辑含义。

6. 语用信息的描述参量

类似地,我们也可以采用效用度的概念来处理事物运动状态及其变化方式的价值表征的问题。同样需要说明的问题是:事物运动状态及其变化方式的价值表征主要也是指事物运动状态的价值表征。

采用效用度的概念来处理状态价值的表征问题. 在这里就是要解决事物各种运动状态对主体的价值大小的描述。于是,可以设置一个"状态效用度"参量,记为 u,它应当满足

$$0 \leqslant u \leqslant 1 \tag{5.2.14}$$

及

$$u = \begin{cases} 1, & \text{状态效用最大} \\ b \in (0,1), & \text{状态效用模糊} \\ 0, & \text{状态效用最小} \end{cases} \tag{5.2.15}$$

具体来说,如果某事物 X 具有 N 个可能的运动状态$\{x_n, n=1,\cdots,N\}$。记状态 x_n 的效用度为 u_n,每个 u_n 满足模糊变量的要求。于是,可以建立一个关于事物 X 的效用度空间,记为

$$\begin{bmatrix} X \\ U \end{bmatrix} \triangleq \begin{bmatrix} x_1 \cdots x_n \cdots x_N \\ u_1 \cdots u_n \cdots u_N \end{bmatrix} \tag{5.2.16}$$

其中,

$$U = \{u_n \mid n=1,\cdots,N\} \tag{5.2.17}$$

称为 X 的效用度广义分布,因为所有 u_n,的总和不一定归一,即有

$$\sum_{n=1}^{N} u_n \geqslant = \leqslant 1 \tag{5.2.18}$$

显然,利用效用度空间可以充分描述事物 X 的运动状态及其变化方式的效用价值。

7. 全信息的描述

有了逻辑真实度空间和效用度空间的概念和表示方法,就可以采用与语法信息类似的方法来表示或描述语义信息和语用信息。

对于某个事物 X,若它有 N 种可能的状态$\{x_n, n=1,\cdots,N\}$;又若在观察试验之前它的先验参量分别为 c_n(表征状态变化方式的形式)、t_n(逻辑真实度)和 u_n(效用度),相应的先验广义分布为 C、T 和 U,而在观察试验之后,它的后验广义分布为 C^*、T^* 和 U^*,那么,与观察事物 X 相关的语法信息、语义信息和语用信息过程就可以分别描述为

$$(X,C) \Rightarrow (X,C^*) \tag{5.2.19}$$

$$(X,T) \Rightarrow (X,T^*) \tag{5.2.20}$$

$$(X,U) \Rightarrow (X,U^*) \tag{5.2.21}$$

通常,我们把用逻辑真实度空间(5.2.11)和效用度空间(5.2.16)描述的语义信息和语用信息分别称为**单纯语义信息**和**单纯语用信息**,相应的逻辑真实度和效用度也分别称为单纯逻辑真实度和单纯效用度。但是,正如前面所指出的,语义信息须以语法信息为基础,语用信息须以语义和语法信息为基础。这样就有必要进一步引出综合逻辑真实度和综合效用度的概念,以及与此相应的综合逻辑真实度空间和综合效用度空间的概念。利用这些概念,可以建立对于综合语义信息和综合语用信息的描述。

给定事物 X,假设它有 N 个可能的运动状态 $\{x_n, n=1,\cdots,N\}$,每个状态的变化方式的形式化因素用参量 c_n 来表征,在概率性事件场合,c_n 就是概率 p_n,在偶发性事件场合,c_n 就是可能度 q_n,在模糊事件场合,c_n 就是隶属 f_n。进一步,假设各个状态的单纯逻辑真实度分别为 t_n,单纯效用度为 u_n,那么,X 的综合逻辑真实度、综合逻辑真实度空间、综合效用度、综合效用度空间就可以分别定义如下。

(1) 综合逻辑真实度:

$$\eta_n = c_n t_n, \quad n=1,\cdots,N \tag{5.2.22}$$

(2) 综合逻辑真实度空间:

$$\begin{bmatrix} x_1 \cdots x_n \cdots x_N \\ \eta_1 \cdots \eta_n \cdots \eta_N \end{bmatrix} \tag{5.2.23}$$

(3) 综合逻辑真实度广义分布:

$$\eta = \{\eta_n \mid n=1,\cdots,N\} \tag{5.2.24}$$

(4) 综合效用度:

$$\mu_n = c_n t_n u_n, \quad n=1,\cdots,N \tag{5.2.25}$$

(5) 综合效用度空间:

$$\begin{bmatrix} x_1 \cdots x_n \cdots x_N \\ \mu_1 \cdots \mu_n \cdots \mu_N \end{bmatrix} \tag{5.2.26}$$

(6) 综合效用度广义分布:

$$\mu = \{\mu_n \mid n=1,\cdots,N\} \tag{5.2.27}$$

有了这些表示方法,就可以描述**综合语义信息**和**综合语用信息**的过程:

$$(X,\eta) \Rightarrow (X,\eta^*) \tag{5.2.28}$$

以及

$$(X,\mu) \Rightarrow (X,\mu^*) \tag{5.2.29}$$

其中,η 和 μ 是 X 的先验综合逻辑真实度广义分布和先验综合效用度广义分布,η^* 和 μ^* 是相应的后验广义分布。

5.3 信息的度量

所谓信息的度量问题,就是从量的关系上来刻画信息。从定义到性质,从描述到度量,这些内容构成了信息科学的主要基础。一方面,通过对定义和性质的讨论可以从定性方面来理解信息;另一方面,通过对描述和度量的研究则可以从定量方面来把握信息。只有同时从定性和定量两个方面来把握信息,才能为进一步探讨信息的各种运动规律奠定必要的基础。

信息度量问题之所以特别重要,就在于它是整个信息科学体系得以真正建立起来的根本理论基础,是整个信息科学大厦的重要基石。如果不能对信息进行定量的度量,就不可能满意地解决信息科学的理论问题。

自然,信息定量描述的方法只能建立在人们对信息的质的认识基础上,对信息的本质有什么样的认识,就会产生什么样的度量方法;而对信息本质在认识上的前进,迟早会导致新的度量方法的出现;认识越深入,方法会越合理越科学。因此,信息定量描述的方法既受制于人们当时对信息本质的认识水平,也受制于人们当时所拥有的数学方法。因此,我们相信,随着人们对信息的本质的认识不断深化,信息度量的数学形式有可能随之而发展和完善。

5.3.1　概率语法信息的测度:Shannon 概率熵

Shannon 指出:通信工程的基本任务是精确地复制从发送方发出的消息波形,与消息的内容无关。进一步,Shannon 注意到通信问题的随机性或统计性质,他指出:一个非常重要的事实是,一个实际的消息是从可能消息的集合中选择出来的,而选择消息的发信者又是任意的,因此,这种选择就具有随机性,是一种大量重复发生的统计现象。一个好的通信系统必须设计得对每种选择情况都能工作,而不是只适合工作于某一种选择情况。这是因为在设计系统的时候,将来实际发生的选择方式是无法确切预知的。这就表明,通信者的出现、通信者对于消息的选择都是随机的,因而通信系统所传递的信息是随机的。不仅如此,通信系统在传送信息过程中所受到的干扰也是随机的。这一切都迫使通信理论工作者不得不放弃传统的拉普拉斯决定论的观点,转而接受并应用统计的非决定论的观点,从而给通信理论的研究带来了新鲜的思想方法和风格。

此外,Shannon 等人还注意到,通信的发生是以通信者具有不定性为前提的,而通信的作用和结果则是要消除这种不定性。比如,通信者 A 希望与 B 进行通信(不管通信的具体方式是什么:面谈、书信、电话、电报或任何别的方式),这只有出现下述情况才会发生:要么 A 想要告诉 B 一件事情而 A 断定 B 在此刻不知道这件事情,要么 A 有什么问题想要从 B 处得到答案,否则,他们就不会有通信的必要。显然,在前一种情形下,B 存在不定性,假若 B 不存在不定性,即 B 完全知道 A 所要告诉的事情,A 就没有必要再告诉他;而在后一种情形,A 存在不定性,不然,A 也没有必要去问 B 了。那么,为什么通信的结果可以消除这种不定性? 它的机制是什么呢? 原来,用以消除这种不定性的正是信息,因为通信系统所传递的东西就是信息。这样,Shannon 等人就把信息定义为用来消除不定性的东西。他们正是从这个定义出发,运用非决定论的观点和统计方法,解决了一类重要信息——概率型语法信息的定量描述问题。

既然信息是用来消除不定性的东西,那么信息的数量就可以用被消除掉的不定性的大小来表示。而这种不定性是由随机性引起的,因此可以用概率论方法来描述。这就是 Shannon 信息度量方法的基本思想。

假设有随机事件的集合 $x_1, x_2, \cdots, x_N$,它们的出现概率分别为 $p_1, p_2, \cdots, p_N$,满足下述条件:

$$0 \leqslant p_i \leqslant 1, \quad i = 1, \cdots, N, \quad \sum_{i=1}^{N} p_i = 1 \tag{5.3.1}$$

我们首先找出一种测度来度量事件选择中含有多少"选择的可能性",或者度量选择的结果具有多大的不确定性。显然,当所收到的信息量足以使这个不定性全部消除时,所收到的信息的量就认为等于这个所消除掉的不定性的数量。

设用 $H_s(p_1, \cdots, p_N)$ 来表示这个不定性的测度。这也就是说,我们认为不定性测度必然是概率分布 $(p_1, \cdots, p_N)$ 的函数,其具体的函数形式则有待确定。

为了确定 $H_s(p_1, \cdots, p_N)$ 的具体形式,应当提出一些合理的限制。对此 Shannon 提出了如下三个基本条件:

(1) H_s 应当是对 $p_i(i=1,\cdots,N)$ 连续的函数。

(2) 如果所有的 p_i 相等,即 $p_i = \dfrac{1}{N}, i = 1, \cdots, N$ 那么 H_s 应是 N 的单调增函数。

(3) 如果选择分为相继的两步,那么,原先的 H 应等于分步选择的各个 H 值的加权和。

从上述三个条件出发,Shannon 推出了函数 $H_s(p_1, \cdots, p_N)$ 的具体形式,并将之归纳为如下的定理。

定理 5.3.1 满足条件(1)(2)和(3)的不定性度量,可用且仅可用下式表示:

$$H_s(p_1, \cdots, p_N) = -K \sum_{i=1}^{N} p_i \log p_i \tag{5.3.2}$$

其中,K 为正常数。

为了确定信息量的单位,考察一个标准的二中择一试验,即具有两种可能结果且两种结果出现的概率相等的试验。由式(5.3.1)有

$$H_s\left(\frac{1}{2}, \frac{1}{2}\right) = -K\left(\frac{1}{2}\log\frac{1}{2} + \frac{1}{2}\log\frac{1}{2}\right)$$

令取对数底为 2,并令所得的 $H_s\left(\dfrac{1}{2}, \dfrac{1}{2}\right) = 1$,则得常数 $K = 1$。于是,式(5.3.2)变为

$$H_s(p_1, \cdots, p_N) = -\sum_{i=1}^{N} p_i \log p_i \tag{5.3.3}$$

当对数底为 2 时,信息单位称为二进单位,也叫比特(bit,即 binary Digit 的缩写);当对数底为 e 时,则称自然单位,也叫奈特(nat,即 natural digit 的缩写);当底

取为 10 时,称为迪特(dit,即 decimal digit 的缩写);等等。尽管单位不同,它们之间的转换是直接而简单的。需要注意的是,式(5.3.3)中当某个 $p_i = 0$ 时,规定

$$0 \log 0 = 0 \qquad (5.3.4)$$

式(5.3.3)就是著名的概率语法信息的基本度量公式,称为 Shannon 熵公式。

限于篇幅,定理 5.3.1 的证明从略,有需要的读者可以参看文献[4]。

顺便指出,后人对于文献[4]给出的证明进行了许多改进,一方面是希望使定理的证明过程在数学上更加严谨,同时也希望使定理的适用条件尽可能宽松和广泛[12-18],还有在此基础上提出了一些 Shannon 熵公式的泛化表达式[19-33]。所有这些工作都是有益的贡献,因此,本章把其中的主要代表都列在后面,供读者参阅。

5.3.2　模糊语法信息的测度:Deluca-Termin 模糊熵

为了度量模糊信息,必须借助于模糊集的隶属度分布。与概率信息的情形类似,模糊信息也是以模糊不定度的减少来计量的。因此,只要找到了计算模糊试验的不定性的方法,计算模糊信息量的问题就可以通过"模糊不定度的减少程度"来求解了。

A. DeLuca 和 S. Termin 曾在 1972 年提出模糊熵的概念及其表达式,并建议以这个表达式来具体计算模糊集合的不定性[34,35]。他们的思路可以描述如下:

考虑一个集 I 和一个格 L,他们把由集 I 到格 L 的映射称为 L-模糊集。所有这种映射的类记为 $L(I)$,对它的元 f 和 g,定义:

$$\left.\begin{array}{l}(f \vee g)(x) \equiv \text{L. u. b}\{f(x), g(x)\} \\ (f \wedge g)(x) \equiv \text{G. l. b}\{f(x), g(x)\}\end{array}\right\} \qquad (5.3.5)$$

其中,符号 L. u. b 和 G. l. b 分别表示 $f(x)$ 和 $g(x)$ 在 L 中的上确界和下确界。符号 $\vee$ 和 $\wedge$ 为"并"和"与"逻辑。

若令 L 为一个实数轴的单位区间,即 $L = (0,1)$,则式(5.3.5)变为

$$\left.\begin{array}{l}(f \vee g)(x) = \max\{f(x), g(x)\} \\ (f \wedge g)(x) = \min\{f(x), g(x)\}\end{array}\right\} \qquad (5.3.6)$$

作为模糊熵的侧都函数 $d(f)$,至少必须具备以下三个基本的特性:

(1) 当且仅当 f 在 L 上取值 0 或 1 时,模糊熵 $d(f)$ 为零。

(2) 当且仅当 f 恒为 1/2 时,$d(f)$ 取最大值。

(3) f 越陡峭,$d(f)$ 应当越小;反之则应越大。就是说,若有:

$$f^*(x) \geqslant f(x), \quad f(x) \geqslant 1/2$$

$$f^*(x) \leqslant f(x), \quad f(x) \leqslant 1/2$$

则应有 $d(f) \geqslant d(f^*)$。

其中,特性(1)是模糊熵的极值性规定,即:当模糊集的示性函数仅取 0 或 1 值

的时候,模糊集退化为普通集。特性(2)也是模糊熵的极值性规定,即:各个元的隶属度均为 1/2 时,模糊集合所具有的不定性达到最大的程度。条件(3)是模糊熵的有序性的规定,即:隶属度分布越陡峭的模糊集合所具有的不定度越小。显然,这些都是合理的要求。

一般说来,有很多类函数可以满足这三个基本要求,它们选择了如下的形式:

$$d(f) \equiv H(f) + H(\overline{f}) \tag{5.3.7}$$

其中,

$$\overline{f(x)} = 1 - f(x) \tag{5.3.8}$$

它满足

$$\overline{\overline{f}} = f \tag{5.3.9}$$

$$\overline{f \vee g} = \overline{f} \wedge \overline{g} \tag{5.3.10}$$

$$\overline{f \wedge g} = \overline{f} \vee \overline{g} \tag{5.3.11}$$

以及

$$H(f) = -k \sum_{n=1}^{N} f(x) \log f(x) \tag{5.3.12}$$

于是,如果引入 Shannon 函数

$$S(x) = -x \log x - (1-x) \log(1-x) \tag{5.3.13}$$

则式(5.3.7)可以写成

$$d(f) = k \sum_{n=1}^{N} S(f(x_n)) \tag{5.3.14}$$

令式(5.3.14) 中的常数 $k = 1/N$,则

$$
\begin{aligned}
d(f) &= \frac{1}{N} \sum_{n=1}^{N} S(f(x_n)) \\
&= \frac{1}{N} \sum_{n=1}^{N} \{-f(x_n) \log(f(x_n)) - [1 - f(x_n)] \log[1 - f(x_n)]\}
\end{aligned}
\tag{5.3.15}
$$

这个 $d(f)$ 显然能够满足上述三个基本特性的要求,因此,它便成为模糊集的不定性的一种测度,称为模糊熵。$d(f)$ 可以作为模糊熵的一个基本的表达式。

5.3.3 语法信息的统一测度:一般信息函数

顺便指出,通过偶发信息描述的讨论可以明白,偶发信息的度量公式应当与概率信息的度量公式完全一样;唯一的差别是式(5.3.21)中所有的概率 p 都要换成可能度 q,于是,偶发试验 X 所具有的不定性大小可以表示为

$$H_A(X) = -\sum_{n=1}^{N} q_n \log q_n \tag{5.3.16}$$

　　到这里,读者就已经看到:不同类型的信息具有不同的度量公式。这似乎也是合情合理的事情。的确,回溯历史,许多先驱人物都曾经涉足信息度量的问题。最早是 Boltzmann,然后是 Hartley,接着是 Shannon、Wiener、Ashby 等人,最近则有 Deluca 和 Termini 等,都给出过各自的熵公式。但是,这些不同的度量方法之间是否存在什么内在的联系? 能否找到共同的表达式把它们统一起来?

　　显然,寻求对各种语法信息的统一测度方法具有极为重要的意义。多年前,作者曾在这方面做过一些尝试,并导出了一种广义的信息函数表达式,称为一般信息函数[37]。后面可以看到,许多不同的熵函数都是一般信息函数在一定条件下的特殊情形,因而可以说,一般信息函数统一了这些度量方法。

　　现在就来介绍一般信息函数的基本概念及其导出方法。

　　与 Shannon 的方法不同,我们不从概率出发来定义信息函数,而是从一个更广义的量——"肯定度"出发来寻求新的结果。"肯定度"的定义如下:

　　定义 5.3.1　考虑一个抽象试验 X,它具有 N 种可能的结果:$x_1, \cdots, x_N$。我们把 X 取某种具体结果 x_n 的可能性、机会或程度,称为 x_n 的肯定度,记为 $c_n, n = 1, \cdots, N$。

　　值得指出,如果 X 是概率型试验,那么,在这种特殊情况下 c_n 就是 p_n, $n = 1, \cdots, N$。这正如概率论的奠基人之一的 Bernoulli 所说的:"概率,就其本身的意义来说,其实就是一种肯定度。"另一位数学家 Leibnitz 也曾经论证和确认过这个关系。如果 X 不是概率型试验,概率就不存在,但肯定度的概念依然有效。比如,竞技比赛的结果带有随机性,但这种结果往往不可重复,因此不存在统计概率。而这时肯定度的概念(即可能度)仍有意义。再如,模糊型试验也不存在概率,但却可以定义肯定度,即 x_n 的隶属度。

　　定义 5.3.2　肯定度 $c_n(n = 1, \cdots, N)$ 的集合称为肯定度分布,记为 C,即

$$C = \{c_n \mid n = 1, \cdots, N\} \tag{5.3.17}$$

$$0 \leqslant c_n \leqslant 1, \quad n = 1, \cdots, N, \quad \sum_{n=1}^{N} \geqslant = \leqslant 1 \tag{5.3.18}$$

符号"$\geqslant = \leqslant$"表示"可以大于、等于或小于"的意思。因此,式(5.3.17)和式(5.3.18)表示的是一种广义的分布。

　　以下按肯定度归一和不归一两种情形讨论。

　　(1) X 的肯定度归一的情形

　　定义 5.3.3　若有 $c_n = 1/N$, $n = 1, \cdots, N$,则称这种分布为均匀肯定度分布,记为 C_0;若有 $c_n \in \{1, 0\}$, $n = 1, \cdots, N$,则称这种分布为 0-1 型的肯定度分布,记为 C_s。

　　定义 5.3.4　对于给定的肯定度分布 C,可以构造一个函数

$$M_\phi(C) = \phi^{-1}\{\sum_{n=1}^{N} c_n\phi(c_n)\} \tag{5.3.19}$$

称为关于 C 的平均肯定度。其中 ϕ 是一个待定的单调连续函数，ϕ^{-1} 是它的逆函数，也满足单调连续条件。

定义 5.3.5　两个抽象试验 X 和 Y 各自的肯定度分布分别记为 C 和 D（为了方便，常常把试验写成 (Y, C) 和 (Y, D) 这种形式）。如果它们满足条件

$$\phi^{-1}\{\sum_{n=1}^{N} c_n\phi(c_nd_n)\} = \phi^{-1}\{\sum_{n=1}^{N} c_n\phi(c_n)\} \cdot \phi^{-1}\{\sum_{n=1}^{N} c_n\phi(d_n)\} \tag{5.3.20}$$

则称 (X, C) 与 (Y, D) 为互相 ϕ 无关。

于是有下面的定理：

定理 5.3.2　满足定义 4 和定义 5 的 ϕ 函数必为对数形式。

证明

令 $d_n = 1/N = k$，$n = 1,\cdots,N$，则式 (5.3.20) 可写为

$$\phi^{-1}\{\sum_{n=1}^{N} c_n\phi(c_nk)\} = \phi^{-1}\{\sum_{n=1}^{N} c_n\phi(c_n)\} \cdot \phi^{-1}\{\sum_{n=1}^{N} c_n\phi(k)\}$$

$$= k\phi^{-1}\{\sum_{n=1}^{N} c_n\phi(c_n)\} \tag{5.3.21}$$

即

$$M_\phi(kC) = kM_\phi(C) \tag{5.3.22}$$

于是

$$M_\phi(C) = k^{-1}M_\phi(kC) = k^{-1}\phi^{-1}\{\sum_{n=1}^{N} c_n\phi(kc_n)\} \tag{5.3.23}$$

若令

$$\psi(x) = \phi(kx) \tag{5.3.24}$$

则有

$$\psi^{-1} = k^{-1}\phi^{-1} \tag{5.3.25}$$

式 (5.3.23) 可写为　$M_\phi(C) = \psi^{-1}\{\sum_{n=1}^{N} c_n\psi(c_n)\} = M_\psi(C) \tag{5.3.26}$

可以证明，满足式 (5.3.26) 的必要与充分条件为

$$\phi(kx) = \alpha(k)\phi(x) + \beta(k), \quad \alpha(k) \neq 0 \tag{5.3.27}$$

令 $\phi(1) = 0$，则由式 (5.3.27) 有

$$\phi(k) = \beta(k) \tag{5.3.28}$$

其中，已令 $x = 1$。将式 (5.3.28) 代入式 (5.3.27) 并将 k 改写为 y，则有

$$\phi(xy) = \alpha(y)\phi(x) + \phi(y) \tag{5.3.29}$$

由于对称性，也可导出

$$\phi(xy) = \alpha(x)\phi(y) + \phi(x) \tag{5.3.30}$$

由式 (5.3.29) 及式 (5.3.30) 得

$$\frac{\alpha(x)-1}{\phi(x)}=\frac{\alpha(y)-1}{\phi(y)}=q \tag{5.3.31}$$

若令 $q=0$,则

$$\phi(xy)=\phi(x)+\phi(y) \tag{5.3.32}$$

不难看出,满足式(5.3.32)的函数 ϕ 必为对数形式:

$$\phi(x)=\ln x$$

于是,定理 5.3.2 得证。

系 1　试验 (X,C) 的平均肯定度的表达式有如下形式:

$$M_\phi(C) = \phi^{-1}\left\{\sum_{n=1}^{N} c_n\phi(c_n)\right\} = \prod_{n=1}^{N} (c_n)^{c_n} \tag{5.3.33}$$

只要把对数函数代入式(5.3.19),系 1 的证明是直截了当的。

系 2　试验 (X,C) 的平均肯定度大小,在 $1/N$ 与 1 之间。即有

$$\frac{1}{N}=M_\phi(C_0)\leqslant M_\phi(C)\leqslant M_\phi(C_S)=1 \tag{5.3.34}$$

只要把 C_0 和 C_S 代入式 (5.3.19),系 2 的证明也是一目了然的。

系 2 的结果说明:肯定度分布为均匀形式时,它的平均肯定度最低,且等于 $1/N$;而肯定度分布为 0-1 形式时,它的平均肯定度最高,且为 1。这与人们的直觉是一致的。

现在考虑由一个试验和一个观察者组成的系统,记为 $(X,C,C^*;R)$,其中 R 表示观察者,而 (X,C,C^*) 表示试验过程,C 是观察者 R 关于试验的先验肯定度广义分布,C^* 则是 R 关于试验的后验肯定度广义分布。

根据系 1 的结果,有

$$M_\phi(C) = \prod_{n=1}^{N} (c_n)^{c_n} \tag{5.3.35}$$

和

$$M_\phi(C^*) = \prod_{n=1}^{N} (c_n^*)^{c_n^*} \tag{5.3.36}$$

于是

$$\log M_\phi(C) = \sum_{n=1}^{N} c_n\log c_n \tag{5.3.37}$$

及

$$\log M_\phi(C^*) = \sum_{n=1}^{N} c_n^*\log c_n^* \tag{5.3.38}$$

它们分别是试验系统 (X,C,C^*) 的先验和后验平均肯定度及其对数表示。进一步,称

$$I(C) = \log\frac{M_\phi(C)}{M_\phi(C_0)} = \log N + \sum_{n=1}^{N} c_n\log c_n \tag{5.3.39}$$

及

$$I(C^*) = \log \frac{M_\phi(C^*)}{M_\phi(C_0^*)} = \log N + \sum_{n=1}^{N} c_n^* \log c_n^* \qquad (5.3.40)$$

为关于试验系统(X, C, C^*)的对数先验相对平均肯定度和对数后验相对平均肯定度。

所谓观察者 R 从试验 X 获得了关于 X 的信息（即关于 X 的实得信息），是指"通过对 X 的观察过程，R 关于 X 的平均肯定度增加了"这样一个事实。不过，为了使这个概念更具可比性，我们将"R 关于 X 的平均肯定度"换成"R 关于 X 的村数相对平均肯定度"。于是有：

定义 5.3.6　观察者 R 从试验系统(X, C, C^*)中得到的信息量 $I(C, C^*; R)$是他通过观察所实现的关于 X 的对数相对平均肯定度的增加量，即

$$I(C, C^*; R) = I(C^*) - I(C)$$

$$= \sum_{n=1}^{N} c_n^* \log c_n^* - \sum_{n=1}^{N} c_n \log c_n \qquad (5.3.41)$$

称 $I(C, C^*; R)$为一般信息函数。它具有如下重要性质：

PI1　$I(C, C^*; R) = 0$ 当且仅当 $M_\phi(C^*) = M_\phi(C)$

PI2　$I(C, C^*; R)_{\max} = \log N$ 当且仅当$(C = C_0) \bigcap (C^* = C_S^*)$

　　　$I(C, C^*; R)_{\min} = -\log N$ 当且仅当$(C = C_S) \bigcap (C^* = C_0^*)$

PI3　$I(C_1, C^*; R_1) \geqslant I(C_2, C^*; R_2)$当且仅当 $M_\phi(C_1) \leqslant M_\phi(C_2)$

其中，C_1 和 C_2 分别是观察者 R_1 和 R_2 对同一试验 X 的先验肯定度广义分布。

PI4　$I(C, C^*; R) \geqslant I(D, D^*; R)$当且仅当

$$\frac{M_\phi(C^*)}{M_\phi(C)} \geqslant \frac{M_\phi(D^*)}{M_\phi(D)}$$

其中，(X, C, C^*)和(Y, D, D^*)分别是观察 R 所观察的两个不同实验系统。

以上这些性质同前面所讨论的信息概念完全一致，也与人们的直观经验相吻合。

此外，我们也可以从 $I(C, C^*; R)$ 的表达式引出一些重要的特殊情形。具体地，下面的定理叙述了 $I(C, C^*; R)$与 Shannon 熵之间的关系。

定理 5.3.3

$$I(C, C_S^*; R) = I(P, P_S^*; R) = H(P) \qquad (5.3.42)$$

其中，P 和 P^* 是 X 的先验与后验概率分布，下标 S 表示 0-1 分布形式；$H(X)$为概率熵。

证明

将式(5.3.42)左端具体化，直接可得

$$I(P, P_S^*; R) = \log \frac{M_\phi(P_S^*)}{M_\phi(P_0^*)} - \log \frac{M_\phi(P)}{M_\phi(P_0)} = -\sum_{n=1}^{N} p_n \log p_n = H(P)$$

从而证明了定理。

（2）X 的肯定度不归一的情形（这是一般模糊型的试验所特有的情形）

考虑一个模糊型试验 (X, F, F^*) 和一个观察者 R，由于肯定度之和不归一，不能直接应用上面（1）所得到的一般信息函数。不过，注意到恒有：

$$0 \leqslant f_n \leqslant 1, \quad 0 \leqslant (1-f_n) \leqslant 1, \quad f_n + (1-f_n) \equiv 1, \quad n=1,\cdots,N \qquad (5.3.43)$$

就可以在形式上把 $\{f_n, (1-f_n)\}$ 看作是对 x_n 的归一化肯定度分布，记为

$$c_n = \{f_n, (1-f_n)\}, \quad c_{n0} = \{1/2, 1/2\}, \quad c_{nS} = \{1,0\} \bigcup \{0,1\} \quad n=1,\cdots,N \qquad (5.3.44)$$

这样就可以应用（1）的各种结果。于是可以写出

$$M_\phi(C_n) = f_n^{f_n} (1-f_n)^{(1-f_n)}, \quad n=1,\cdots,N \qquad (5.3.45)$$

$$M_\phi(C_{n0}) = 1/2, \quad n=1,\cdots,N \qquad (5.3.46)$$

$$I(C_n, C_n^*; R) = f_n^* \log f_n^* + (1-f_n^*)\log(1-f_n^*) - f_n \log f_n - (1-f_n)\log(1-f_n)$$
$$n=1,\cdots,N \qquad (5.3.47)$$

由于模糊集合各个元素的确定性性质，定义在整个模糊集合 (X, C, C^*) 上的平均信息量就等于定义在各个 $\{f_n, (1-f_n)\}$ 上的信息量的算数平均，即

$$I(C, C^*; R)$$

$$= \frac{1}{N}\sum_{n=1}^{N} I(C_n, C_n^*; R)$$

$$= \frac{1}{N}\sum_{n=1}^{N}\left[f_n^* \log f_n^* + (1-f_n^*)\log(1-f_n^*) - f_n \log f_n - (1-f_n)\log(1-f_n)\right]$$

$$\qquad (5.3.48)$$

至此有

定理 5.3.4

$$I(C, C_S^*; R) = I(F, F_S^*; R) = d(F)$$

其中，$d(X)$ 是 Deluca-Termini 的模糊熵函数。

证明

直接解出式（5.3.48）左边，就可以得到 $d(F)$，于是，定理得证。

综上所述，一般信息函数 $I(C, C^*; R)$ 作为语法信息的统一测度确实统一了现有各种语法信息的度量公式，包括概率型语法信息、偶发信息和模糊信息。

这样，在形式上，我们可以把统一的语法信息度量公式 $I(C, C^*; R)$ 表示为以下的公式：

$$I(C, C^*; R)$$

$$= I(C^*) - I(C)$$

$$= \sum_{n=1}^{N} c_n^* \log c_n^* - \sum_{n=1}^{N} c_n \log c_n, \quad (C = P) \bigcup (C = Q)$$

$$= \frac{1}{N} \sum_{n=1}^{N} \{ [c_n^* \log c_n^* + (1-c_n^*) \log(1-c_n^*)] - [c_n \log c_n + (1-c_n) \log(1-c_n)] \},$$

$$C = F \tag{5.3.49}$$

其中，$I(C^*)$ 是观察者 R 从试验中所获得的后验信息，在理想观察条件下，它就是 X 的实在信息；而 $I(C)$ 则是 R 关于 X 的先验信息；因此，式中 $I(C, C^*; R)$ 乃是 R 在观察 X 的过程中所获得的实得信息。实际上，式(5.3.49)的两种表达式的选择，只取决于肯定度是否满足归一条件：$C=P$ 和 $C=Q$ 满足；$C=F$ 不满足。

定理 5.3.2、定理 5.3.3 和式(5.3.49)清楚地表明，Shannon-Wiener 的概率熵公式、Deluca-Termini 的模糊熵公式、Ashby 的变异度公式、Hartley 的古典信息公式以及 Boltzmann 的统计熵公式都是式(5.3.49)在各种条件下的特殊情形。

5.3.4　全信息的测度

有了语法信息的综合测度方法，我们就可以进而考虑全信息的测度问题[37,38]。

在语法信息度量的场合，我们把相对平均肯定度的对数定义为与之相应的信息量。在语义信息度量的场合，我们来考察相对平均逻辑真实度的对数。从式(5.3.9)、式(5.3.10)以及式(5.3.15)不难看出，逻辑真实度在性质上是一种模糊量。因此，完全可以采用模糊语法信息的度量方法来建立语义信息的测度。于是就可以写出

$$M_\phi(T_n) = t_n^{t_n} (1-t_n)^{(1-t_n)} \quad M_\phi(T_{n0}) = 1/2 \quad n=1, \cdots, N \tag{5.3.50}$$

$$I(T_n) = \log[M_\phi(T_n)/M_\phi(T_{n0})]$$

$$= t_n \log t_n + (1-t_n) \log(1-t_n) + \log 2 \quad n=1, \cdots, N \tag{5.3.51}$$

$$I(T) = \frac{1}{N} \sum_{n=1}^{N} I(T_n)$$

$$= \frac{1}{N} \sum_{n=1}^{N} [t_n \log t_n + (1-t_n) \log(1-t_n) + \log 2] \tag{5.3.52}$$

$$I(T, T^*; R) = I(T^*) - I(T)$$

$$= \frac{1}{N} \sum_{n=1}^{N} \{ [t_n^* \log t_n^* + (1-t_n^*) \log(1-t_n^*)] - [t_n \log t_n + (1-t_n) \log(1-t_n)] \} \tag{5.3.53}$$

称 $I(T)$ 为 R 关于 X 的先验单纯语义信息量，称 $I(T^*)$ 为 R 关于 X 的后验单纯语义信息量，而称 $I(T, T^*; R)$ 为 R 在观察试验 X 的过程中所获得的实得单纯语义信息量。

语义信息测度 $I(T, T^*; R)$ 具有如下性质：

PIT1　$I(T,T^*;R)\gtrless 0$,当且仅当 $I(T^*)\gtrless I(T)$。

PIT2　$I(T,T^*;R)_{max}=I(T_0,T_S^*;R)=1$, $I(T,T^*;R)_{min}=I(T_S,T_0^*;R)=-1$。

PIT3　$I(T_1,T^*;R_1)\gtrless I(T_2,T^*;R_2)$,当且仅当 $I(T_2)\gtrless I(T_1)$。

PIT4　$I(T,T^*;R)\gtrless I(S,S^*;R)$,当且仅当 $I(T^*)-I(T)\gtrless I(S^*)-I(S)$。

这些性质的证明都很简单,读者可以自行完成。

性质 PITI 说明:观察者的实得单纯语义信息量可为正,也可为负,这取决于观察前后相对逻辑真实度变化的情况。语义信息量为正,表示相对语义逻辑真实度增加;为负,则表示相对语义逻辑真实度降低。L. Brillouin 在他的名著 *Science and Information Theory* 一书中所引用的一个例子,就是丢失语义信息的情况。这个例子说,一位教授在给学生授课,学生们若有所得。但是,在临结束讲课时,教授突然告诉学生:"对不起,这堂课讲的内容是错的"。

性质 PIT2 是语义信息量的极值情形。这两个结果是显而易见的。从完全的逻辑不定变为逻辑的真假完全分明,得到了最大的语义信息量;反之,则损失了最大的语义信息量。

性质 PIT3 表现了语义信息量的一种相对性质。即,从同一个试验 X 中,具有较多先验信息的观察者所获得的语义信息量较少,反之则较多。这是因为,既然是同一个试验 X,其后验的相对逻辑真实度是定值,不论对 R_1 还是对 R_2,都等于 $I(T^*)$。因此,$I(T_1)>I(T_2)$ 就意味着 $I(T_1,T^*;R_1)<I(T_2,T^*;R_2)$。这在实际生活中是常见的现象。例如,猜谜语,对于各个不同的猜谜者来说,谜底所包含的后验语义信息量一样。但是,具有先验语义信息量多的人需要得到的语义信息量少,因而能够在较短的时间内解出谜底。反之,具有较少先验语义信息量的人需要获得较多的新的语义信息量才能解开谜底,所以花的时间较长。

需要指出,通常人们总是认为,在观察同一个试验的时候,先验知识多的观察者会从中获得更多的信息,这似乎和上述性质 PIT3 的结论互相矛盾。其实不然,稍加分析就会知道,这两个论断并不相悖。一般说来,PIT3 适合于 $I(T^*)$ 为定值的情形,后一论断则适用于 $I(T^*)$ 可变的情形。前者是在已有先验信息的基础上接受所剩部分的信息,后者是利用已有的先验信息来进一步开发新的信息。换言之,前者适用于"封闭式"系统,后者适用于"开放式"系统。

性质 PIT4 表现了语义信息相对性的另一方面,即:同一个观察者从不同试验中所获得的语义信息量一般也不相同。这一方面是由于不同试验本身所包含的实在语义信息量各不相等,同时也由于观察者对于不同试验所具有的先验信息量也各不相同。在两个试验所包含的实在语义信息量相等且为某个常量的情况下,观察者从试验中所能获得的语义信息量与其对该试验所具有的先验语义信息量呈减函数关系。但是,如果试验所含实在语义信息不是常量,而是随 $I(T)$ 的变化而变化(即开放型试验系统),那么,也会有类似于上一段所述的情形:具有的先验语义信息量越多,则在观察过程中所能获得的语义信息量也越多。

通过以上的讨论可以看出,这里推导出的语义信息测度公式(5.5.53)比 Carnap 的语义信息测度公式[38]要合理得多,也深刻得多。

进一步,按照定义(5.2.22),综合逻辑真实度也是一个模糊量。因此,也可以采用与上面类似的方法来建立综合语义信息的测度,即

$$I(\eta) = \sum_{n=1}^{N} \eta_n \log \eta_n + \log N, \quad (C = P) \bigcup (C = Q)$$

$$= \frac{1}{N} \sum_{n=1}^{N} [\eta_n \log \eta_n + (1 - \eta_n) \log (1 - \eta_n) + \log 2], \quad C = F$$

(5.3.54)

相应地也应有

$$I(\eta, \eta^*; R) = I(\eta^*) - I(\eta)$$

$$= \sum_{n=1}^{N} \eta_n^* \log \eta_n^* - \sum_{n=1}^{N} \eta_n \log \eta_n, \quad (C = P) \bigcup (C = Q)$$

$$= \frac{1}{N} \sum_{n=1}^{N} \{ [\eta_n^* \log \eta_n^* + (1 - \eta_n^*) \log (1 - \eta_n^*)] -$$

$$[\eta_n \log \eta_n + (1 - \eta_n) \log (1 - \eta_n)] \}, \quad C = F \quad (5.3.55)$$

综合的语义信息测度公式 $I(\eta, \eta^*; R)$ 也具有与上述的 $I(T, T^*; R)$ 相仿的基本性质。此外,它还有如下关系式:

$$I(\eta, \eta^*; R) = I(C, C^*; R) \text{ 当且仅当 } t_n = t_n^* = 1, \forall n \quad (5.3.56)$$

$$I(\eta, \eta^*; R) = I(T, T^*; R) \text{ 当且仅当 } C = F, c_n = c_n^* = 1, \forall n \quad (5.3.57)$$

这些性质和关系表明,综合语义信息、单纯语义信息与语法信息之间具有内在的联系,且可在一定条件下互相转化。式(5.3.56)正是当年 Shannon 排除语义因素的数学表示式:他假定所有状态的单纯逻辑真实度都相同,且都为 1,那么,综合语义信息就退化为语法信息了。

至于语用信息,如前所述,它的表征量是效用度。因此,应当考察相对平均效用度对数的行为。注意到效用度的定义(5.2.14)和(5.2.15),效用度也是一个模糊量。于是,也可以采用类似的方法求出:

$$M_\phi(U_n) = u_n^{u_n} (1 - u_n)^{(1 - u_n)}, \quad n = 1, \cdots, N \quad (5.3.58)$$

$$M_\phi(U_{n0}) = \frac{1}{2}, \quad n = 1, \cdots, N \quad (5.3.59)$$

$$I(U_n) = u_n \log u_n + (1 - u_n) \log (1 - u_n) + \log 2, \quad \forall n \quad (5.3.60)$$

$$I(U) = \frac{1}{N} \sum_{n=1}^{N} I(U_n)$$

$$= \frac{1}{N} \sum_{n=1}^{N} [u_n \log u_n + (1 - u_n) \log (1 - u_n) + \log 2] \quad (5.3.61)$$

$$I(U,U^* ;R) = \frac{1}{N} \sum_{n=1}^{N} \{ [u_n^* \log u_n^* + (1 - u_n^*) \log(1 - u_n^*)] -$$

$$[u_n \log u_n + (1 - u_n) \log(1 - u_n)] \} \qquad (5.3.62)$$

称符号 $I(U)$ 为先验单纯语用信息量，$I(U^*)$ 为后验单纯语用信息量，$I(U, U^* ;R)$ 为 R 在观察 (X,U,U^*) 过程中所获得的实得单纯语用信息量，它具有与 $I(T,T^* ;R)$ 类似的性质，这里不再一一列出。

综合语用信息的特征量是综合效用度，按照定义 (5.2.25) 也可以导出与综合语义信息类似的表达式，即

$$I(\mu) = \sum_{n=1}^{N} \mu_n \log \mu_n , \quad (C = P) \bigcup (C = Q)$$

$$= \frac{1}{N} \sum_{n=1}^{N} [\mu_n \log \mu_n + (1 - \mu_n) \log(1 - \mu_n) + \log 2], \quad C = F$$

$$(5.3.63)$$

以及

$$I(\mu,\mu^* ;R) = \sum_{n=1}^{N} \mu_n^* \log \mu_n^* - \sum_{n=1}^{N} \mu_n \log \mu_n , \quad (C = P) \bigcup (C = Q)$$

$$= \frac{1}{N} \sum_{n=1}^{N} \{ [\mu_n^* \log \mu_n^* + (1 - \mu_n^*) \log(1 - \mu_n^*)] -$$

$$[\mu_n \log \mu_n + (1 - \mu_n) \log(1 - \mu_n)] \} , \quad C = F \qquad (5.3.64)$$

综合语用信息具有如下关系式：

$$I(\mu,\mu^* ;R) = I(\eta,\eta^* ;R) \text{ 当且仅当 } u_n = u_n^* = 1, \forall n \qquad (5.3.65)$$

$$I(\mu,\mu_n^* ;R) = I(C,C^* ;R) \text{ 当且仅当 } t_n = t_n^* = u_n = u_n^* = 1, \forall n \quad (5.3.66)$$

$$I(\mu,\mu^* ;R) = I(U,U^* ;R) \text{ 当且仅当 } C = F \text{ 且 } c_n = c_n^* = t_n = t_n^* = 1, \forall n$$

$$(5.3.67)$$

$$I(\mu,\mu^* ;R) = I(T,T^* ;R) \text{ 当且仅当 } C = F \text{ 且 } c_n = c_n^* = u_n = u_n^* = 1, \forall n$$

$$(5.3.68)$$

这些关系式表明了综合语用信息测度、综合语义信息测度、单纯语用信息测度、单纯语义信息测度以及语法信息测度之间的内在联系和转化条件。关系式 (5.3.66) 是当年 Shannon 舍去语义和语用因素的说明：他假定每个状态的逻辑真实度均为真且每个状态的效用度均为 1 时，综合语用信息测度就退化为语法信息测度。

此外，$I(\mu,\mu^* ;R)$ 还有下述退化关系：

$$I(\mu,\mu^* ;R) = d(X) \text{ 当且仅当 } C = F, C^* = F_S^* , u_n = u_n^* = t_n = t_n^* = 1, \forall n$$

$$(5.3.69)$$

$$I(\mu,\mu^* ;R) = H(X) \text{ 当且仅当 } C = P, C^* = C_S^* , u_n = u_n^* = t_n = t_n^* = 1, \forall n$$

$$(5.3.70)$$

$$I(\mu,\mu^*;R)=\log N \text{ 当且仅当 } C=P_0,C^*=P_S^*,u_n=u_n^*=t_n=t_n^*=1,\forall\, n \tag{5.3.71}$$

以及

$$I(\mu,\mu^*;R)=I(U,P)+I(P,U) \text{ 当且仅当}$$
$$C=P,C^*=P_S^*,U^*=U_S^*,t_n=t_n^*=1,\forall\, n \tag{5.3.72}$$

式中,$I(U,P)=-\sum_{n=1}^{N}u_n p_n \log p_n$,$I(P,U)=-\sum_{n=1}^{N}p_n u_n \log u_n$ 是 Guiasu 的加权熵公式。

上述关系式(5.3.65)～式(5.3.72)清楚地表明,式(5.3.64)所表示的综合语用信息量公式 $I(\mu,\mu^*;R)$ 确实综合了语法信息量、语义信息量和语用信息量的因素,因此可以理解为"全信息"的测度公式。

全信息测度的各种退化关系也可由图 5.3.1 得到系统而清晰的表示。

图中各种转化关系所对应的条件,可由关系式(5.3.65)～式(5.3.72)直接找出。

图 5.3.1 清楚地表明,到目前为止,历史上已经获得国际学术界认可的各种信息测度公式。例如,Shannon-Wiener 的概率熵公式 $H(X)$、Deluca-Termini 的模糊熵公式 $d(X)$、Boltzmann-Ashby-Hartley 的信息公式 $\log N$ 以及 Guiasu 的加权熵公式 $I(U,P)$ 等,都是全信息公式 $I(\mu,\mu^*;R)$ 在相应条件下的各种退化公式。

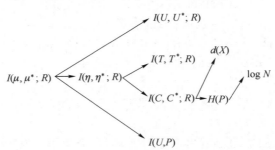

图 5.3.1　各种信息测度的关系

不仅如此,全信息的测度公式 $I(\mu,\mu^*;R)$ 和图 5.3.1,还清晰地揭示了历史上出现的各种信息测度公式之间的内在联系,它们竟然形成了一种统一的表达。这是非常有意义的事情。

值得回味的是,虽然历史上人们在分别建立各种信息测度公式的时候不一定都清晰地意识到了公式 $I(\mu,\mu^*;R)$ 和图 5.3.1 所揭示的这些深刻的内在联系,但是它们却不谋而合地形成了这样默契的关联。

毫无疑问,全信息的测度对于系统地、定量地研究信息科学理论是一个十分重要的进展。事实上,全信息概念的提出和全信息测度体系的建立以及基于这些结果所揭示的信息科学基本原理的系统化,是经典信息论发展到现代信息科学的主要理论标志。

本章小结与评注

本章针对复杂现象定义的困难,首次提出了"条件-定义"的关联分析方法,建立了信息定义谱系的概念,从而系统地阐明了信息的基本概念和分类方法,使众说纷纭和层出不穷的各种信息概念得到了清晰地梳理。

同时,本章介绍了 Shannon 概率型语法信息的测度方法及其推广和改进,接着探讨了偶发型和模糊型语法信息的测度方法,并进一步导出了语法信息的统一测度公式。本章证明,在一定条件下,著名的 Shannon-Wiener 概率型语法信息测度公式、Boltzmann 和 Ashby 的统计信息测度公式、Deluca-Termini 的模糊信息测度公式都是语法信息统一测度公式的特例。

换言之,本章着重阐明了"全信息"的概念,建立了全信息的测度公式,形成了语法信息、语义信息和语用信息测度的完整体系。这是信息科学定量分析的理论基础。值得特别提到的是,全信息测度公式可以在相应的条件下退化成为语法信息、语义信息、语用信息的各种具体测度,并把历史上各种著名的测度公式纳入全信息测度公式的体系,成为全信息测度在各种条件下的特殊情形。这是信息科学由经验上升为科学的一个重要的标志。

信息的定量测度方法同信息概念的定性分析一起,构成了整个信息科学的基本理论基础。后面的分析将会看到,"智能"来源于"知识"(没有知识,就很难有高水平的智能);而"知识"则来源于"全信息"(没有全信息,就很难建立完整的知识)。因此,"全信息理论"也是智能科学的重要理论基础。

值得指出,只有建立了"全信息理论",才能沟通信息科学各个分支学科(包括信息获取、信息传递、信息处理、信息认知、信息再生、信息施效)之间的本质联系;只有建立了"全信息理论",也才能真正构筑完整的智能科学理论,才能把信息科学技术从"形式王国"带到"内容为王"的时代。

本章参考文献

[1]　WIENER N. Cybernetics, or Control and Communication in the Animal

and the Machine [M]. Amsterdam: Elsevier, 1948.

[2]　WIENER N. The Human Use of Human Beings, Cybernetics and Society [M]. Boston: Houghton Mifflin Company, 1950.

[3]　HARTLEY R V L. Transmission of Information [J]. Bell System Technical Journal, 1928, 7:535-536.

[4]　SHANNON C E. Mathematical Theory of Communication [J]. Bell System Technical Journal, 1948, 27:379-423, 632-656.

[5]　BRILLOUIN L. Science and Information Theory [M]. New York: Academic Press, 1956.

[6]　TRIBES M, et al. Energy and Information [J]. Scientific American, 1971, 224(9):9-11.

[7]　ASHBY W R. Introduction to Cybernetics [M]. New York: Wiley, 1956.

[8]　LONGO G . Information Theory: New Trends and Open Problems [M]. Berlin: Springer-Verlag, 1975.

[9]　钟义信. 信息科学原理[M]. 北京:北京邮电大学出版社,2002.

[10]　SHANNON C E. The Bandwagon [J]. IRE Transactions on Information Theory, 1956, 3:1.

[11]　ZADEH L A. Fuzzy Sets [J]. Information and Control, 1965, 8:338-353.

[12]　CAMPBELL L L. Entropy as a Mesure [J]. IEEE Trans, Inform. Theory IT-11 , 1965,(11):112-114.

[13]　FADEEV D K. On the Concept of the Entropy for a Finite Probability Model [J]. Uspehi Mat. Nauk, 1958:(Ⅱ):227.

[14]　KHINCHIN A I. Mathematical Foundation of Information Theory [M]. New York: Dover Publications, 1957.

[15]　KOLMOGOROV A N. On the Shannon Theory of Information in the case of Continuous Signals [J]. IRE Transactions on Information Theory, 1965,(12):102-108.

[16]　KOLMOGOROV A N. Entropy Per Unit Time As a Metric Invariant of Automorphisms [J]. Dokl. Akad Nauk. SSSR , 1959, 124:754-755.

[17]　KOLMOGOROV A N. Three Approaches to the Quantitative Definition of Information [J]. Internat. J. Comput. Math. , 1968 ,2:157-168.

[18]　KOLMOGOROV A N. Logical Basis for Information Theory and Probability Theory [J]. IEEE Transactions on Inform Theory, 1968, 14:662-664.

[19]　RENYI A. On the Dimension and Entropy of Probability Distributions

[J]. Acta Math Acad Sci. Hung. ，1959,10:193-215.

[20]　RENYI A. On Measure of Entropy and Information [J]. Proc. 4th Berkeley Symposium on Mathematical Statistics and Probability，1961,1:541-561.

[21]　RENYI A. On the Foundation of Information Theory [J]. Rev Statist Inst. ，1965,33:1-14.

[22]　RENYI A. Probability Theory [M]. Amsterdam：North-Holland，1970.

[23]　DOMOTOR Z. Probabilistic Relational Structures and Applications [R]. Tech. Report. 114. Inst. Math. Studies on Social Sciences. ，Stanford University，1969.

[24]　GUIASU S. Weighted Entropy[R]. Reports on Math Phsys，1971，2：165-179.

[25]　GUIASU S. Information Theory with Applications [M]. New York：McGraw-Hill，1977.

[26]　INGARDEN R S. Simplified Axioms for Information Without Probability [J]. Prace Matematyczne，1965，9:273-282.

[27]　INGARDEN R S，URBANIK K. Information Without Probability [J]. Colloquium Mathematicum，1962，9:131-150.

[28]　KAMPE DE FERIET J，FORTE B. Information et Probabilite [R]. Ⅰ，Ⅱ，Ⅲ，C. R. Acad. Sci Pans，Serie A265，p. 110-114，p. 142-146，p. 350-353，1967.

[29]　KULLBACK S. Information Theory and Statistics [M]. New York：Wiley，1959.

[30]　KULLBACK S，KHAIRAT M A. A Note on Minimum Discrimination Information [J]. Ann. Math Statist. ，1966，37:279-280.

[31]　POSNER E C，RODEMICH E R. Epsilon Entropy and Data Compression [J]. Ann. Math Statist. ，1971，42:2079-2125.

[32]　POSNER E C，RODEMICH E R，RUMSEY H. Epsilon Entropy of Stochastic Processes [J]. Ann. Math. Statist. ，1967，38:1000-1020.

[33]　GOTTINGER H W. Qualitative Information and Comparative Informativeness [J]. Kybernetik，1973，13:81-121.

[34]　DELUC A，TERMINI S. A Definition of Non-probabilistic Entropy in the Setting of Fuzzy Sets Theory [J]. Inf. Contr. ，1972，20:301-312.

[35]　DELUCA A，TERMINI S. Entropy of L-fuzzy Sets[J]. Inf. Contr. ，1974，24:55-73.

［36］　BAR-HILLEL Y，CARNAP R. Semantic Information ［J］. Brit. J. Phil. Science，1952：4，147-157.

［37］　ZHONG Y X（钟义信）. IEEE ISIT："On General Theory of Information" ［C］. 1981.

［38］　钟义信. 1985 年全国信息论学术年会论文集："信息的综合测度"［C］. 1985.

第6章 知 识 理 论

现代信息技术的蓬勃发展,特别是 Internet 技术的广泛应用和快速普及,为亿万人们提供了范围遍及全球、内容丰富多彩而且快捷方便的信息共享服务,使人们对于信息资源的重要性和可共享性产生了深刻的印象和认识。这是时代的进步。

然而,信息对于人类和社会的最重要价值,其实不完全在于信息本身,更多的是在于"信息是知识的源泉,也是智能的源头"。这是因为,作为原生态的资源,信息(事物呈现的运动状态及其变化方式)乃是现实世界各种事物所呈现出来的千姿百态的现象,它只能告诉人们"是什么(What)";只有从信息资源提炼出来的知识(事物运动的状态及其变化规律)才能够揭示事物的本质,才能够告诉人们"为什么(Why)";而由信息和知识激活出来的智能策略则是人类解决各种问题的实际创造能力,能够告诉人们"怎样做(How)"。由信息、知识和智能(策略)形成的统一整体,才是人们认识世界和改造世界的伟大力量。

颇有意思的是,信息理论和人工智能理论都已经分别在 20 世纪 40 年代初期和中期陆续问世(虽然这时的信息理论还没有形成完整的"全信息"理念,人工智能理论也还没有构成和谐的体系),但是,把"知识"作为自然科学的对象进行深入研究的知识理论却在很长一段时期几乎罕有问津。这种状况在信息论和人工智能理论发展的初期还没有成为明显的问题,然而,随着信息和智能理论研究的不断深入,知识理论的空白就逐渐成为一种无形的制约,使信息理论和智能理论的发展也遭遇到了日益严重的困难。因此,研究和建立知识理论已经成为一项紧迫的任务。

一般而言,**系统性的知识理论应当揭示知识发生和发展的基本规律**,因此至少应当包括三个基本组成部分:第一,**知识的基础理论**(包括知识的基本概念、基本性质、分类、描述与度量等);第二,**知识的发生理论**,回答"知识是如何生成(知识从何而来)"的问题;第三,**知识的激活理论**,回答"知识如何被激活为智能策略(知识向何处去)"的问题。

20 世纪 70 年代以来,人工智能的研究目标由初期的通用问题求解收敛为面向专门领域的问题求解(即"专家系统"),使研究目标逐渐走向实用化。由于研究人工智能专家系统的实际需要(专家系统需要以相关专门领域的知识做基础),Feigenbaum 等人提出了"知识工程(Knowledge Engineering)"[1,2]的研究课题。使知识的问题得到人们越来越多的重视。

但是,直到今天,知识工程主要只关注了知识的表示和知识的推理(即由知识生成智能策略)的方法;至于如何获取专家系统所需要的专门领域知识(即如何生成知识的问题),则由于它的难度太大而少有涉及,更谈不上解决。事实上,绝大多数专家系统的知识获取都依靠专家系统设计者的人工操作:首先由系统设计者拟定专家系统所需要的知识内容提纲,然后根据提纲采访相关的领域专家,在此基础上把采访的记录加以整理和提炼,并用专家系统的专用语言和结构形式表达出来,输入到专家系统的知识库备用。因此,"知识工程"基本是一个"知识表示和推理"的理论。

进入 20 世纪 90 年代的初期,由于 Internet 在全球范围的广泛普及,网络信息的数量呈现指数式的增长,出现了所谓的"信息爆炸而知识贫乏"的奇特反差,使学术界迅速掀起了面向网络数据库的"数据挖掘(Data Mining)"和"知识发现(Knowledge Discovery)"研究[3-6]的热潮。虽然"数据挖掘"和"知识发现"各有自己的侧重点,但是它们共同的特点都是希望从大量的数据(信息的载体)中挖掘和发现稳定、新颖而有用的知识,都关注了知识的获取问题。具体来说,就是利用一定的算法从特定数据库的海量数据中发现那些新颖、有用而稳定的概念和概念之间的关系,把它们称为"知识"。然而这种研究基本上局限于个别特定的数据库,远远没有形成普遍性和系统性的知识生成理论,而且基本上没有关注知识激活的理论。

可见,"知识工程"和"知识发现"两者都没有形成完整的知识理论,即使把它们两者互相"叠加起来"也还不能构成完整的知识理论。于是,全面研究和建立系统性的知识理论就成为我们今天面临的研究课题。

6.1　知识的概念、分类与表示

任何科学理论都建立在自己的科学概念基础上。尽管当代学科之间存在越来越普遍的交叉渗透现象,但是如果一门学科没有自己独有的立足点和相应的基础概念,那么这门学科就不可能作为一门独立的学科站立起来,更不要说与其他学科互相交叉。

6.1.1 知识及其相关的基本概念

本节将着重研究"知识"的基本概念。不过,"知识"并不是一个孤立和静止的研究对象:知识来源于信息;知识又是智能策略生成的直接基础,因而形成了"以知识为中介,前有来源,后有去向"的完整生态系统。为此,应当从知识生态系统的角度来认识和把握知识,应当从知识与信息以及知识与能力(智能)的相互联系上来考察和研究知识,而不应当孤立地静止地进行研究。

为此,下面将运用知识生态系统的观念,顺序地叙述和分析信息、经验、知识、策略、智能这些基本概念以及它们之间的相互联系,以便从这种分析中探索知识的内在本质,挖掘相关的规律。

1. 信息

前已述及,迄今学术界广为流行的信息概念是由 1948 年 Shannon 信息论和 Wiener 控制论所阐明的统计信息概念[7, 8]。但是,由于历史的原因(由于通信工程所固有的特殊需要,也由于当时缺乏必要的数学工具),它并不是一个完整的信息概念。

本书第 5 章曾经指出,信息是一个复杂的概念,人们在不同的层次从不同的角度已经提出了对于信息的各不相同的理解,形成了许多不同的信息概念。《信息科学原理》[9]的研究表明,所有这些表面上看来各不相同的信息概念其实都有着内在的联系,是一组"有序"的信息概念,构成了信息定义的谱系。其中,最根本的信息概念是本体论信息概念,它是一切信息概念的总根源;认识论信息概念则是最有用的信息概念,它是本体论信息经过认识主体的感知作用之后形成的信息概念;其他所有的信息概念都是本体论信息和认识论信息概念在不同条件作用下的产物。鉴于本体论信息和认识论信息的特别重要性,这里必须简要提及这两个概念。

事物的**本体论信息**,是"**事物的运动状态及其变化方式的自我呈现**"。需要注意,事物本体论信息的"表述者"是事物本身,没有任何主体的因素。实际上,本体论信息就是自然界和社会各种事物本身所呈现出来的多姿多彩的"**现象**"。

人类认识主体关于某事物的**认识论信息**,是"**认识主体关于该事物运动状态及其变化方式的表述**"。这里,认识主体关于事物的认识论信息的"表述者"是认识主体;由于人类认识主体具有感知、理解和效用判断三项不可分割的能力,因此,主体所表述的"事物的运动状态及其变化方式"也就必然同时包含了它们被主体所感知的形式、被主体所理解的含义、被主体所判断的效用这样三个相互联系的因素,分别被称为**语法信息**、**语义信息**和**语用信息**;三者的整体,则被称为"**全信息**"。

例:某个事物记为 X,如果它有 N 种可能的运动状态:

$$X: x_1, x_2, \cdots, x_n, \cdots, x_N$$

又若这些状态的变化方式在形式上是按照某种"肯定度分布"的规律进行的：

$$C: c_1, c_2, \cdots, c_n, \cdots, c_N$$

如果各个状态在"含义上的逻辑真实度分布"为 T，这些状态"相对于主体目标而言的效用度分布"为 U：

$$T: t_1, t_2, \cdots, t_N$$
$$U: u_1, u_2, \cdots, u_N$$

那么，由这个事物的状态空间 $\{X\}$ 与相伴随的肯定度分布 $\{C\}$ 结合而成的肯定度空间 $\{X, C\}$ 就充分地刻画了这个本体论信息；而它的矩阵

$$\begin{bmatrix} X \\ C \\ T \\ U \end{bmatrix}$$

就刻画了相应的认识论信息（全信息）。

关于信息的概念、分类、描述和度量方法的详细讨论，见第 5 章。

2. 经验

通常认为，**经验是人们在解决实际问题的实践过程中通过摸索而形成的某种成功操作方案**。

一切成功的经验都具有这样的共同特征：它能够告诉人们，在什么样的环境下，对于处在什么样状态（原状态）的事物，一般应当运用什么样的操作方案（状态变化的方式）才有可能达到预想的目的（新状态）。对照信息的定义可以看出，认识主体关于某事物的经验不是别的，正是认识主体所表述的关于"该事物运动的状态和状态变化的方式"，包括它的形式、含义和效用。

由此可以看出，经验是由认识论信息加工出来的一种产物，介于认识论信息与知识之间。这是因为，经验不是"天然资源"，因此不属于本体论信息的范畴，也不是本体论信息在人们头脑中的简单反映，而是经过了人们的实践、思考、分析、整理和总结，成为某种（虽然略显粗糙但仍然）可供借鉴和推广应用的"操作方案"。因此，经验来源于认识论信息，又具有了"知识"的秉性。

如果把形成一个经验的那个问题称为那个经验的"源问题"。那么，只要所面临的新问题与那个经验的"源问题"基本相似，如果两者所面临的环境也大体相像，那么，经验的应用就很可能会取得成功。当然，由于经验的形成没有经过严格的科学论证，经验的可应用条件也可能不十分明确，因此，经验运用的成功并没有严格的保证。从这个意义上，可以把经验看作是一种"潜知识""前知识""准知识""欠成熟的知识"或"经验性知识"，它是由"信息"通向"知识"的桥梁。

3. 知识

知识是本章研究的主题,它是一个既熟悉又陌生的研究主题。说它"很熟悉",是因为长期以来人们天天都在与知识打交道,天天都在创造、学习和应用各种各样的知识去解决各种各样的问题;说它"很陌生"是因为人们很少把知识本身当作科学研究的对象加以关注和研究。

不过,自从 20 世纪 80 年代出现"知识经济"和"知识社会"的概念以来,情形有了比较明显的改变:人们开始对知识以及知识如何支持社会发展的问题日益关注,展开了日趋活跃的研究,对知识的概念也形成了多种角度的描述,例如[10]:

——知识是可应用于解决问题的有组织的信息。

——知识是经过组织与分析的信息,因此可以使人了解与用于解决问题和决策。

——知识由下列元素组成:事实与信念,观点与概念,评断与期望,方法论与实际技能等。

——知识是一整套被评估为正确与真实、因此用来引导人类思想、行为及沟通的洞察力、经验和流程。

——知识是对于数据与信息的评断与整理,藉以引发绩效产生、问题解决、决策、学习与教导等能力,等等。

不难看出,这些关于知识的概念并不完全准确,但也都有一定的道理。而且颇有启发的是,多数的知识概念都注意到了知识与信息的关系以及知识与能力的关系,而不是孤立地谈论知识。

显而易见,就知识的整体而言,它是一个典型的巨大而复杂的系统,是一个大规模、多层次、多分枝、交叉关联、动态演进、新陈代谢、不断增长、永远开放的网络系统;它的基本单元则是"概念"和"概念之间的关系"。之所以说它是个"巨大"的系统,因为它所拥有的概念总体数量以及概念之间的关系的总体数量都非常巨大,而且还在继续日益增长;说它是个"复杂"的系统,因为它的许多概念(特别是一些新概念)本身就已经相当复杂,概念之间的关系也越来越复杂,而且这种复杂的程度也在与日俱增。

有鉴于此,知识理论研究的任务,不应当是进入这样巨大而复杂的知识网络系统内部对一个一个具体的概念和概念关系进行微观的研究(这应当是各个学科自己的研究任务),而应当是对知识整体的共性规律和特性进行宏观的研究。

在这个意义上,人们至少可以认为:**知识由经验总结而来,是经验的升华**。

经验和知识都属于认识论的范畴,而不是本体论范畴。也就是说,经验和知识直接同认识论信息相联系,而不是直接同本体论信息相联系。另一方面,经验和知识又具有很不相同的特点:经验是经过实践证明为有效、但是还没有被证明为普遍有效的操作性认识(感性知识);知识则是经过大量实践的检验并且已经上升成为理性的认识,上升成为规律。因此,如果说经验还是一种"欠成熟的知识",那么,知识就已经是"成熟的知识"和"规范性知识"。

不过,为了便于与认识论信息的定义进行对照研究,我们也可以把知识的定义表述如下:

知识是认识主体关于事物运动状态及其变化规律的表述[11]。

可见,与认识论信息的定义相比,知识表述的是"事物的本质",是"事物的运动状态及其变化的规律",而不再仅仅是关于事物的"现象"和"运动状态及其变化的具体方式"。同时也可以看出,认识论信息(全信息)和知识概念可以互相贯通:由具体的"现象"和"状态变化方式"(信息)到抽象的"本质"和"状态变化规律"(知识)的过程,正是人们对信息所进行的加工、提炼和抽象化的过程。因此,信息作为原材料,经过加工提炼就可能形成相应的抽象产物——知识。这样,我们就又可以说:**知识,是由信息加工出来的反映事物本质及其运动规律的抽象产物**。

例如,在牛顿力学中,$F = ma$ 是一个知识,它告诉人们:质量为 m 的物体,受到大小为 F 的力作用后会产生加速度为 a 的加速运动。在这里,知识所告诉人们的,正是受力作用的物体的运动状态以及状态变化的规律。

又如,量子力学的德布罗意波函数 $\psi(x,t) = \psi_0 e^{-i\frac{2\pi}{h}(Et-px)}$ 也是一个知识,它告诉人们的是能量为 E,动量为 p,具有波粒二象性的实物自由粒子的运动状态和状态变化的规律。

再如,化学反应知识告诉我们如何由几种物质(原始状态)化合成新物质(新状态)的规律。生物遗传工程学知识告诉我们:父代(原有状态)如何衍生成子代(新状态)的规律。控制论告诉我们的则是:如何才能使一个系统由起始状态演进到目标状态的规律,等等。

我们注意到,学术界近来出现了一种观点,认为:知识其实就是信息;同样,信息也就是知识。他们解释说:"知识有两种,一种是感性知识,另一种是理性知识。其中,信息就是感性的知识,知识则是理性的知识"。

显然,这种把信息概念与知识概念混为一谈的认识是违反常识的。知识和信息两者虽然有共通的一面,但并不是一回事。由信息到知识,需要经历由具体到抽象的"质的飞跃"。把"知识"等同于"信息",就如同把"本质"等同于"现象"。这种观点显然违背了认识的基本理论和规律。同样,把知识分为感性知识和理性知识的认识也违背了"知识"的基本定义(知识是关于事物本质的表述)。

不错,有些场合,我们也会说"**知识是一类特殊的信息**"。这是因为,知识是抽象的本质,信息是具体的现象,抽象的本质可以概括具体的现象,抽象的本质寓于具体的现象之中。因此,可以说,知识是一种特殊的信息。知识的"特殊"之处表现在:知识是抽象的而且具有普遍适用性,而不是普通的、粗糙的、具体的信息。作为"事物运动状态及其变化规律"的知识,当然可以满足"事物运动状态及其变化方式"的要求,因此知识必然符合信息的质的规定。但是,反过来,信息虽然可以被加工提炼成为知识,但一般来说信息却不具有抽象性和规律性的品格,不符合知识的质的规定性,它只是知识的原材料。

因此,一个比较概括的说法是:**信息是现象;知识是本质**。

当然,由信息(现象)提炼知识(本质)是人们获得知识的基本方法,但并不是唯一的方法;人们也可以通过演绎推理等抽象思维的方法由已有的知识获得新的知识。前一种途径称为"知识获取的**归纳方法**",后一种途径称为"知识获取的**演绎方法**"。两种知识获取的方法相辅相成,缺一不可,相得益彰。在科学技术发展的早期,由于所积累的知识较少,"知识空间"中知识点的密度很低,演绎的方法比较困难。随着科学技术的发展,知识空间中知识点的密度越来越大,演绎的方法变得越来越有效,但是归纳方法永远都不失为获得新知的基本方法。

这就是我们关于知识、知识与经验、知识与信息关系的定性分析。知识、经验与信息之间的这种关系,会为我们建立知识理论提供许多有益的启发。

4. 常识

与经验、知识密切相关的另一个概念是"常识"。

顾名思义,常识也应当是一种知识;但常识又不同于严格意义上的知识。所以,常识的概念比较模糊,通常被理解为"普通人所拥有的普通知识"。然而,究竟什么人是"普通人"? 什么知识是"普通知识"? 也仍然是一些模糊的概念。

为此,我们这里把常识更具体地定义为"人们通过后天习得的、几乎尽人皆知**而且无须证明的经验和知识**"。

这个定义清楚地表明了:常识确实不同于严格意义上的知识,它的三个基本特征包括后天习得,尽人皆知,无须证明。因此,常识不仅可以来源于成熟的知识,而且也可以来源于欠成熟的经验,这是因为,在知识和经验这两类集合中都有能够同时满足上述三个基本特征的部分。但是,那些尽人皆知、无须证明的常识却不同于"本能知识",因为常识不是人们与生俱来的先天产物,而是后天习得的结果。

如前所说,为了对知识进行全面研究,除要考察知识与它的"原材料"——信息之间的关系外,还应当考察知识的发展走向,即知识与策略的关系(由知识生成策略)。为此,下面就来论述与此相关的策略和智能的概念。

5. 策略

简言之,**策略就是在把握相关规律的基础上形成的关于如何处理问题才能达到目标的对策与方略**,包括在什么时间、在什么地点、遵循什么规则、由什么主体采取什么行动、按照什么步骤、达到什么目标等一套具体而完整的行动规划、行动步骤、工作方式和工作方法。

策略所要告诉人们的是:面对具体的问题(事物的原始状态),应当按照什么方法和步骤(状态变化的方式),才能把问题的原始状态一步一步地转变为目标状态,使问题得到满意的解决。它的前提是对问题的本质规律的认识。

对照信息的定义就不难体会，**策略也是一种特殊的信息，称为策略信息**。不过，策略信息既不是天然的本体论信息，也不是一般的认识论信息，而是由认识主体运用经验与知识所生成的用以求解问题的高级信息产物。对照知识的定义，我们同样也可以说，**策略是一种特殊的知识，一种用来求解问题的知识，称为策略知识**。因为策略也满足"**是由信息加工出来的反映事物本质及其运动规律的抽象产物**"，否则就不能用来求解问题。不过，这种策略知识又和一般的知识很不相同，策略知识是和具体的求解的问题以及具体的求解的目标紧紧联系在一起的特殊知识。如前所说，信息回答的问题是"是什么（What）？"，知识回答的问题是"为什么（Why）？"，而策略回答的问题则是"怎么做（How）？"。

还要指出，主体所生成的策略信息必须能够用来有效地解决问题。因此，策略既要体现主体的目标要求（否则就没有意义），又要符合客观规律（否则就不可能实现），策略是主体的目标要求与问题的客观规律两者的巧妙结合。从这个意义上可以认为，**策略是智能（智慧能力）的集中体现，是智能的核心，可以称为"核心智能"或者"狭义智能"**。正因为如此，人们往往在策略一词的前面冠以"智能"的修饰，称为"智能策略"。甚至，在不需要严格区分的时候就把"智能策略"简称为"智能"。

以上的讨论表明，面对待求的问题，智能策略的生成依赖于主体所拥有的关于问题的信息和知识，同时也依赖于主体预设的求解目标。而如何由信息、知识、目标生成求解问题的智能策略，这正是"智能理论"要研讨的核心问题。

6. 智能

虽然在不需要严格区分"智能"和"智能策略"含义的时候人们可以把两者看作同义语，然而在严格意义上，"智能"和"智能策略"还不是一回事情："智能"是为了获得"智能策略"所需要的一种综合性能力；而"智能策略"只是"智能"这种能力的一个工作结果。

那么，什么是"智能"？

不言而喻，智能的概念具有特定的内核。但是一般而言，智能的实际内涵却会因智能主体的不同而有所不同。比如，人类的智能、生物的智能和人工的智能这些概念都具有智能的特定内核，但是这些不同主体的智能内涵之间却有重要的区别。

因此，首先，让我们分别考虑人类智慧、人类智能和人工智能的概念[12]。

人类智慧是人类才具有的卓越能力：一方面是人类发现问题的能力，即依据自己的先验知识和自身的长远目的去发现并定义"为了实现目的而应当解决的问题"以及"求解问题应当达到的预设目标"，另一方面是解决问题的能力，即为了解决问题去获得相关的信息，从中提取相应的专门知识，在目标引导下利用这些信息和知识制定求解问题的策略，并运用策略解决问题，达到目标。

人类自主发现问题（包括定义问题和确定预设目标）的能力，称为"隐性智慧"，人类解决问题(包括获得必要的信息、并且通过学习从中获得解决问题所需要的专门知识,进而在目标引导下综合利用这些信息和知识制定求解问题的智能策略从而解决问题达到目标)的能力称为"显性智慧"。换言之,人类智慧是隐性智慧和显性智慧两者的统一体,它们相互联系,相互作用,相互促进,相辅相成。

研究表明,隐性智慧依赖于主体的目的和先验知识,具有思辨和内隐的性质,人类对它的理解和研究至今成效甚微。与此相反,显性智慧具有操作和外显的性质,人们对它已经有了越来越清晰的认识和研究成果。有鉴于此,人们就把显性智慧专门称为**人类智能**。显然,人类智能(显性智慧)是人类智慧的真子集。

有了人类智能的概念,人工智能的概念便水到渠成。

人工智能是机器所能实现的人类智能:面对给定的问题-知识-目标,能够获取相关的信息、从中提取相应的专门知识、在目标引导下利用这些信息和知识制定求解问题的策略、并运用策略解决问题达到目标。

人工智能系统不具有自身的目的和先验知识,它的知识、问题和目标都是人类设计者事先专门给定的。因此,人工智能系统不可能自主地发现问题和定义问题,也不可能自主设定求解问题的目标;它们只能在人类设计者给定的问题-知识-目标框架内去寻求解决问题的办法。换言之,人工智能系统不具备隐性智能,只具有显性智能。而且,由于种种条件的限制,人类设计者事先给定的"问题-知识-目标"不一定是完备和完全合理的,因此,人工智能的显性智能的"创造性"也会因此受到局限。这是人工智能与人类智能的重要区别。

不难发现,人类智能与人工智能两者都具有"显性智能",即"获取信息-生成知识-制定策略-解决问题"这些共性的能力要素,其中的核心则是"获取信息-生成知识-制定策略"。因此,本书的研究将重点关注显性智能的这些能力要素。这也是目前相对而言比较有希望取得进展的部分。至于人类的隐性智能,是一个更为复杂的课题,还有待进一步的探讨。

图 6.1.1 给出了体现上述显性智能的一种智能系统参考模型。

如上所说,如果图 6.1.1 的"问题-知识-目标"已经事先被给定,这就是人工智能系统的模型;反之,如果问题和问题求解目标都需要由系统自身确定,那就是人类智能系统的模型。但无论是人类智能系统模型还是人工智能系统模型,它们之间的区别只在于"问题-知识-目标"的确定方式各不相同,而它们所面临的共性核心问题都是式(6.1.1)所表示的转换:

$$信息 \rightarrow 知识 \rightarrow 策略 \tag{6.1.1}$$

如前所说,如果把"策略"看作是"智能的主要体现者",那么,在一定的意义上就可以把"策略"看作是"(狭义)智能"。于是,式(6.1.1)也可以表示为:

$$信息转换:信息 \rightarrow 知识 \rightarrow 智能(策略) \tag{6.1.2}$$

顺便指出,在人类智能与人工智能之间,存在各种不同水平的生物智能。在漫长的进化过程中,在"物竞天择,适者生存,优胜劣汰"的法则下,各种存活下来的生物都形成了自己独特的生存本领和特殊的智能。各种生物都有自己的生存目的,但是,和人类相比,它们获取和积累知识的能力都比较简单,因此,这些生物所拥有的智能水平都无法同人类相比。就目前所知的情况而言,至少在地球这个星球上,人类依然是"万物之灵",人类智能在整体上处于最高的发展水平:一般生物只能通过适应环境的变化来求得生存;而人类除像其他生物物种那样能够设法适应环境的变化外,还能够有目的有意识有计划地改变环境,不断改善生存与发展的条件。

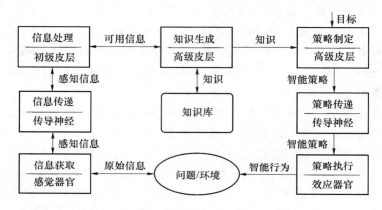

图 6.1.1　智能系统模型

因此,人工智能可以模拟各种生物的智能。不过,最有意义的应当是模拟人类的智能。因此,我们将以模拟人类智能作为研究的基本目标。

以上这些基本概念的讨论清楚地表明,在智能理论的研究中,"知识"确实发挥着十分重要的作用:它是由"信息"通向"智能"的不可或缺的中介与桥梁!只有那些相当简单的问题才有可能由信息和目标(无须知识)直接生成求解问题的策略;而对于更多比较复杂的问题来说,没有足够的知识就很难生成具有相应智能水平的智能策略。有鉴于此,就有必要对知识的问题展开进一步的研究。

6.1.2　知识的分类与表示

为了定量研究知识理论,首先必须解决知识的分类与表示问题。

也许,人们会对"知识的统一表示方法"表现出浓厚的兴趣。不过,值得指出的是,的确存在统一的知识表示方法,不过,任何一种统一的知识表示方法都必定是非常笼统的方法,而非常笼统的表示方法只具有理论上的意义,不会有太大的实际意义。于是,为了建立更为有用的知识表示方法,应当先研究知识的分类问题,这样才能对知识进行分门别类的更有针对性和有用性的具体表示。

1．知识的分类

说到知识的分类，它也是一个复杂的问题，而且通常都没有唯一解（其实，任何分类问题都是如此）。研究分类问题的首要关注点是分类的目的。因为，不同的分类目的就会采用不同的分类准则，从而会导致不同的分类结果。这就是分类结果不可能唯一的根源。不过，反过来，如果针对特定的分类目的和特定的分类准则，那么，分类的结果就应当是唯一的。

比如，假定知识分类的目的是建立"知识的学科分类体系"，那么分类的准则就应当是"学科性质"，这样得到的分类结果就是按照各个学科的性质和学科之间的关系组织起来的知识分类系统，如哲学类知识、自然科学类知识、社会科学类知识、数学类知识等。上述各类知识又可以进一步分为更细的类，比如其中自然科学类知识可以进一步分为物理学类知识、化学类知识、天文学类知识、地学类知识、生物学类知识等。此后还可以一直向更低的层次展开下去，直到最低的层次。

但是，如果知识分类的目的是为了展示"知识形成的历史过程"，那么分类的准则就应当是"知识产生的时间顺序"，这样得到的分类结果就是知识的进步过程，如古代产生的知识、近代产生的知识、现代产生的知识等。

如果知识分类的目的是分析各个国家和地区对知识的贡献情况，那么分类的准则就应当是"知识贡献者的国家和地区"，这样就会得到知识产生的地理分布情况，如中国人创造的知识、美国人创造的知识、俄国人创造的知识等。

那么，为了进行"知识理论"的研究，应当采用什么分类准则呢？

如前所述，人类迄今所拥有的知识已经构成一个极其庞大的学科体系，而且随着人类科学技术活动的进一步展开，这个体系还会继续扩展，是一个永远开放的动态体系。如果《知识理论》按照现有学科的结构进行分类，那将永远不能稳定，因为随着科学技术的发展，新的学科会不断地生长。显然，研究《知识理论》的目的并不是要代替或者重复现有各个学科的具体知识研究工作，因为这既没有可能，也完全没有必要。《知识理论》的研究应当站在各个学科之上的宏观层次，研究各门知识的共性规律。因此，《知识理论》所关注的知识分类不应当是按学科来划分的分类，而应当是为了研究知识的宏观共性规律、针对一切知识共有性质的具有普遍意义的分类[8]。

既然《知识理论》研究的基本目的是要揭示知识发生发展的根本规律，包括"由信息提炼知识（知识生成）"和由"知识生成策略（知识激活）"的规律，那么这里的知识分类就应当能够支持这个基本研究目的。

（1）针对"知识生成"的知识分类

知识是由认识论信息提炼生长出来的。因此，这里的知识分类应当与认识论信息的分类能够互相沟通与衔接。同认识论信息的情形类似，一切知识，它们所表达的"事物运动状态和状态变化规律"必然具有一定的外部形态，与此相应的知识称为"**形态性知识**";知识所表达的事物运动状态和状态变化规律也必然具有特定的逻辑内容,与此相应的知识可以称为"**内容性知识**";知识所表达的事物运动状态和状态变化规律必然对认识主体呈现某种价值,与此相对应的知识可以称为"**价值性知识**"。形态性知识、内容性知识、价值性知识三者的综合,构成了知识的完整概念,如图 6.1.2 所示。

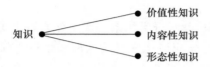

图 6.1.2　知识的三位一体

这可以作为一个公理来表述:"**任何知识都由相应的形态性知识、内容性知识、价值性知识构成,这种情形称为知识的三位一体**"。

不过,作为人类共有的知识,这里的"认识主体"应当是全人类(虽然参与某项具体知识生成活动的人员只是人类的很小一部分,但是他们所代表的却应当是整个人类)。因此,这里关于知识的价值判断准则归根结底也应当是针对全体人类共同目的和利益的准则。

容易看出,这里的形态性知识与认识论信息的语法信息概念相联系,内容性知识与认识论信息的语义信息概念相联系,价值性知识与认识论信息的语用信息概念相联系,而知识则与全信息的概念相联系。知识的这种分类方法,抓住了知识生成的特点,体现了知识与认识论信息之间存在的内在联系。反之,如果不能揭示知识与认识论信息之间深刻的内在联系,那么知识理论的建立就会遭遇到许多困难。

(2) 针对"知识激活"的知识分类

与上述"由信息生成知识"的情况略有不同,在考虑对知识进行处理和考虑如何把知识激活为策略的场合,人们往往倾向于把形态性知识、内容性知识、价值性知识作为一个整体(就称为"知识")来对待。正像在信息理论的场合有时也会把语法信息、语义信息、语用信息作为一个整体(就称为"全信息",并且常常简称为"信息")来对待一样。这样考虑其实并不影响知识所具有的形态、内容和价值特征(因为在制定策略的时候也需要关注形态、内容和价值的问题),但是把它们看作一个整体来处理却会带来一些方便。

在这种情形下,比较方便的知识分类是把知识按照整体生长的过程分为:**本能型知识、经验型知识、规范型知识、常识型知识**。这是因为,这样的分类可以比较自然地与策略的分类相对应,求解问题的策略也可以分为:**本能型策略、经验型策略、规范型策略、常识型策略**。

需要指出,针对"知识生成"的知识分类与针对"知识激活"的知识分类方法之间并不存在什么矛盾。事实上,无论是本能型知识、经验性知识、规范性知识,还是常识性知识,它们各自都具有自己的形态性知识、内容性知识和价值性知识。

在这里,人们再一次看到,分类的目的、分类的准则和分类的结果应当根据研究的实际需要加以选择,不存在绝对的准则。然而,这种非唯一的分类方法又不会损害知识本身内在的统一性和谐和性,却展示了它外在的多样性和灵活性。

2. 知识的表示

按照知识的定义,为了充分表示事物的知识,需要把握事物的两个基本要素:
(1)事物的运动状态;(2)事物的状态变化规律。除此之外,知识表示方法还应当容易被机器理解和便于进行处理。在满足这些原则的前提下,不同问题的知识表示方法可以有所不同。

(1) 针对"知识生成"的知识表示

前已述及,在这种情形下,知识分为形态性知识、内容性知识、价值性知识。为了对它们进行分门别类的表示,需要引进它们各自相应的表征参量。

对于形态性知识的表示,就是对事物运动的状态及其变化规律的形式的表示,主要回答的问题是:"某种事物的运动具有多少种可能的运动状态,这些状态变化规律的形式特征是什么"。形态性知识的表示与语法信息的表示直接相关,区别仅仅在于:语法信息关注的是"状态变化的方式",形态性知识关注的是"状态变化的规律"。那么,"方式"和"规律"在具体的表示上是否有实质的区别?

直觉上可以设想,如果用一套符号来表示事物运动状态及其变化的"具体方式",而用另外一套符号来表示事物运动状态及其变化的"抽象规律",显然,这两套符号之间不会存在什么实质性的区别。图 6.1.3 就是这类知识表示的一个具体例子。

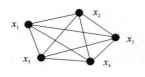

$$\begin{bmatrix} p_{11} & p_{12} & p_{13} & p_{14} & p_{15} \\ p_{21} & p_{22} & p_{23} & p_{24} & p_{25} \\ p_{31} & p_{32} & p_{33} & p_{34} & p_{35} \\ p_{41} & p_{42} & p_{43} & p_{44} & p_{45} \\ p_{51} & p_{52} & p_{53} & p_{54} & p_{55} \end{bmatrix}$$

图 6.1.3　状态及其随机变化规律

图 6.1.3 表明,为了从形式上来表示某种"事物运动状态",就可以直接对这些状态赋以特定的表征符号,如 x_1, x_2,…,每个表征符号对应于事物的一种实际运动状态。而为了从形式上来表示"状态变化规律",则要针对事物运动的具体规律采取相应的具体表示方法。例如,如果事物状态变化遵循的是"状态之间随机转移"的规律,这种状态变化规律的形式就可以用状态之间的转移概率这种表征参量 p_{ij} 来表示。

其实,除这种状态转移图外,还有很多方法都可以用来表示这类知识,比如状态空间方法、网络方法、图论方法、拓扑方法等。所有这些知识表示的方法,都能表达"事物运动的状态"和"状态变化的规律"。

在图 6.1.3 这个具体例子中,状态转移概率图(左边的图形)中各个顶点以及它们相应的符号 x_i, $i = 1$,…,5,表示事物运动的各个可能状态,左图中各个顶点之间的连线,表示了这些状态之间相互转移的关系,而右图的转移概率矩阵中的各个元素则具体表示了相应状态之间发生互相转移(状态变化)的统计规律。可见,这类(随机型)形态性知识的表示至少在形式上与概率型语法信息的表示是一致的。

类似地,如果事物是半随机变量(称为"偶发变量"),它的运动状态的表示方法同随机型形态性知识的表示也没有什么本质上的不同;不过,它的状态变化规律的表征参量则应当是状态转移的可能度。同样,如果事物是确定性模糊变量,它的运动状态的表示方法也没有什么不同,而它的状态变化规律的表征参量则应当是状态转移的隶属度。可见,认识论信息(全信息)的语法信息表示方法完全可以用来表示各种形态性知识。

根据莱布尼茨和贝努里等人的分析,概率分布、可能度分布、隶属度分布在概念上是相通的,它们的统一概括便是肯定度分布 C。因此,有

定义 6.1.1　设事物 X 具有 N 种可能的运动状态:$x_1, \cdots, x_n, \cdots, x_N$,那么状态 x_n 在形态上呈现的肯定程度称为状态 x_n 的肯定度,记为 c_n,$n = 1, \cdots, N$。由 X 的全部状态的肯定度所构成的集合,称为 X 的肯定度的(广义)分布,记为 C,它刻画了该事物状态变化的形式规律。

注意到概率和可能度归一而隶属度不归一,肯定度 C 应当具有如下的性质:

$$0 \leqslant c_n \leqslant 1, \quad \forall n \quad \text{和} \quad \sum_{n=1}^{N} c_n \geqslant = \leqslant 1 \qquad (6.1.3)$$

式(6.1.3)中的符号"$\geqslant = \leqslant$"表示"全部状态的肯定度之和可以大于、等于、小于 1,不一定归一"。具体来说,当给定的事物是随机型变量或偶发型变量时,全部状态的肯定度之和必定归一;但当给定的事物是模糊型变量时,全部状态的肯定度之和却不一定归一。

于是,与语法信息表示的情形类似,可以用事物 X 的状态集合及其肯定度广义分布 $\{X, C\}$ 来表示事物 X 的形态性知识。

如前所说,透过任何形态性知识,必然蕴含着相应的逻辑内容。因此,应当进一步来讨论内容性知识的表示问题。显然,事物 X 的状态所代表的实际内容将随不同的具体事物而千差万别,无限丰富多彩,如果对它们一一做出具体的表示,不仅极其麻烦,而且由于缺乏共性而失去价值。

逻辑学的原理证明:对于任意的科学领域,一切科学定律和定理都可以通过一串适当的真伪选择序列来表达。因而,关于内容性知识的比较恰当的共性表征参量,是各个状态在逻辑上的合理性。

定义 6.1.2　设事物 X 具有 N 种可能的状态:$x_1, \cdots, x_n, \cdots, x_N$,那么状态 x_n 在逻辑上合理的程度称为状态 x_n 的逻辑合理度,记为 r_n,$n = 1, \cdots, N$。X 的各个状态的合理度所构成的集合,称为 X 的合理度的(广义)分布,记为 T。

按照定义 6.1.4，显然有

$$0 \leqslant r_n \leqslant 1, \forall n \quad \text{和} \quad \sum_{n=1}^{N} r_n \geqslant = \leqslant 1 \tag{6.1.4}$$

因此，与语义信息表示的情形类似，可以用事物 X 的状态集合及其合理度广义分布 $\{X, R\}$ 来表示事物 X 的内容性知识. 当然，为了对每个状态的合理度赋值，必须具有相应专业领域的知识。

类似地，可以建立价值性知识的描述。很自然，可以根据事物 X 各个状态 x_n 相对于主体目标所显示的效用来定义相应状态的效用度 u_n, $n = 1, \cdots, N$，即有如下定义。

定义 6.1.3　设事物 X 具有 N 种可能的状态：$x_1, \cdots, x_n, \cdots, x_N$，那么，状态 x_n 相对于主体目标所显示的效用称为状态 x_n 的效用度，记为 u_n, $n = 1, \cdots, N$。X 的各个状态的效用度所构成的集合，称为 X 的效用度的（广义）分布，记为 U。

按照定义 6.1.5，也有

$$0 \leqslant u_n \leqslant 1, \forall n \quad \text{和} \quad \sum_{n=1}^{N} u_n \geqslant = \leqslant 1 \tag{6.1.5}$$

因此，与语用信息表示的情形类似，可以用事物 X 的状态集合及其效用度广义分布 $\{X, U\}$ 来表示事物 X 的价值性知识。

注意到，从人类认识论的逻辑上考虑，在形式性知识、内容性知识和价值性知识这三者之间，形式性知识是最先被观察或感受到的要素，内容性知识是要透过形式性知识的分析才能进一步感受到的要素，价值性知识则更是要针对一定的形式性知识、内容性知识和主体目标才能表现出来的要素。因此，除如上所述分别给出单纯的形态性知识、单纯的内容性知识和单纯的价值性知识的表示外，还有必要讨论形态性知识与内容性知识的综合表示以及形态性知识、内容性知识和价值性知识的综合表示方法。为此，给出如下定义。

定义 6.1.4　状态的肯定度与状态的合理度的加权结合称为状态的综合合理度，记为

$$\begin{aligned} &\mathfrak{I}_n = \alpha c_n \cdot \beta r_n \Rightarrow c_n r_n, \forall n \\ &\mathfrak{I} = \{\mathfrak{I}_n\} \end{aligned} \tag{6.1.6}$$

称 $\mathfrak{I}$ 为综合合理度（广义）分布。式中箭头符号表示"可简化为"的意思。这里的简化是指：权系数 α 和 β 均为 1，"结合运算"简化为"乘法运算"。显然有

$$0 \leqslant \mathfrak{I}_n \leqslant 1, \forall n \quad \text{和} \quad \sum_{n=1}^{N} \mathfrak{I}_n \geqslant = \leqslant 1 \tag{6.1.7}$$

与此相应的知识，称为综合内容性知识。

定义 6.1.5　状态的肯定度、合理度与效用度的加权结合称为状态的综合效用度，记为

$$\eta_n = \alpha c_n \cdot \beta r_n \cdot \gamma u_n \Rightarrow c_n r_n u_n, \forall n$$

$$\eta = \{\eta_n\}$$

(6.1.8)

称 η 为综合效用度(广义)分布。式中箭头符号表示"可简化为"。这里的"简化"是指:权系数 α、β 和 γ 均为 1,"结合运算"简化为"乘法运算"。显然也有

$$0 \leqslant \eta_n \leqslant 1, \forall n \quad \text{和} \quad \sum_{n=1}^{N} \eta_n \geqslant = \leqslant 1$$

(6.1.9)

与此相应的知识称为综合价值性知识。

在研究知识的逻辑推理问题场合,综合内容性知识的表示方法非常有用;而在研究基于知识的决策问题的场合,综合价值性知识的表示方法非常有用;只有在研究知识基础理论的场合,单纯的形态性知识、单纯的内容性知识和单纯的价值性知识这些概念才会发挥基础性的重要作用。

(2)针对"知识激活"的知识表示

如上所说,在研究知识激活的时候,把形态性知识、内容性知识和价值性知识作为"三者合而为一"的统一整体来对待会带来更多的便利。因此,还有必要讨论这种情形的知识表示问题。

其实,正如知识的定义所表明的那样,形态性知识、内容性知识、价值性知识作为一个整体所表达的概念,仍然是"主体关于事物运动状态及其变化规律的表述",只是不再细分其中的形式、内容和价值分量。因此,知识表示的两个基本要素(状态及其变化规律)完全没有改变。

这样看来,前面所讨论的那些知识表示方法(状态方程方法、状态空间方法、图论方法以及拓扑方法等)仍然可以使用,只是其中的表征参量都不是单纯的形式性知识、单纯的内容性知识和单纯的价值性知识的表征,而是它们的整体表征了。

除上面提到的这些知识表示方法外,在知识激活(演绎推理)的场合,用数理逻辑来表示知识显得更加直观和方便,因为无论是命题逻辑还是谓词逻辑,无论是逻辑常量、逻辑变量还是逻辑函数,都是把逻辑对象的形式、内容、价值作为一个整体来处理的。

例如,知识"A 是桌子""B 是桌子""BOX 在桌子 A 上面"就可以用谓词逻辑表示为:

TABLE (A)

TABLE (B)

ON (BOX, A)。

动态知识"机器人从桌子 A 拿起 BOX"也可以用谓词逻辑表示:

Conditions: ON (BOX, A)

AT (ROBOT, A)

EMPTYHANDED (ROBOT)

Delete： EMPTYHABDED（ROBOT）

ON（BOX）

Add： HOLDS（BOX）

与数理逻辑表示方法非常相近的知识表示方法还有"语义网络"方法,它可以看作是数理逻辑与网络方法的结合。例如,上面的动态知识就可以用图 6.14 的语义网络来表示：

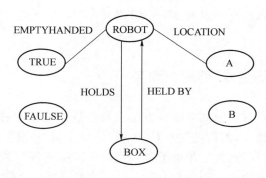

图 6.1.4 语义网络一例

在语义网络的表示方法中,节点可以用来表示具体的事物和抽象的概念,节点之间的连线可以用来表示事物（概念）之间的关系（相互作用或者互相转化）。当然,在具体的语义网络知识表示中,节点和连线都应当赋予具体的"语义"。

此外,在人工智能研究中用得比较普遍的知识表示方法还有框架和框架系统的知识表示方法、脚本的知识表示方法等。考虑到读者对于这些方法比较熟悉,而且相关的资料比较丰富,可以方便查找,这里就不做进一步的讨论了。

6.2 知识的度量

这里首先需要研究的问题是：知识可以被度量吗？面对这个问题,学术界历来存在两种截然相反的观点。

一种观点认为,知识是不可以被度量的,而且迄今还没有出现过任何有实际意义的知识度量方法。这种观点的主要论据是,知识是抽象的内容,度量手段是具体的,具体的度量手段无法被用来度量抽象的内容。

另一种观点认为,知识也可以被度量；至少可以被排序。这种观点的主要论据是,任何事物（包括具体的事物和抽象的事物）都具有质和量两个方面,因此,原则上都可以从性质上被理解和从数量上被度量。有一些事物的度量方法比较直观,比较容易,有些事物的度量方法比较抽象,比较困难；但是随着人们对这些事物的性质在认识上的逐步加深,同时随着人们所掌握的数学方法的不断发展,原来显得比较困难的度量方法会逐步变得比较容易。在科学技术的某些发展阶段上,有些事物的绝对定量度量会有困难,但是至少可以通过比较的方法建立某种相对的度量,这就是"序"。在一定意义上,"序"就是一种相对性的度量。

我们认为,第二种观点是正确的。知识定量处理的基本课题,就是各种知识的定量测度和排序。恰好,在"知识生成"的场合,我们可以研究知识的度量;而在"知识激活的场合",可以研究知识的"序"(如"因果序"等)。为此,下面首先来讨论知识的度量问题。

6.2.1 针对"知识生成"的知识测度

针对"知识生成"应用的知识度量方法会与信息的度量方法相通。如所熟知,在人工智能研究的场合,人们往往不对"知识"的概念与"信息"的概念进行严格的区分。例如,对于语句"这是一张桌子",人们既可以把它理解为认识论信息(认识主体关于桌子这个事物的运动状态及其变化方式的表述),也可以把它理解为常识知识(认识主体关于桌子这个事物的运动状态及其变化规律的表述)。这样,两者的定量度量相通性就显得更为自然。

定义 6.2.1 *知识的数量称为知识量。*

如同知识本身一样,知识量也可以进一步分为形态性知识量、内容性知识量、价值性知识量、综合内容性知识量和综合价值性知识量。其中,最具基础性意义的知识量是形态性知识的知识量。因此,讨论就从形态性知识的度量问题开始。

研究知识度量的一个直观而合理的思路是:用"一个知识所能解决的问题量"来度量相应的"知识量"。因此,"知识量"的研究就转化为"问题量"的研究。为此,首先应当设计一种合理的"标准问题",把它所包含的问题量作为问题量的"单位",然后,任何一个实际问题的问题量就可以同这个单位相比较,从而得出这个实际问题的问题量。

注意到,一个形态性问题的问题量与两个因素有关:一是问题的可能状态数;二是问题各状态的肯定度分布。一方面,在同样的肯定度分布条件下,问题的可能状态数越大,问题量也越大;另一方面,在同样的可能状态数的条件下,肯定度分布越是均匀,问题量也会越大。因此,最容易被接受的合理标准问题是"标准的二中择一问题",即一个问题只有两种可能的状态,且这两种状态的肯定度相等。"标准二中择一问题"的模型如图 6.2.1 所示。

图 6.2.1 标准二中择一问题模型

于是有

定义 6.2.2 把"标准二中择一"问题所包含

的问题量定义为一个单位的问题量,单位称为"奥特"。如果某个知识恰好解决了 1 个单位问题,那么这个知识量就等于 1 奥特的知识量。

定义 6.2.2 很自然,因为按照这个定义,所谓 1 单位知识量,就是(例如)解决一个标准的"是或非"问题或者一个标准的"正或负"问题或者一个标准的"男或女"问题或者一个标准的"有或无"问题或者一个标准的"好或坏"问题或者一个标准的"输或赢"问题等所需要的知识量。

我们把"二中择一"问题的英文(alternative)前三个字母"alt"的译音(奥特)建议为问题量的单位(也可简称为"奥")。单位的中文名称"奥"虽然译自英文,但它恰好含有"深奥"和"奥妙"的意思,与"问题"的含义正好默契相通,用作问题量的单位,确实不无美感。在统计问题场合,"奥特"可退化为"比特"。

有了问题量的单位,任何一个具体问题的问题量就等于它所包含的"标准二中择一问题"的数量。例如,如果某个实际问题有 4 种可能的状态,且 4 种状态的肯定度都等于 1/4,那么这个问题实际上包含了 2 个"标准二中择一问题",它的问题量恰好为 2 个单位,即 2 奥特。又如,如果一个问题有 8 种可能的状态,而且这 8 种状态的肯定度都等于 1/8,那么这个问题所包含的问题量就是 3 奥,如此等等。

虽然上述这种利用单位问题量来测度实际问题量的方法在概念上非常直观自然,但是,在实际应用的时候却并不总是十分方便。这是因为,一方面,单位问题量是 1 奥特,小于 1 奥特的问题量就不好度量;另一方面,当问题所包含的可能状态数目不是正好等于 2 的 n 次方或者肯定度的分布不是均匀分布时,这种直观的方法反而不直观了,不好计算问题量。因此,还是要寻求一般的问题量的度量方法。

为此,还需要引入新的概念和定义。

注意式(6.1.1),肯定度有"归一"和"不归一"两种情形。这里首先研究比较熟悉的情形——"归一"的情形。

定义 6.2.3 均匀分布的肯定度和 0-1 型分布的肯定度分别代表了肯定度分布的两种极端情形,分别把它们记为

$$C_0 = \{c_n \mid c_n = \frac{1}{N}, \forall n\} \tag{6.2.1}$$

和

$$C_S = \{c_n \mid c_n \in \{0,1\}, \forall n\} \tag{6.2.2}$$

定义 6.2.4 定义在肯定度分布 C 上的平均肯定度由以下公式给出:

$$M_\phi(C) = \phi^{-1}\{\sum_{n=1}^{N} c_n \phi(c_n)\} \tag{6.2.3}$$

式(6.2.3)中的 ϕ 是待定的单调连续函数,ϕ^{-1} 是它的逆函数,也单调连续。

之所以选择式(6.2.3)作为定义在 C 上的平均肯定度表达式,主要是因为这个平均肯定度表达式包含了待定函数 ϕ,这样就可以通过施加某些合理的约束条件来确定这个待定函数的形式,从而确定用来度量知识量的函数形式。

定义 6.2.5　两个问题 X 和 Y 具有相同的状态数 N,各自的肯定度分布为 C 和 D,如果满足条件

$$\phi^{-1}\left\{\sum_{n=1}^{N} c_n \phi(c_n d_n)\right\} = \phi^{-1}\left\{\sum_{n=1}^{N} c_n \phi(c_n)\right\} \cdot \phi^{-1}\left\{\sum_{n=1}^{N} c_n \phi(d_n)\right\} \qquad (6.2.4)$$

则称它们互相 ϕ—无关。

在以上讨论的基础上,可以得到下面的定理。

定理 6.2.1　满足定义 6.2.4 和 6.2.5 各项条件的待定函数 ϕ 必为对数形式。

这是一个很重要的结果。不过它的证明可在文献[11,13,14]找到,这里不再详细介绍(有兴趣的读者也可以从本书第 3 章关于信息测度函数的证明中找到)。于是有:

系 1　状态数为 N、肯定度分布为 C 的事件 X 的平均肯定度为

$$M_\phi(C) = \prod_{n=1}^{N} (c_n)^{c_n} \qquad (6.2.5)$$

系 2　这样定义的平均肯定度的值介于 $1/N$ 与 1 之间

$$\frac{1}{N} = M_\phi(C_0) \leqslant M_\phi(C) \leqslant M_\phi(C_S) = 1 \qquad (6.2.6)$$

系 1 和系 2 的证明是直截了当的。

系 2 的结果表明,肯定度为均匀分布时平均肯定度最小;肯定度为 0-1 分布时则平均肯定度最大。前者是最不肯定的情形,相当于无知识的情形;后者是完全肯定的情形,相当于拥有充分知识的情形。这显然与人们的直觉相一致。

由此,可以很自然地引进一个新的重要概念:某个观察者 O(Observer)对于某个事物是否拥有知识,或拥有多少知识,可以用这个观察者对于这个事物所具有的平均肯定度的大小来判断。平均肯定度越大,拥有的知识越充分;反之亦然。

如果把最小平均肯定度 $M_\phi(C_0)$ 作为一个比较的基准,就可以建立一个相对的形态性知识度量。

定义 6.2.6　观察者 O 关于事物 (X,C) 的形态性知识量,可用以下公式测度:

$$K(C) = \log \frac{M_\phi(C)}{M_\phi(C_0)} = \log N + \sum_{n=1}^{N} c_n \log c_n \qquad (6.2.7)$$

定义 6.2.7　观察者 O 在观察某个事物 X 之前所具有的关于 X 的肯定度分布称为他关于 X 的先验肯定度分布,记为 C;观察之后,他所具有的关于 X 的肯定度分布则称为后验肯定度分布,记为 C^*。

于是,所谓观察者 O 通过观察获得了关于事物 X 的形态性知识,就是指他在观察之后关于 X 的后验平均肯定度比观察之前的先验平均肯定度增大了。

定义 6.2.8　观察者 O 通过观察 X 所获得的形态性知识量可用以下公式测度:

$$K(C,C^*\,;O) = K(C^*) - K(C) = \sum_{n=1}^{N} c_n^* \log c_n^* - \sum_{n=1}^{N} c_n \log c_n \quad (6.2.8)$$

这是在肯定度分布"归一"的情形下关于形态性知识量的重要结果。可见,只要知道了观察者在观察某一事物(或实验)的先验和后验肯定度分布,就总是可以利用式(6.2.8)计算出观察者在观察过程中所实际得到的形态性知识量。

由式(6.2.8)可知,当先验肯定度为均匀分布而后验肯定度分布为 0-1 分布时,观察者所获得的形态性知识量达到最大值。一般,只要观察者的后验平均肯定度大于先验平均肯定度,就意味着他在观察过程中获得了某种程度的形态性知识。不管先验和后验肯定度分布的形式如何,只要两者相同,观察者在观察过程中所获得的形态性知识量就总是为零。反之,若观察者的平均后验肯定度小于平均先验肯定度,就意味着他在观察过程中丢失了形态性知识量(可以表现为原有信念的动摇)。若观察者的先验肯定度分布为 0-1 形式而后验肯定度分布为均匀分布,那么观察者在观察过程中所丢失的形态性知识量达到最大值。这些都是与人们的直觉相一致的结果,因而是合理的结果。

不难看出,定义 6.2.2 规定的单位形态性知识量与定义 6.2.8 的理论结果是完全一致的。只要在式(6.2.8)中的状态数 $N=2$,$c_1 = c_2 = 1/2$,C^* 为 0-1 分布,就可以得到:

$$K(C_0, C_{\text{S}}^*\,;O) = 0 - \log \frac{1}{2} = 1$$

其中,对数的底等于 2,单位为奥(特)。

在理想观察条件下,后验肯定度为 0-1 分布。此时,若假定先验分布为均匀分布,那么由式(6.2.8)可以得到

$$K(C_0, C_{\text{S}}^*\,;O) = \log N$$

这时,形态性知识量与状态数目呈对数函数关系。

如果对这一关系作进一步的人为简化,把 $\log N$ 简化为 N,就可以直接利用状态数目 N 来近似计算知识量。这就是为什么情报界和文化界通常都用"字数"来估计情报量的道理。显然,这只是一种非常粗糙的估计。

有了以上的结果,现在再来考虑肯定度"不归一"的情形,即模糊试验的情形。

显然,由于这里的肯定度不归一,不能直接应用前面的结果。但是,对于肯定度集合的任意元素,总可以相应地构造一个新的分布:

$$\{c_n, (1-c_n)\}, \quad \forall n \qquad (6.2.9)$$

不难看出,式(6.2.9)永远是一个归一的集合,因此就可以应用上面的结果。于是,由式(6.2.5)有

$$M_\phi(C_n) = (c_n)^{c_n}(1-c_n)^{(1-c_n)} \tag{6.2.10}$$

由式(6.2.7)可以写出第 n 分量的先验形态性知识量:

$$K(C_n) = c_n \log c_n + (1-c_n)\log(1-c_n) + \log 2 \tag{6.2.11}$$

根据式(6.2.8)可以进一步写出第 n 分量的形态性知识量公式:

$$K(C_n,C_n^*;O) = c_n^* \log c_n^* + (1-c_n^*)\log(1-c_n^*) - [c_n \log c_n + (1-c_n)\log(1-c_n)] \tag{6.2.12}$$

对于确定性的模糊试验来说,显然可以直接写出相应的平均知识量:

$$K(C,C^*;O) = \frac{1}{N}\sum_{n=1}^{N} K(C_n,C_n^*;O) \tag{6.2.13}$$

这样,就建立了形态性知识量的计算或测度的方法。

注意到逻辑合理度 R、综合逻辑合理度 $\mathfrak{I}$、效用度 U 综合效用度 η 都具有模糊集合的性质,因此式(6.2.9)~式(6.2.13)的演算过程可以直接应用。只要把公式中的模糊肯定度参量换成相应的逻辑合理度、综合逻辑合理度、效用度、综合效用度,同样可以建立如下所示的内容性知识、综合内容性知识、效用性知识、综合效用性知识的度量公式

$$K(R,R^*;O) = \frac{1}{N}\sum_{n=1}^{N} K(R_n,R_n^*;O) \tag{6.2.14}$$

$$K(\mathfrak{I},\mathfrak{I}^*;O) = \frac{1}{N}\sum_{n=1}^{N} K(\mathfrak{I}_n,\mathfrak{I}_n^*;O) \tag{6.2.15}$$

$$K(U,U^*;O) = \frac{1}{N}\sum_{n=1}^{N} K(U_n,U_n^*;O) \tag{6.2.16}$$

$$K(\eta,\eta^*;O) = \frac{1}{N}\sum_{n=1}^{N} K(\eta_n,\eta_n^*;O) \tag{6.2.17}$$

详细的过程就不在此逐一列出了。

读者可以发现,知识的度量方法和全信息的度量方法并行不悖,互相贯通。这就为我们探索由信息生成知识的机制提供了极大的方便。显而易见,知识度量与信息度量之间的这种并行不悖和互相贯通的关系并不是人为设置的,它们在客观上本来就存在这种互通关系。

6.2.2 针对"知识激活"的知识度量

如前所说,在知识激活的应用场合,人们倾向于把形态性知识、内容性知识和价值性知识作为一个统一的整体(就称为知识)来处理。这时,原则上,综合价值性

知识度量可以作为知识度量的理论方法。

在更复杂的情况下,知识量的绝对度量更为困难。这时,我们也可以根据适当的准则建立知识度量的某种相对性关系。表达这种相对性关系的一个方法就是"序"关系,或更典型的"偏序"关系。

所谓"偏序",它的含义是:若 P 是一个集合,$\leq$ 是定义在 P 上的关系,如果它能够满足自反律、反称律、传递律,它就是一个"偏序"关系。自反律、反称律、传递律的具体含义是:对于 P 中所有的 a,b,c,有

$$a \leq a \text{(自反律)}$$

$$\text{若 } a \leq b \text{ 且 } b \leq a \text{ 则 } a = b \text{(反称律)}$$

$$\text{若 } a \leq b \text{ 且 } b \leq c \text{ 则 } a \leq c \text{(传递律)}$$

存在"偏序"关系的集合,称为偏序集。

可以看出,在实际的问题中,很多集合(知识的集合)都具有"偏序"性质。因而尽管在有些场合建立绝对的数值度量可能存在困难,但是,只要在相关的知识集合中能够建立起某种"偏序"关系,就可以比较不同知识之间的相对关系。这就是"相对度量"。

例如,在各种知识推理的场合,普遍存在"前提知识"与"结论知识"的关系,于是就可以建立这些知识之间在"推理"意义下的"因果序"关系;而这种"因果序"的关系一般就具有"偏序"的性质。

又如,在那些给定了"问题、领域知识、问题求解目标"的场合,各种相关知识之间相对于"问题求解目标"而言的价值就存在两种可能性:在某些条件下,它们的价值可以准确求出;而在另外一些复杂的场合,没有办法计算这些价值的绝对值,但却可能估计出它们之间相对于目标而言的相对重要性。后者就可以建立体现相对重要性的"偏序"关系,成为一种相对性的度量。

再如,在知识的复杂网络结构中,存在大量的分支(学科),而在这些分支结构中又存在各种各样的"子树"(子学科)。在每个这样的"子树"结构中,存在相对的根节点、祖节点、父节点、子节点、更深层次的子节点等。每种节点分别代表着各种不同层次的知识,它们共同构成某种"层次序"的偏序关系。

总之,在许多场合都可能建立某种有用的"篇序"关系。诸如此类,难以尽数。

6.3　知识的生态学

从总体上来说,人类的知识经历着不断增长的过程。随着时间的推移,随着人类活动不断向深度和广度前进,人类的知识总量一直在不断地增长,这是一个有起

点而没有终点也没有边界的过程。因此,如果以知识的基本元素-基础概念为根节点,以基础概念发展出来的各种概念为各类后继节点,以概念之间的关系为边,那么人类的总体知识就可以构成一个大规模的,开放的,动态生长的,多分支的,多层次的,而且在节点之间、分支之间、层次之间具有复杂交互关系的网络。

从人类知识的基本生长形态来看,人类知识的生长确实具有自己稳定的生态学结构和生态学规律。也许任何个人(特别是在科学技术如此高度发达的现代)都无法把握和驾驭数量上如此巨大、结构上如此复杂、增长速度上如此日新月异的人类知识的总体,但是,人们却可以(而且应当)理解和把握知识生长的生态规律,使自己成为知识的主人,而不致被这样的知识的海洋所淹没。

因此,作为知识理论的基础研究,除了要论及知识的概念、分类、描述和度量方法之外,还应当密切关注和了解知识的生态学规律。具体来说,就是要了解"知识的生长过程具有哪些阶段""在各个不同的生长阶段知识的形态是什么?"以及"这些不同生长阶段之间如何转换与衔接"的问题。

这个问题之所以非常重要,是因为以往人们在研究知识问题的时候没有注意到知识的生态规律,因此常常只注意到知识的某一种形态,忽略了知识的其他形态,尤其忽略了这些不同形态的知识之间的联系,因而容易产生片面性和局限性的毛病。不仅如此,到后面就会知道了解知识的生态学结构对于研究人类智能和人工智能理论都具有特别重要的意义。

6.3.1　知识的内生态系统

知识生态系统表现为两个基本方面,即知识的内部生态系统和知识的外部生态系统。按照生态学的逻辑关系,本节先讨论知识的内部生态系统,稍后再考察知识的外部生态系统。图 6.3.1 示出的是知识的内部生态过程的基本结构[12]。

图 6.3.1 示出,人类知识的内部生长形态(阶段)包括本能知识、经验知识、规范知识和常识知识。其中本能知识是人类先天获得通过遗传机制而获得的知识,经验知识、规范知识、常识知识则是后天习得和积累的知识。在整个知识的生态系统中,先天本能知识是一切后天获得的知识的共同基础;没有本能知识,就不可能在后天获得任何知识。在本能知识支持下,外部刺激所呈现的本体论信息是各种后天知识共同的来源。在此基础上,各种不同知识形态(阶段)之间存在明确的生长进程关系。

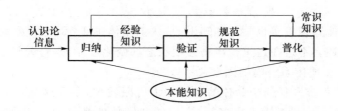

图 6.3.1　知识的生态系统

以下就分别来解释图 6.3.1 所示的知识生态系统模型。

1. 本能知识

从生态学的意义来看,知识的最原始也是最为基础的形态是"本能知识"。这种知识与人类的生存和生命安全直接相关,是人类(包括各种生物)在长期进化的过程中所获得和积累的系统发育成果,是现今人们和生物体"与生俱来"的先天获得的知识,因而是一切正常的生物个体所固有的。这种知识的获得基本上是遗传和继承的产物,而不是后天学习的结果。当然,我们确信,人类后天的知识也会以某种方式影响人类的先天本能知识(见图 6.3.1 上由常识知识指向本能知识的箭头),使人类的本能知识能够缓慢增长,使人类的先天知识和学习能力一代比一代更强。不过,人类后天知识对后代先天本能知识的影响机制非常复杂,至今很少见到这方面的研究成果。

人们最熟悉的本能知识表现是各种"无条件反射式"的知识。不管是什么人,无论是健康老人还是幼年儿童,甚至是各种动物(也包括某些植物,如含羞草,向日葵等),当面临某种刺激的时候,他(它)就会立即做出相应的本能反应:幼儿吃奶的时候懂得吸吮,当物体接近眼睛的时候懂得闭眼,当危险刺激接近的时候懂得躲避,感觉痛疼的时候会大叫,饥饿的时候会哭闹,舒适的时候会表现恬静,高兴的时候会发出笑声,等等。

这种本能知识的功能模型可以表示为图 6.3.2。

图 6.3.2　本能知识系统模型

模型表明,**本能知识表现为系统刺激与反应之间的确定性联系**:当且仅当,出现第 m 类刺激(1 种或多种具体的刺激形式)的时候,系统产生第 m 类反应,$m = 1, \cdots, M$。其中的指标数 K_1 和 k_M 可能等于 1 或者大于 1。

本能知识的数学模型就是一类映射,如式(6.3.1)所示:

$$K: \quad S_m \mapsto R_m \quad \forall m \tag{6.3.1}$$

其中,K 表示本能知识,S_m 表示第 m 组刺激,R_m 表示第 m 种反应。

可见,本能知识确实也是一种知识,是认识主体关于"事物的运动状态及其变化规律"的表述。不过在这里,"事物运动状态的变化规律"是先天确定了的而且记录在人类 DNA 遗传系统内的因果关系。

仔细考察人类和任何生命体的本能知识可以发现,不管这些本能知识的具体表现形式怎样不同和怎样丰富多彩,它们的共同特性都是为了生命体的"趋利避害"。因此,本能知识是一切生命体生存发展的最基本需求。这种知识看似简单,但是,这种本能知识的获得不知道经历了多么漫长的进化过程,也不知道付出了多少宝贵的生命代价,才在人类的遗传基因中生长了这些本能知识的密码!

所以,人类的本能知识既不是来自于父母的谆谆教导,也不是来自于自己后天的勤勉用功,而是生来就有。这些本能知识看上去虽然简单,然而对于任何生命体来说却是极其重要的知识,因为这些"趋利避害"的知识都是保护生命体的生存与安全所必要的。也正因为如此,它们就构成了生命体后天的发展以及通过后天学习获得更多更重要的知识的不可或缺也不可替代的知识基础。正如图 6.3.1 所表示的那样,如果没有本能知识这个共同的基础,任何生命体都不可能在后天习得新的知识。

与此直接相关但比本能知识更高级的是通过"条件反射"所建立的知识。著名的俄国科学家巴甫洛夫关于高等动物条件反射的实验说明,某些高等动物具有条件反射的能力。与无条件反射情形不同,条件反射除必须具备观察和感觉能力外,还必须具备某种初步的归纳抽象和联想能力。在一定意义上可以认为,这是"学习"能力的萌芽,是一种比较高级的思维活动,所积累的知识可以归入"经验知识"一类。

虽然本能知识非常基础,非常重要,它是一切其他形态的后天知识的共同基础,不过,由于它是先天形成而且后天难以控制和更改的因素(不是绝对不可以更改,而是更改的程序极其费事费时),这里不拟进一步深入展开讨论。

2. 经验知识

与本能知识不同而且比本能知识更高级的形态是经验知识。经验知识不是先天的知识,而是人们通过自己的实践所积累的知识,是后天学习实践的结果。不过,一切经验也都在一定意义上带有为实践者"趋利避害"的性质,因此,如果没有本能知识的基础,经验知识的获得和积累是不可能的。

获得和积累经验知识的过程通常可以这样描述。面对某种特定的环境(包括自然环境和社会环境),为了自身生存和发展的目的,人们(个人或集体)需要亲自实践某种探索性的活动:或者是与自然界打交道的生产活动,或者是与他人(或集团)打交道的社会活动,或者同时与自然和他人打交道的复杂活动;起初,人们并不完全清楚应当制定怎样的行动规划才能达到目的,才能获得成功,于是展开了各种可能的探索(摸索);其中有些探索失败了,有些探索成功了,有些探索取得了部分的成功。人们把成功的探索总结为有益的案例,把失败的探索吸取为负面的案例。于是,在以后再出现同样或者类似的环境和目的的时候,人们就可以依照前面成功的案例来行动,并且可以借鉴以前失败的案例来防止重蹈覆辙。这些成功和失败的案例,就成为人们可以借鉴的经验和教训。由于经验只是某种具体的成功案例,通常没有全程的严格数学描述,可以记述为:

$$\{E_n \bigcap P_n \Rightarrow A_n\}, \quad n = 1, \cdots, N \tag{6.3.2}$$

其中,A_n 是第 n 步骤所采取的行动,E_n 是第 n 步骤的环境状态,P_n 是第 n 步骤的问题状态。它的含义是:在第 n 步骤,如果问题状态为 P_n 而环境状态为 E_n,那么,就可以采取行动 A_n;总共经过 N 个行动步骤获得成功,即有:$P_N = G$(这里,G 是探索者预期的目标,或者是他们可以接受的成功目标)。

可见,经验也确实是一种知识,是"事物运动状态及其变化规律的表述"。不过,这里的状态变化规律是人们实践成功的总结,是仍然有待进一步实践检验和科学证实的规律,是一种"准规律"或者"潜规律"。比如,经验知识通常都不能深入揭示和清晰解释第 n 步骤和第 $n+1$ 步骤之间的关联方式。也就是说,经验知识通常并不理解为什么采取行动 A_n 之后要接着采取行动 A_{n+1}。

其实,作为成功案例的经验并不是一次试探就取得了最后成功,其间可能存在许多反复修正的过程。不过,在总结案例的时候,通常会把那些不成功的局部过程删除,只保留那些能够通向成功的试探路径。可见,成功的**经验实际上是人们在实践基础上总结的一种有目的的试探程序,一种有目的的学习程序**。

但是,这种成功的经验是否一定能够在同样的条件(同样的环境和同样的目的)或在类似条件下(类似的环境和类似的目的)下获得成功,并没有必然的保证,因为人们并非对于影响活动成功或失败的所有环境因素都了若指掌——这样的成功也许包含着许多人们没有注意到的偶然因素。因此,运用成功的经验去解决新的同类问题或者类似问题的时候,可能取得成功,也可能归于失败。

不过,如果某种经验在多次相同或相似情况下的运用都能取得成功,或者经过某些修正后能够稳定地取得成功,那么这种经验的成功可信度就会大大提高,它的可推广性就会容易被人们接受。自然,作为经验本身,并不能保证在第 1 000 次或者第 10 000 次取得成功之后不会出现第 1 001 次或者第 10 001 次的失败。这种失败可能是某些偶然因素造成的,也可能是因为环境条件的改变造成的,或者是由于以前被忽略的某些次要因素在这里变得比较重要而造成的。

所以,经验知识必须不断地修改、更新和完善,而不能故步自封,万古不变。如果经验知识运用成功的次数足够大(或者在实际上可以看作是无限大)而且从未有过失败的记录,那么这样的经验知识就在事实上成为可以确信的知识。如果经验知识经过了科学理论上的解释和科学的检验而被证实,那么这样的经验知识也就成为在特定时空条件下可信的科学知识,即规范知识。

3. 规范知识

如上所说,经验知识经过科学的确证和规范化就可以成为严格的科学知识。我们把这种严格的科学知识称为"规范知识"。可见,规范知识的重要来源,就是对人们实践经验所做的科学总结、检验证实和提炼升华。

在人类的知识宝库中,这类由经验提炼出来的科学知识不计其数,特别是在科学发展的初期,绝大部分的科学知识都是经验知识的升华和结晶,如丈量土地的几何学、治病救人的中药学、捕猎耕种的农艺学、实物计数的初等算术、炼丹制药的早期化学、观察试验的天文物理等知识。直至今天,人们依然不断地通过大量的考察、观察、试验、统计、总结等活动来扩大和深化对于大自然和社会的认识。可以认为,只要人类希望继续改善自己的生存发展条件,只要人类希望继续扩展和深化对世界的认识,就必须不断地在实践中进行探索,不断地将成功的经验总结升华成为新的科学知识。因此,把经验知识提炼成为规范知识,这是人类科学知识不断增长而且永远不会枯竭的源泉。

经验知识一旦升华成为规范知识,就具有了普适性和抽象性的品格。因此,就可以用同样具有抽象性和普适性的符号来表述。

$$1+2=3, \quad 1\oplus1=0, \quad A+B=B+A, \quad f=ma, \quad y=f(x), \quad v=\frac{\mathrm{d}x}{\mathrm{d}t},\cdots \quad (6.3.3)$$

就是这种抽象表达的几个简单例子。

与经验知识不同,规范知识的特点是:只要试验的环境条件相同,按照规范知识进行的试验就必然能够取得成功。即便在偶然的干扰情况下出现了意外的结果,这种导致意外结果的原因和产生意外结果的机制也是可以被解释的。因此,稳定性和在相同条件下的可重复性是规范知识区别于经验知识的基本特征。

规范知识的另一种来源是抽象的理论思维。例如,爱因斯坦的相对论和著名的质能转换公式 $E=mc^2$ 公式就是理论思维成果的典范。其实,爱因斯坦并没有真的在光速条件下做过物体运动的实验,而是通过理论假设和推导建立了光速条件下的物体运动方程;当物体运动速度远低于光速的时候,该运动方程可以退化成为经典的牛顿运动方程。爱因斯坦也没有做过任何质能转换的实验,但是质能转换公式却直接启发了原子能的研究。除此之外,在几何学和逻辑学领域,人们运用知识推理和逻辑演绎的方法可以从给定的(已知的)前提和约束条件推演出(前所未知的)新结果。还有,人们已经发现了许多行之有效的预测方法可以在一定条件下对某种现象的未来状态进行足够准确的预测。这些都是通过抽象的理论思维获得新知识的例证,而且这类方法正在越来越多的领域取得越来越多的新成就。知识演绎的一般过程可以表示如下:

$$\{P,C\}\overset{f}{\mapsto}R \qquad\qquad (6.3.4)$$

其中，P 表示已知的前提，C 表示已知的约束条件，R 表示推演的新结果，f 是由给定的前提和约束条件推演出结果所采用的方法和过程。

如果把由经验知识升华为规范知识的途径在方法论上称为"归纳方法"，那么由已知规范知识推演新规范知识的理论推演途径在方法论上就可以称为"演绎方法"。实际上，归纳方法与演绎法是人类获得新知识的两个互相补充相辅相成的基本途径。

一般来说，在科学发展的初期阶段，由于人们拥有的知识非常有限，知识空间中只有少数已知的知识点，新的知识的建立主要通过经验升华的归纳途径，而通过演绎途径取得重大科学成果的可能性则比较小。只有当人们积累的知识足够丰富、知识空间中已知的知识点比较稠密之后，演绎方法才能逐渐成为产生新知识的重要途径。随着知识越来越丰富，演绎途径的作用就越来越大。当然，与此同时，归纳方法将继续发挥重要作用，而且只要人们认识的领域不断扩展，认识的深度不断推进，归纳方法就永远都是产生新知识的有效途径。只需要理论演绎而不需要经验归纳的时代永远都不可能出现。

关于规范知识，特别是关于如何通过演绎方法获得规范知识，曾经存在一种比较普遍的误解。有些人认为，通过演绎方法获得规范知识就意味着通过数学方法获得规范知识，由此认为数学方法至高无上。

我们认为，无论是通过归纳方法还是通过演绎方法，获得规范知识的主要基础至少可以归结为物理概念和数学方法，而且需要注意，其中的"物理概念"并不是单纯地局限于物理学的概念，而是泛指研究对象的专业领域的概念。物理概念的作用理解研究对象的"性与质"的基础（或者说是定性认识的基础），数学方法是把握研究对象的"形与数"的基础（或者说是定量认识的基础）。在"质的理解"和"量的把握"两者之间，"质的理解"更为基础。这是因为，人类的认识规律总是由表及里、由浅入深、由具体到抽象、由个别到一般、由定性到定量。而且，只有能够比较深刻地认识研究对象的"质"的时候，才能知道应当利用何种数学方法以及怎样利用这种数学方法来解决问题。所以，为了获得新的规范知识，不仅需要掌握好数学知识，而且需要掌握好物理知识以及所关注的领域的专门知识。

试想，如果爱因斯坦只懂得数学而不懂得牛顿力学，他能够创造相对论吗？或者也可设想，如果华生（Watson）和克里克（Crick）只懂得数学而没有生物学领域的系统知识，他们能够提出 DNA 的双螺旋结构理论吗？还有，如果没有神经生理学家 McCulloch 的合作，数学家 Pitts 能够单独提出人工神经元的数学模型吗？

4. 常识知识

常识知识是人们最熟悉也是最常用的一类重要的知识形态，它是指人们在后天习得的那些人所公认而且无须证明（实际上是不证自明）的知识。正因为常识知识有这样的特点，世界上无论是大学问家还是平常百姓，每个人都拥有大量的甚至是不可胜数的常识知识。

后天获得的常识知识又可以细分为两类：一类是那些众所周知的普通的经验知识；另一类是那些经过普及教育而成为人人通晓的规范知识。

早晨太阳从东方升起，傍晚太阳从西方降落；天冷了就要加衣服，天热了就要减衣服；室内光线太暗的时候就应当开灯，室外光线太强的时候就应当拉上窗帘；饥饿了就要进食，疲劳了就要休息；等等。这些既不是本能知识，也不是从课堂上或书本上通过学习所得到的科学知识，而是后天积累的众所周知的经验性知识，显然也是人们的基本常识。

另一方面，$1+1=2$，$1+(-1)=0$，（在欧几里得空间中）两点之间的最短距离是连接这两点的直线，两条平行线永远不会相交；（在标准大气压条件下）水加热到 $100\ ℃$ 就会沸腾，水温度降低到 $0\ ℃$ 就会结冰，合金材料比普通木材更加坚硬，同体积的气体比固体更轻，在均匀介质内光沿着直线前进等等，这些显然不是本能知识，也不是一般的实践经验的总结，而是科学知识经过普及而沉淀的结晶。

一般来说，人们后天获得的常识性知识，无论是长期积累的经验知识还是经过普及教育的科学知识，都会随着人们阅历的增长和科学技术的进步而不断增加。比如，古代人们的经验认为骑马是最为快捷的交通手段，近代的人们则体验到火车飞机是更快速的交通工具，而现代的人们肯定知道飞船的飞行速度远远超过喷气式飞机，而且知道电磁波（光也是一种电磁波）的传播速度最快，达到每秒 30 万千米。

可以认为，常识知识是经验知识和规范知识中最容易被人们直觉感知和直观了解的部分，也是人们的基本活动和日常生活时刻不可或缺的部分。因此，常识知识的总体数量是极其庞大的，而且与经验知识和规范知识之间的界限也不是固定不变的（会有越来越多的基本经验知识和基础规范知识转换为常识知识）。

在人们的日常生活中，常识知识扮演着极其重要的角色。在现代社会，如果没有科学知识当然会在享受现代科学技术成就带来的社会文明方面碰到许多困难，但是，如果没有或者缺少常识知识，就不仅是难以享受现代科学技术提供的文明成果，甚至会在基本的日常生活中四处碰壁而寸步难行。

5. 知识生长链

以上的讨论涉及和展示了知识的各种生长形态——从先天遗传的本能知识到后天学习的经验知识，从严格的规范知识到普通的常识知识。这些讨论不仅揭示了这些知识形态的基本特征，也揭示了它们之间内在的相互关系。

这个内在的相互关系其实就是知识生长的进程，称为"知识的生长链"：本能知识是人类先天获得的知识，它是一切后天知识的前提；正是由于有了先天知识，人类才有可能在后天的实践活动中通过摸索、分析、总结等方法来学习和积累各种各样的经验知识；有了经验知识的基础，才可能通过系统归纳和科学验证而产生归纳型的规范知识,也才有可能进而通过演绎推理形成演绎型的规范知识(有研究表明,"通过演绎获得新知识"的方法表面上与经验知识没有关系,但实际上仍然需要经验知识的间接支持);而规范性知识和经验性知识经过普及和实践训练才可能不断地补充和丰富常识知识;常识知识又反过来成为人们在实践活动中学习和积累经验知识的基础。可见,人们积累经验知识和学习规范知识的基础不仅仅是先天的本能知识,而且也包括后天习得的常识知识。

以上分析所看到的,就是知识生长过程所表现的内部相互关系,也是知识生长的生态学系统。知识的这种生态学系统表明了知识不是一堆僵化的一成不变的东西,而是一个动态的鲜活的生长过程。知识的生态学系统也可以用图 6.3.3 来表示,它和图 6.3.1 实际上是异曲同工,只是着眼点不同:图 6.3.1 的着眼点是知识生态系统的各种生长方法,图 6.3.3 的着眼点是知识生态系统的各种知识形态。

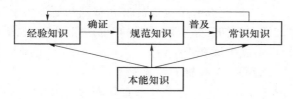

图 6.3.3　知识的生态链

图 6.3.3 表明,先天获得的本能知识是一切知识生成的共同基础,如果由于遗传等先天性缺陷的原因,一个人连先天的本能知识都不能具备,那么其他后天的更高级的知识形态便没有形成的可能。

从知识生长过程的观点来看,人类后天学习和积累的各种知识形态中,经验知识是整个生态链的第一环,是一类"**欠成熟**"的知识;欠成熟的经验知识经过科学提炼确证,便成为规范知识,成为一类"**成熟的**"知识;经验知识和规范知识中的一部分经过普及则沉淀成为常识,这是一类"**过成熟的**"知识。

总之,知识不是铁板一块,而是一个生动的生长过程:在认识论信息的激励下,在本能知识的支持下,后天学习积累的知识不断由"欠成熟"到"成熟"再到"过成熟",这就是生生不息的知识生长过程。任何一个正常的人类个体都是通过这样的知识生态规律不断地在继承前人本能知识的基础上通过实践和学习生长出自己的经验知识、规范知识和常识知识,活到老,实践到老,学习到老,不断地扩充和更新着自己的知识体系。

最后,比较图 6.3.1 和图 6.3.3 可以发现一个有趣的问题:在图 6.3.1 中,连接常识知识和本能知识的是一个双向箭头,而在图 6.3.3 中,连接常识知识与本能知识的却是一个单向箭头。这个不一致现象表明了本书作者如下的一个疑惑和猜想。

一方面,图 6.3.3 中的"单箭头"和图 6.3.1 中的"双箭头"都说明:建立常识知识需要本能知识的支持,没有本能知识作基础,一切其他高级形态的知识都会成为海市蜃楼和空中楼阁,这应当是比较明确的结论。另一方面,图 6.3.3 中的"单箭头"表明常识知识对于本能知识的形成没有贡献,而图 6.3.1 中的"双箭头"却表明常识知识可能会以某种方式在某种程度上影响本能知识的生长。那么,究竟是图 6.3.1 正确,还是图 6.3.3 正确? 看来,这还是一个有待深入研究的问题。

　　本书倾向于这样的认识:显然不能认为,人们在后天获得的常识知识全部都会转化为后代人类的本能知识,但是至少有一部分(究竟这一部分占多大比例? 究竟是哪些部分? 目前不得而知)可能会成为后代人类本能知识的新来源,使人类的本能知识也有可能不断地(虽然是缓慢地)增长,使后代的人类有可能不断地(即便是缓慢地)比他们的祖先更聪明。也就是说,后代人类比他们的先辈更聪明不仅仅因为后代人在后天能够学习到更多的新鲜知识,同时也因为后代人类的本能知识就比他们的先辈更加丰富,因此具有了更好的发展基础和更强的学习能力。换言之,本书作者不相信"人类本能知识是固定不变的"说法,而相信本能知识也在不断地进化。如果本能知识不能发展和进步,那么人类最初的本能知识究竟又是从哪里来的呢? 难道真是万能的上帝安排的? 显然不可能。

　　那么,为什么图 6.3.3 没有把这个关系直接表示出来呢? 这不是别的原因,主要是因为目前在科学上还没有直接的证据。上述关于常识知识与本能知识之间的双向关系还只是理论的推断。不过,本书作者相信,随着人们对于知识理论研究的不断走向深入,这个关系迟早可以得到证实。或者也可以说,作者故意制造图 6.3.1 与图 6.3.3 之间的这个矛盾,是希望以此引起读者和相关人士的关注,希望由此引起有志者对这个矛盾展开认真地研究,从而使这个矛盾得到解决。

　　自然,这个猜想不可能由信息科学和人工智能科学工作者单独证实或证伪。这主要是生命科学家、人类学家、遗传学家、社会学家的研究任务。如果这个猜想被证明是正确的,那么本能知识的进化机制的揭示,也将主要是生命科学、人类学、遗传学的贡献。信息科学和智能科学则可以为此提供可能的合作。

　　我们把以上所讨论的知识的内部生态过程简称为"**知识的内生态过程**",它描述的是知识内部的生长过程:在本能知识支持下由"欠成熟"的经验知识生长为"成熟"的规范知识再进一步生长为"过成熟"的常识知识的生态过程。

　　人们将可以看到,这个看似并不深奥的"知识的内生态过程"将在人工智能的理论研究中扮演十分重要的角色。

6.3.2　知识的外生态系统

　　我们的研究还发现,不但在知识的内部存在一个重要的生态演化过程,而且在知识的外部,也存在一个重要(或许在某种意义上更为重要)的生态演化过程,我们把它称为"**知识的外生态过程**"。它从知识外部演化的视角揭示了知识的生长规律:知识从哪里来? 知识又会演化到哪里去?

正是"知识的内生态过程"和"知识的外生态过程"两者的联合作用,构成了完整的"知识的生态学理论"。它的意义不仅在于能够使人们更加深刻地理解知识本身的发生发展的规律,而且在于可以帮助人们更加透彻地了解信息、知识、策略(智能)之间的内在本质联系,从而了解智能发生发展的规律。

图 6.3.4 表示的就是"知识的外生态系统"模型。

图 6.3.4　知识的外生态系统

图 6.3.4 明确地显示,知识是由信息(直接来看是认识论信息,更彻底地看是本体论信息)通过一定的"归纳型学习算法"而生长出来的,与此同时,知识又在目的(更具体地说是目标)的引导下通过一定的"演绎型学习算法"而生长出智能策略(即核心智能或狭义智能)。这就是从知识的外部演化过程观察到的知识的来龙去脉,也就是"知识的外部生态过程"。

当然,图 6.3.4 是一个原理性的模型,图中的"归纳型学习算法"指的是一种类型的学习算法,而不是某一个或某一些个别的特定的归纳学习算法。但是,无论采用的是哪种或哪些归纳型的学习算法,它们共同的特点都是执行"由现象到本质的归纳",即"由个别到一般"的归纳。同样,图中的"演绎型学习算法"指的也是一种类型的学习算法,而不是某一个或某一些个别的特定的演绎学习算法。这些演绎型的学习算法的共同特点都是由已知的知识演绎出新的未知的知识,使人们的认识空间得到新的开拓。在后面这种场合,由已有的知识在目标指引下演绎出解决问题的智能策略(策略本身也是一种知识)是一个典型的应用。

还要说明,在图 6.3.4 的原理模型中,由信息到知识的生长过程中原则上是要采用归纳型的学习算法,但是,在许多实际的情形下,归纳也可能需要演绎型的学习算法的支援;同样,在由知识到智能策略的生长过程中原则上是要采用演绎型的学习算法,但是,在许多实际情形下,演绎也可能需要归纳型的学习算法的支援。因此,归纳型的学习算法与演绎型的学习算法之间的交互迭代互相支持甚至是反复迭代深度互动往往是不可避免的,特别在复杂环境下,情形更加如此。

总之,无论是"通过归纳型的学习算法从大量信息样本中生成知识"还是"在目标引导下通过演绎型的学习算法由知识制定智能策略",它们在运算的意义上都是可行的,或者说是可操作的。为了一般化,可以把知识生成的运算称为"信息-知识转换",把智能策略制定的运算称为"知识-智能策略转换",而把整个"知识的外生态过程"称为"信息-知识-智能策略转换"。在"核心智能"的意义上,后者也可以称为"信息-知识-智能转换"，其至简称为"信息转换"。

值得指出，"信息-知识-智能转换"正是智能生成的共性核心机制。

由此不难联想到，20 世纪 90 年代兴起的"数据挖掘(Data Mining)"和"知识发现(Knowledge Discovery)"所执行的任务其实就是图 6.3.4 的归纳型的学习算法的具体实现，即"信息-知识的转换"。应当指出，"数据挖掘"和"知识发现"并不是两个互相独立的概念。这是因为标准的"知识发现"一般包括三个互相衔接的步骤：数据准备，数据挖掘，结果解释。因此，数据挖掘只是知识发现的一个核心步骤。

所谓"数据挖掘与知识发现"就是：面向给定的(通常是某个特定专业领域的大规模的)数据库，通过采用适当的方法从数据库的数据集内挖掘(发现)新颖的、稳定的、有价值的"知识"。

如上所言，通常，给定的数据集合应当具有足够大的规模，而且应当具有统计的稳定性，能够满足"统计集合(Statistical Assembly)"的要求；从中挖掘出的结果必须是新颖的(而不是原先已有的)、统计稳定的(而不是偶然性的)、有价值的(而不是无意义的)知识。一般来说，这样挖掘出来的知识本质上是一类经验型的知识，这种经验型的知识的稳定性与数据集合的统计稳定性有关，同时也与挖掘算法的合理性有关。需要注意的是，数据集合的统计性主要是指它的统计"遍历性(各态历经)"，而不是单纯的数据规模，因为即使海量的数据集合，往往也会有"数据稀疏"的现象，因此不一定能满足统计的"遍历性"要求。

数据挖掘和知识发现获得知识的方法包括预测方法、分类方法、聚类方法、时间序列法、决策树方法关联规则挖掘方法等，原则上都是统计型的方法；而统计方法的核心规则是大数定律，也即"多者为胜"法则。需要注意的是，这种"统计型的归纳算法"所得到的结果，只是一种平均的行为，不能够保证每一次现实都符合平均的性能。

同样可以联想到，20 世纪 70 年代 Feigenbaum 等人提出的"知识工程(Knowledge Engineering)"所执行的任务，其实就是图 6.3.4 的"演绎型的学习算法"的一些具体实现。这是因为，当初提出"知识工程"的直接目的是满足专家系统设计的需要而研究各种知识的表示方法(主要是数理逻辑方法、状态空间法、状态图方法、语义网络方法、产生式系统方法、框架表示方法、戏剧脚本法等)和各种知识的推理方法(主要是基于数理逻辑的推理方法以及各种搜索方法)，以便在专家系统设计目标牵引下通过对知识的演绎推理求得解决问题的策略。这里所涉及的知识，都是领域专家的工作知识，原则上属于"规范型知识"，当然也不可避免地会涉及"经验型知识"和"常识型知识"。知识工程的研究没有关注如何由信息生成知识的问题，专家系统的知识通常都是通过系统设计者向"领域专家"询问的方法获取的。所以，知识工程只是执行了"知识-智能策略"的转换。

　　由于"知识发现"和"知识工程"基本上都遵循"自底向上"的研究路线,因此可以认为它们分别为"信息-知识转换"和"知识-智能转换"提供了许多具体的实际案例,但是并未形成完整的知识理论。而且,事实上,一直以来也很少有人专门关注过如何把"知识发现"获得的知识应用于"知识工程"。换言之,"知识发现"和"知识工程"分别互相独立地发展起来,并没有形成互相之间的联系。

　　相反,"知识的外生态学理论"则以自顶向下的视野和方法,把"信息-知识转换"和"知识-智能策略转换"统一成为"信息-知识-智能转换"(见图 6.3.4)。它的理论意义就在于:通过"信息-知识-智能策略转换"把"知识发现(信息-知识转换的特例)"和"知识工程(知识-智能策略转换的实例)"互相贯通起来,成为一个完整的统一的知识理论。

本章小结与评注

　　在一般的情况下,知识是由信息到达智能(策略)的中介桥梁:它的下端是作为原始资源的信息,上端是体现人类智慧能力的问题求解策略。千百年来,人们在实践的基础上积累了极其丰富多彩的科学知识,然而,却未能顾及系统深入地关注知识本身的理论。随着信息科学的发展,特别是由于人工智能理论研究的需要,人们才越来越清晰地注意到:在信息理论和智能理论之间还存在一片尚未充分开垦的处女地,存在一个巨大的理论鸿沟。不填平这个理论鸿沟,信息理论和智能理论就会沦为"断线珍珠",信息理论和智能理论的进一步发展就会受到极大的制约。比如,信息理论就可能长期停留在只有形式没有内容和价值的水平上,而人工智能理论则可能长期维持结构模拟、功能模拟、行为模拟三足鼎立的格局。可以毫不夸张地说,没有知识理论就不可能建立真正的智能理论,也不可能促进信息理论的提升。

　　本章讨论了知识的概念、定义、分类、描述、测度和各个生长发展阶段上的知识形态,形成了知识理论的基本框架,特别是首次提出和分析总结了"知识的生态学理论",包括"知识的内生态学理论"和"知识的外生态学理论",前者揭示了知识内部的生长发展规律,后者揭示了信息、知识和智能之间的转换发展规律。这些讨论不仅深化了知识理论本身的认识,而且为探讨智能科学的基本理论——智能生成的共性核心机制奠定了坚实而不可或缺的基础。

　　还要指出,"知识的生态学理论"不仅揭示了知识内部和外部的生态学规律,而且还直接沟通了信息理论、知识理论、智能理论之间的内在关联,为建立信息理论、知识理论和智能理论的统一理论铺平了道路,因而具有重要的意义。

　　作为一个颇有意义的附加产品,"知识的外生态学理论"也使分别于 20 世纪

70 年代和 20 世纪 90 年代各自独立提出而且一直各自为政的"知识工程"和"知识发现"互相贯通起来,成为"信息-知识-智能策略转换"理论的两个有机成分,共同为高等人工智能理论服务。

当然,知识理论是一个庞大的体系,还有许多重要的问题需要进一步深化,特别是知识的体系结构、知识的定量度量理论、知识内外生态系统所蕴含的各种丰富多彩的具体规律等都还有待深入研究。总之,知识理论是一个新开发的巨大宝库,它召唤着有志者去从事深度的探索、发现和创造!

本章参考文献

[1]　FEIGENBAUM A. The Art of Artificial Intelligence: Themes and Case studies in Knowledge Engineering [C]. IJCAI 5, 1014-1029, 1977.

[2]　BARR A , FEIGENBAUM A. Handbook of Artificial Intelligence [M]. Stanford: HeurisTech, 1984.

[3]　AGRAWAL R, et al. Database Mining: A Performance Perspective [J]. IEEE Transactions on Knowledge and Data Engineering, 1993, (3): 914-925.

[4]　AGRAWAL R, et al. Mining Association Rules Between Sets of Item in Large Database [J]. Proceedings of ACM SIGMOD International Conference on the Management of Data, 1993, (5):207-216.

[5]　FAYYAD U, ET AL. Advances in Knowledge Discovery and Data Mining [M]. Boston: MIT Press, 1996.

[6]　史忠植. 知识发现 [M]. 北京:清华大学出版社,2002.

[7]　SHANNON C E. Mathematical Theory of Communication [M]. Boston: MIT Press,1949.

[8]　WIENER N. Cybernetics [M]. Amsterdam: Elsevier Press,1948.

[9]　钟义信. 信息科学原理[M]. 5 版. 北京:北京邮电大学出版社,2002.

[10]　钟义信. 知识论框架[J],中国工程科学,2000,9:50-64.

[11]　钟义信. 机器知行学原理:信息-知识-智能转换与统一理论 [M]. 北京:科学出版社,2007.

[12]　ACZEL J. Lectures on Functional Equations and Their Applications [M]. New York: Academic Press, 1966.

[13]　HARDY G H, LITTLEWOOD J E, POLYA G. Inequalities [M]. London: Cambridge University Press, 1973.

第4篇 主 体

本书第 1 篇(第 1 章和第 2 章)先后阐明了"为什么要研究人工智能"和"应当怎样研究人工智能"这两个根本性问题;第 2 篇(第 3 章和第 4 章)介绍了人工智能的原型研究进展和人工智能研究方法的演进;第 3 篇(第 5 章和第 6 章)阐述了人工智能理论的两个重要基础,即信息理论(特别是"全信息理论")和知识理论(特别是"知识生态学理论"),为我们研究以全信息为基础以信息转换为纲领的机制主义人工智能理论奠定了必要的基础。至此,我们就可以来研究机制主义人工智能主体理论了。

所谓机制主义人工智能的"主体理论",最重要的内容自然应当是关于"**生成智能的共性核心机制**"的理论。这是因为,无论在什么条件下,"怎样生成智能"永远都是人工智能理论研究的根本问题和核心任务,只有掌握了智能生成的共性核心机制,才算真正掌握了整个智能理论。当然,这里所说的"智能"应当是一个完整的概念,即不仅应当包括传统理论所理解的智能,还应当包括"有意识有情感的智能",不仅应当包括抽象的智能策略的生成,还应当包括具体的智能行为的生成。

那么,在机制主义人工智能的研究领域,所谓"智能生成的共性核心机制"的具体含义是什么?

研究表明,这个含义就是:在给定了需要解决的问题、赋予了一定的**领域知识**和预设了求解问题的**目标**之后,如何通过获得问题的相关信息从领域知识中提取求解问题所需要的**专门知识**,并在目标引导下利用信息和专门知识生成求解问题的**智能策略**,并把智能策略转换为解决问题的**智能行为**;在领域知识不够充分的时候,又如何根据问题求解结果与预设目标之间的误差**信息**,去学习和补充新的**知识**,优化**智能策略**,改进求解效果,直至解决给定问题,实现预设目标;如果在反复学习和优化之后仍然无法达到预设目标,就要反过来求助于系统的人类主体重新调整预设的目标,再进行问题求解。

换句话说,在机制主义人工智能的研究领域,**智能生成的共性核心机制理论**,就是在事先给定的"**问题–领域知识–目标**"的前提下,关于如何实施"**信息–知识–智能转换**"的理论(后者可以简记为"**信息转换**"理论)。由此可知,所谓"机制主义方法"其实就是"信息转换方法"。在本书以下的行文中,这两种说法是互相等效的。但是,需要再次强调,在整个机制主义人工智能理论研究场合,所说的"信息"均应理解为"全信息"或者它的代表——语义信息。这也是机制主义人工智能理论与其他人工智能理论之间的重要区别。

有了上述这些认识,人们就能够针对任何给定的"问题–知识–目标",设计相应的机制主义人工智能机器,使之能够正确地生成解决问题的智能策略并把它转换为智能行为从而解决所给定的问题;除非事先给定的"问题–知识–目标"本身有矛盾因而需要调整目标。

当然,在某些情况下,也可以设想:人类给定的前提条件只包括需要解决的问题和求解问题的目标,而没有提供与问题相关的领域知识。在这种情况下,机制主义人工智能系统首先要完成的任务就是:根据问题和目标去获取相关的知识。有了相关的知识以后就可以按照上述"机制主义人工智能问题"的情形来研究。关于针对给定问题和目标条件下的知识获取问题,属于知识生成的问题,也就是"认知"问题。

　　还有一种情况,如果人类给定的前提条件只包含了需要解决的问题,而没有包含求解问题的目标,也没有包含求解问题所需要的领域知识。在这种情况下,人工智能系统的设计者可以按照常识或相关的参照为求解问题设定某种求解的目标,甚至可以设定若干种不同的求解目标。于是,这样的问题求解就转换为上述"给定问题和目标条件下的问题求解"了。总之,各种各样的"非典型"的人工智能问题,都可以通过一定的处理转化为"标准的机制主义人工智能问题"。因此,本书以下的讨论就只面向标准的机制主义人工智能问题来讨论。

　　需要再次强调的是(之所以需要再次强调,是因为人们很可能习惯于按照传统的观念来理解"智能"),从本部分的内容开始,我们所关心的"智能"应当不再是原先那种"既没有意识又识没有情感"的冷冰冰的智能,而应当是"既有意识又有情感的"完整意义上的智能,即**"高等人工智能"**。这是机制主义人工智能理论与其他人工智能理论之间的又一重大区别。

　　令人鼓舞的是,我们的研究表明,不仅智能策略是通过基于全信息的信息转换原理生成的,而且智能的全部能力要素,包括注意能力、记忆能力、意识能力、情感能力、理解能力、综合决策能力以及行为能力也都是由各自相应的信息转换原理生成的,只不过生成的条件、知识背景和具体要求各有不同而已。

　　于是,我们就可以用**统一的观点**(特别是全信息的观点和知识生态学的观点)、**统一的方法**(机制主义的方法)和**统一的原理**(信息转换的原理)面对**统一的模型**(机制主义人工智能系统模型图 7.1.1)探究和建立机制主义人工智能的主体理论。

　　人们将会通过机制主义人工智能理论看到,历史上长期"鼎足三分"的人工智能三大主流理论(结构模拟的人工神经网络理论、功能模拟的物理符号系统理论、行为模拟的感知动作系统理论)将和谐地融入机制主义人工智能理论体系;曾经长期"互相隔离"的三大智能领域

（人工智能领域、人工情感领域、人工意识领域）将汇合成为统一的机制主义人工智能理论体系；曾经长期互相脱节的三大科学理论（信息理论、知识理论、智能理论）也将由此成为一脉贯通的现代科学理论体系。

　　最后需要说明，在本书全部行文中，术语"机制主义人工智能理论"和"高等人工智能理论"是同义语，可以互相换用。当然，前者比后者更加明确标志了本书所建立的人工智能的"高等"高在何处：高在"机制主义"的观念和方法。

第7章 感知(第一类信息转换原理): 客体信息→感知信息(语义信息)

前面曾经指出,迄今人们所研究的人工智能系统模型基本上是一个既无意识又无情感的模型,因而是一个不完全、不真实和不合理的模型,顶多只可以称之为"初等人工智能"。本书的目的则在于建立一个"高等人工智能理论",也就是基于全信息理论(它的代表示语义信息理论)和知识生态学以及一系列信息转换原理,因而能够有机融通结构主义人工智能、功能主义人工智能、行为主义人工智能,并实现基础意识-情感-理智三位一体的"机制主义人工智能理论"。

有鉴于此,在着手研究高等人工智能的主体理论之前,有必要首先思考和构筑一个合理的高等人工智能理论系统模型。在此基础上,本章将开始研究这一系统模型中关于感知、注意和记忆系统的机制主义方法和信息转换原理,而把认知、基础意识、情感、理智、综合决策和智能行为的机制主义方法及其信息转换原理放在后续章阐述。

7.1 机制主义人工智能系统模型与机制主义方法

现在就来研究和考察高等人工智能系统的基本模型,它的理论原型应当是人类的智能系统,它是高等人工智能理论研究的出发点和归宿。此前,我们曾经提到过高等人工智能的基本概念以及它与传统人工智能概念之间的联系与区别。我们相信,通过高等人工智能系统模型的分析,这种联系与区别就会变得更加清晰。

7.1.1 机制主义人工智能的系统模型

本书第3章的图3.3.1、第4章的图4.3.1、第5章的图5.1.2以及第6章的图6.1.1分别从各自不同的视角给出了略显不同的人工智能的系统模型。但是不难看出,这些模型实质上是一致的:它们都是承担人类"显性智慧(即人类智能)"的人工智能系统,都具有"显性智慧"系统的功能,包括模拟感觉器官的信息获取功能、模拟传入神经系统的信息传递功能、模拟古皮层和旧皮层的信息处理功能、模拟新皮层的知识生成(也可以称为信息理解)功能和策略制定(可以称为信息再生)功能、模拟传出神经系统的策略传递功能以及模拟效应器官的策略执行(也叫施效)功能。

总体上看,所有这些模型都表明,人类本身是一个相当完美的智能系统,而人类的智力能力是由它各种相关"组织器官"的功能所支持的。这些模型刻画了人工智能系统与人类智能系统之间的对应关系,对于理解人工智能的理论具有积极的意义。

不过,传统人工智能研究通常只关注"知识生成和策略制定"的能力(不涉及人工情感和人工意识);而关于其他相关能力的研究,则分别划归于传感技术、通信技术、计算机技术和控制技术的研究领域。因此,传统人工智能所研究的实际上是一个相当不完整因而也是相当不真实的智能系统模型。

传统人工智能和认知科学的智能系统模型基本上都是建立在 Newel 和 Simon 所提出的**"物理符号系统假设"**的基础上[1,2]。这一假设认为:任何系统只要满足(1)具有输入符号,(2)具有输出符号,(3)能够存储符号,(4)能够复制符号,(5)能够建立符号结构,(6)具有条件性迁移能力,就可以被认为是一个智能系统。他们由此断言:计算机和人脑都满足这 6 个假设条件,所以,计算机和人脑都是智能系统。计算机也因此获得了"电脑"的美称。

问题在于:**"物理符号系统假设"**真是智能系统的充分必要条件吗? 分析这些假设可以发现,这样的物理符号系统是"纯粹形式化"的运算系统。不错,计算机确实就是这样一种纯粹形式化的运算系统。但是,人类的认知过程也能够简化为不计内容和价值的纯粹形式化的运算过程吗? 认知科学的研究指出,人类的陈述性记忆是按照信息的"语义"关系来组织的[3-5]。这就表明,人类记忆信息和检索信息的重要方法是通过语义信息的支持而实现的。不仅如此,人类的决策的优劣是依据语用信息来判断的。于是,人们就可以设问:"物理符号系统假设"能够怎样支持语义信息和语用信息的有效处理?"物理符号系统假设"又怎样支持情感信息的处理和意识能力的生成? 直至目前,这些问题都还没有得到满意的回答。

本书第 4 章第 4.3 节定义了"高等人工智能"的概念,认为:完整的人工智能系统模型不仅应当具有纯形式的"知识生成和策略制定"的能力(这是传统人工智能理论的基本研究对象;在高等人工智能理论场合,我们把它称为"理智",以与"情感"相对应),而且应当具有"基础意识和情感处理"的能力。事实上,如果一个系统连基本意识的能力都不具备,不能对外部世界的刺激产生合乎情理的反应,它又怎么可能加工出智能呢? 同样的道理,如果一个系统连基本情感都没有,它所产生的反应又怎么能够被认为是真实和完善的呢?

为了弥补这些缺陷,可以构造图 7.1.1 所示的"机制主义人工智能"的系统模型。

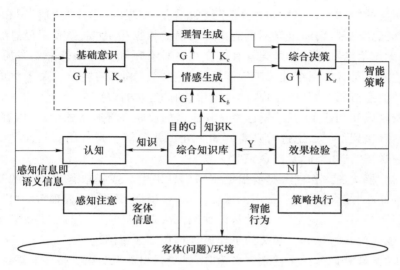

图 7.1.1　机制主义人工智能的系统功能模型

以下就来简要解释这个模型——模拟人类智能系统的模型——的工作过程。

图中 K_a 代表本能知识和常识知识,K_b 代表本能知识、常识知识和经验知识;K_c 代表本能知识、常识知识、经验知识和规范知识;K_d 代表决策艺术知识。

众所周知,外部世界的各种事物无时无刻不在运动,生成并呈现各种事物的运动状态及其变化方式(客体信息),这些客体信息就成为客体给主体的各种刺激,它们直接或间接地作用于智能系统的感知系统。脑科学的研究结果已经表明[6,7],感觉器官可以感知这些外部刺激的形式参数,感知相应的语法信息(但感觉器官本身无法感知语用信息和语义信息),它是感知信息的形式分量。

顺便说明,由于习惯和爱好的不同,信息科学和人工智能领域都存在"同一个概念却有多种术语"的现象。因此需要注意:在后续的叙述中,术语"客体信息"和"本体论信息"被视为同义语;同样,术语"感知信息""全信息""认识论信息"也被视为同义语。

显然,智能系统没有能力主宰外部世界各种刺激的发生,也没有办法完全避免外部世界各种刺激对它发生作用。但是由于智能系统具有自己的"目标",感知系统就可以根据这个目标利用后面将要阐述的第一类信息转换原理在脑内生成"不仅反映外部刺激的外在形式(语法信息),而且反映外部刺激的内在含义(语义信息)和相对本系统目标而言的效用价值(语用信息)的感知信息",并在此基础上生成体现自己目标要求的"注意"机制,选择出那些与目标密切相关的外部刺激,抑制或过滤与系统目标不相关或很少相关的各种刺激。

可见,系统"目标"在信息获取这个关口上发挥着极其关键的作用:如果智能系统没有明确的"目标","感知和注意"系统就没有"根据"来形成"全信息"和基于全信息的"注意"机制,因而也就不可能具有明确的依据生成"选择有用信息"的能力和"抑制无用信息"的能力,系统就有可能被各种有用和无用的外来刺激所堵塞和淹没。这是人类智能系统和人工智能系统处理"大数据"的绝招。关于生成"感知信息"和"注意机制"的具体原理,本章随后就有专门的阐述。

接着,"感知和注意"系统把已经选择出来的反映外部刺激的形式、内容和效用的感知信息送到记忆系统进行必要的加工处理并存储起来备用。与此同时,感知信息又被送到"认知"和"基础意识"。

"认知"模块的工作任务是要根据感知信息来生成或提取与之相应的知识,并把知识存储在"综合知识库"备用。需要注意,这里把"认知"过程理解为"由感知信息到知识"的转换,也就是"由感性认识到理性认识的转换"。因此,获得知识是"认知"工作成功的基本标志。相关的工作原理将在第 8 章阐述。

关于"基础意识",这里把它定义为"本能知识和常识知识支持的心理反应",因此为了保证"基础意识"模块的有效工作,除需要由感知系统所生成的反映外部刺激性质的"全信息"外,还需要由记忆系统提供的"系统目标"以及与之相应的"本能知识和常识知识"的支持。

所谓基础意识模块的反应能力,是指:根据系统提供的本能知识和常识知识和目标,通过对于(代表外部刺激的形式、内容和效用的)全信息的处理而生成的合乎本能知识和常识知识道理以及合乎目标的反应能力(应当响应还是不予理会;如果应当响应,那么,根据本能知识和常识知识应当做出怎样的响应?)。

不难理解,虽然基础意识的"反应能力"和感知系统的"注意能力"都是对全信息所反映的外部刺激所做的某种"选择反应",但却不是简单的重复,这是因为,二者在认知层次上互不相同:"注意模块"仅仅根据系统目标做出"允许通过还是过滤清除"的判决,比较原则和笼统;基础意识模块的反应则不仅根据系统的目标还要根据系统的本能知识和常识知识来做出判断和产生更具体的反应,因而比前者更深刻,也更具体。

基础意识的"反应能力"是高等智能重要的基础环节,这是因为,它的工作正确与否直接影响后续模块以至整个系统的工作:

(1)如果某个外部刺激引起了基础意识模块的响应,那么后续模块就需要自上而下地检验基础模块的响应是否正确:若是正确的反应,就予以确认;若是错误的反应,则予以纠正,并启动后续的情感与理智处理。

(2)如果基础意识模块对某个外部刺激不能产生合理反应,那就意味着:这个刺激的复杂性可能超出了基础意识的处理能力范围,需要基础意识模块自下而上地提交给情感与理智模块进行更深刻的处理。

至于基础意识模块如何在这些条件支持下产生上述反应能力,将在第 9 章做专门的讨论。

根据脑神经科学和认知科学的分析[1,4,7,8],人类情感处理和理智处理是分别由不同的脑组织承担的:情感处理主要在边缘系统进行,理智处理主要在联合皮层进行。因此,在形成基础意识的响应之后,这个响应连同全信息将分成两路向上前行:一路进入情感生成支路,在目标和知识库的"本能知识、常识知识、经验知识"的联合支持下生成系统对于这个外部刺激的情感判断:是应当爱? 还是应当恨? 是应当喜? 还是应当忧? 是应当怒? 还是应当乐? 另一路进入理智生成支路,在全信息和知识库的"本能知识、常识知识、经验知识、规范知识"的支持下生成关于这个外部刺激的知识,进而在系统目标的引导下基于这些知识生成理智谋略,也就是理解外部刺激的形态、内容和价值,从而形成系统对于这个外部刺激的理智性判断:应当欢迎? 为何欢迎以及怎样欢迎? 应当反对? 为何反对以及怎样反对? 应当采纳? 为何采纳以及怎样采纳? 应当排斥? 为何排斥以及怎样排斥? 应当躲避? 为何躲避以及怎样躲避? 应当放弃或者不予理会? 至于情感支路和理智支路分别按照怎样的工作原理和机制生成对于外部刺激的情感和理智判断,将在第 9 章做专门的探讨。

还要注意,虽然情感生成和理智生成这两个支路的目标是一致的;但是它们所具有的"知识背景"却各不相同:情感生成支路具有"本能知识、常识知识、经验知识",理智生成支路具有"本能知识、常识知识、经验知识、规范知识"。因此,两个支路的工作速度和工作质量(对外部刺激的理解深度)也各不相同:一方面,情感生成支路生成情感的速度一般比较快(因为本能知识、常识知识、经验知识的处理相对而言比较容易),理智生成支路生成理智谋略的速度比较慢(因为除要处理本能知识、常识知识、经验知识外,还要通过演绎推理等复杂程序处理规范知识);另一方面,正因为情感生成支路生成的情感只是建立在本能知识、常识知识和经验知识的基础上,往往不是很深刻很全面,而理智谋略生成支路生成的理智谋略是建立在全部知识的基础上,通常比较深刻比较全面。所以,在工作速度上,情感的生成比理智的生成快;但是在工作质量上,理智的判断质量比情感的判断质量高。

那么,为什么高等人工智能系统要形成这样两个不同的支路? 这是由人类在长期进化过程中所形成的"安全保障"机制启发而来的:在面临一般刺激的情况下,情感支路生成的结果可以等待和让位于理智支路生成的结果,以便把问题处理得比较周到圆满;但是,如果根据本能知识、常识知识和经验知识的快速判断,系统将面临巨大的紧急险情,这时就应当优先按照情感支路的快速处理结果采取相应的紧急措施,而不能等待理智支路慢条斯理给出的"深刻理解"才采取行动;等到紧急危险缓解之后,再按照理智支路生成的"深刻全面理解"来建立处理善后的策略。这样,智能系统就既可以在危险和紧急情况下及时应急,又可以在正常情况下全面处置。至于由谁确定和怎样确定两者的"优先关系",这是"综合决策"模块的任务。

情感支路生成了需要表达的情感,理智支路生成了作为决策基础的谋略,综合决策系统的任务就是在综合这两个支路的结果的基础上制定最终策略。这里的综合是一个高度复杂的过程,不仅需要有目标信息而且需要有两个支路的结果:在情感支路的结果与理智支路的结果一致的情况下,就直接根据两者的结果,在目标引导下,制定最终的策略;在情感支路的结果与理智支路的结果不一致的情况下,就要区分轻重缓急制定最终策略(在紧急情况下需要充分考虑情感支路的结果);在正常情况下需要尊重理智支路的结果,或者在两者之中采取某种权衡。这里所需要的知识,不仅应当包含本能知识、常识知识、经验知识和规范知识,而且通常还应当包含综合决策所需要的一些更加高级更加特殊的知识,如决策艺术、直觉、现场感和灵感等。

在制定最终策略以后,需要通过"策略表示"模块把策略表示成为策略执行模块能够理解和执行的有效形式,便于执行。后者的本质任务是在理解策略的基础上把智能策略转换成为智能行为,作用于待处理的问题,改变问题的状态,使它走向预设的目标状态,完成**"认识世界(获得知识)和在认识世界的基础上改造世界(生成策略和执行策略,实现预设目标)"**的任务。

但是,如果策略执行的结果不理想(这是经常会发生的情况),感知系统就要把求解问题的结果状态与目标状态之间的误差情况作为新的信息反馈到"基础意识-情感-理智-决策"系统,从中学习和补充新知、修正和优化策略,改进求解的效果。这种通过反馈学习补充新知和优化策略的过程通常需要进行多次,不断螺旋式上升,直至问题得到满意解决。这是典型的**学习过程**。

如果通过反馈误差信息、学习新知和优化策略之后,始终无法达到目标,就应当判断"预设目标"可能不尽合理。在这种情况下,需要通过人(用户)的"隐性智慧"的机制调整和重新设定"目标",并通过上述的过程重新寻求解决问题达到新目标的新策略。这个过程体现了**"在认识世界和改造世界的过程中既改造客观世界也同时改造自己的主观世界"**的道理(至于如何通过隐性智能机制来调整和重新预设目标,如前所说,本书暂不讨论,留待日后进一步的研究)。

需要指出,从感知系统的"注意选择"到基础意识模块的"觉知响应",再到情感支路的"情感生成"和理智支路的"理智谋略生成(从信息提炼知识,由知识激活谋略)",反映外部刺激性质的"全信息"经历了智能系统所设置的一道又一道的处理关口,经受了一层又一层的深入剖析。每一道处理关口所进行的每一层处理在深度上都很不相同,结果也很不同,是一个逐层深化和提炼的过程。"注意"模块只依据系统目标,只关心"这个刺激是否与目标相关";"基础意识"模块依据本能知识和常识知识,关心"这个刺激是否符合本能知识和常识知识";"情感生成"模块依据本能知识、常识知识和经验知识,关心"如何生成符合本能知识、常识知识、经验知识的情感反应";"理智谋略生成"模块则是全面依据本能知识、常识知识、经验知识和规范知识,它所关心的是"如何生成符合本能知识、常识知识、经验知识和规范知识的理智谋略";而在此基础上,其后的"综合决策"还进一步利用本能知识、常识知识、经验知识、规范知识、决策艺术和直觉灵感等综合知识来综合生成最终的系统智能策略。正是通过这样步步深入和层层升华,才保证了高等人工智能系统的高度智能水平。

不难看出,在高等人工智能系统的整个工作过程中,"记忆系统"发挥着基础性作用。它不仅存储着系统目标 G 和各种必要的知识(包括本能知识、经验知识、规范知识、常识知识、决策的艺术和灵感知识等),而且存储了由外部刺激所引发的"全信息"以及作为中间处理过程的各种结果。与普通的信息概念不同,"全信息"是语法信息、语义信息、语用信息三个分量的统一体,因此,这里的记忆系统需要以适当的方式存储这个"三位一体"。显然,这里的记忆系统应当包括感觉记忆系统、短期记忆系统、工作记忆系统和长期记忆系统,是一个非常复杂的记忆系统体系。不仅如此,这个记忆系统体系还应当能够根据处理进程需要经常与模型中各个模块(包括感知、注意、基础意识、情感处理、谋略处理、综合决策以及策略执行等模块)发生频繁的交互作用,提供或接受相关的信息和知识,支持高等人工智能系统的全部工作。

还要特别指出,模型中的注意模块、基础意识模块、情感生成模块、理智谋略生成模块和综合决策模块一起共享反映外部刺激与系统目标之间关系的全信息。这样就提供了这些模块之间自下而上和自上而下互相协调的基础。比如,基础意识模块知道什么时候应当自下而上报告"超出自身处理能力的外部刺激",情感模块和理智模块也知道什么时候应当自上而下检查基础意识模块的工作状况,并适时进入角色,使这些模块能够互相默契配合,而不是各行其是。

总之,高等人工智能系统模型提供了一个具有感知能力、注意能力、认知能力、基础意识能力、情感生成能力、理智谋略生成能力、情感与理智交互作用的综合决策能力以及策略执行能力的系统结构。它是一个比传统人工智能模型更为完善、更为真实、更为合理、也是需要更多知识支持因而更加复杂的智能系统模型。

至此就可以明白,一方面,高等人工智能系统模型确实与传统人工智能系统模型之间存在重要的联系,因为两者都关注理智谋略的生成;另一方面,它们之间又存在实质性的区别,因为传统人工智能系统模型只是相当于高等人工智能系统模型中关于"理智谋略生成"这个部分,它没有感知和注意的生成能力,没有基础意识和情感的生成能力,当然也没有综合决策的能力,确实是一种不完整不真实的智能模型。传统人工智能系统模型是高等人工智能系统模型的一个真子集。

需要说明的是,本部分内容的主要目的在于探索高等人工智能生成的共性核心机制,而不涉及高等人工智能系统的全部组成部分。所谓"共性机制",当然是指对于任何高等人工智能系统都普遍适用的智能生成机制;所谓"核心机制",主要是指模型中的"注意、认知、基础意识、情感生成、理智谋略生成、综合决策和策略到行为的转换机制",而没有包括感觉器官(如传感器、计算机视觉和听觉),也没有包括效应器官(如具体的执行机构)和传导神经系统(通信网络)。当然,处于"非核心"地位的感觉器官、传导神经和效应器官并非不重要,只是由于本书篇幅所限暂时不能安排(而且这些内容在其他学科已经得到很好的研究)。

同时,注意到"原理的首创性和技术的借鉴性"以及"原理的稳定性和技术的易变性"这些明显的学术特点,在理论初创的当前阶段,高等人工智能理论研究的重点必须而且也只能放在探索和阐明它的基本原理这个基点上。因此,本书将严格地定位于《高等人工智能原理》。按照这个方针,以下各个章节就将着力阐明高等人工智能系统的基本工作原理,而不深入到系统的技术细节。这是本书的有限目标取材原则。

7.1.2 信息转换:机制主义方法

一般而言,无论是对于高等人工智能系统还是传统的人工智能系统,它们共同的中心任务和根本目标都应当是:在设定的问题-领域知识-目标的前提下,如何有效地生成系统所需要的智能策略来解决问题达到目标。除此之外,其他的任务和目标显然都处于从属的地位。

人们很自然会认为,对于一个具体的系统来说,"系统是否具有智能"或者"系统会具有什么样的智能"总会与它的结构、功能和行为有关。是的,智能并不是什么空中楼阁或者海市蜃楼,一个真实系统的智能总会与系统的结构、功能和行为有一定的关系。因此,这种认识其实并没有错误。

然而,从科学研究的角度来看,比一个系统的结构、功能和行为更为重要(或者说是首要)的问题应当是:无论对于何种具体的智能系统,是否存在某种生成智能的共同方法和规律?如果存在,那么,这种智能生成的共同方法和规律究竟是什么?如果不存在,那是因为什么缘故?在后面这种情况下,人们又应当如何具体地解决智能生成的问题?这才应当是思考和研究问题的自然逻辑。

本书第 6 章曾经针对传统的人工智能系统模型(图 6.3.1)提炼出**"智能生成的共性核心机制是信息-知识-智能策略转换"**的结论,并且把它简明地表述为**"信息转换"**。换言之,本书认为,对于传统人工智能系统来说,智能生成的共性核心规律就是"信息转换"原理(虽然其他作者尚未做出这样的判断)。同时,前面也还曾经做出预言"情感和基础意识的生成机制也是相应条件下的信息转换"。于是,现在的问题就是应当做出判断:如果我们确认这个结论对于传统的人工智能系统而言是正确的,那么对于高等人工智能系统而言这个预言能不能成立? 或者换一个方式问:"信息转换"原理也是高等人工智能系统智能生成的共性核心机制吗?

首先,图 7.1.1 所示的高等人工智能系统模型表明,智能系统并不是一种封闭的系统,而是开放的系统:智能系统的智能是在智能系统与外部世界相互作用的过程中产生出来,又是在与外部世界相互作用的过程中表现出来的。因此,无论是基础意识能力还是情感生成能力,无论是理智谋略生成能力还是综合决策能力,所有这些能力的生成都是通过外部刺激对系统的作用而激发的,也是通过智能策略对外部刺激的反作用效果而检验和优化的。

于是,可以断言,一方面,**在内部**,智能系统自身必须具有"明确的**目的**"和"足够的**知识**",没有目的和知识的系统绝不可能成为真正有智能的系统;另一方面,**在外部**,又必须具有外部刺激呈现的**客体信息**以及由此转换出来的能够表达外部刺激与智能系统目标之间利害关系的"**感知信息**"。如果没有这样的感知信息(换言之,如果只有 Shannon 信息),系统就没有相应的"利害"依据来产生"注意"能力;同样的道理,没有这样的感知信息,系统就不可能生成"基础意识"的反应能力;没有这样的感知信息,也不可能生成"情感"能力;没有感知信息,也就不会有"理智谋略"能力和系统的"综合决策"能力。总之,没有感知信息,高等人工智能系统的各种能力就失去了生成的"缘由"。这是显而易见的结论。

当然,感知信息本身并不就等于是智能。因此,除要具有感知信息这个"缘由"要素外,为了真正生成高等人工智能系统的各种具体能力,需要对感知信息实施各种相应的"加工转换",把感知信息转换成为注意能力、基础意识能力、情感能力、理智谋略能力以及综合决策能力。这也就是"信息转换"的含义。

可见,对于"具有目的和相应领域知识"的高等人工智能系统来说,在获得(反映外部刺激与智能系统目标之间利害关系的)感知信息的基础上,根据各种分门别类的条件和要求而展开的"信息转换",就是高等智能系统的"注意能力生成、认知能力生成、基础意识能力生成、情感能力生成、理智谋略能力生成、综合决策能力生成以及策略执行能力生成"的共性核心机制。

当然,这里并没有说系统的结构、功能、行为都无足轻重,都不再值得关注。实际上可以认为,结构是系统的工作实体;功能是系统的能力要素;行为是系统的能力表现;而机制则既是驾驭系统全局的灵魂,又是贯穿系统全局的生命力。对于任何一个系统来说,结构、功能、行为、机制都是不可或缺的要素;但是,任何系统的结构、功能、行为都只是系统机制(生命力和灵魂)的具体承担者和执行者,都为了实现系统的工作机制而提供服务,或者说,系统的结构、功能、行为都是为系统的机制服务的;而机制则统领一切(当然包括统领系统的结构、功能和行为),抓住了系统的机制就抓住了系统的全局。

由此可见,对于高等人工智能系统的理论研究来说,与传统人工智能理论研究的结构主义[9-16]、功能主义[17-21]、行为主义[22,23]这些方法相比,以"信息转换"为基本标志和本质特征的智能生成的机制主义研究方法显然更加深刻、更加科学、更加全面、更加合理,因而更加有效。

对照图 7.1.1 的高等人工智能系统模型,不难得到表 7.1.1 所示的高等人工智能系统基于各种信息转换所生成的各种智能能力要素(包括注意能力、基础意识能力、情感能力、理智谋略能力和综合决策能力)的工作机制。

表 7.1.1　信息转换:生成高等人工智能的机制主义方法

第一类信息转换始终点		其后各类信息转换所需要的知识	能力
客体信息	感知信息	目标知识	注意
客体信息	感知信息	目标+本能+常识	基础意识
客体信息	感知信息	目标+本能+常识+经验	情感
客体信息	感知信息	目标+本能+常识+经验+规范	理智谋略
客体信息	感知信息	目标+本能+常识+经验+规范+艺术	综合决策
客体信息	感知信息	"策略–行为"转换所需的知识	策略执行

表 7.1.1 中,第一列到第二列表示的是第一类信息转换:由客体信息(始点)转换为感知信息(终点),也就是转换为全信息;由第二列到第四列表示的是第二、三、四类信息转换的各个步骤:由第一类信息转换所得到的感知信息分别转换为注意能力、基础意识能力、情感能力、理智谋略能力、综合决策能力以及策略执行能力。

可以看出,表 7.1.1 第四列所示出的这 6 项能力,就是高等人工智能的全部核心能力要素。由此可以清楚看出,**高等人工智能的全部核心能力要素,都是相应的"信息转换"的产物**。

关于这些生成机制的详细说明和论证,将在本章和第 9 章逐一讨论。

7.2　第一类信息转换原理:感知与注意的生成机制

正如图 7.1.1 的模型所示,高等人工智能系统的第一个重要单元,是系统对外部刺激的感知并在此基础上生成"感知信息"和系统的"注意"能力。其中的"注意"能力只关注外部刺激是否与系统"目标"相关,据此做出"是否值得关注"的决定。严格地说,系统的"注意能力"应当属于系统"基础意识能力"的一部分,而且是基础意识能力的先导和前提。因为,如果某个系统连"注意能力"都没有,它怎么可能会具有"基础意识能力"呢? 不过,为了叙述上的方便,我们暂时把"注意能力"单独放到本章来讨论,而把"基础意识能力"放到第 9 章去处理。希望这样的安排不至于引起误解。

根据人类智能系统的启迪,系统的"注意能力"应当包含如下几个基本部分:

第一,针对外部刺激的各种有意义的物理化学参量(视觉参量、听觉参量、嗅觉参量、味觉参量、触觉参量等),产生尽量准确的关于外部刺激形式的表述(以不丢失有意义的信息为原则),这样所得到的结果,就是由外部刺激呈现的"客体信息"转换而来的关于外部刺激的"语法信息"。这是感觉系统的功能。

第二,利用所得到的"语法信息"、系统提供的"目标信息"、知识库所提供的先验"语法信息-语用信息"对应关系集合(或者现场体验),生成反映外部刺激对于系统目标效用而言的"语用信息";在所获得的语法信息和语用信息的基础上通过逻辑操作生成"语义信息",从而生成"全信息,即感知信息"(详见 7.2.1 小节)。这就是所说的"第一类信息转换原理"。

第三,在系统知识库提供的"目标信息"导控下,系统对所获得的"感知信息"进行价值和内容的分析处理,生成系统的"注意能力"(详见 7.2.3 小节)。这就是本节所要关注的"注意"功能。

再次强调,高等人工智能系统除必须事先在知识库内存储"目标信息"、先验的"语法信息-语用信息"对应关系集合以及必要的逻辑运算能力外,更为重要和基本的能力是:高等人工智能系统应当能够在外部刺激作用下生成"全信息",这是因为,注意能力(和后面的各种能力都)需要通过对"全信息"(而不是 Shannon 信息)的分析和处理才能生成。

本节将先讨论"由本体论信息生成全信息"的机理,即"第一类信息转换原理"。

7.2.1 感知信息的生成机理

按照前面的定义,外部刺激本身所呈现的"运动状态及其变化方式"是事物自身的"本体论信息",而认识主体所表述的"事物运动状态及其变化方式的形式、含义和效用"则称为"认识论信息",也叫"全信息"。因此,生成"全信息"的过程本质上就是由本体论信息到认识论信息(全信息)的转换,称为"第一类信息转换"。

既然第一类信息转换是由本体论信息到认识论信息(全信息)的转换,第二类信息转换是由全信息到知识的转换;第三类信息转换是由全信息到智能其他能力要素(基础意识、情感、知识、理智谋略、综合决策以及策略执行)的转换,于是,三类**"信息转换"的整体作用是把信息资源转换为知识、基础意识、情感、知识、理智谋略、综合决策和策略执行能力,它的重要意义至少可以与物理学的"质量转换"和"能量转换"相媲美**。本章首先讨论第一类信息转换及与第一类信息转换密切相关的"注意"和"记忆"问题,下两章将在此基础上讨论第二和第三类信息转换的相关内容。

　　那么,本体论信息能够转换成为认识论信息(全信息)吗? 如果能够,这种转换的原理是什么?

　　其实,每个人类个体时时刻刻都在进行着这种由本体论信息到全信息的转换,他们自然而然(甚至几乎是毫无觉察地)地把外部事物所呈现的形象(本体论信息)在头脑中进行了转换,产生出关于这些事物的内容(语义信息)以及这些形态相对于自己目标而言的价值(语用信息)。

　　图 7.2.1 给出的就是由本体论信息转换为认识论信息的原理模型。

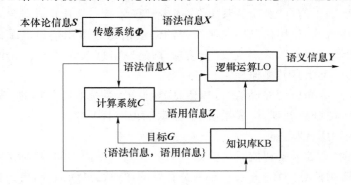

图 7.2.1　第一类信息转换的原理模型

　　模型表明,第一类信息转换 $S \mapsto (X, Y, Z)$ 的原理包含三个前后相继的步骤。

步骤 1　由本体论信息 S 生成语法信息 X

　　本体论信息 S 通过传感系统 Φ(对于人类智能就是感觉器官)可以把 S 转换成为认识论信息的"语法信息 X"。在数学上,这可以看作是一种映射:

$$F : S \mapsto X \tag{7.2.1}$$

　　脑科学的研究已经证明,外部事物呈现的运动状态及其变化方式通常体现为它的某些物理化学参量的状态及其变化方式(根据定义,这就是事物的本体论信息),当这些物理化学参量的状态及其变化方式作用于人类感觉器官的时候,感觉器官可以感受到这些物理化学参量的状态及其变化方式的形式(但不是内容和价值),并通过一定的方式把这些形式表示出来(根据定义,这就是认识论信息的语法信息)。技术上的传感系统可以在一定程度上模拟人类感觉器官的这种能力。所以,映射(7.2.1)是完全可以在技术上实现的。

　　理论上看,这种转换应当是一类"一对一的保信映射"(即不会引起信息损失的映射)。在具体的技术实现场合,只要在所关注的映射区域范围(而不必是全部范围)内实现"一对一映射"或者"线性转换",就可以满足"保信"的要求。至于"保信"程度的具体要求,则与实际应用的情况有关。

步骤 2　由语法信息 X 生成语用信息 Z

　　对于高等人工智能系统来说,这里需要分成两种情况进行处理。

情况(1):检索的方法

假设设计者事先在知识库内存储了系统目标信息 G 以及先验的"语法信息与语用信息的对应关系"集合 $\{X_k, Z_k\}$,其中,k 是集合元素的指标,它在指标集合 $(1, K)$ 内取值,K 是某个足够大的正整数,表示知识库系统积累的"对应关系"的规模。

于是,可以用步骤 1 所生成的语法信息 X 去访问上述知识库系统。如果此时输入的语法信息 X 与 $\{X_k, Z_k\}$ 中的某个语法信息 X_{k0} 实现了匹配(匹配的精度要求依具体的问题而定),那么,与 X_{k0} 相对应的那个语用信息 Z_{k0} 就被认定为此时输入语法信息 X 所对应的语用信息 Z。这个过程可以表示为:

$$Z = Z_{k0} \in \{X_k, Z_k\}|_{X=X_{k0}} \tag{7.2.2a}$$

情况(2):计算的方法

如果此时的语法信息 X 无法与知识库内 $\{X_k, Z_k\}$ 集合的任何 X_k 实现匹配,这就意味着与这个语法信息 X 相应的外部刺激 S 是一种新的刺激,因此,知识库内目前还没有存储与这个语法信息相关的语用信息知识。这时,就可以通过下面的计算来求得相关的语用信息:

$$Z \propto \mathrm{Cor}(X, G) \tag{7.2.2b}$$

其中,符号 X 是输入的语法信息矢量,G 是系统的目标矢量,Cor 是某种相关运算符(比如,两矢量之间夹角的余弦就是一种面对矢量的相关运算)。式(7.2.2b)的含义是:计算输入的语法信息矢量 X 与系统的目标矢量 G 之间的相关性。计算的结果,规范化的语用信息 Z 的数值应当在 $[-1, 1]$ 之间。$-1 < Z < 0$ 表示负相关;$0 < Z < 1$ 表示正相关;$Z = 0$ 表示不相关。

一旦通过计算获得了与 X 相应的语用信息 Z,就把这个新的语法信息与语用信息的对应关系补充存储到知识库的集合 $\{X, Z\}$ 内,使知识库的内容得到增广。

通过以上两种方法,就可以由语法信息生成与之相应的语用信息。

对于人类智能系统来说,上述两种情况可以分别解释如下。

情况(1):回忆(面对曾经经历过的外部刺激)

如果他面临的外部刺激 S 是以前曾经经历过的,于是在自己的脑海中留有相应的记忆(似曾相识),也就是存在语法信息与语用信息的关系集合 $\{X_k, Z_k\}$,那么他就可以通过自己的主动回忆(相当于用 X 作为检索关键词去搜索记忆系统中的那个关系集合 $\{X_k, Z_k\}$,寻求与之匹配的语法信息)来提取这个刺激对自己的目标而言的语用信息 Z。这相当于人工智能场合(7.2.2a)的情形。不过,人类智能系统所执行的不会是精确的匹配运算,更可能是模糊的匹配估量。

情况(2):体验(面对完全陌生的外部刺激)

如果他面临的外部刺激 S 是以前没有经历过的新刺激,那么在他脑海中的语法信息-语用信息关系集合 $\{X_k, Z_k\}$ 中不存在与它相应的项。在这种情况下,他只有通过直面这个新的刺激进行亲身的体验,来获得这个新的刺激究竟对自己的目标而言是有利还是有害以及利害有多大。对于人类智能系统来说,对未知刺激进行亲身体验的过程就相当于执行(7.2.2b)的计算过程。当然,人类智能系统所进行的这种"计算"过程基本上也是一种定性的"估量",而不是精确的数值计算。

人类一旦通过体验和估量获得了与语法信息 X 相应的语用信息 Z,就增加了一个新的经验,并且会把这个新的语法信息与语用信息的对应关系记入自己脑海的知识库备用,从而扩充了他的记忆。

总之,不管所面临的外部刺激(本体论信息)S 是陌生的还是曾经经历过的,只要生成了与这个外部刺激相对应的语法信息 X,那么高等人工智能系统和人类智能系统都可以通过一定的方式(检索或计算;回忆或体验)获得相应的语用信息 Z。

步骤3　由语法信息 X 和语用信息 Z 生成相应的语义信息 Y

众所周知,一方面,作为某种(或某些)物理化学参量的状态及其变化方式的形式的语法信息是非常直观和具体的,可以通过感觉器官(人类智能系统)和传感系统(高等人工智能系统)来感知;另一方面,作为某种(或某些)物理化学参量的状态及其变化方式相对于主体目标而言的效用的语用信息虽然不像语法信息那样直观和具体,但毕竟总可以通过可操作的体验(人类智能系统)和计算(高等人工智能系统)来获得。唯独作为某种(或某些)物理化学参量的状态及其变化方式的内容的语义信息,却是一种纯粹的抽象概念,既不可能用感觉器官或传感系统来具体感知,也不可能用亲身体验或计算的方式来获得认识。可见,与可具体感知的语法信息和可具体体验的语用信息相比,抽象性是语义信息独有的品格。

如果读者不相信,那么您可以自己试试看:比如,即使对于人人都非常熟悉的事物,比如"苹果",您肯定可以具体地说出苹果的外表形式(语法信息),也可以说出苹果的价值或功用(语用信息),可是您能具体描述苹果的"内容"是什么吗?您说不出来吧!

好,我们有办法。这个办法就是关于"怎样获得语义信息"的诀窍。

注意到语义信息的"抽象"特点,在获得了语法信息 X 和语用信息 Z 之后,为了获得与之相应的语义信息,在通常的情况下,就应当通过抽象的逻辑演绎的方法来获得相应的语义信息。在最简单的情况下,这个逻辑演绎算子就是"逻辑与"(这里的意思是语法信息和语用信息两者的"**同时满足**"):

$$Y \propto \wedge (X, Z) \tag{7.2.3}$$

其中,符号 Y 代表语义信息,$\wedge$ 代表"逻辑与"运算符号(实际上就是映射与命名),X 和 Z 分别代表与 Y 相对应的语法信息和语用信息。式(7.2.3)的意思是:语义信息 Y 可由语法信息 X 和语用信息 Z 的"逻辑与(X 与 Z 同时成立)"来确定。对人类智能系统是如此,对人工智能系统也是如此。

以上的讨论告诉我们:**语法信息可以被感知,语用信息可以被体验,语义信息则只可以通过逻辑抽象(映射与命名)来感悟**。这样,由语法信息的生成到语用信息的生成再到语义信息的生成,就完美地体现了人类对信息认识的"由表及里"规律。

不妨通过一个简单的例子来加深对于式(7.2.3)的认识。

比如面对一个黄苹果 S,人们通过感觉器官可以感受到它的语法信息(形式)

$$X:\{色泽嫩黄,形似扁球,大小如拳,重约 200 克\}$$

同时,根据经验(先验知识)或者通过直接品尝可以体验到它的语用信息(功用)

$$Z:\{味道甘美,水分丰富,有益健康\}$$

这样,人们就可以说:这个黄苹果的语义信息(内容)

$$Y \infty \wedge (X,Z) = \{色泽嫩黄,形似扁球,大小如拳,重约 200 克\}且$$
$$\{味道甘美,水分丰富,有益健康\}$$

即**同时具备**上述语法信息 X 和上述语用信息 Z 所描述的概念,就是它的语义信息 Y。如果不是这样,那么应当怎样描述那个"黄苹果"的语义信息(内容)呢?!

应当指出:由于语法信息的"可感知性"、语用信息的"可体验性"以及语义信息的"可感悟性"(既不可能通过感觉器官去感知,也不可能通过亲身经历去体验,是一种"只可意会而难以言传"的性质),因此,无论在日常生活中还是在科学技术领域,利用"事物的语法信息和语用信息的逻辑与(同时满足)"来表达"事物的语义信息",都是一个基本而且有效的方法。其实,这不仅是语义信息的获取方法,而且也是语义信息的表达方法。

总之,图 7.2.1 所示的模型和式(7.2.1)(7.2.2a)(7.2.2b)(7.2.3)所表示的操作结合在一起,清晰地说明了"本体论信息"转换为"认识论信息"(也就是作为语法信息、语义信息和语用信息三位一体的"全信息")的基本工作原理。可以看出,这个原理不仅在科学理论上十分合理,而且在技术实现上完全可行。

这便是高等人工智能理论的"第一类信息转换"的原理:本体论信息转换为认识论信息(全信息)的工作机理,也就是全信息的生成机理。

图 7.2.1 和式(7.2.3)还提示了另一个重要的结果:既然语义信息来自语法信息和语用信息两者的联合映射与命名,那么获得了语义信息也就意味着获得了语法信息和语用信息。因此,**语义信息就可以完全地代表语法信息和语用信息**,进而**也就可以完全地代表全信息和感知信息/认识论信息**。这就解释了:为什么人们最为关心的是语义信息?因为有了语义信息,就有了语法信息和语用信息,就有了全信息,有了感知信息(认识论信息)。

这是符号学、语言学、信息论的所有研究者都从来没有认识到的重要新认识!

7.2.2　重要的副产品:脑科学与认知科学的"搭界"

　　讨论到这里,我们有必要回过头来,澄清一个十分重要的理论问题。这就是利用刚刚阐明的"第一类信息转换原理"来重审本书第 1 章提到的关于脑神经科学与认知科学之间一直存在的"理论空缺"或"理论鸿沟"问题,以及如何利用第一类信息转换原理为它们"沟通搭界"的问题。

　　由图 7.2.1 所表示的第一类信息转换原理和式(7.2.1)～式(7.2.3)所表示的第一类信息转换操作过程可以得到如下的结论:

　　(1)脑神经科学的断言是正确的:由于语义信息(事物的内容)的抽象性,人类的感觉器官(以及技术上的传感系统)确实不可能直接感知外界事物的内容(即不可能感知语义信息),只能感知它们的外部形式及其参量(即语法信息)。同样,由于事物的语用信息(功用)需要通过体验才能认识,单凭人类的感觉器官(以及技术上的传感系统)也不可能直接感知它们的功用。这表现在图 7.2.1 模型中"传感系统"输出的确实只有语法信息 X,而没有语义信息 Y 和语用信息 Z。

　　(2)图 7.2.1 所表示的第一类信息转换模型和式(7.2.1)～式(7.2.3)说明,利用"感觉器官(传感系统)"产生的语法信息 X 和大脑(智能系统)事先积累的"语法信息与语用信息对应关系"的先验知识$\{X,Z\}$以及系统工作目标 G,可以在大脑内部的记忆系统(知识库)检索出或体验出语用信息 Z,并在此基础上通过逻辑推断生成相应的语义信息 Y。这就表明,虽然感觉器官不能感知外部刺激的语义信息和语用信息,但是如果在大脑的记忆系统存在先验知识$\{X,Z\}$和系统目标 G,那么就可以利用"第一类信息转换"的原理和机理在大脑内部生成与语法信息 X 相对应的语用信息 Z 和语义信息 Y,以提供给认知过程应用。

　　(3)由此可知:认知科学关于"长期记忆系统中的陈述性记忆是按照语义关系来组织的"这个结论也是正确的,因为认知过程中所需要的语义信息和语用信息并不是毫无根据的凭空想象,而是人们在大脑内部运用第一类信息转换原理所生成的真实结果。虽然在认知科学的研究中从来都没有论述过"语义"的概念,只是把它作为一个理所当然的概念在应用,但是上述第一类信息转换原理对"语义是什么"以及"语义是怎样产生的"给出了清晰的阐述,为认知科学的判断提供了科学的论据。

　　(4)这样,一直横亘在脑神经科学与认知科学之间的"理论鸿沟"(一方面,脑科学断言感觉系统只能感知到外部刺激的语法信息;另一方面,认知科学却认为语义信息和语用信息在认知过程中扮演着重要的角色。因此,这两方面的论断之间就形成了一个理论上的"鸿沟":不能从感觉系统进入大脑的语义信息和语用信息究竟是从哪里来的? 如果是在大脑内部产生的,那么它的产生机理是什么?)就终于实现了"沟通搭界",这个搭界的桥梁就是"第一类信息转换原理"及其产物"全信息"。脑神经科学和认知科学之间这个久远的历史存疑到此也终告彻底澄清。

这个"搭界"的过程引出了一个宝贵的教训:智能系统(无论是人类智能系统还是人工智能系统)是一类以信息为主导因素而且需要"理解"能力支持的开放复杂信息系统,对于这类需要理解能力的开放复杂信息系统的研究,全信息概念是一个极其重要的基础。Shannon 信息理论是针对通信工程这类特殊需要而建立的理论,它在那些"不需要考虑语义信息和语法信息"的场合的确发挥了巨大的作用,但在那些需要全面考虑语法信息、语义信息、语用信息因素的场合(如认知科学和人工智能)就会力不从心而需要加以彻底改造了。正是为了这种需要,全信息理论便应运而生。

一般而言,脑神经科学和认知科学的研究要走在信息科学和人工智能的前头,以便为信息科学和人工智能的研究提供可以遵循的借鉴。但是,这种关系并不是绝对不能改变的:信息科学和人工智能的研究也可能在某些情况下走在了前面,它们的研究结果也有可能反过来对脑神经科学和认知科学的研究提出问题,甚至提供解答。

这个脑神经科学与认知科学之间"沟通搭界"过程或许就是这样一个例证:脑神经科学和认知科学没有来得及解决的问题(既然语义信息不能通过感觉器官从外部世界得到,那么脑内的语义信息和语用信息是从哪里来的?)却从信息科学和人工智能的研究中得到了合理的解决(不能由感觉器官从外部刺激直接得到的语义信息和语用信息,可以由语法信息在脑内通过"第一类信息转换原理"生成)。

由此可见,信息科学和人工智能的研究不一定非要等待脑神经科学和认知科学的研究结果才能向前迈进;信息科学和人工智能研究的结果完全有可能反过来弥补甚至推动脑神经科学认知科学的研究。更准确地说,脑神经科学、认知科学、信息科学、人工智能之间的互动合作研究是十分有必要和十分有意义的。

另一方面,"第一类信息转换原理"也必将对信息科学技术本身的发展产生重要的影响:历来的信息科学技术(包括传感、通信、计算机、控制)都是建筑在 Shannon 信息的理论基础上,只考虑信息的语法因素,忽略信息的语义和语用因素,使信息科学技术成为一个只顾形式不问内容和价值的科学技术体系,成为一个智能程度低下的科学技术体系;现在,第一类信息转换原理不仅证明了全信息的"存在性",而且阐明了全信息的"可生成性"和"可操作性",因此关于"全信息可能只是一个理论上虚构的概念"的担心就可以彻底消除了。可以相信,只要正确引进全信息的概念和相关理论,那么信息科学技术走向智能化大门就敞开了。这将导致信息科学技术的历史性进步与变革。这当然是后话,我们将拭目以待。

7.2.3　注意的生成机理

图 7.1.1 的模型表明,任何高等人工智能系统的第一个重要环节都必然是它同外部世界之间的接口——感知系统,这就是:通过它的传感系统(相当于人类智能系统的感觉器官)感知外部刺激的物理化学等现象的存在以及这些现象的变化形式。显而易见,如果没有良好的感知能力,智能系统就无法把来自外部世界的刺激所呈现的本体论信息转换为认识论信息的语法信息,因而也就无法进一步生成相应的语用信息和语义信息。这样,它就会对外部世界的发展变化"有感而无知"("对牛弹琴"所描述的就是这种情形),从而无法适应外部世界的改变,并证明自己的"无智"。

关于智能系统的感知机理可以简要解释如下:一切物体(包括智能系统本身)都具有一定的性质(物理的,化学的,生物化学的,等等),而且都存在某种互相联系和互相作用。因此,任何一个物体的存在和变化,都会对它所联系的其他物体产生物理的、化学的、生物化学的作用和影响;而被影响的物体则可以通过对它所感受到的这些作用及其变化的情况,定性地和定量地感知那个主动变化的物体的存在和变化的状况。可见,感知就是感受外部刺激的本体论信息并把它转换为语法信息。人类智能系统通过自己的感觉器官来完成这种感知过程,高等人工智能系统则通过自己的传感系统来完成类似的感知功能。

当然,由于物体所具有的能量(物理的,化学的,生物的)存在一定的限度,物体感受这种相互作用的能力(灵敏度)也有一定的限制,物体之间的相互联系和相互作用通常只能在一定的时空范围内明显地表现出来,而且不同的物体通常只对若干不同的能量形式及其变化敏感。所以,感知的能力并非毫无限制。

与感知能力同样重要(如果不是更为重要的话)也同样精彩(如果不是更为精彩的话)的是它的"注意"能力。因为如果一个智能系统只有感知能力而没有注意能力,它在无限多样的外部刺激作用下就将陷于"眼花缭乱,应接不暇",就可能使整个感知系统处于因刺激的过载而瘫痪和崩溃的状态,被滚滚而来无穷无尽的本体论信息所淹没。

关于智能系统的"注意"能力问题,历来的人工智能研究都避而不谈,似乎这只是一个不成问题的问题。其实,人工智能系统的"注意能力"问题从来都没有得到满意的解决。认知科学虽然较早关注了"注意"问题,但是看来并未真正触及"注意"问题的深层本质。因为那里关于"注意"问题的讨论只停留在"由于系统处理信息的资源有限因而必须对外部刺激有所选择"这样的认识上[8]。这种说法,只说到了人类需要"注意能力"的原因,而没有说到"注意能力"的本质机制。

不错,系统处理信息的资源有限,这的确是需要"注意"能力的一个原因,不过那只是一个消极意义上的原因。在这种消极意义的解释下,"注意"便成为智能系统的一种被迫行为。

但是,我们认为,智能系统之所以需要"注意"能力,更本质的原因在于智能系统是一种有明确目的的系统,因此对外部的刺激具有自主选择的必要,这完全是一种自主的行为。具体来说,由于智能系统具有明确的目的(人类智能系统自身具有明确的目的;人工智能系统本身虽然不会自主产生目的,但一定会由设计者事先给定),它只愿意关注那些与它的目的密切相关的事物。正因为智能系统是一种有明确目的的系统,它的注意领域就应当与它的目的直接相关。所以,"注意"是智能系统维护自身目的的自主行为,而不是被迫的行为。这才是"注意"问题的本质。

认知科学关于"注意"能力生成机理的讨论之所以会停留在"资源有限"这种被动的认识上,一个重要的原因是它对于信息感知和注意能力的研究都是仅仅依赖于传统的 Shannon 的信息理论,而没有"全信息理论"的指导。具体来说,一个外部刺激是否应当被智能系统所"注意",这不能由仅仅反映外部刺激形式的 Shannon 信息来决定(极简单的外部刺激除外),而必须由反映外部刺激的形式、内容和价值的全信息来决定,这其中的奥妙就在于:**只有全信息的价值因素(语用信息)才能揭示外部刺激与智能系统目标之间的利害关系,因此,只有根据全信息的语用信息,才能做出"智能系统是否应当关注这个外部刺激"的正确决定**。注意到,当时的认知科学没有全信息理论可用,自然就无法解释智能系统上述注意机制的奥妙,于是只能把"资源有限"作为一种被动性的原因解释。

既然我们现在成功地破解了"注意机制"的玄机,我们就可以利用第一类信息转换原理生成的"全信息"来阐明高等人工智能系统的"注意"能力的工作机理。我们相信,这个"注意"能力的工作机理对于分析人类智能系统"注意"能力的工作机理也同样具有重要的意义。

参照图 7.1.1 的模型,可以给出"注意"能力生成机制的解释模型,这就是图 7.2.2。

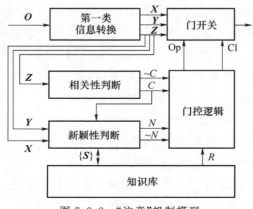

图 7.2.2 "注意"机制模型

图中的符号 O 代表外部刺激的本体论信息，X，Y，Z 分别代表由本体论信息转换而来的全信息的语法信息、语义信息、语用信息。Op 和 Cl 分别代表门开关的开通指令和关闭指令。C 和～C 分别代表相关性判断的"相关"（表示相关性的绝对值大于所设定的相关性阈值）和"不相关"（表示相关性的绝对值小于相关性阈值），N 和～N 分别代表新颖性判断的"新颖"（表示新颖程度超过预设的新颖性阈值）和"不新颖"（表示新颖程度低于新颖性阈值）。$\{S\}$ 代表作为新颖性判断所需参照物的"库存信息样本"，R 是"门控逻辑"的控制规则：当"高度相关（无论正负）"的外部刺激所转换而来的认识论信息出现时，就让"门开关"开放；当"高度相关而且新颖"的外部刺激所转换而来的认识论信息出现时，不但要让"门开关"开放，而且要把"新颖"的信息标注出来，以引起系统后续模块的特别关注；对于看似不相关但是很新颖的外部刺激，可以存在不同的处理方式，取决于主体的思维风格（比较保守的主体通常倾向于"不理会"，而比较敏锐的主体则会倾向于"关注"，以便从这种新颖的外部刺激中发现新问题）。但是，对于那些既与主体目标不相关又不新颖的外部刺激，肯定应当予以滤除和抑制。

图 7.2.2 的"注意"机制模型表明，不管愿意不愿意，感知系统都不得不从外部世界接受各种各样可感知的外部刺激（本体论信息）的作用，然后就利用上一节所阐明的第一类信息转换原理生成同时包含语法信息 X、语义信息 Y 和语用信息 Z 的全信息。其中的语用信息分量 Z 被直接送到"相关性判断"单元，以便在这里对"这个外部刺激与系统目标是否相关"进行检验并做出"是否需要注意"的判断。相关性判断单元内部设置了一个阈值：如果相关性（无论正负）的大小超过这个阈值，就向逻辑门输出控制指令 C；反之，若相关性（无论正负）低于这个阈值，就同时向"门控逻辑"单元和"新颖性判断"单元输出控制指令～C。

只要"相关性判断"单元发现面临的外部刺激与系统的目标高度相关（相关性的绝对值高于预设的阈值），就会向"新颖性判断"单元发出"启动"指令，使后者启动"新颖性判断"的工作。"新颖性判断"单元检查这个外部刺激究竟是否已为系统所知。为此，就要从知识库的相关部分调取作为比较参照的信息样本集 $\{S\}$，进行匹配检查。如果发现了匹配的情况，"新颖程度"就为零（或者很低），这时"新颖性判断"单元就会发出指令～N；如果信息样本集合 $\{S\}$ 中不存在匹配的对象，就表示"新颖程度"高，就会发出指令 N。反之，一旦"相关性判断"单元发现当前面临的外部刺激与系统的目标不相关（相关性的绝对值低于预设的阈值），"启动令指"就会自动取消，"新颖性判断"单元就不再工作。

在"相关性判断"单元和"新颖性判断"单元的工作基础上，"门控逻辑"系统按照下面的逻辑向"门开关"发出指令：

如果满足条件 C,开通(发出 Op 指令)

如果满足条件 $C \land N$,开通且标注新颖性

否则,关闭(发出 Cl 指令)

这是因为,当外部刺激与系统目标高度相关(无论高度有利,还是高度不利),就应当放行(以便后面的基础意识系统进行处理)。如果外部刺激不仅与系统目标高度相关,而且高度新颖,系统就必须采取新的措施:在其他条件下(只要外部刺激与系统目标不相关,无论新颖与否),原则上都无须"关注"而予以抑制(如前所说,但也可有"看似不太相关然而非常新颖"的特殊考虑,这要由设计者自己确定)。

顺便指出,"注意"模型中的"门开关"的工作方式也可能不是"0-1"类型(要么完全开通,要么完全关闭),而可能是一类"模糊开关":应当被注意的信息可以完全通过,其他信息则被抑制,但不一定是彻底滤除。不过,这不是讨论的重点。

还要指出,"注意"的作用可以有两种不同的基本工作方式:一种是智能系统"自上而下"有意识地寻查(搜索)方式;另一种是系统外部(或内部)刺激"自下而上"的报告方式。显然,自上而下有意识地寻查方式一定是有明确目标的行为,它必定在语用信息的支持下去寻觅那种"具有最大语用信息的"对象;而自下而上的自发刺激要想得到系统的"注意",也必须具有足够大的语用信息。总之,无论是自上而下,还是自下而上的工作方式,"全信息"都是注意能力生成的必要前提。

这就是高等人工智能系统的"感知"与"注意"能力生成的基本机理:感知的任务比较单纯,就是要感受外部刺激的本体论信息,并把它转换为认识论信息的语法信息分量;而为了生成"注意"的能力,则必须在获得关于外部刺激语法信息的基础上,利用第一类信息转换原理生成相应的语用信息和语义信息(从而也就生成了"全信息")才能利用全信息来判断外部刺激与智能系统的相关性和新颖性,决定是否对所面临的外部刺激予以关注。

可以看出,如果只有 Shannon 信息理论而没有"全信息理论"的支持,系统虽然可以感知外部刺激的语法信息,但不可能生成"注意"的能力。具体来说,如果只有统计性的语法信息(Shannon 信息)而没有语用信息的支持,系统就无从了解外部刺激对于本系统的目标而言的价值效用(无从判断外部刺激与系统目标之间的相关性);而如果没有语义信息的支持,系统就难以确切判断外部刺激的新颖性。因此,系统就无以为据来确定应当滤除这个外部刺激还是应当接受这个外部刺激。

回顾本书第 1 章所介绍的认知科学研究,我们注意到,一方面它很重视语义信息的作用,认定要以"语义"关系来组织长期记忆系统中陈述性记忆的存储结构。但是另一方面又很少关注语用信息的作用,也很少见到认知科学关于语法信息、语义信息和语用信息之间内在的相互关系(全信息理论)的研究。因此,它在探讨智能系统"注意"能力问题的时候,只关注了"注意"能力的一些可能的实现模型(如过滤模型、衰减模型、反应选择模型等),而没有发现"注意"能力与体现系统目标的

"语用信息"之间的关系。于是,也就未能阐明"注意能力"的生成机制。这当然不是认知科学的责任,因为信息科学的基础研究没有能够为认知科学主动及时地提供全信息的概念和理论,是信息科学自身的责任。

通过以上感知能力和注意能力的讨论,可以得到如下结论:感知系统的直接任务是要把外部刺激呈现的本体论信息转换为认识论信息的语法信息;但是为了生成系统的"注意能力",则必须在已经获得语法信息的基础上,利用第一类信息转换的原理和机制,生成与这个语法信息相应的语用信息和语义信息,完成本体论信息到全信息的转换。只有拥有了全信息,才能为系统生成"注意"的能力。

于是,**高等人工智能系统"注意能力"的生成机制可以明确地表述为:在"系统目标"导控下由刺激所呈现的本体论信息转换为全信息再进而转换为"注意能力"。这也可以简称为面向注意能力的"信息转换"。**

认知科学认为[24,25],感知具有感觉、知觉、表象三个进程。其中,感觉是对外部刺激的零星的局部的反映,知觉是对外部刺激的全局性反映因而形成了完整的模式,表象是当外部刺激消失以后感知系统所重现的外部刺激整体映像。同时,认知科学还认为,感知系统的注意可能存在几种不同的方式,如感觉选择方式、知觉选择方式、反应选择方式。

按照以上关于感知能力和注意能力的分析可以判断,感知系统产生语法信息的过程应当从感觉的进程开始,但是需要到知觉的进程才结束。这是因为,作为外部刺激形式的完整反映,语法信息应当具有完整模式的性质(不具有完整模式意义的语法信息不具有认知的意义),因此要到达知觉的进程才能完成。感知过程所得到的语法信息模式可以短时地存储在感觉记忆系统中,等待"注意"指令的处置:是要传送到短期记忆?还是应当被过滤?

系统"注意指令"的生成略显复杂:它应当在感知的基础上生成语法信息,然后通过第一类信息转换原理生成语用信息和语义信息,进而通过"相关性判断"和"新颖性判断"才能做出"是否需要注意"的决策。注意到短期记忆的容量很小,生成"注意"指令的信息转换过程应当发生在短期记忆之前,这样才能避免大量无关的外部刺激涌入短期记忆。不过,目前认知科学本身对这个问题还有不同的观点。

原则上说,生成"注意"指令的过程应当快速进行,才能及时地恰当地处理各种各样的外部刺激,而不至于造成大量外部刺激的堆积堵塞。为此,我们可以做一个粗略的估计。首先,生成语法信息的过程几乎是实时的;其次,生成语用信息的过程在大多数情况下是执行 X 与 $\{X_k, Z_k\}$ 之间的扫描匹配,也可以高速完成;再次,语义信息的生成过程只需要执行逻辑"与"操作,不需要消耗多少时间资源。唯一需要处理时间的是"新颖性判断"的过程。幸好,"注意与否"的决定主要取决于"相关性判断",而只要语用信息生成了,就可以直接做出"是否相关"的判断:只要判断为"不相关",就可以做出"不需注意"的决定,不必进行"新颖性判断"。所以,在大多数情况下,"注意"的决定可以很快生成。当然,如果"相关性判断"的结果是"高度相关",这时就要等待"新颖性判断"的结果。只有在"新颖性判断"给出"高度新颖"的结果才需要把代表这个刺激的全信息传递给后续环节进行处理;否则,既然是"不新颖"的外部刺激,那就驾轻就熟地处理了。关于生成"注意"指令所需要的处理时间长度,目前还没有准确的结果。从直觉上判断,"注意"指令生成的速度应当能够适应感觉记忆的要求。

总之,以上分析已经表明,把外部刺激本体论信息转换为认识论信息的"第一类信息转换"原理和机制,是高等人工智能系统的感知和注意系统工作的基础。如果没有第一类信息转换,高等人工智能系统就不可能获得与外部刺激相伴随的全信息;而没有这种全信息的支持,高等人工智能系统虽然仍然可以完成感知外部刺激的任务,却无法生成和执行"注意"的功能。而没有"注意"功能的系统,肯定不可能成为真正有智能的系统。

7.3　面向全信息的记忆机制

按照图 7.1.1 的高等人工智能系统功能模型,在讨论高等人工智能系统的第一环节(感知与注意系统)之后接着就应当开始讨论基础意识的问题。不过,注意到记忆系统的全局性、基础性和重要性,高等人工智能系统的各个环节都要与记忆系统频繁交换信息和知识。因此,我们必须先把记忆系统的相关事项讨论清楚,才便于讨论基础意识及其后续的各个环节,它们都属于第二类信息转换原理的范畴。

正确理解"记忆"的工作机理,是正确理解整个高等人工智能系统工作机理的基础和关键之一。现代计算机(许多人喜欢把它称为"电脑",其实这个称呼非常不确切,是在人工智能研究领域产生许多误导的重要根源之一)之所以和人类大脑有如此重大的差别,根本的原因之一就是因为计算机的存储系统和人脑记忆系统的工作机理大不相同,而且计算机对记忆的利用方式和人脑对记忆的利用方式也大不相同。

众所周知,在记忆的方式上,现有计算机实行的是"以比特为单位"或"以固定数目的比特组(字节)为单位"的孤立记忆,而人脑实行的是"以模式为单位"的整体记忆。这种记忆方式的不同,导致了计算机与人脑在利用记忆的方式和由此形成的能力也大不相同:计算机利用记忆的方式(也就是它的"思维"方式)是"基于比特的逐位计算",而人脑利用记忆的方式(即人的"思维"方式)则是"基于模式的整体匹配"。因此,计算机的典型工作是"大量计算",而人脑的典型工作则是"整体比较"。而计算机基于计算的思维方式和人脑基于比较的思维方式的差别,则导致了计算机和人脑在智能水平上的天壤之别。还有,计算机利用比特字节的形式表达信息内容的方式和人脑利用模式的形式表达信息的内容和价值的方式也很不相同。这些都是造成计算机思维能力和人脑思维能力不可同日而语的重要原因。

Hawkins 提出的智能理论[26]认为:人类智能的奥妙,就在于它强大的记忆与预测的能力。它说,人类大脑皮层以它浩大的存储容量,记忆了人们所经历或所知晓的自然界和社会各种事物和各种事件的信息,并在大脑神经网络系统中积累形成了一个包罗万象的"世界模式"。因此,当人们面临某个具体问题的时候,就会在大脑神经网络系统所存储的世界模式中联想起类似(甚至相同)的问题模式及其求解程序,于是就可以运用这种回忆来认识当前面临的问题,并预测当前面临问题的解决方法和求解它的结果,从而可以顺利而成功地解决面临的问题。只有在大脑所存储的世界模式中找不到与当前面临问题完全相同的记忆(意味着面临的是新的问题)的时候,大脑才需要提供一个或几个与当前面临问题较为相似的问题模式及其解决方法,于是人们就可以根据这些模式之间的差异情形去寻求新的解决方法。

我们认为,Hawkins 所描述的这个理论大体是正确的;它的正确性主要就表现在它认识到了"记忆"的极端重要性。不消说没有"记忆"就不可能有思维能力,即使有记忆,只要记忆系统的性能有缺陷,也会使思维能力受到限制。上面所指出的计算机的思维能力无法与人的思维能力相提并论,重要的原因也在于计算机的记忆系统性能存在许多缺陷。因此,深入认识和理解记忆系统的工作机理,对于理解人类的智能和研究人工智能是至关重要的问题。

不过,Hawkins 关于"记忆与预测"的理论并不完全准确。这是因为单凭"记忆与预测"还不足以完全支持人类的智慧能力。人类的智慧能力还需要更加重要的功能来支持,这就是"理解和学习能力"。在认识新的复杂问题的场合,如果没有足够的理解和学习能力,单靠预测能力将无济于事。对此,本书后面会有进一步的讨论。无论如何,Hawkins 强调记忆在人类智能活动中的基础性和关键性地位是正确的。

记忆系统需要研究的问题有很多。首先,从记忆的类型上看,按照认知科学的研究结果来划分,记忆系统的基本类型有感觉记忆、短期记忆/工作记忆、长期记忆三种类型[30],它们之间的关系如图 7.3.1 所示。

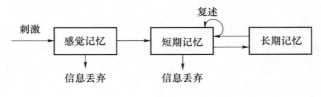

图 7.3.1 记忆系统模型

关于图 7.3.1 的一般情况,本书第 1 章已经做了简要地介绍,这里不再重复。

总的来说,认知科学在记忆理论方面进行了相当全面的研究,取得了非常丰富的研究成果,可供高等人工智能研究借鉴与应用(虽然也还存在许多尚未定论的问题,例如短期记忆与工作记忆究竟是同一个记忆系统还是不同的记忆系统? 短期记忆与工作记忆的信息处理过程是否存在语义编码? 短期记忆与长期记忆之间存在怎样的互动关系? 等等)。

不过,从高等人工智能理论研究的角度来看,最重要也是最迫切需要关注的问题却是记忆系统的全信息理论问题。这是因为,目前的记忆理论在全信息理论方面存在明显的矛盾:一方面,传统记忆理论认为"短期记忆系统和工作记忆系统都按信息的形式因素(听觉或视觉)进行编码存储";另一方面又断言"长期记忆系统(至少是其中的陈述性信息)则按语义关系进行编码存储"。这两种理论显然在逻辑上就产生了一个问题:假若短期记忆和工作记忆系统都没有语义信息,那么长期记忆系统所需要的"语义关系"是从哪里提供出来的? 这是认知科学至今没有回答而又不能不回答的问题。

不仅如此,如果人类大脑的记忆系统记忆的都是关于"事物的形式信息"而不是全信息,那么人类对于事物的内容的"理解能力"又从何谈起? 如果人类不能具备对事物内容的理解能力,那么人类的"智能"又从何而来? 可见,人类智能和人工智能的根本问题之一都直接与"记忆系统所记忆的究竟仅仅是形式信息还是全信息"这一问题密切相关。

7.3.1　记忆系统的全信息存储

本节首先关心的问题仍然是:如果认知科学断定"长期记忆系统是按照语义关系来存储信息的",而感觉器官又已被证明不能从外部刺激直接获得语义信息,那么长期记忆系统所需要的语义信息是从何而来的?

虽然上一节的"第一类信息转换原理"已经从理论上阐明了"人类大脑可以把外部刺激的本体论信息转换成为相应的语法信息、语用信息和语义信息(它们的整体就是全信息)",但是,这一原理究竟是在记忆系统的什么位置实施的? 是在感觉记忆系统,还是在短期记忆系统,还是在长期记忆系统?

1. 感觉记忆系统的全信息处理

关于感觉记忆系统的信息处理存在两种可能的假设。

一种是目前流行的假设,认为"注意"指令必须在进入短期记忆系统之前产生。如果这个假设成立,那么"第一类信息转换"过程和"注意"指令的生成就都应当在感觉记忆系统内完成,如图 7.3.2 所示。

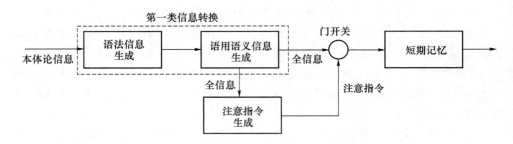

图 7.3.2　感知注意在记忆系统中的地位

　　不难看出,图 7.3.2 中"门开关"以前的部分就是图 7.2.3,后者包括了感知单元、全信息生成单元和注意指令生成单元。图 7.3.2 表明,如果智能系统当前所面对的外部刺激不值得注意,图中的开关就处于断开状态,这时便没有任何信息进入短期记忆单元;但是,如果系统当前所面临的外部刺激是与系统的目标高度相关,是应当关注的,开关就处于接通状态。这时,通过开关进入短期记忆的就是关于这个外部刺激的全信息,而不仅仅是语法信息。

　　鉴于人类感觉记忆系统的信息留存时间很短,图 7.3.2 的方案在处理速度上能否符合感觉记忆系统的要求呢? 目前,我们无法进行精确地定量分析和论证。不过,既然感觉记忆系统具有秒级(不超过 1 秒)的记忆周期,在一般的情形下,在这个时间范围内完成全信息的生成和"注意"指令的生成应当是可能的。即便对于比较复杂的外部刺激,生成语法信息的过程总是实时完成的,生成语用信息和语义信息的过程也相当简洁。因此,在秒级时间范围内完成相应的全信息生成和"注意"指令生成应当是可行的。当然,严格的论证还有待于脑神经生理学和认知科学的深入研究。

　　另一种假设认为,"注意"的功能由工作记忆单元的中央执行系统承担(有不少认知科学的研究支持这种假设)。如果这个假设成立,那么"全信息"的产生和"注意"指令的生成就可以在工作记忆系统完成。由于短期记忆系统的信息有 30 秒的持续周期,这样,全信息的生成和注意指令的生成就有足够的时间保障;感觉记忆系统的任务就简化为"把外部刺激的本体论信息转换为语法信息"。这一假设的问题是:由于注意指令在工作记忆系统才能产生,因此所有外部刺激相应的语法信息都毫无选择地全要进入短期记忆系统,而短期记忆系统的容量却很有限。

　　显然,这里存在的疑问是:究竟"注意"功能发生在什么部位? 目前,认知科学尚未给出明确的结论:"过滤器模型"认为发生在感觉记忆系统,主要根据刺激的物理性质(而不是语义信息)进行过滤[27]。"衰减器模型"虽然也认为注意功能发生在感觉记忆系统,但它提醒:注意功能的执行需要利用与刺激相关的语义信息,而不仅仅是刺激的物理性质[28]。"后期选择模型"则认为注意的功能发生在工作记忆的中央执行系统,而不在感觉记忆系统中[29]。这些假设都有赖于脑神经科学和认知科学的进一步研究来确证。不过,无论注意功能产生在什么部位,图 7.3.2 所示的这些信息处理过程(全信息和注意指令的生成)都是不可缺少的。

对于感觉记忆系统来说:(1)如果全信息和随后的注意指令都在感觉系统生成,那么它就要承担最繁重的信息处理任务;(2)如果全信息和注意指令都在工作记忆系统生成,那么感觉记忆系统就只需要承担把外部刺激的本体论信息转换为语法信息的任务;(3)理论上也还存在第三种可能,这就是把生成全信息和注意指令的任务在感觉记忆系统和短期记忆系统之间进行分担:感觉记忆系统负责生成全信息,工作记忆系统负责在此基础上生成注意指令。

在这三种可能的方案中,方案(1)的优点是:由于注意指令的生成发生在感觉记忆系统,可以及早地滤去与本系统无关,或者虽然有关但已不新颖,或者虽然有关但不很重要的外部刺激,从而大大减轻短期记忆系统的负担。方案(1)可能的缺点是:由于信息在感觉记忆系统只有秒级存活时间,生成全信息和注意指令的任务大大加重了感觉记忆系统的工作负荷。

相反,方案(2)的优点是:由于信息在短期记忆系统具有 30 秒的存活周期,有足够的时间生成全信息和注意指令,而且大大简化了感觉记忆系统的工作负荷。方案(2)的缺点是:由于注意指令产生比较晚,使得所有与外部刺激相应的语法信息都毫无阻拦地涌入短期记忆系统,有可能使存储容量十分有限的短期记忆系统过载。

从工作负荷均衡分配的角度考虑,方案(3)较为合理。而且从脑神经生理学和认知科学的研究来看,感觉记忆系统和短期记忆系统之间是否存在明确的界限,似乎也还需要更进一步的证实。如果不存在不可逾越的界限,那么就完全可以设想由感觉记忆系统和短期记忆系统两者合作来完成生成全信息和注意指令的任务。

总之,由于"注意"能力的生成必须以"全信息"为前提(利用"语用信息"来判断外部刺激是否与本系统的目标相关;利用语义信息来判断外部刺激是否新颖和重要),因此不管"注意"能力生成的位置是在感觉记忆系统,还是在短期记忆系统或者其他部位,"全信息"的生成都必须在短期记忆系统之前完成,最晚也必须在短期记忆系统内完成。很明确,短期记忆流动的不仅有语法信息,而且有全信息。

2. 短期记忆(工作记忆)系统的全信息处理

首先说明,这里所说的"短期记忆"是相对于前端的感觉记忆和后端的长期记忆而言的记忆系统。后来人们发现短期记忆系统实际上担负了比"短期存储"更多的信息处理功能,因而提出了工作记忆的新概念[31]。但多数认知工作者认为,工作记忆并不是与短期记忆独立的额外的记忆系统,而是短期记忆系统的一部分。可以认为,短期记忆是整体概念,其中的一部分执行工作记忆的功能,另一部分则发挥缓冲存储器的功能。因此,这里所说的短期记忆系统其实是包含了工作记忆系统在内的记忆系统。关于工作记忆系统的说明,见第 3 章的图 3.2.5 的相关部分,这里不再详述。

以上讨论的结果表明,由于可能存在三种不同的"注意"指令生成部位,短期记忆系统面临着三种可能的信息处理情况(三者可能情况之一)。

情况(1):如果全信息和注意指令都在感觉记忆系统内生成,那么短期记忆系统所接收到的就是由"既与本系统目标高度相关而且足够新颖"的全信息,短期记忆系统的主要任务就是对这个全信息进行编码,以便提供给长期记忆系统进行存储。

情况(2):如果全信息和注意指令的生成都要由工作记忆系统承担,那么它所接收到的就是由外部刺激所转化而来的语法信息,短期记忆系统就需要完成由语法信息生成全信息和生成注意指令的任务,并对"既与本系统目标高度相关又足够新颖"的全信息进行编码。

情况(3):如果全信息在感觉记忆系统生成而注意指令在工作记忆系统生成,那么短期记忆系统所接收到的就是全信息,这时,短期记忆系统的任务就要在此基础上进一步生成注意指令,并对"既与本系统目标高度相关又足够新颖"的全信息进行编码。

可见,在最轻松的情况下,短期记忆系统需要承担的信息处理任务是对满足"既与本系统目标高度相关又足够新颖"条件的全信息进行编码,在最繁重的情况下则先要担负生成全信息和注意指令的任务,然后再对满足上述条件的全信息编码。鉴于前面已经论述"全信息生成(即第一类信息转换)"和"注意指令生成"的原理,这里需要研究的就是短期记忆系统对满足上述条件的全信息编码的问题。

传统的短期记忆(工作记忆)对信息的编码,仅仅考虑对于"语法信息"(包括声音信息和图像信息)的编码问题。现在,这里所讨论的短期记忆系统则要对全信息(包括语法信息、语义信息、语用信息)进行编码,目的是便于在长期记忆系统内存放全信息。可以认为,其中关于语法信息(无论是声音的、图像的,还是其他感觉形式的)的编码与传统的短期记忆对信息的编码没有重大原则的区别;与传统情形不同的是,这里需要额外考虑对于语义信息和语用信息的编码以及它们之间的关联问题。

人脑记忆系统中的信息存储编码很可能要同时考虑存储的有效性、抗干扰性和安全性诸方面的要求,因而会比较复杂;在人工记忆系统,编码的目的主要是使信息得到有效的表示;机器可以识别语法信息,但不可能认识语义信息和语用信息。因此,通过编码把语义信息和语用信息恰当地表示出来使机器能够识别,是编码的基本要求。至于,如何通过编码使语法、语义、语用信息的存储更加有效、可靠和安全,可以放在下一步考虑。

那么从信息表示的角度考虑,应该如何对全信息进行编码呢?

回顾"第一类信息转换原理"可以得到重要的启发:在那里,语法信息 X 是基本的信息成分;语用信息 Z 是由语法信息 X 和系统目标 G 共同生成的第二成分;抽象的语义信息 Y 则可以用"语法信息 X 和语用信息 Z 的逻辑与(同时满足)"界定。

根据这一原理,"短期记忆的全信息表示与编码"的思路就包括:

(1) 短期记忆系统首先直接对收到的语法信息 X 进行(表示性的)编码;

(2) 根据语法信息生成相应的语用信息 Z 并对它进行表示性编码;

(3) 语义信息 Y 则通过语法信息和语用信息的与(同时满足)来表示和编码。

虽然人们目前还不知道(至今也还没有看到过这方面研究工作的报道)人类大脑记忆系统究竟是如何对"全信息"进行具体的表示和编码的,但是上述"短期记忆系统的全信息表示与编码"思路肯定有助于人们对于大脑短期记忆系统的全信息表示与编码方法的探究。

因此,可以对人类大脑的全信息表示与编码提出如下的构想:

(1) 在人类大脑的神经系统里,各种相关的感觉神经元在相应的外部刺激下产生各自的兴奋反应,发放相应的神经生理电脉冲(假设为 0-1 型式),于是可以形成 0 和 1 型脉冲序列的时间空间分布。这就是外部刺激在感觉系统中激起的"语法信息模式"X。所以,这里的语法信息 X 不是一维的时间序列,而是多维(多个神经元发放的)的时间序列,所以同时具有时间和空间因素,构成了时空矩阵。

(2) 根据这个语法信息模式 X(实际是它所反映的外部刺激)对于智能系统的目标 G 所呈现的效用情况,智能系统应当给这个语法信息模式 X 建立一个恰当的效用标注模式(有什么效用? 有多大的效用?)。这个标注模式就是关于这个外部刺激的语用信息 Z 的编码表示。可见,记忆系统所获得的效用标注(语用信息编码)需要通过智能系统的检索或计算才能完成。

(3) 这个语法信息模式 X 的编码表示和与它相应的语用信息 Z(标注模式)的编码表示的"逻辑与"(即语法信息和语用信息同时满足),就得到了这个外部刺激的语义信息 Y 的表示:$Y \sim X \wedge Z$。换句话说,语义信息的编码表示是通过与之相应的语法信息编码表示和语用信息编码表示的联合满足来表示的。

这个构想能否成立,有赖于脑神经科学和认知科学的研究证实。不过,由常识可以判断,其中的第(1)点是自然天成的结果,没有原则的问题;第(2)点是智能系统必然要做出的标注,否则,如果不能判断(和标注)外部刺激的效用,如何能够对外部刺激做出取舍的决策? 而不能对外部刺激做出取舍的决策,又怎么能够成为智能系统? 可见,标注外部刺激的语用信息是智能系统不可或缺的能力;至于第(3)点,它只是前面两个结果的"同时满足",具体的操作也许就是给相应的语法和语用信息两者的"同时满足"取一个恰当的"名字"作为语义信息。

可以认为:在短期记忆(工作记忆)系统所承担的信息处理任务中,最基本因而也是最重要的任务就是上面所讨论的"全信息的表示与编码"。因为如果这个任务不能完成,长期记忆系统"按语义关系存储信息"的任务就没有基础,而如果长期记忆系统的信息不能按语义存储,就会对后续的各种智能处理造成重大的障碍。

记得 Hawkins 在他的 *On Intelligence* 一书中还曾经这样讲过:大脑皮层的记忆和计算机的记忆有以下四点根本区别——大脑皮层可以存储模式序列;大脑皮层以自联想方式回忆模式;大脑皮层以恒定的形式存储模式;大脑皮层按照层级结构储存模式。

我们认为,Hawkins 指出的这四个方面确实是人脑和计算机之间的重要区别:计算机存储的是一个一个的比特或一组一组的比特序列(字节),而不是完整的模式信息序列;计算机的回忆也是按比特或按比特序列(字节)回忆,没有自联想的能力;计算机更不会以恒定的形式存储模式,而是以直白的方式存储。这些都是计算机不如人脑的重要表现。

不过,我们认为,人类大脑皮层的记忆方式与计算机的记忆方式之间还存在一个更为本质因而也更加重要的区别,这就是上面的分析所表明的:大脑的记忆系统处理的是包括语法信息、语义信息、语用信息在内的全信息(虽然目前人们并没有充分认识这个事实,但事实总归是事实),而计算机记忆系统处理的却基本是语法信息,很少考虑语义信息和语用信息。正是由于存在这个本质的区别,使得现代计算机虽然可以达到极高的运算速度,却始终只能认识信息的形式,不能认识信息的内容和价值,因此远远不能和人脑的智能水平相提并论。

3. 长期记忆系统的全信息处理

长期记忆是研究得最多的记忆系统。认知科学的研究认为,长期记忆系统具有巨大的存储容量,而且进入长期记忆系统的信息被丢失的可能性很小,因此可以被永久记忆。长期记忆系统存储信息的机制有两种基本的方式:陈述性记忆和非陈述性记忆。人们通常所说的记忆主要是指陈述性记忆,它又分为情景记忆和语义记忆。情景记忆是对个人在一定时间空间所经历的事件的记忆,与具体的人物、时间、地点和事件密切相关;而语义记忆则是对词语、概念、规则、知识、规律和定律等抽象事物的记忆,主要与它们的内容、含义、关系和意义相关。

认知科学还认为,长期记忆系统中存储着大量的词汇,是一个巨大的心理词库。其中关于每个词的信息大致包括三类:(1)语音;(2)词和这个词的句法特征以及它在句子中与其他词的关系;(3)意义。长期记忆系统用一定的方式把这些词语"按意义"组织成为某种有序的组织结构加以存储。因此,长期记忆系统所存储的信息就不是一堆孤立的词语,而是它们所构成的"组织结构"。其中一种典型的词语组织结构方式称为语义网络(也叫层次网络模型),它的一个示意模型见本书第1章的图 1.2.6。这就表明,语义信息在记忆过程中确有重要作用。

可以想见,人脑长期记忆系统对情景记忆的处理方式相对简单,它只需要把感觉系统感受到并经短期记忆转送过来的信息"照单接受,依次存放",然后给它添加一个"名字"作为检索的索引,再编上存放的地址标志就可以了。不过,要为所存储的信息取一个合适的名字也需要对所存信息涉及的人物、时间、地点、事件有所了解,否则"名不符实"就会给将来的检索造成"张冠李戴"的可能。可见,情景记忆的存储方式也需要利用语法信息、语义信息和语用信息才能成功。

然而,对于人脑长期记忆系统最重要的记忆内容——语义记忆,它的存储方式却远非简单地"照单接受,依次存放",而是要对输入的信息进行深度的处理:不仅要准确存储信息的形式(语法信息),而且要了解这个语法信息的含义(语义信息),才能实现"按语义"进行的存储;进一步,还要了解这个新加入的语义信息与原来已经存储的那些信息之间在内容上的相互关系,才能确定应当把这个信息纳入哪个组织结构以及在这个组织结构中的哪个具体位置。这就是说,长期记忆的语义记忆方式必须深入和全面地利用语法信息、语义信息、语用信息才能实现。这在逻辑上应当是一个不言而喻的结论。

有鉴于此,至少就有以下几个重要的问题需要解决:(1)长期记忆系统是怎样根据短期记忆系统所传送过来的全信息表示来理解它的语义和语用,从而在长期记忆系统内实现"按语义"的有序信息存储结构?(2)长期记忆系统怎样理解自身所存储的信息的"语义"和语用,从而确定把新接收的信息安排到自己的组织结构的恰当位置?(3)如果新进入的全信息与长期记忆系统原有的全信息之间在语义上存在矛盾冲突,应当如何处理?

显然,这些问题其实是同一个问题,即"全信息的理解"的问题。

回顾前面关于生成全信息的第一信息转换原理可以知道,语法信息 X 的表示方法是直截了当的,就是相关感觉神经元的群组输出的"神经脉冲的时空系列",有时也称为"时空模式",它一般表现为某种**矩阵**;语用信息 Z 的表示在一般情况下是一个模糊**矢量**(它由系统目标 G 和信息对目标满足的程度确定)。对于每一个语法信息 X 的矩阵,都有一个与之对应的语用信息矢量 Z,由此,语义信息 Y 就由语法信息 X 和语用信息 Z 的逻辑与(同时满足)关系确定:

$$Y \propto \wedge (X,Z)$$

这就是前面所说的:语法信息可以被感知;语用信息可以被体验或被估量;语义信息则可以通过逻辑而推知。更具体地,可以写出:

$$X = \{x_i(t_m)\}, \quad i \in (1,I), \quad m \in (1,M) \tag{7.3.1}$$

$$Z = \{z_m\}, \quad m \in (1,M) \tag{7.3.2}$$

$$Y = \wedge (X,Z) \tag{7.3.3}$$

符号(1, I)(1, M)分别是形如(1, 2, …, I)(1, 2, …, M)的指标集。式(7.3.1)~式(7.3.3)分别表示:语法信息 X 由感觉空间上 I 个不同的神经元所发放的脉冲序列组成,每个脉冲序列都包含 M 个时刻,其中第 i 个神经元在各个时刻的脉冲取值为 $x_i(t_m)$;语用信息 Z 由 M 个分量 z_m 构成,这是因为语用信息是系统目标 G

对于每个语法信息分量的加权;而语义信息 Y 就由 X 与 Z 的同时满足所界定。

全信息的表示和理解在理论上是协调一致的:假如符号 S 表示整个语义信息的空间,它的元素就是各种具体的语义信息,其中每个语义信息 $Y \in S$ 都用与它相应的语法信息 X 和语用信息 Z 的同时满足来表示。这就是全信息的表示方法。与此相应,为了理解和鉴别具体的语义信息 Y,就要在语义信息空间 S 中确定 Y 所在的具体区域,这只要在 S 中寻找同时满足 X 和 Z 的区域就可以了。

总之,由于语义信息的抽象性,它不可能直接被具体表示,因此也不可能直接被鉴别;而必须通过可以被感知的语法信息和可以被体验或可以被估量的语用信息的同时满足来表示,也要通过可以被感知的语法信息和可以被体验或可以被估量的语用信息的同时满足来鉴别。

事实上,由式(7.3.1)~式(7.3.3)的全信息表示也可以看出:(1)只要语法信息 X 或语用信息 Z 的任何一个分量有变化,就表示出现了新的全信息;(2)只要能够对不同事物的语法信息和语用信息进行排序,就可以对不同事物的全信息实现相应的排序。换言之,事物的全信息不但可以通过这种间接方法被表示,而且可以被比较、被分类和被排序。

基于这样的全信息表示和理解方法,对全信息的理解和提取就可以通过比较"语法信息与语用信息的对应关系(X, Z)"来实现。例如,假设新接收的全信息表示为$(X(0), Z(0))$,那么就可以把它与原有信息库中的$\{X(n), Z(n) \mid n \in (1, N)\}$进行比较,其中$(1, N)$是以 $1, \cdots, N$ 为元素的指标集,N 是信息库所存储的全信息总数。通过比较,若有

$$d_{\min} = d \mid_{n=n_0} = \underset{n \in (1, N)}{\text{Min}} \{d\{[X(0), Z(0)], [X(n), Z(n)]\}\} \qquad (7.3.4)$$

就表示新接收的全信息$(X(0), Z(0))$与第 n_0 号的全信息$(X(n_0), Z(n_0))$最接近,因此,应当安排在后者的邻近。至于安排在它的前面还是后面,可以根据相应语法信息和语用信息的排序来确定。当然,还可以有更多的准则和比较方法来确定这个新接收到的全信息具体应当放在这个组织体系的什么具体位置。但是,无论有多少种不同的具体准则和方法,总的思想都是应当利用全信息并且按照"语法信息、语义信息和语用信息的综合因素"在长期记忆系统中建立陈述性记忆的信息和知识的组织体系结构。没有全信息,这种组织结构便无以为据。

这就是为什么我们要把生成全信息的"第一类信息转换"的功能赋予感觉记忆系统以及把"全信息的表示与编码"的功能赋予短期记忆系统的原因。如果人脑长期记忆的前端系统(包括感觉记忆和短期记忆)只能产生语法信息而不能产生全信息,如果注意系统放进来的信息只是语法信息而不是全信息,如果短期记忆系统不能对全信息进行恰当的表示和编码,如果人脑长期记忆系统不能有效地理解和提取短期记忆系统所采用的全信息表示和编码,那么人脑长期记忆系统就不可能"按语义"来组织和存储信息。这样的结果,就会严重制约后续处理(意识、情感、智能)

的能力。

现在再来考虑第(3)问题:如果待存储的全信息与长期记忆系统原先存储的全信息之间存在语义上的矛盾,应当如何处理?

应当承认,由于客观世界本身固有的复杂性和人们主观世界现有认识的局限性,出现这种矛盾情况并不奇怪。解决这种矛盾的根本方法是不断努力深化人们对于客观世界复杂性的认识。事情往往是这样的:当人们的认识还比较肤浅的时候,这一现象与那一现象看起来是互相矛盾的;当人们的认识深化了,就可以发现这一现象与那一现象之间的内在联系:矛盾只是表面现象,深层的联系才是本质。比如,"在地球上出现人类之前,地球上究竟有没有信息"的问题就是这样的典型例子。一种回答是"有",另一种回答是"没有",看上去完全相反。但是深入研究两种截然相反答案的背后,却发现它们所依据的条件不一样:前者是无条件的本体论信息概念,后者是以人的存在为条件的认识论信息概念。于是明白:两种表面上看似矛盾的答案,深入分析起来却并不矛盾。当然,这是战略上的处理方法。

在长期记忆系统中具体处理"语义矛盾"的两个(或多个)全信息的时候,战术上的处理方法是按照本书第 3 章的全信息测度公式分别计算这两个全信息的语义信息量,看两者的语义信息量是否都能满足"足够大"这一条件的要求,丢弃不满足条件者;如果两者都能够满足要求,则保留语义信息量大者;而对语义信息量较小的那个全信息(虽然它也满足"语义信息量足够大"的条件)予以重新安排。

具体来说,令 $I(Y_1)$ 表示第一个全信息的语义信息量,$I(Y_2)$ 表示第二个全信息的语义信息量,I_0 表示"足够大"阈值条件,那么,

(1) 若 $I(Y_1) \geqslant I_0$ 和 $I(Y_2) < I_0$,则丢弃 $I(Y_2)$;

(2) 若 $I(Y_1) \geqslant I_0$ 和 $I(Y_2) \geqslant I_0$ 且 $I(Y_1) \geqslant I(Y_2)$,则保留 $I(Y_1)$,重排 $I(Y_2)$。

当然,具体如何重新安排第二个全信息,情况比较复杂。如果在长期记忆系统的其他组织结构中能够找到合适的位置,就可以把它安排在这个新的位置上;如果在其他组织结构中找不到合适的位置,也可以把它作为"种子"开启新的组织结构。总而言之,需要根据具体的情况做出全面的分析,做出妥善的安排。自然,原则上说,这种安排也不会是一劳永逸,因为后续仍然有很多尚未可知的新情况会相继出现。

7.3.2　长期记忆系统的信息存储与提取

这里需要关注人类大脑记忆系统(主要指长期记忆系统)的存储结构的情况,它是高等人工智能存储系统的原型参照。

在这方面,脑神经科学和认知科学工作者进行了大量的研究,也获得了不少研究成果。他们普遍认为人类大脑皮层是一个由大约 10^{10} 个神经元构成的大规模神

经网络系统,内部形成复杂的层级结构,成为一个复杂的记忆体系。

1. 人类大脑皮层神经组织存储的是"全信息"

Hawkins 在 *On Intelligence* 一书曾给出相关的描述。他认为,大脑皮层的层级结构可以用图 7.3.3 来表示。这与本书第 3 章的图 3.2.6(长期记忆系统中语义记忆)的存储结构具有异曲同工之妙。

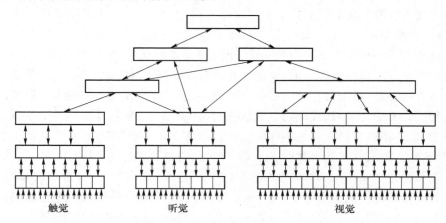

图 7.3.3　大脑皮层层级结构示意图

Hawkins 指出,在大脑皮层的层级结构中存储着有关现实世界的一个巨大的层级结构模型,现实世界的嵌套结构在大脑皮层的嵌套结构中得到了反映。

图 7.3.3 示出,底层神经组织是感觉信息最先到达的大脑皮层区域,它所处理的是包含事物所有细节的最原始最详尽的信息(即最原始的神经脉冲系列)。然后,这些信息逐级向上面的各个皮层区域传送,直到最顶层的皮层区域。

在由底层向上层传送的过程中,一个非常重要的信息处理特点是:原始信息的细节部分被逐级略去,只保留更为宏观和更具有特征意义的模式信息。这种信息处理的情形就像是皮层的上层区域给下层区域的信息命名:越是上层区域的信息越具有抽象和宏观的性质;而越是下层区域的信息越具有详细和微观的品格。大脑皮层信息表征和存储的这种层级结构被认为是人类大脑存储信息的基本方式。

图中还示出,来自不同感觉(如听觉、视觉、触觉等)的信息都是按照这种层级结构的方式逐级向大脑皮层的上层传送,并最终在大脑皮层的"联合区"互相汇合,从而最终形成综合的整体模式表征。各种信息就是按照这样的方式在大脑皮层体系中存储的。

图 7.3.3 中箭头向下的部分表示了大脑皮层顶层区域(前额叶)产生的决策指令信息的传递过程(Hawkins 把它称为反馈过程)。大脑皮层高层区域发出的决策命令通常是某种抽象的意向表述,在向皮层下方区域传递的过程中,抽象的指令信息被逐级地具体化,到了底层的执行器官,就把指令的所有动作细节都一一补充

落实了。

我们注意到，Hawkins 的这些论述可以得到神经科学的印证。我们还认为，这里上传的信息和下达的指令都应当是可以被理解的"全信息"。因为，如果仅有语法信息而没有语义信息和语用信息，那么究竟根据什么来判断在上传的信息中究竟"哪些应当忽略，哪些应当保留"？同样，如果仅有语法信息而没有语义信息和语用信息，那么对下传指令信息进行具体化的时候，根据什么来确定"哪些应当充实以及怎样充实"？

如果这些上传下达的信息都是"全信息"，上述问题就可以解决了：在大脑皮层对逐级上传的信息进行抽象化(命名)的时候，被忽略的那些部分应当是那些"语法上不太典型"和"语用上不太重要"的信息(按照语义信息的定义，这些在语法上不典型同时在语用上不重要的信息就意味着在语义上也无关紧要)；而需要保留的那些部分则应当是那些"语法上比较典型"和"语用上比较重要"的信息。

至于为什么大脑皮层神经组织能够知道"哪些信息在语法上典型在语用上重要，而哪些信息在语法上不典型在语用上不重要"？这是一个尚需进一步深入研究的问题。不过，至少在逻辑上可以做出如下的分析和判断：

首先，人类大脑皮层组织关于"某个语法信息是否具有典型性"的判断，实际上是一个常见的模式识别问题，因此有很多已经熟知的方法可以处理。例如，在识别某种动物种类的时候，它们的外部大致轮廓(形状拓扑)是典型的语法信息，根据这部分语法信息就可以判断(比如)它是一只老虎还是一只小鸡；而它们的形状的细节则不是典型的语法信息；在识别亚洲人种和欧洲人种的时候，他(她)们的皮肤颜色是典型的语法信息(亚洲人大多是黄种人而欧洲人大多是白种人)，而他(她)们的外表形状则不是典型的语法信息；在区分鸡蛋和鸽蛋的时候，它们的大小和重量就是典型的语法信息，而它们的形状则不是典型的语法信息；如此等等。由于人类(尤其是成人)大脑皮层组织在他的生命过程中经年累月地积累和存储了大量这类信息，因此，通过对外部刺激的语法信息与记忆系统所存储的全信息(其中包含了语法信息、语义信息和语用信息)进行"对比"就可以获得所需要的结果。

其次，为什么人类大脑皮层神经组织能够做出"某个语用信息是否具有重要性"的判断？这是因为，在人类大脑皮层神经组织体系中存储了人们追求的基本目的以及平生所积累的各种经验。任何一个外部刺激所连带的语用信息是否重要，只要和记忆系统所存储的目的和经验相比较，就可以得出结论。比如，无论是通过直接经历的体验还是通过间接传授的经验(民间口头相传或书本学习)，人们都知道老虎是凶猛的肉食动物，会对人类生命安全造成严重威胁。这个"经验(知识)"和"安全目的"肯定存储在人类的记忆系统中。因此，如果人们一旦遇见了老虎(即获得了"老虎"的语法信息)，立即就知道它对自己的生命安全具有严重的威胁(即可以获得"严重生命安全威胁"的语用信息)。这就意味着，在人类大脑皮层组织的记忆系统中,关于老虎外部形态的语法信息 X 是与"严重的生命安全威胁"这个重要的语用信息 Z 直接相关联的。可以推断,在人类的长期记忆系统中,每个语法信息都是和它相应的语用信息紧密关联地存储在一起而形成巨大的 $\{X, Z\}$ 集合,而其中语用信息的重要程度则以它对人们所追求的目的的相关程度大小来衡量。

可见,大脑皮层的每个神经元虽然只有"兴奋-抑制"这样简单的反应,神经元轴突传出的生物电脉冲也只是简单的"0,1"型序列,但是,在大脑皮层神经组织的存储体系中,却不只可以利用这种"0,1"脉冲序列来表示语法信息,而且也可以利用恰当的"0,1"脉冲序列来表示相应的语用信息,而两者的共同满足(通过命名)就表示了与它们相关联的语义信息。

这样看来,长期记忆系统的存储方式不应当是单纯的语法信息的存储,而应当是包含语法信息、语义信息和语用信息的全信息存储。这可能是高等人工智能研究对于当今信息存储技术(仅仅存储语法信息)提出的一项重大质疑和挑战。

根据前面所做的分析,语义信息可以通过与之相应的语法信息和语用信息的"共同满足"来表示。因此,长期记忆系统并不需要直接存储语法信息、语义信息和语用信息三种编码,因为其中的语义信息可以通过对相应的语法信息编码和语用信息编码的"共同满足"进行命名来自动表示:

$$名称(语义信息) \Leftarrow \{语法信息编码,语用信息编码\} \qquad (7.3.5)$$

其中,语义信息就是这个全信息的名称,这个名称的内涵(语法信息和语用信息)则是在短期记忆系统中所完成的表示(编码)。这样,在长期记忆系统中就既可以实现"按内容"的存储,又可以实现"按内容"的提取和检索。这应当是最有效的信息记忆和信息提取方式。

2. 信息提取的方式

所谓"信息提取",是指利用一定线索(索引)从信息库(记忆系统)提取相关信息的过程,这是记忆系统的一个基本功能。任何再好的记忆系统,如果只能存储信息而没有从中提取信息的功能,那么这种记忆系统就没有实际价值。不仅如此,记忆系统的信息提取功能还必须足够方便快捷,否则也会限制它的功能的发挥。

信息提取的基本工作原理与信息存储的方式直接相关:首先,在存储信息的时候,先要给这个信息取一个恰当的"名字"来代表它,这个名字就叫"索引"。这个名字既能够体现这个信息的基本特征,又很简短而且不会与别的信息的名字互相混淆。在此基础上,根据一定的组织方式把这个名字和它所代表的信息存储起来。这样,在提取信息的时候就可利用关键词与索引匹配的方法来定位和提取所需要的信息。

如上所说,既然人类长期记忆系统的信息存储方式是"按内容(语义信息)"进行存储的,如式(7.3.5)所示,那么长期记忆系统的信息提取就很自然地也可以实行"按内容(语义信息)"的方式来提取。

信息提取的意义是发挥已有信息(包括知识)资源的作用,因此是很重要的信息活动。除人们的"回忆"是非常典型的信息提取活动外,人们比较熟悉的信息提取活动还有在图书馆借阅图书资料和在互联网检索信息。

人们在图书馆的"信息提取"活动是完全"按内容"提取的。图书馆提供了精心编制的藏书文献索引,如书名、作者名、出版社名、出版时间等。因为这些"名称"索引简练地提示了它所代表的那个文献的语法信息(比如是中文还是外文,是文言文还是现代白话文,是简体汉字还是繁体汉字,等等)和语用信息(比如是不是与读者的目的有关联,关联是强还是弱,等等)。因此,读者利用这些索引就可以方便地找到自己想要借阅的书籍。

但是,目前的人工智能系统和互联网的信息提取(检索)方式却基本上还没有实现"按内容"检索的方法,而是仍然遵循"按形式(语法信息)"检索的方法。这主要是因为目前人工智能系统(包括互联网的搜索引擎)的智能水平还比较低,只能识别索引(关键词)的形式,难以理解它的内容;同时也因为人工智能系统和互联网数据库的信息存储方式还没有真正实现"按内容存储"。

比如,在目前最为流行的互联网文本信息检索的场合,人们用来检索的索引(关键词)虽然也是事物的概念或名称,但实际上真正能够被利用的却只是这些概念或名称的文字形式,而不是它们的内容。例如,人们为了检索北京大学(简称"北大")的信息,可以输入关键词"北大"。但是,互联网的搜索引擎只利用了"北大"这两个汉字的笔画结构(语法信息),而不是它们的内容(语义信息),当然也没有利用它们的语用信息。这样,搜索引擎就以"北大"这两个汉字的笔画结构作为模板到互联网的各个数据库去寻求含有与"北大"这两个汉字的笔画结构(而不是内容!)相同的文本作为输出,反馈给检索者。

于是,输入检索关键词"**北大**"以后,就可以得到"今年**北大**荒粮食大丰收""1931 年 9 月 18 日日军攻打**北大**营""今年华**北大**平原普遍干旱少雨""京广铁路成为我国交通运输的南**北大**通衢""德胜门是北京老城的**北大**门""人们扭着陕**北大**秧歌欢庆节日""南水北调工程使古老的南**北大**运河重新焕发了青春""市场经济推动了物资的南**北大**交流""**西北大学**"等与北京大学内容毫无关联的检索结果。

显而易见,要想使互联网和人工智能系统的信息检索达到良好的效果,真正有效的出路至少包括两个方面:一方面要在记忆系统(信息库和知识库)实现"按内容"存储;另一方面就要使搜索引擎实现对"内容的理解",从而可以实现"按内容"的检索。21 世纪初出现的语义网(Semantic Web)朝着这个方向迈进了一步,但是,由于还没有认识到式(7.3.5)所表达的"语义信息的表示方式",Semantic Web还不可能真正解决信息检索的问题。根据以上的分析,我们相信,信息检索问题的有效解决还有赖于 Comprehensive Information Web,简记为 CI-Web。

3. 人类认知与记忆的"全信息"机理

在做了以上的讨论之后,现在有必要系统梳理一下人类认知与记忆的发生学机理,它会为人工智能系统的认知与记忆理论提供重要的启发。为了讨论的方便,我们以幼儿的认知与记忆发生学机理作为例证进行分析,因为在幼儿的生长阶段,"认知与记忆发生学机理"表现得最为清晰。

初生婴儿只具有通过先天遗传而建立起来的本能知识和能力,这种本能知识和能力存储在 DNA 的本能知识记忆系统中,它们大体上是为了满足幼儿的"基本生存需求"这个中心目的所必需的。例如,感到饥饿的时候就会啼哭;妈妈喂奶的时候就会吸吮;感觉不舒适的时候就会哭闹;受到妈妈抚慰时就会舒心;等等。

这个阶段幼儿的感觉器官功能还没有发展起来,视力、听力都还比较弱,所接受的信息较多地来自身体内部新陈代谢过程的感受,如饥饿感、冷热感、舒适感等;也有部分来自外界,主要通过触觉器官和味觉器官获得,如妈妈喂奶、妈妈的抚慰、天气的冷暖等。这些信息虽然简单,但本质上都属于"全信息"的性质,这是因为,幼儿能够本能地感知"喂奶""抚慰""冷暖"这些动作和事件的外在表现形式(**语法信息**)及其对于自己生存的效用(**语用信息**),因而能够产生相应的反应。虽然由于这一阶段的幼儿智力还没有真正开启,因而还不能为这些事件命名(**语义信息**)。也就是说,这一阶段的幼儿只有具体的语法信息和语用信息感知能力,还缺乏抽象的语义信息推演能力。

随着幼儿逐渐长大,感觉器官的功能(特别是视听功能)逐渐发展起来,能够感知越来越多的外部世界的事物;思维器官的功能也逐渐得到开发,能够进行一些简单的思维;记忆系统的能力也逐渐启动,能够存取一些简单的信息。于是,他能够感知"妈妈"的外在形态和音容笑貌(语法信息),能够体验到"妈妈"对于他的成长的效用(语用信息),从而也能够推断出"具有这种形态(语法信息)和效用(语用信息)"的人就叫作"妈妈"(语义信息)。当然,由于上述各种智力程度还比较初级,有时候也许会把模样儿(语法信息 1)像妈妈而且也给自己以亲热抚慰(语用信息 1)的其他妇女错认为是"妈妈"(语义信息),但是随后他就会知道错了,因为他毕竟可以从她的模样和抚慰方式(语义信息)以及由此所体验到的效用(语用信息)中发现同自己所记得的妈妈(语义信息)之间的细微差别,从而知道那不是自己的妈妈。这可以说是第一类信息转换原理(从语法信息和语用信息的联合作用中提炼语义信息)的极好案例:幼儿已经能够成功地实践这个看似相当抽象的认知原理。

颇有意义的是,幼儿不仅开始运用"第一类信息转换原理"来认知人物和事物,而且开始把这样得到的认识存储在自己的记忆系统:他不仅能够认识自己的妈妈,而且把妈妈(语义信息)的模样(语法信息)和对于自己生长的效用(语用信息)存储在脑海里。下一次见到与妈妈模样一样或相似的人,就不必再从头执行"由语法信息和语用信息到语义信息"的推演过程,而只需要通过把这个人的语法信息与所存储的"妈妈"的语法信息进行比较(匹配)就可以得到是不是"妈妈"的结论了。当然,这种识别能力一般需要重复若干次才能稳定地建立起来,成为长期记忆的内容。

由于"生成语义信息"的过程通常就是一个"命名"的过程。"妈妈"这个名称实际上是相应语法信息、语义信息和语用信息的三位一体,但在长期记忆系统存储的时候,通常是把语义信息(妈妈)作为存储的索引,而把与之相应的语法信息和语用信息作为这个索引的具体内容进行存储的。因此,需要在长期记忆系统检索某个信息的时候,只需要按照索引进行检索,即"按名称检索",或者说"按内容检索",也就是"按语义信息检索"。

可见,幼儿的初始认知与记忆机理是在"全信息"基础上建立起来的。这就是"人类认知与记忆的发生学机理"。事实上,不仅人类认知与记忆的发生学机理建立在"全信息"的基础上,人类认知与记忆的发展学机理也是建筑在"全信息"的基础上。以下就是从发展学的角度进行的考察。

随着幼儿的逐步成长,他所接触的对象也逐渐得到增广,不仅接触自己的妈妈,而且开始接触更多的人和事物,使认知的能力和记忆的能力不断得到发展。比如,幼儿可以根据人们的外在形态和言谈举止(语法信息)以及对自己成长所发挥的效用(语用信息)认出自己的"爸爸"(语义信息)。同样,他也可以根据相应的语法信息和语用信息生成"祖父""祖母""叔叔"和"伯伯"等语义信息。这就很好地说明,幼儿阶段"认识事物和分类"的能力是建立在"全信息"的基础上,而不是建立在Shannon 信息的基础上。

不仅如此,当幼儿看见摆在旁边的漂亮玩具(比如布娃娃),由于它的形象美丽和颜色鲜艳而令人愉悦,幼儿会对它产生好感,产生喜爱之情,愿意和它接触,但是,根据玩具的外部形态和构造(语法信息)以及在自己成长中所能发挥的效用(语用信息),幼儿可以区分哪是真正的"人"(语义信息 1),哪是"布娃娃玩具"(语义信息 2)。可见,幼儿认识事物和信息分类能力也是建筑在"全信息"基础上,而不是建立在 Shannon 信息基础上。

进一步,幼儿渐渐可以走出自己的家门,接触到更多的人物和事物。比如,他可能看见户外生长的各种树木花草。开初,幼儿并不知道它叫"树木"。首先映入他的眼帘的,是树木的外部形态(语法信息),也许这时大人会告诉他:这叫"树木"(语义信息)。他于是记住了这个名称,并在"树木"这个名称与树木的外部形态之间建立起一定的联系:见到类似形态的东西就叫它"树木"。但是,他这时并没有真正懂得"树木"是什么意思,只是记住了这个名字而已(这是"盲从认知")。只有当他不仅记住了"树木"的外部形态,而且也明白了"树木"的效用(活的树木可以保持水土,可以绿化美化环境,可以遮阴挡雨,可以防风防沙;砍下来经过加工之后可以做建筑材料,也可以做燃料等等——"树木"的语用信息),才真正理解了"树木"是什么(这是"理解认知")。随着知识的增长,他逐渐知道了树木有很多种类,每一种树木都有它与众不同的外部形态(语法信息)和不同的用途(语用信息),因而也有各自不同的名称(语义信息)。运用同样的原理,他还可以认识各种花草,并且懂得如何区分各种树木与各种花草,从而认识五光十色五彩缤纷的外部世界。可见,儿童从初级的"盲从认知"发展到比较高级的"理解认知",是一个从"不能完全利用全信息"过渡到"能够完全利用全信息"的过程。

总之,可以认为,单凭事物的语法信息来认识事物,是一种死记硬背的初级认知方式;只有具备了事物的语法信息(形态)和语用信息(用途)并在此基础上从中提炼出相应的语义信息(名称),建立了事物的形式(语法信息)、内容(语义信息)、价值(语用信息)的三位一体,才算是真正在理解基础上的认知方式。

分析人类认知能力的发展过程可以发现,婴幼儿时期的认知方式主要是在家庭权威(父母)环境之下的**"盲从认知"**,父母说什么,就认可什么,主要凭借语法信息来认识事物,并没有真正的理解(没有提炼语义信息的能力);青少年时期的认知方式主要是在社会权威(老师)环境下的**"从众认知"**,众人(通过书本和老师的灌输)说什么,大体上就认可什么,能够利用语法信息和/或语用信息来认识事物,但是还缺乏由语法信息和语用信息演绎语义信息的能力;成年时期的主要认知方式则发展为自己独立思考环境下的**"理解认知"**,能够通过由表(事物的语法信息和语用信息)及里(事物的语义信息)的思考过程来获得事物的全信息,从而真正理解事物。

值得指出,科学研究活动的"创新"只能建筑在"充分利用全信息"的基础之上。一类典型的案例是在化学研究领域的"新元素"的发现:只当不仅发现了某种未知物质具有新的外部形态(语法信息)而且发现了它的新的效用性质(语用信息),才能推断这确实是一种新的元素,并为它命名(语义信息)。

其他领域的科学发现和创新活动的情形也大体如此。由此可见"全信息"在人类认知活动中的重要作用!

4. 关于长期记忆系统存储结构的附注

还要说明,以上关于记忆系统的讨论全都直接面向信息的存储问题。其实,长期记忆系统不仅可以存储信息,同样也可以存储知识。这是因为,如前所说,知识也可以看作是一种特殊的信息,一种由信息加工转换而来的更抽象更高级的信息。事实上,作为"事物运动状态及其变化*规律*"的任何知识都能满足作为"事物运动状态及其变化*方式*"的信息的条件,但不是所有的信息都满足知识的条件,因为"变化规律"是抽象的,而"变化方式"是具体的,信息反映的只是事物的表面现象,知识反映的是事物的内在本质。因此,从技术的观点看,存储知识和存储信息并没有原则的区别。

如上所说,人类大脑皮层的神经组织记忆系统(主要是长期记忆系统)的信息存储(特别是知识存储)方式应当是大规模的复杂的层级结构。这其实就是人们所熟悉的"人类脑海中的知识结构体系"。在正常人类大脑的存储体系中,任何知识都具有这种层级结构,而不可能是杂乱无章的堆积。

从应用的角度看,在存储的时候有必要通过某种方法(比如分区存储的方法)标明所存储的究竟是信息还是知识,以便于用户检索和提取。不仅如此,从高等人工智能系统的工作特点考虑(参见图 7.1.1 所示的高等人工智能系统模型),长期记忆系统对于信息和知识的存储应当实行更具体的"分区存储"的原则,按照信息和知识的性质,划分为"信息存储区""本能知识区""经验知识区""规范知识区"和"常识知识区"等模块;而在每个模块内部则是各自的层级结构存储体系。

按照定义,区分信息与知识的判别准则是:信息是与具体的事物相联系的;知识是与抽象的概念相联系的。区分本能知识与其他知识的判别准则是:本能知识是先天遗传的;其他知识是后天学习获得的。经验知识、规范知识、常识知识都是人们后天习得的相关事物的本质与规律,但是它们之间也有显著的区别,具体的判别准则是:经验知识是欠成熟的,规范知识是成熟的,常识知识是过成熟的。

虽然这些内容分区的判别准则不容易被机器所掌握,而且这些判别准则本身也存在一定的模糊性,但是,"区分"和"不区分"的效果还是大不一样。而且,在长期记忆系统中还可以考虑设置一个"暂时分不清楚"的区域来存放那些不容易准确区分的信息和知识。这样会比较有利于信息和知识的检索。

可以猜想,人类知识的总体层级结构是按照"全信息"的关系建构和组织起来的:按照语法信息(形式)与语用信息(价值)两者共同确定的语义信息(内容)对信息和知识进行分区、分类、分级的安排。

如前所说,考虑到"内容(语义)"通常是信息或知识的"名字",因此,可以用来作为所存储的信息或知识的"名称索引";而与这个名称索引相关联的形态性知识(语法信息)和价值性知识(语用信息)则作为存储的实际内容。这样,信息和知识的存储才能"有序",信息和知识的提取才能"高效"。

最后还需要再一次指出,记忆系统是整个智能系统的基础。人类自出生到长大数十年间在记忆系统所积累的海量全信息和知识,是人类智能所仰仗的内在资本。如果没有这个资本,人类便不可能有智能。因此,一切智能系统(无论是人类的还是人工的)如果没有相应规模和质量良好的记忆系统(具体表现为数据库、信息库、知识库、规则库、方法库、策略库等)是不可想象的。

本章小结与评注

本篇(第 7~10 章)试图在作者所发现和建立的"全信息理论"和"知识生态规

律"的基础上,着力阐明"信息转换"的基本原理,并且利用"信息转换"的原理逐层揭示高等人工智能"理解问题和解决问题"的工作奥秘,从而构建"高等人工智能的主体理论"。这是本书全部内容的核心。

作者相信,全信息理论、知识生态规律、信息转换原理,不仅是揭示高等人工智能奥秘的三大理论基础,也是理解人类智能"认识世界、改造世界并在改造客观世界的过程中也同时改造主观世界"奥秘的重要理论基础。

其中,"全信息理论"使人们对信息的认识从形式深入到内容和价值,从而使信息资源可以得到充分的利用;"知识生态规律"使人们认识信息与知识的内在联系以及知识的生长规律,把死的知识变成了活的知识;"信息转换原理"则使人们理解各种智慧能力要素和智能策略是如何在目标引导下由信息和知识加工出来的。这样,全信息告诉人们 What,知识告诉人们 Why,智能策略告诉人们 How,就为认识世界和改造世界提供了必要的基础。

客观而论,这里所研究的内容,基本上是现有一般人工智能理论还没有涉足过的问题,尤其是其中的"意识"和"情感"等问题曾经长期成为人工智能研究"被遗忘的角落",甚至是"被禁戒的领域"。然而,本篇揭示的"第一类至第四类信息转换原理"却是高等人工智能理论所特有的重要研究成果。

特别值得指出的是,基于全信息的信息转换原理和规律不仅可以成为高等人工智能理论的灵魂和纲领,而且也应当成为人类和人类社会开发和利用信息资源的重要理论和纲领。"信息转换原理"在科学和应用上的意义至少可以与物理学"能量转换"和"质量转换"原理相媲美。

由于本篇内容的高度新颖性(与初等人工智能相比),因此有必要对本章各节的内容再分别做一些画龙点睛式的说明。

本章第 1 节首次定义了"高等人工智能"的系统模型,使高等人工智能理论的研究内容有了明确的界定。它表明,传统人工智能系统只是高等人工智能系统中的"理智谋略"模块,说明传统人工智能系统理论只是高等人工智能系统理论的一部分。不仅如此,传统人工智能系统所利用和所存储的都只是语法信息,而高等人工智能系统所利用和所存储的则是全信息。由此导致了高等人工智能系统与传统人工智能系统在智能水平上的重大差别。模型还表明,高等人工智能系统的"各种智能能力要素生成的共性核心机制"确实是由全信息所激励的"信息转换"。正是由于存在这种共通性,使高等人工智能理论能够成为一个有机统一的整体。

本章第 2 节在历史上第一次正式提出并清晰阐明了"第一类信息转换原理",揭示了"全信息"的现实存在性和生成的基本原理,证明了"全信息"概念的科学性。其中特别阐明了:抽象的语义信息不能由感觉器官和实际体验直接得到,只能通过可以被感知的语法信息和可以被体验的语用信息两者的抽象演绎得到。在此基础上,本节首次阐明了"注意"的本质是智能系统"目的性"的体现,并且证明:注意能力的生成机制是在系统目标引导下的"信息转换":由全信息到注意能力的转换。

本章第3节讨论了高等人工智能系统的重要组成部分——记忆系统的工作原理。与历来关于记忆系统的讨论不同,这里重点分析了高等人工智能记忆系统的"全信息"特质。这是因为,如果记忆系统不能记忆"全信息",那么高等人工智能系统的智能就几乎不可能实现。本节的主要结论认为:感觉记忆系统的主要任务是生成全信息和注意能力,短期记忆系统的主要功能是为全信息进行适当的表示和编码,这样才能保证长期记忆系统存储的(尤其是陈述性记忆)是全信息而不是Shannon信息,这样也才有利于实现"按内容"的存储和"按内容"的提取。在此基础上本节还进一步分析了人类(从幼儿到成人,从学习到创新)认知和记忆的机理,指出:人类认知的奥妙也在于"全信息"的利用,并且认为:如果信息科学技术也要走向智能化(其实这是必然的趋势),那么以"全信息"概念取代Shannon信息概念是不可避免的选择。把"全信息的记忆系统"理解为整个高等人工智能系统的全局基础,这也是本书的重要特色之一。

需要指出,本章提出和阐明的第一类信息转换原理,不但是高等人工智能注意能力的基础,同时也是高等人工智能记忆系统的基本特色,而且也是后面各章"第二、第三、第四类信息转换原理"的根本前提。因此,具有重大的基础意义。

本章参考文献

[1]　NEWELL A, SIMON H A. Computer Science as Empirical Inquiry: Symbols and Search [J]. Communications of the Association for Computing Machinery, 1976, 19(3):113-126.

[2]　NEWELL A. Physical Symbol Systems [J]. Cognitive Science, 1980, 4: 135-183.

[3]　GAZZANIGA M S, et al. Cognitive Science:The Biology of Mind [M]. New York: Norton & Company Inc. , 2009.

[4]　FRACKOWIAK R S J, et al. Human Brain Function [M]. Amsterdam: Elsevier, 2004.

[5]　POSNER M I. Foundations of Cognitive Science [M]. Boston: MIT Press, 1998.

[6]　MARCUS A. The Birth of the Mind: How A Tiny Number of Genes Creates the Complexities of Human thought [M]. Seattle: Amazon, 2003.

［7］　孙久荣. 脑科学导论［M］. 北京：北京大学出版社，2001.

［8］　武秀波，等. 认知科学概论［M］. 北京：科学出版社，2007.

［9］　MCCULLOCH W C，PITTS W. A Logic Calculus of the Ideas Immanent in Nervous Activity［J］. Bulletin of Mathematical Biophysics，1943，5：115-133.

［10］　WIDROW B，et al. Adaptive Signal Processing［M］. New York：Prentice-Hall，1985.

［11］　ROSENBLATT F. The Perceptron：A Probabilistic Model for Information Storage and Organization in the Brain［J］. Psych. Rev. ，1958，65：386-408.

［12］　HOPFIELD J J. Neural Networks and Physical Systems with Emergent Collective Computational Abilities［J］. Proc. Natl. Acad. Sci. ，1982，79：2554-2558.

［13］　GROSSBERG S. Studies of Mind and Brain：Neural Principles of Learning Perception，Development，Cognition，and Motor Control［M］. Boston：Reidel Press，1982.

［14］　RUMELHART D E. Parallel Distributed Processing［M］. Boston：MIT Press，1986.

［15］　KOSKO B. Adaptive Bidirectional Associative Memories，Applied Optics［J］. 1987，26(23)：4947-4960.

［16］　KOHONEN T. The Self-Organizing Map［J］. Proc. IEEE，1990，78(9)：1464-1480.

［17］　NEWELL A，SIMON H A. GPS，A Program That Simulates Human Thought［A］.//Computers and Thought. New York：McGraw-Hill，1963：279-293.

［18］　FEIGENBAUM E A，FELDMAN J. Computers and thought［M］. New York：McGraw-Hill，1963.

［19］　SIMON H A. The Sciences of Artificial［M］. Cambridge：The MIT Press，1969.

［20］　NEWELL A，SIMON H A. Human Problem Solving［M］. Englewood Cliffs：Prentice-Hall，1972.

［21］　MINSKY M L. The Society of Mind［M］. New York：Simon and Schuster，1986.

［22］　WIENER N. Cybernetics［M］. 2nd ed. Boston：The MIT Press，1961.

［23］　BROOKS R A. Intelligence without Representation［J］. Artificial Intelligence，1991，47：139-159.

[24]　罗跃嘉.认知神经科学教程[M].北京:北京大学出版社,2006.

[25]　丁锦红,等.认知心理学[M].北京:中国人民大学出版社,2010.

[26]　HAWKINS J , BLAKESLEE S. On Intelligence [M]. Stanford:Levine Greenberg Literary Agency Inc. , 2004.

[27]　BROADBENT D A. Perception and Communication [M]. New York: Pergamon, 1958.

[28]　TREISMAN A, GELADE G. A Feature-integration Theory of Attention [J]. Pschological Review,1980,12:97-136.

[29]　DEUTSCH J, DEUTSCH D. Attention, Some Theoretical Considerations [J]. Psychological Review, 1963,70:80-90.

[30]　ATKINSON R C, SHIFFRIN R M. Human Memory: A Proposed System and Its Control Processes [M]. London: Academic Press, 1968.

[31]　BADDELEY A D. IS WOrking Memory Still Working? [J]. American Psychologist, 2001, 11: 852-864.

第 8 章　认知（第二类信息转换原理）：
语义信息→知识

　　认知，不仅是人工智能领域的核心环节之一，而且也是许多相关领域学术界共同关注而又众说纷纭的热点之一。这种情形既表明了认知问题的重要性，同时也表明了认知问题的复杂性和困难性。

　　认识论的观点认为，人类认识世界和改造世界的活动是一个分阶段的但又前后相继、相互作用、相辅相成的过程体系。为了研究的方便，人们根据活动的不同特点，把这个连贯统一的体系划分成为相互联系相互促进的两个大阶段，即以认识世界为特点的"认识"阶段和以改造世界为特点的"实践"阶段。两个阶段之间的联系表现在：一方面，只有通过认识世界的活动获得了知识，才能制定指导实践的正确策略；另一方面，只有通过改造世界的实践活动，才能检验策略的正确性，并从中发现更多值得认识的问题从而确定认识世界的方向。

　　进一步，还可以把认识世界获得知识的活动划分为获得"感性认识"的初级阶段和获得"理性认识"的高级阶段。感性认识是理性认识的基础和前提，理性认识是感性认识的升华和提高。同样，也可以把改造世界的实践过程划分为"谋划策略"的阶段和"执行策略"的阶段。谋划策略是执行策略的基础前提，执行策略是谋划策略的贯彻落实。

　　在人工智能研究领域，通常把获得感性认识的阶段称为"感知"阶段，把获得理性认识的阶段称为"认知"阶段，把谋划策略的阶段称为"谋略"阶段（在这里，"谋略"是动宾短语，包含"谋划策略"与"决定策略"两方面的含义），把实施策略的阶段称为"执行"阶段。

　　本书第 7 章已经研究了"感知"及其相关问题，建立了第一类信息转换原理，本章将要探讨"认知"及其相关问题，建立第二类信息转换原理，第 9 章将要阐述"谋略"及其相关问题，建立第三类信息转换原理，第 10 章则要讨论"执行"及其相关问题，建立第四类信息转换原理。

8.1　认知概念解析

在人工智能理论的研究领域,"认知"是一个具有核心意义的重要理论。可以认为,没有认知,就不可能有智能。在本书作者看来,这和"没有知识,就不可能有智能"是等价的说法。因此,同"感知"的概念一样,本书把"认知"也看作是高等人工智能理论主体理论的一部分来加以研究。

同时,我们也清醒地注意到,由于研究的背景、出发点和角度的不同,学术界对于"认知"这个概念的含义既存在一定的共识,也存在一些明显的分歧。人们在讨论"认知"问题的时候,往往很难取得一致的认识,原因就是因为参与讨论的各方对于"认知"的内涵理解各有不同。诚然,存在分歧是前进中的正常现象,无须大惊小怪。但是,为了建立一个清晰和谐的人工智能理论,还是有必要对本书的"认知观"以及"为什么本书要采取这样的认知观"做出必要的说明。

什么是"认知"?

8.1.1　辞书对"认知"的解说

在老的汉语词典里,只有"认识"的词条,而没有"认知"的词条。不过,我们可以根据认识论的思想为"认知"概念提供这样的解释:**认知,就是把感性认识提升为理性认识的活动,也就是在感知的基础上获得知识的过程。**

这和本章导语中给出的认知理解是完全一致的,这是因为,感性认识是感性的、现象级的认识,理性认识是理性的本质级的认识,后者才能称为知识。因此,"知识"是比感性认识更高一级的认识。我们在第 7 章已经把获得感性认识的认识活动称为"感知"。所以,在"感知"的基础上,只要通过认识活动获得了相应的知识,相关的认知活动便告完成。本书自始至终都将采用这样的认知观。

我们注意到,在不同版本的牛津高级词典里,"认知(Cognition)"的解释略有区别。一种解释是把认知理解为"Action or process of acquiring knowledge, by reasoning or by intuition or through the sense(通过推理或直觉或感觉获得知识的行为或过程)"。这种理解的核心部分是"获得知识的行为或过程",这显然与本书的解释是一致的。这就是上面所说的"共识",大家都认为:获得知识的过程就是认知的过程。不过,牛津辞典把通过感觉、直觉、推理获得认识都称为"认知",就显得过于宽泛。本书把通过感觉获得的认识称为"感性认识",把这种水平的认识过程称为"感知"。固然"感知"与"认知"都是认识世界的认识活动,但是"感知"与"认知"所获得的认识不在同一个水平层次:"感知"所获得的是现象层次的感性认识,属于认识世界的初级阶段;"认知"所获得的是本质层次的理性认识,是认识世界的高级阶段。因此,"感知"和"认知"分别表征了人类"认识世界"这个活动过程的两个相继的阶段。

当然,如果认为"感知"是"认知"的基础和必要前提,因而把"感知"当作是"认知"的一部分,这也没有什么错误。不过,由于两者各有自己的特点,因此把它们恰当地加以区分,会使理论更加清晰。

牛津词典另一个版本给出的解释是"Knowing; awareness including sensation but excluding emotion(知晓:包含感觉但不包含情感)"。这种解释与前一种解释共同之处是:它们都对"感知"与"认知"不加区分,强调了"感知"与"认知"在认识世界过程中的共性,忽视了它们在认识世界过程中各自不同的个性、特点与发展阶段。不过,这种解释的可取之处是:把"认知"与"情感"做了明确的区分。实际上,情感表达已不属于"认识世界"的范畴,而属于"改造世界(与世界打交道)"的范畴。

另一个英文资料来源"维基百科"对认知的解释是"the mental action or process of acquiring knowledge and understanding through thought,experience and the senses(通过思维、经验和感觉获得知识和理解知识的精神行为或过程)"。这种解释和牛津辞典给出的解释大同小异,它们都把"认识世界的全部过程"笼而统之地理解为"认知"的过程,而没有把认识活动的两个互相联系而又互有不同特点的阶段加以区分。

作为各种各样的辞书,它们对各种术语的理解和解释稍微笼统一些,这并无大碍,反而有利于非专业人士学习和掌握。不过,作为人工智能的科学的研究工作者,却不应当满足于此。

其实,把"认知"理解为"认识世界的全部活动"和把"认知"理解为"认识世界的活动中的高级阶段(而认识世界活动的初级阶段是感知)"这两种认识之间并不存在哪一个正确哪一个错误的问题。只是说,前者的认识比较笼统,后者的认识比较精准。本书希望采用比较精准的认知概念。

8.1.2　认知科学的相关诠释

如果注意到"认知科学"这个学科,它对"认知"的理解就更加宽泛。这从人们对"认知科学"的解释就可以看出这种宽泛的理解。

例如,罗跃嘉教授为主编的《认知神经科学教程》认为,认知心理学、心理语言学、人工智能、人工神经网络都是认知科学的分支学科。换言之,认知科学是比人工智能、认知心理学都更为宽阔的一类学科;人工智能和认知心理学都只是认知科学的分支学科。

著名的认知神经科学家 M. S. Gazzaniga 等所著的《认知神经科学》则认为,

认知科学的研究范围包括感觉、知觉、记忆、思维、想象、情绪、意识、语言、运动和控制等。这样,认知科学就不仅仅覆盖了感知,而且几乎覆盖了"认识世界"和"改造世界"全部活动领域。

百度搜索给出的认知科学研究领域竟列出了语言习得、阅读、话语、心理模型、概念和归纳、问题解决和认知技艺获得、视觉计算、视觉注意、记忆、行为、运动规划中的几何和机械问题、文化与认知科学中的哲学问题、身心问题、意向问题、可感受的特质(qualia)、主观和客观等,几乎无所不包!

对于《认知科学》领域学者的上述主张,我们表示充分理解。因为,一方面,我们所处的时代是一个"交叉科学"的时代,学科领域之间存在一定程度的重叠和交叉乃是正常现象。另一方面,由于对"认知"的概念至今还没有形成明确而稳固的理解,认知科学的学科边界的确难以准确界定。再者,作为一门"科学",它的研究内容确实也应当比较系统化,所以多了一些内容通常没有问题,少了一些内容则会引起麻烦。

8.1.3　本书的理解

在本书作者看来,认知科学和人工智能两者并不存在"谁包含谁"的关系。也就是说,我们不赞成"人工智能是认知科学的一个分支学科"的说法。我们倾向于认为,认知科学和人工智能是一双软硬相济的学科:两者的目标都是探究智能的本质机制。认知科学是站在"人"的立场、从人的心理角度来研究"人"的智能活动过程,人工智能则是站在"机器"的立场、从"机器实现"的角度来研究(理解和模拟)"生物(包含人)"的智能活动。从这个意义上可以认为,认知科学是一种理解性科学,人工智能则是一类实现性科学。虽然人工智能和认知科学都关注"人类的智能活动",但由于两者的立场各不相同,它们的研究结果可能不完全相同。然而,人工智能的研究可以也应当借鉴认知科学的研究成果。同样,认知科学也可以从人工智能的研究成果中得到某种启示和回馈。

至于谈到"认知"概念本身,我们认为,一方面,"认知"是在"感知"的基础上"认识世界(获得知识)"的高级认识活动,而"改造世界"是在认知(获得知识)的基础上,谋定策略付诸实施的实践活动。因此,如果把"改造世界"都包罗到"认识世界"的概念里来,就有明显"越界"的问题。另一方面,把"认识世界,获得知识"的认识活动都理解为"认知",虽然不再存在上面那么明显和严重的"越界"问题,但是仍旧显得过于宽泛和笼统,这是因为,严格说来,"知识"应当是"理性认识",而不是"感性认识","认知"活动所应当获得的是"理性认识","感知"活动应当获得的是"感性认识"。

这样,把"认识世界"的认识活动理解为两个前后相继、相互联系、相互作用、相辅相成的"**感知**"(获得感性认识)与"**认知**"(获得理性认识)**活动,就是比较精准的解释**,如图 8.2.1 所示。

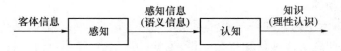

图 8.2.1　感知与认知的关系

我们注意到,皮亚杰的结构主义认知观认为:认知过程,就是"通过对原有的认知结构对刺激物进行同化和顺应达到平衡的过程"。可见,他也把认知活动放在知识的层次上。

这种认识与本书的"认知观"就具有很好的共识,而且也与本书的第二类信息转换原理天成自然地默契一致了。

总之,本书所秉持的"认知观"(把"认知"理解为"在感知的基础上获得知识的认识活动")是比较合理的,因而也是比较安全的。这样,"感知→认知→谋略→执行"就和谐而无缝地构成了人类认识世界和改造世界过程的基本回合。

8.2　认知原理:语义信息→知识

当前,学术界对于认知问题的讨论十分热烈,呈现出百家争鸣百花齐放的繁荣景象。但是,基本上都局限于"形式化"的层次。因此,本节将从"基于语义信息的机制主义人工智能"基本观念出发,研究认知本身的基本问题,包括认知过程的具体界定,认知的基本策略和方法,以及认知研究存在的问题等。

8.2.1　认知过程的界定

既然本书把"认知"定义为"在感知的基础上获取知识的认识活动",那么"是否在感知的基础上获得了知识"就成为判断认知活动是否成功的判据和标志。只要获得了知识,相关的认知活动便可认为完成了任务,相关的认知过程便可宣告结束。因此,一个结论便是"**获得知识,是认知过程的终点**"。

那么,认知过程的起点是什么呢?

由于本书区分了"感知"与"认知"的概念,"认知"活动当然就从"感知"活动的结果开始。具体地说,认知的过程应从感知活动的结果——感知信息开始。但是,正如本书第 7.2 节所阐明的,由于语义信息可以全面代表感知信息,因此,如图 8.2.1 所示,认知过程的输入就应当是语义信息。

"**认知过程从语义信息开始**",这是本书关于"认知"的研究与其他各种人工智能和认知科学的论著之间的重要区别。在此之前,国内外学术界关于认知的起点通常都是笼而统之地说"从信息开始"。到底是从客体信息开始,还是从感知信息/语义信息开始,没有清晰的解释。

这是因为,在此之前,国内外学术界对于"信息"与"语义信息"两者都存在许多误解和盲区。

一方面,学术界对于"信息"的理解,一般都停留在 Shannon 信息论的信息概念上。Shannon 信息论的原名是"通信的数学理论",而通信系统的任务是在有噪声干扰的情况下把发送端的信息(体现为信号的波形)尽量如实传送到接收端。所以,Shannon 信息论所关心的只是信号的波形,并不关心信号波形是什么内容,也不关心信号波形有什么样的价值。用信息科学的术语来说,Shannon 信息论的信息实际上只是一种"统计型的形式化信息"。按照信息科学的术语,Shannon 信息论的信息只关注了信息的形式方面(称为语法信息),完全忽略了信息的内容(语义信息)和价值(语用信息)因素。这显然只是一种浅层的信息概念。

另一方面,虽然学术界在 20 世纪 50 年代初就注意到了 Shannon 信息论的上述问题,于是就提出了"语义信息"的概念,并展开了相应的研究。但是,一直都没有能够阐明和建立"语义信息"的准确定义和合理可行的生成规则。比较奇怪的是,文献中却几乎没有记载"语用信息"的研究。特别是,学术界至今都没有注意到,因此更没有准确理解"语法信息、语用信息、语义信息之间是否存在什么样的相互关系"。人们往往把它们三者作为三个独立分量来看待,有时也把语义信息与语用信息混为一谈。因此,文献中的"语义信息"一直都还是一个含混不清的概念,不同的人有各自不同的理解。

在这种情况下,上述笼而统之的说法"认知过程从信息开始"就更加显得扑朔迷离:是从哪个信息开始?

一个新的重要进展是,本书第 7.2 节首次阐明:"语法信息"是指主体从客体信息中感觉到的形式方面(指客体呈现的状态及其变化方式),语用信息是指主体从客体信息中体验到的效用方面(即语法信息对主体目标的利害关系),语义信息是主体把"语法信息与语用信息两者同时向语义信息空间映射的结果的名称"。也就是说,语法信息和语用信息两者都是第一性的,可以直接通过主体的感觉和体验获得和建立,语义信息则是第二性的,不可能直接通过主体的感觉和体验得到,只能通过主体的抽象和感悟(映射与命名)过程得到。正是因为这个缘故,语义信息才可以全面代表语法信息和语用信息,从而可以代表感知信息(全信息)。

不仅如此,本书第 7.2 节还首次阐明了语法信息、语用信息和语义信息的生成原理和具体实现这个生成原理的技术模型,证明了这样定义的语义信息的科学性和技术可实现性。

正因为有了这样明确的定义,而且有了在理论和技术上切实可行的生成机制,语义信息的概念才变得完全清晰了,"认知活动的过程从语义信息开始"的论断才成为一个真正的科学命题。

8.2.2 认知方法解说

明确了认知过程的起点和终点,接下来需要深入探讨的,就是本节的主题:应当怎样准确地描述认知的工作过程? 应当怎样恰如其分地认识和实现从"语义信息"到"知识"的转换? 或者更加确切地说就是:认知过程究竟是怎样完成从语义信息到知识的转换的? 这个过程可以称为"认知策略"。

分析认为,最一般也是最重要的认知策略是"学习"。人类如此,各种生物亦如此,机器亦如此。由于人是万物之灵,人类的学习方法和机制最为优秀,最具有启发性和可借鉴性。因此,有必要先简略地回顾人的学习方法。

1. 人类的认知方法:灌输→从众→理解

人类的学习方法多种多样,这里不可能(也没有必要)逐一进行叙述。不过,按照人类个体认知成长和群体认知进步的发展规律来分析,人类的学习大体上存在三种最基本、最典型而且互相形成了"生态链"的学习方式。

(1) 幼儿时期:权威灌输型(机械式学习)

幼儿生活在父母和家庭长者创造的小小世界之中,他们的认知能力正处在启蒙的最初阶段,因而还没有形成自己独立的思考能力。在这种阶段,父母是幼儿绝对可以信赖的权威。于是,父母教他什么,他就会不加选择地接受什么。这是一种**"被动接受,生记熟背"**的灌输型学习方式,是最为原始的学习方式,也是最容易实施的学习方式,然而却是最为基本和绝对不可或缺的学习方式,它种下了最基本的认知种子,为日后更高级的学习奠定了常识性知识基础。

机器学习理论中的"机械式学习"便属此类。应当承认,在"常识性知识"的学习方面,机械式学习确实是不可或缺的学习方法。但是,这种学习方法毕竟太过原始和刻板,而且效率低下。

(2) 青少年时期:社会从众型(统计型学习)

等到幼儿成长为青少年,他们的认知能力发展已经越过了启蒙期,进入了开放期和成长期。这时,他们开始走出了家庭,进入了学校和社会,有了接触社会大众的机会,于是就开始摆脱对家庭权威的迷信和依赖;不过,这一阶段的青少年还缺乏经验和阅历,缺乏独立判断的理解能力。因此,这一时期最典型的学习方式便是**"主动求知,众者为真"**,社会公众中多数人认可什么(统计平均),青少年就可能接受什么。书上说什么(他们相信,学校老师和课堂书本传播的知识都是经过大众检验过的知识),他们就接受什么。这是人生成长阶段中最为开放、最为多彩、最有收获的学习方式,青少年的大多数基础性知识和经验性知识都是在这个阶段形成的。

而且，他们也会凭借这样学到的知识回过头来检验幼年时期所学知识的真伪：深化那些正确的知识，修正那些不完全确切的知识，摒弃那些明显错误的"知识"（如封建迷信的一类）。

当代机器学习理论中的各种"统计学习"，包括当今极为流行的"深度学习"都属于这种类型。统计型学习方法虽然比机械式学习方法有所进步：机械式学习方法式是"父母教"，统计式学习方法是"公众教"。但是，统计型学习和机械式学习共同的最大问题是缺乏理解能力。利用这两类学习方法虽然可以学到一些基础知识，但学习者基本上只是"记住"了这些知识，并不完全"理解"这些知识。这就是人们十分熟知而又倍感头痛的问题——人工智能结果的不可解释性！

（3）成年时期：自主创新型（理解型学习）

经过幼儿时期和青少年时期的学习和历练，成年人具有了丰富的知识积累和能力建构，也有了大量的社会阅历，增长了才干，形成了自己的世界观和方法论，形成了独立思考、自主分析问题和解决问题的能力。到此，他们的认知能力便发展到了相当成熟的地步。因此，无论社会大众怎样众说纷纭，也无论面对怎样的陈规陋习，甚至书本上的成熟理论，他们都会进行自主的分析：只有理解了的东西才会自觉接受。这时的他们已经具备了**"自主思考，自主判断，探寻未知，创造新知"**的能力，具备了质疑、批判和创新的能力。这是人生最为成熟、最为高级、最为辉煌灿烂的学习方式。事实上，人毕生的创造发明和各种业绩建树，主要是在这种"理解型"的学习方式基础上实现的。

至此可以明白，认知的最高境界是"理解"，而实现理解则必须"不仅要了解事物的形式（语法信息），还要了解事物的价值（语用信息），进而在此基础上了解事物的内容（语义信息）"。这正是"全信息理论"以及基于全信息理论（它的代表就是语义信息）知识理论的主张。

不无遗憾的是，目前流行的各种机器学习理论（包括深度学习），都还没有上升到"理解型"的学习方式。当代人工智能包括机器学习和认知研究之所以未能上升到"理解型学习"层次，主要原因之一就是学术界至今还没有真正研究和建立"全信息理论"（特别是其中的"语义信息理论"）。这是当前人工智能和认知理论研究的最大欠缺。为此，本书将把重点放在阐述"理解型学习"的认知策略，这是认知研究的根本方向。

容易理解，上述三种学习方式不是相互孤立相互脱节的，恰恰相反，它们之间构成了学习方式的生态体系：**权威灌输型→社会从众型→自主创新型**。幼年时期的认知学习奠定了人生最基本的常识性知识基础；青少年时期的认知学习为人生积累了经验性知识和规范性知识基础；有了这些知识基础，成年时期的理解型认知学习能力才有可能建立起来并发挥积极的作用。这是因为，幼年时期习得的常识性知识，是青少年时期学习经验性知识和规范性知识的必要基础，而常识性知识、经验性知识和规范性知识,则是探索能力和创新能力的源泉。

与此相应,人工智能领域中的"机械式学习→统计式学习→理解式学习"三者也形成机器学习方法的生态链,而不是各自独成体系。事实上,在机械式学习所积累的常识性知识、统计式学习所积累的经验性知识与规范性知识、理解式学习形成的探索与创新能力三者之间,前者是后者的基础,形成一个开放的、有秩序的、有层次的、有深度的、有规模的认知方法生态体系。这应当成为当今认知学习研究和知识库建设的一个重要准则。

2. 机器的认知方法:机械型→统计型→理解型

认知(学习)是生物(特别是人类这种最高级的生物)所特有的高级能力。因此,人们研究机器认知方法的绝妙途径,就是首先深入理解人类自身认知方法的基本原理,从中获得启发(如 2.2.1 小节),然后结合机器的特定条件寻求具体的实施的办法。

通过上面关于人类认知(学习)方法的分析可以认识到,人类认知的生长规律是从幼儿时期的"权威灌输式"走向青少年时期的"社会从众式",最终走向成年时期的"自主理解式"。因此,机器认知学习的规律也是从早期的"机械式学习"发展到现在的"统计式学习",目标是走向"理解式学习"。

不过,由于公众对于"机械式学习"和"统计式学习"已经了解得很深入,同时也由于本书的篇幅有限,因此,这里不拟按部就班地讨论人们已经熟知的机械式学习和统计式学习(包括当前受到高度关注的"深度学习"),而把注意力聚焦在"基于理解的机器认知"方向,特别是"基于理解的归纳学习"方向。

这是因为,如果注意到本书第 6 章关于"知识概念"和"知识的外生态学"的讨论,就可以得到结论:**认知过程就是知识的外部生态学过程中从感知信息到知识的转换过程**。注意到本书关于"感知信息"和"知识"的定义,就可以进一步得到结论:**从感知信息到知识的转换过程,就是由感知信息的代表——语义信息(感性认识)到内容性知识(理性认识)的抽象提炼过程**。

众所周知,哲学和逻辑学的基本理论都表明:由事物的现象到事物的本质的提升过程,就是由个别到一般的归纳学习过程。换言之,归纳是人类认识事物的基本认知学习方法,由此可以演绎出其他一些认知学习方法,如类比法、联想法等。事实上,在人工智能的发展过程中,人们早已展开大量"归纳学习方法"的研究。换句话说,"归纳学习"本身已经不是什么新鲜的学习方法。不过,值得指出的是:历来的归纳学习方法研究,都是严格"基于语法信息(形式)"的归纳,是纯形式的归纳方法。而这里要研究的则是"基于语义信息(含义)"的归纳学习方法。这是全新的归纳学习方法。

图 8.2.2 给出了由事物的语义信息到相应的知识的归纳学习过程的示意图。这是典型的"理解型学习"。

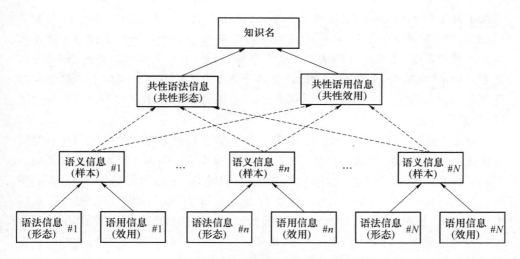

图 8.2.2　由语义信息归纳知识的示意图

图 8.2.2 中，最底层是主体从"感知"过程所获得的关于某类（应当是同一类）事物的 N 个语义信息（代表 N 个感知信息）样本，其中每个语义信息都由相应的语法信息（形态特征）和语用信息（效用特征）所定义：

语义信息　♯1：{语法信息　♯1，语用信息　♯1}

…

语义信息　♯n：{语法信息　♯n，语用信息　♯n}

…

语义信息　♯N：{语法信息　♯N，语用信息　♯N}

如果语义信息样本数 N 足够大（之所以要求 N 足够大，是希望归纳得到的结果足够可信），那么从这些语义信息样本中得到的"共性语法信息（共性形态特征）"和"共性语用信息（共性效用特征）"向知识空间的映射与命名，就是由这些语义信息样本归纳出来的"知识及其名称"。其中，"共性语法信息"就构成相应的"形态性知识"，"共性的语用信息"就构成"价值性知识"，它们两者就在知识空间共同定义了"内容性知识"，简称为"知识"。

如果最底层的语义信息样本不属于同一类，那么在实施归纳算法之前就需要进行预处理：首先，对各种不同类型的语义信息样本进行分类（把具有相同或相近语法信息和语用信息的语义信息样本分为同一类）；其次，要保证每一类的语义信息样本数量足够多；最后，对每一类语义信息样本分别实施归纳操作，分别归纳出各类知识。

需要指出，所谓主体对某个事物的信息或概念实现了"理解"，就是指主体具有了全信息（全知识）或者全信息（全知识）的代表——语义信息（内容性知识）。主体不仅了解这个事物(概念)具有什么形态,而且了解这个事物(概念)具有什么价值(效用):对主体有利,有害,还是无关? 从而了解这个事物(概念)的含义(内容)。有了这样的理解,主体就可以决定对这个事物(概念)应当采取什么样的态度(也就是可以做出"决策"):是赞成,反对,还是不予理会? 无论在信息层面上的简单决策还是在知识层面上的复杂决策,对信息(知识)的理解都是做出合理决策(智能决策)的必要前提。

有鉴于此,我们说图 8.2.2 的模型是"理解型的归纳学习",就是因为在它的信息层面上,人们得到了"语义信息(含义)",就意味着不仅掌握了"语法信息(信息的形式)"而且掌握了"语用信息(信息的效用)";同样,在它的知识的层面上,人们得到了"知识(内容)",就意味着不仅掌握了"形态性知识(知识的形态结构)"而且掌握了"价值性知识(知识的功效价值)",因而就可以据此做出合理明智的"决策"。

需要注意的是,归纳逻辑是一种"非保真"的算法。一般来说,被归纳的同一类语义信息样本数越大,所归纳出来的知识越可信。但是,无论样本数有多大,都不能断言所归纳出来的知识绝对可信。比如,人们常说的"天下乌鸦一般黑"是一个从观察过程中归纳出来的命题。但是,这个命题并不能保证不会存在例外:或许会存在灰乌鸦、花乌鸦,甚至白乌鸦。

图 8.2.3 是图 8.2.2 的一例:由钢笔、毛笔、铅笔的语义信息(由相应的语法信息和语用信息所定义)归纳出"笔"的知识(概念)。显然,无论是钢笔,还是毛笔或铅笔,都具有共性的形态特征和共性的效用(功能)特征,而这些共性的形态特征和共性的效用(功能)特征就定义了"笔"这个抽象的概念(知识)。

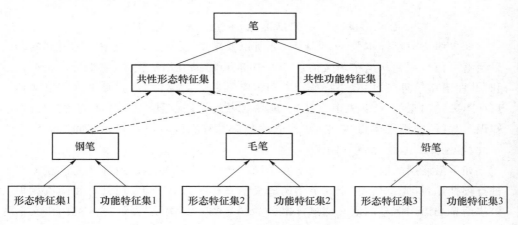

图 8.2.3　由语义信息归纳知识的一例

如上所说,归纳的特点是不能保真,在这个例子中,归纳出来的"笔"的概念由钢笔、毛笔和铅笔的共性形态特征和共性效用特征所定义,但是不能保证不会出现形态与"共性形态"不完全一致的笔,或效用(功能)与"共性效用(功能)"不完全一致的笔。后面这种情况就意味着:"共性的形态特征"或"共性的效用特征"的"共性",在实际情况下往往是"近似的共性",而不一定要求是"理想的共性"。

应当指出,认知的过程一定是一个不断地由直观走向抽象的过程,由抽象走向更加抽象的过程。随着人类认识的不断深化,这个抽象化的过程会一直持续发展下去,永远都不会终止。

比如在图 8.2.3 的例子中,由钢笔、毛笔、铅笔抽象出"笔"的概念之后,"笔"的概念又可以与"墨""纸"等概念一起被抽象为更高一级的概念"文具"(其中,"墨"的概念可以由各种不同的墨的语义信息样本抽象出来,同样"纸"的概念也可以由各种不同的纸的语义信息样本抽象出来)。进一步,"文具"的概念还可以与"水壶""水杯"等概念一起被抽象成为又高一级的概念"用具"。如此不断深化不断提升,就形成了"概念的金字塔"结构:越是处在金字塔低层的概念越具体,越是处在金字塔高层的概念越抽象,如图 8.2.4 所示。

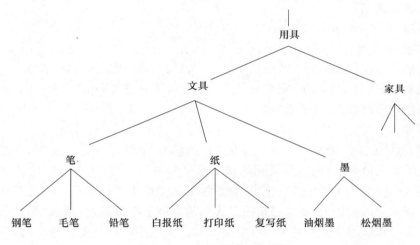

图 8.2.4　归纳的抽象化过程

其实,每个领域、每个部门、每个学科都可以形成本部门本领域本学科的由直观到抽象、由抽象到更加抽象的纵向的"概念金字塔"。而这些不同领域不同部门不同学科之间也存在横向的相互联系,因此这些"概念金字塔"一起就形成一个大规模、多层次、多类型、多维度的复杂概念网络(知识网络)。

值得注意的是,由于每个"概念金字塔"最底层的基础概念都是由相应语义信息样本群抽象出来的,因此"概念金字塔"的每一层次的概念(无论多么抽象)都具有可追溯的"共性形态特征"和"共性效用特征",因而都不会失去具体的意义。这就是基于语义信息的知识网络"可理解"的根据。

应当指出,21 世纪以来,学术界先后提出过语义网络的"本体"和知识处理的

"知识图谱"等概念和相应的理论,它们的目的也都是提升信息网络中信息处理的"理解力"。在这个意义上,它们与本书基于全信息理论(特别是语义信息理论)所建立的"理解型"认知学习方法是相通的。但是,无论从学术概念的科学性和完备性还是从技术上的合理性和可操作性来看,本书所提出和建立的"基于语义信息的理解型认知学习方法"都更胜一筹。原因就在于:那些理论虽然使用了"语义信息"的术语,但没有给出"语义信息"的严谨的定义和生成方法,而本书都做到了。

由于多年来"本体"和"知识图谱"已经展开了大量的开发工作,形成了庞大的本体资源和图谱资源。这些资源都可以为"基于语义信息的知识网络"提供有益的帮助。

还要指出,图 8.2.4 表明,随着认知过程不断走向抽象化,在抽象概念之间也会发生越来越多的联系。因此,利用概念之间的抽象关系,也可以推进人类的认知活动。而且,随着认知活动的不断深化,抽象概念之间的相互联系也必然越来越多。其中最为典型的就是抽象的逻辑思维和数学思维,它们也可以有效地增进人类的认识。例如,

计算:$1+2=3$ 和 $a+b=c$。

比较:若 $x>y$ 且 $y>z$,则 $x>z$。

判断:"人都是要死的。苏格拉底是人,所以,苏格拉底也是要死的"。

规划:"据荆襄,主西川;东联吴;北拒魏:则天下三分可期也"。

预测:"础润而雨,月晕而风"。

等等。

我们认为,人工智能的研究之所以存在严重的"理解能力低下"问题,主要根源就是整个研究停留在"纯粹形式化的认知水平",忽视了"形式-价值-内容三位一体"。自然,形式化本身并没有错误,它是抽象认知所必需的手段。但是不能仅仅停留在形式化的水平上,而是必须在形式化的基础上继续前进,形成"形式-价值-内容三位一体",才能实现对事物的完整认知。无论高层的抽象认知如何严谨,如果它们在最底层都完全没有"内容"和"价值"的根底,就难免会导致"脱离实际,不知所云"的结果。

8.3　基于语义信息的认知知识库

知识库是一切基于知识处理的智能系统的必备基础,对于人类来说,这就是他的记忆系统。没有了记忆能力或者失去了记忆能力,就丧失了智力能力,甚至丧失了生存的能力,更丧失了发展的能力。因此,知识库是十分基础十分重要的能力系统。

在计算机和人工智能研究领域,知识库建构已是一个众所熟知的课题。不过,它们都是基于纯粹形式化数据的知识库建构方法。相比起来,基于内容的知识库建构的主要不同之处,就在于它与众不同的知识表示方法。因此,这里将不讨论知识库建构的一般性问题,仅强调基于内容性知识的知识库相关问题。

8.3.1　基于语义信息的知识表示

本书第 8.3 节曾经指出:式 $y=\lambda(x,z)$,$x\in X$,$y\in Y$,$z\in Z$,既可以看作是语义信息的存在性定义,也可以看作是语义信息的构造性定义,λ 是映射与命名算子。因此,在给定映射命名算子的条件下,语义信息 y 的内涵就可以用与之相伴的语法信息 x 和语用信息 z 的偶对 (x,z) 表示;更加确切地说,语义信息 y 就是偶对 (x,z) 在语义信息空间映射结果的名称。于是,决定语义信息 y 的内涵的,就是与之相伴的偶对 (x,z)。语义信息的这种关系,在知识的场合同样成立:一个知识的内涵 y,就是与之相伴的形态性知识与价值性知识的偶对 (x,z)。

比如,给定"偶对 $(x=$ 顶部开口底部封闭的空心圆柱,$z=$ 可以用来盛物)",它就可以被映射到语义信息空间并被命名为"语义信息 $y=$ 容器"。这样,"$y=$ 容器"就是偶对 $(x=$ 顶部开口底部封闭的空心圆柱,$z=$ 可以用来盛物)在语义信息空间映射结果的名称,即语义信息;偶对 $(x=$ 顶部开口底部封闭的空心圆柱,$z=$ 可以用来盛物)"就是"语义信息 $y=$ 容器"的逻辑内涵。

可见,为了表达"语义信息"的内涵,就只需要写出与它伴随的偶对内容。于是,人们可以给出无穷无尽的这类例证:

物件名＝({该物的形态特征集合},{该物的功能特征集合})
水杯＝({顶部开口底部封闭的空心圆柱},{用以盛水})
铅笔＝({细长木质圆柱,中嵌铅心},{用以书写})
中药材＝({药材的形态特征集合},{药材的医药功能集合})

动作名＝({动作的外部形态特征集合},{动作的功能效用特征集合})
搬运＝(物件的外部空间轨迹变化特征),{按需在空间转移物件})
行走＝({行者的姿态及其时空变化特征},{空间转移,健身})
……

总之,无论是事物还是动作,都可以根据它们的外部形态特征集合和功能特征集合给予恰当的描述和命名。语义信息名(无论是动词还是名词)的"形态特征集合"和"功能特征集合"描写得越是精准,它所对应的动作和事物名称和内涵也就越是精确。当然,在知识表示的"精准度"与知识表示所需资源量的"简练度"两者之间总是存在矛盾,需要寻求恰当的权衡。而这种权衡的具体把握,要依具体的问题来确定。

　　以上的分析表明,与现有计算机科学和人工智能领域的各种知识库的知识表示方法相比较,现有知识库的知识表示方法都是基于"**纯粹形式匹配**"的原理,而基于语义内容的知识库的知识表示是基于"**内涵理解**"的原理。这种基于内容的知识表示的最大优点(而且是不可替代的优点)是对于被表示对象内涵的"可理解性",而现有的各种知识表示方法则只具有形式的"可匹配性"。"形式匹配"和"内涵理解",这对于知识库的有效使用而言,可以说具有天壤之别。因为,基于"形式匹配"的原理,只可实现对事物形式的识别(但不理解)和按照形式特征实现对事物的分类(但不理解),而基于"内涵理解"的原理,则可以实现对事物内容的理解,懂得这个事物"是什么意思"和"有什么用处"。可以认为,"形式匹配"只涉及了浅层表象,"内涵理解"才能揭示深刻本质。

　　不仅如此,基于语义信息的知识表示方法还十分适于进行"知识的提炼",也就是适于"知识的抽象化",而"提炼"或"抽象化"是人类思维的核心能力之一。有了这种能力,就可以形成知识的组织结构体系,不再是一群孤立的、表面化的概念或知识散点。

　　比如,如图 8.2.3 所示,一方面,我们日常的文具用品钢笔、毛笔、铅笔分别各有自己的形态特征集 1、形态特征集 2、形态特征集 3 和各自相应的功能特征集 1、功能特征集 2、功能特征集 3。另一方面,它们之间又都具有共同的(因而数量更少的)外部形态特征集和共同的(因而数量更少的)功能特征集,这样,就可以根据它们的共同形态特征集和共同功能特征集把它们在整体上抽象命名为"笔"。"笔"是由"钢笔、毛笔、铅笔"提炼出来的物品名,或曰,"笔"是钢笔、毛笔、铅笔等物品的抽象。

　　类似地,人们熟悉的商品墨、珍藏墨、礼品墨也分别各有自己的外部形态特征集和各自的功能特征集,根据它们共同的外部形态特征集和共同的功能特征集可以建立整体的抽象名"墨"。在此基础上,还可以根据"笔"和"墨"的共同外部形态特征集和共同功能特征集建立它们的整体抽象名"文具"。甚至,还可以用类似的方法建立更为抽象的名称"用具",如此等等,如图 8.2.4 所示。

　　这样,经过逐级抽象化,就可以构成越来越完整的知识体系:在这个知识体系的最底层,是那些最具体的概念;越是走向知识体系的高层,则概念越是抽象;但各个层次之间都存在内在的联系,共同构成良性知识体系的知识库。

　　当然,图 8.2.3 只是基于内容的知识表示的一个具体示例。但是,不难按照与这个示例同样的道理构建基于内容的其他各种类型的知识体系,并最终构成相对完整的基于内容的知识体系。

　　认知科学的研究指出,在人脑的长期记忆系统中,记忆系统所存储的事项是按照它们的"意义(语义)"组织起来的。可以看出,图 8.2.3 所示的基于内容/语义信息的知识结构体系与认知科学所揭示的知识组织体系原理完全一致。这可以说是信息科学研究与认知科学研究之间不谋而合的彼此印证!

不仅如此,图 8.2.3 所示的组织结构还清晰地揭示了"概念抽象化"的工作机制:概念的"抽象化"过程,就是在保持概念(语义信息)特征集合(语法信息的特征集合与语用信息的特征集合)中最本质特征子集的条件下不断降维的过程。当然,抽象化的结果是否合理,需要通过恰当的反馈来确认。这一"特征降维—反馈确认"的工作机制,为概念的抽象化提供了清晰的实现途径。

8.3.2　基于语义信息的机器学习

认知,存在很多不同的定义。但最贴切的定义是:通过认识活动(也就是学习活动)获得知识。学习是人类生存与发展所不可或缺的基本能力,也是机器智能的重要特征。如果没有学习能力,人类便无法适应环境的变化,更不可能有效地优化环境。同样,如果没有学习能力,机器也不可能很好地为人类服务。

学术界关于机器学习的研究,经过了由早期的机械式机器学习方法到近期的统计式机器学习方法的发展历程,取得了不少进展[21,22]。

现代计算机技术已经相当强大,由网络获得的数据也几近无限丰富,为统计型机器学习提供了极好的条件。但从总体上看,目前机器学习的效果还远不能令人满意。其中最重要的缺陷,也是现代机器学习与人类学习之间存在的最大差别,就是停留在"统计的形式化学习"阶段,没有利用语义信息(内容因素)来形成理解力。

由于学术界此前只有"统计信息论",没有"语义信息论",因此迄今学术界一直在关注和研究的学习理论,都是基于统计型语法信息的学习理论,也就是人们熟知的"统计"学习理论:以统计理论的"大数定律"和"统计平均"为至高无上的信条,以计算机、语法型数据库和相关算法为基本手段。因此,这是一种典型的"社会从众型"的经验性学习理论。

在有了语义信息理论之后,人们就可以研究基于语义信息(基于内容)的"自主理解型"学习理论。可以看到,与形式化的"社会从众型"学习理论相比,"自主理解型"的学习理论最重要的优越性就是它的理解能力,而不是"统计(猜测)能力",这与人类自身的最成熟最高级学习机理相通。

基于语义信息的"自主理解型"学习系统简化模型可以用图 8.3.1 来表示。

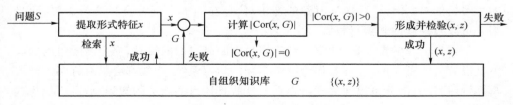

图 8.3.1　基于语义信息的自主理解型学习模型

图 8.3.1 的模型表现了基于语义信息的"自主理解型"学习机理。

图中具有自组织能力的知识库是整个模型的共同基础,它存储了"自主理解"的学习目的 G,同时也存储了此前所积累的大量先验知识/信息 $\{(x,z)\}$ 作为理解的基础。而且,这个知识库还具有"自组织"的能力,即能够按照所存储的各个"语法信息(形态性知识)与语用信息(价值性知识)偶对"的具体情况(特征的多寡与强弱)在知识体系/信息体系中给它们进行准确"定位",使知识库的知识体系/信息体系总是处于合理的结构状态。

基于语义信息的"自主理解型"学习过程通常包含以下步骤(如图 8.3.1 所示)。

(1) 当学习系统面临某个问题样本 S 时,系统首先提取问题的形式特征 x,并以它为检索子到知识库的偶对集合 $\{(x,z)\}$ 进行检索。

(2) 若检索成功,则说明系统所面临的 S 是一个老问题,不必再行学习。如果检索失败(即 x 在 $\{(x,z)\}$ 中找不到匹配项),说明 S 是一个新问题,需要进行学习。

(3) 这时,系统便启动形式特征 x 与学习目的 G 之间的相关性运算(形式特征 x 与目的 G 都可以表达为维数相同的矢量),图中 Cor(,) 是相关性的运算符。

(4) 若相关度为零(或小于某个较小阈值),说明系统所面临的问题 S 与设定的学习目的无关或关系不大,因此可以不予理会;如果相关度较大(大于某个阈值),说明 S 对目的 G 而言具有一定效用 z,于是,把 x 和 z 送至下一环节,建立新的"语法信息与语用信息的偶对"(x,z),进行映射和命名。这就是学习所获得的新结果:新的语义信息(学到的新内容)。

(5) 对新的学习结果进行验证,若验证失败(或者与经过验证的知识相矛盾,或者不能解决相关的问题),就予以放弃;若验证成功,就输入到知识/信息库,经自组织定位后在知识/信息体系的恰当位置予以存储,从而扩展了知识/信息库的知识/信息。这就是"以知识库已有的语义信息为基础,不断学习、不断更新和扩展新的语义信息"的学习过程。

可以看出,这种基于语义信息的"自主理解型"学习系统的特点是:除必须事先在知识库中存有一定数量的先验知识偶对/信息偶对外 $\{(x,z)\}$,还必须具有明确的学习目的 G。因此,这样学习到的知识/信息在内容上都符合目的的需要,而且都是可以被理解的知识/信息。

学习目的非常重要,一切学习都应当是有明确目的的活动,完全漫无目的的学习是没有实际意义的。当然,作为一个实际的学习系统,一般都会具有许多不同的具体学习目的,因此可以通过学习学到与这些具体目的相关的知识/信息。如果这些目的互相之间构成了一个有机的体系,那么,针对这个目的体系所学到的知识/信息也就会形成与这个目的体系相应的知识/信息体系。

前曾指出,"自主理解型"学习是一种**高级的**学习方式,"社会从众型"学习是一种**基础性的**学习方式,"权威灌输型"学习是一种**原始性的**学习方式。随着学习者自身智力能力的逐渐成长和他所积累的知识的逐渐丰富,"权威灌输型"的学习方式会逐渐提升为"社会从众型"的学习方式并最终发展成为"自主理解型"的学习方式。

在这三种学习方式之中,只有最高级的"自主理解型"学习方式才需要以语义信息为基础,其他两种学习方式则只需要语法信息的基础。然而,只有发展到了"自主理解型"学习方式,人类的学习才算发展到了高级阶段。而且,只有发展到了"自主理解型"学习方式,人类的学习能力才全面超越了动物的学习能力。对于机器学习理论的发展而言,情形也是如此。

这就是基于语义信息的"自主理解型"学习方式的重要意义之所在。

特别有意义的是,如果学习的目的不是仅仅局限于学习新的知识和新的信息,而是希望学习解决各种新问题的智能策略,那么图 8.3.1 所示的自主理解型学习模型就应当升级为本书图 7.1.1 所示的高等人工智能系统模型,即"信息生态系统"的通用学习系统模型。

对比图 8.3.1 和图 7.1.1 可以发现,与学习新知识和新信息的学习系统一样,智能决策的通用学习系统模型也要求系统必须具有明确的学习目的和足够的先验知识。不过,考虑到本书篇幅的均衡性,这里把智能决策的通用学习系统模型工作机理的分析放在下节进行。

8.3.3　通用学习

什么是"通用学习"?

首先,"通用学习"意味着学习的对象和学习环境应当是普遍的,不是仅仅针对某个(某些)特定目的的新知识和新信息的学习,而应当是关于任何环境下任何问题的学习。"通用学习"意味着学习的目的是广泛的,不仅仅是为了认识所学习的对象,更应当是为了能够合理地同这些对象打交道,有利于系统的生存和发展。

因此,通用学习的能力包括:(1)理解问题的能力,能够确切理解在各种环境中发生的复杂问题;(2)解决问题的能力,能够生成智能性策略,合理解决各种环境中发生的复杂问题。换言之,"通用学习"实际上就是"通用问题的智能求解"。这也是"智能决策"的等效表述。

不言而喻,系统的学习能力是系统智能水平高低的一个基本标志。在绝大多数的实际情况下,智能来源于知识的演绎,而知识则来源于信息的提炼。所以,智能的生成机制可以简要地被描述为"**信息→知识→智能**"转换。

不过,需要再次提醒的是,这里的"信息"主要不是人们所熟悉的 Shannon 信息论意义上的信息,而是待求问题所呈现的"客体信息"和由它转换而来的"感知信息/语义信息",Shannon 信息只是感知信息的一种统计型语法信息分量。于是,对照图 7.1.1 的高等人工智能系统模型可知,**智能系统生成机制的完整表示应当是"客体信息→感知信息→知识→智能策略→智能行为"转换**。由于感知信息可以由语义信息所完整代表,因此,智能系统的生成机制也同样可以被表述为**"客体信息→语义信息→知识→智能策略→智能行为"转换**。

在上述智能生成机制的转换表达式中,从客体信息到感知信息/语义信息的转换原理已经由本书图 7.2.1 阐明。其中,系统的输入 S 就是待求问题本身所呈现的客体信息,而系统的全部输出就是感知信息的三个分量(语法信息 X、语用信息 Z 和语义信息 Y),其中的语义信息 Y 则是以"$\lambda(X,Z)$"的机制所生成,因而可以完整地代表语法信息 X 和语用信息 Z,从而也就可以全面地代表感知信息。

此外,在上述智能生成机制的转换表达式中,由语义信息到知识的转换可以通过本章第 8.2 节的理解型学习原理来实现,即根据事先所给定的"问题"和设定的"目的"从自组织知识库提取与该"问题-目的"相关的知识集合。

于是,这里需要补充论述的就是阐明如何实现"由知识到智能(策略)"的转换以及语义信息在其中发挥的作用。

为此,可把图 7.1.1 的模型简化为图 8.3.2。

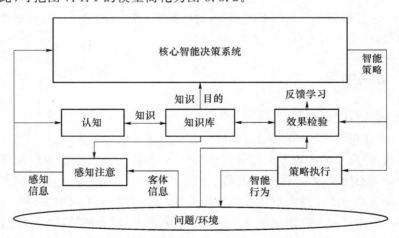

图 8.3.2 智能决策(通用学习)的简化模型

容易看出,图 8.3.2 是智能决策的简化模型,智能决策的产物就是用以解决问题的智能策略。它的具体工作原理将在本书第 9 章阐明,这里不拟细述。那么,为什么说图 8.3.2 又是一个通用学习的模型呢?

这是因为,当把它所产生的智能策略通过执行机构转换成为智能行为作用于环境中的待求问题之后,如果求解的结果与目标之间存在某种误差(由于复杂系统各环节都必然存在非理想性,出现误差几乎是必然事件),那么按照图 8.3.2 的要求,就要把误差作为一种新的信息(误差信息)反馈到系统的输入端,并根据这个新的信息学习和补充新的的知识,进而优化策略,再把新的优化策略转换为新的改进了的智能行为,重新作用于待求问题,以减小误差,改善求解的效果。这种"效果检验-误差反馈-学习优化"的过程通常需要重复多次,直至达到满意的求解效果。可见,这是一种全局的学习机制,是对任何问题都适用的学习机制,是名副其实的"通用学习机制"。于是,图 8.3.2 也是一种通用的学习模型。

图 8.3.2 的模型清楚地显示了"语义信息"在智能决策问题求解中的基础作用:核心智能决策系统的输入激励就是用"语义信息"代表的感知信息 I_{sem},输出则是求解问题所需要的智能策略 St,它的支持条件(也即约束条件)是相关的知识集合$\{K\}$,它的引导和控制因素是问题求解的目的 G。于是,有下述关系:

$$St = f(I_{sem}, \{K\}, G) \tag{8.3.1}$$

其中,各个符号的意义已如上所述,函数 f 通常是某种复杂的处理操作,一般而言不是普通的数学运算,而应当是各种可能的数理逻辑演算(标准的命题演算和谓词演算、非标准的逻辑演算等),也可能需要目前还在发展中的泛逻辑演算,在复杂情况下,还不可避免地需要目前还处在萌芽阶段的辩证数理逻辑。

式(8.3.1)表明,不管智能策略生成函数的形式如何,"语义信息"都是不可或缺的要素:它代表了感知信息,后者则是客体信息在认识主体思维中的反映,是认识主体对于客体的感性认识。一方面,如果没有语义信息的参与,整个求解过程就将失去"问题"的针对性;另一方面,如果仅仅拥有 Shannon 信息而没有语义信息,就不可能获得"内容性知识"。在这种情况下,决策的智能水平将无法保证。这就是语义信息在智能决策中的基础作用。

本章小结与评注

本章探讨和阐明了高等人工智能的"认知原理",这是高等人工智能主体理论的核心内容之一。

为此,本章首先面对众说纷纭的"认知"说法,阐明了本书对"认知"的基本理解,包括认知的基本含义以及认知过程的起点和终点,论述了本书所持的认知观念的科学性和合理性。这显然是十分必要的前提。否则,如果基本概念不够科学合理,以它为基础所建立的理论便会缺乏足够的科学性和可信性。

在此基础上,本书着重阐述了"认知的基本原理",即高等人工智能的第二类信息转换原理:以主体所获得的关于客体的感性认识——感知信息(它的合法代表是语义信息)为出发点,如何通过科学的途径把感知信息(语义信息)转换提升成为知识（主体关于客体的理性认识），达到认知的目的。所以，认知过程的本质就是"把感性认识提炼为理性认识"。可以看出，本章关于认知原理的研究与本书第 7 章关于感知原理的研究是十分和谐默契的：第 7 章的感知原理把客体信息转换成为感知信息（语义信息），本章的认知原理则在此基础上把感知信息（语义信息）转换成为知识。两者实现了无缝的衔接。

与其他的认知理论相比，本书的认知理念、认知原理、认知策略最为重要和最为显著的特点（也就是它的优点）在于：它在历史上第一次把自己的认知理论完全建立在"语义信息理论"的基础之上。而迄今所有其他各种认知理论，都只考虑了纯形式化的"语法信息理论"。然而，理论和实践都证明，建立在纯形式化的语法信息基础上的认知理论是不严谨不完善的。一般而言，纯形式化的方法对于信息科学和人工智能理论的研究都是远远不够的。

当然，作为语义信息理论对 Shannon 信息理论的突破，以及基于语义信息理论的认知原理对基于语法信息理论的认知理论的突破，不可能一步就达到完美无缺的程度，相关的完善化的工作还有待继续完成。但是，这里实现的历史性突破对于人工智能理论研究来说无疑是意义重大的进步。

本章参考文献

[1]　SHANNON C E. A Mathematical Theory of Communication [J]. BSTJ, 1948, 47, Part I, 379-423; Part II, 632-656.

[2]　KOLMOGOROV A N. Three Approaches to The Quantitative Definition of Information [J]. Internat. J. Comput. , 1968, 2:157-168.

[3]　KOLMOGOROV A N. Logic Basis for Information Theory and Probability Theory[J]. IEEE Trans. Information Theory, 1968, 14:662-664.

[4]　CHAITIN G J. Algorithmic Information Theory [J]. Cambridge: Cambridge University Press, 1987.

[5]　CARNAP R, BAR-HILLEL Y. Semantic Information [J]. Brit. J. Phil. Sci. , 1953, 4: 147-157 .

[6]　BRILLUION A. Science and Information Theory [M]. New York: Academic Press, 1956.

[7]　BAR-HILLEL Y. Language ang Information [M]. Mass: Reading, 1964.

[8]　MILLIKAN R G. Varieties of Meaning [M]. Cambridge: MIT Press, 2002.

[9]　STONIER J. Informational Content: A Problem of Definition [J]. The Journal of Philosophy, 1966, 63(8):201-211.

[10]   GOTTINGER H W. Qualitative Information and Comparative Informativeness [J]. Kybernetik,1973,13:81.

[11]   FLORIDI L. The Philosophy of Information [M]. Oxford:Oxford University Press,2011.

[12]   WIENER N. Cybernetics [M]. New York:John-Wiley and sons,1948.

[13]   BATESON G. Steps towards Ecology of Mind [M]. London:Jason Aronson Inc. ,1972.

[14]   BERTALANFFY L V. General System Theory [M]. New York:George Braziller Inc. ,1968.

[15]   钟义信. 信息科学原理 [M]. 北京:北京邮电大学出版社,2013.

[16]   钟义信. 信息转换:信息、知识、智能的一体化理论 [J]. 科学通报,2013,85(14):1300-1306.

[17]   钟义信. 高等人工智能原理 [M]. 北京:科学出版社,2014.

[18]   ZADEH L. A,Fuzzy Sets Theory [J]. Information and Control,1965,8:338-353.

[19]   罗跃嘉. 认知神经科学教程 [M]. 北京:北京大学出版社,2006.

[20]   HAWKINS J , BLAKESLEE S. On Intelligence[M]. Stanford:Levine Greenberg Literary Agency,2004.

[21]   MICHALSKI R S, CARBONELL J G, MITCHELL T M. Machine Learning:An Artificial Intelligence Approach:Vol. 1[M]. Calfornia:Morgan Kaufmann,1983.

[22]   MICHALSKI R S, CARBONELL J G , MITCHELL T M. Machine Learning:An Artificial Intelligence Approach:Vol. 2[M]. Calfornia:Morgan Kaufmann,1986 .

[23]   钟义信. 全信息自然语言理解方法论[M]∥徐波,等.中文信息处理若干重要问题.北京:科学出版社,2003.

[24]   李未. 数理逻辑:基本原理与形式演算 [M]. 北京:科学出版社,2007.

[25]   何华灿. 泛逻辑学原理 [M]. 北京:科学出版社,2001.

第9章 谋略(第三类信息转换原理) 语义信息→智能策略

第 7 章的讨论已经指出,高等人工智能的"主体"理论,实质是关于"在一般情况下如何生成智能"的理论,也就是关于"智能生成的共性核心机制"的理论,主要包括第一、第二、第三和第四类类信息转换原理以及作为这些原理的各种具体的感知能力、注意能力、记忆能力、认知能力、基础意识能力、情感能力、理智谋略能力、综合决策能力和策略执行能力的生成机制理论。其中第一类信息转换是信息内部的转换,即把外部刺激呈现的客体信息(即本体论信息)转换为认识主体的感知信息(即认识论信息,也称全信息),第二、三、四类信息转换是由感知信息到各种能力的转换,即把感知信息相继转换为知识、基础意识、情感、理智、综合决策和策略执行。可以看出,第一类信息转换原理是第二、第三和第四类信息转换原理的基础和前提,第二、第三和第四类信息转换原理是第一类信息转换原理的深化和升华,它们之间相互联系、相互依存、相互补足,交相辉映,成为由"认识世界"(从外部世界获得信息和生成知识)到"改造世界"(利用知识,制定策略、执行策略和优化策略)这个智能过程的有机整体。正是凭借这个有机的整体,高等人工智能系统能够在目标引导下、在所记忆的相关知识支持下生成应对各种外部刺激的合理策略并把策略转换成行为,表现出与其知识水平相适应的智能水平。

第 7 章研究了第一类信息转换原理以及全信息在注意能力生成和信息存储(记忆)与提取过程中的运用;第 8 章研究了第二类信息转换原理,阐明了如何根据感知信息提取和建立求解问题所需要的知识和相应的知识库。本章在图 7.1.1 所示的高等人工智能模型基础上阐明第三类信息转换原理如何在各种不同类型的知识支持下把"全信息"依次转换为系统的基础意识生成能力、情感生成能力、理智生成能力和综合决策能力。

应当指出,这里所说的高等人工智能的"基础意识""情感""理智""综合决策"和"智能策略"都是对人类智能系统相关术语的借用。需要注意的是,虽然与传统人工智能系统相比,高等人工智能系统的智能能力更为深刻,更为完整,更加接近于真实,但是仍然不可与人类智能的相关能力相提并论。

从根本上说这是因为,人类的智能是人类自身在漫长的进化过程中在大自然严厉的"适者生存,优胜劣汰"法则的筛选下千锤百炼积累起来的智慧能力,而高等人工智能说到底也只是对人类自身智能的某种模拟和复制。不错,高等人工智能肯定能够发扬"高速度、高精度、强耐力、长寿命"的优势。但是,由于人类设计者实际赋予高等人工智能系统的"知识"无论在深度还是在广度上都不可能与人类自身所拥有的知识体系等量齐观。同时,人类设计者赋予高等人工智能系统的"目标"也可能远不如人类自己的目标那样具有深刻性和灵活性,高等人工智能系统的"创造力"将肯定不可能与人类的智能同日而语。这是人工智能与人类智能之间固有的能力鸿沟,人们可以努力逐渐缩小这个鸿沟,但是永远也不可能逾越这个鸿沟。因此,我们可以用"人的意识""人的情感"和"人的智能""人的行为"作为研究"机器意识""机器情感""机器智能"和"机器行为"的原型目标,但又不能用"人的意识""人的情感""人的智能"和"人的行为"标准和水平来看待和要求"机器意识""机器情感""机器智能"和"机器行为"。

因此,毫无疑问,本书的研究将非常明确地定位于"借鉴人类智能的生成机理来研究和创建高等人工智能系统",而不是研究人类智能系统本身(当然在某些方面有可能做到相得益彰)。不过,为了行文的简洁和方便,却经常会把"机器意识""机器情感""机器智能"和"机器行为"这些术语简称为"意识""情感""智能"和"行为"。希望这种简化不至于引起读者的误解。

9.1　基础意识的生成机制:第三类 A 型信息转换原理

首先需要澄清的问题是:究竟什么是"意识"? 怎样界定"意识"的含义?

这是一个十分古老的问题。然而,国内外学术界至今普遍认为,这又是一个非常复杂并且充满神秘色彩因而难以准确把握的问题。正如 Dennett 所说"意识问题大概是最后一个难解的谜,……,是常常使最聪慧的思想家也不知所措的难题"[1]。这或许正是传统人工智能研究常常对它采取"敬而远之"态度的基本原因。

通常认为,"意识"问题属于社会科学特别是哲学的研究领域,与自然科学的研究领域几乎各不相关。但是,作为自然科学分支的人工智能的基本研究对象是"机器智能",而机器智能的原型是人类智能,后者则不能不涉及"意识"问题。于是,"机器智能"也不能不涉及"机器意识"的问题。这样,"机器意识"便成为智能科学技术领域不能不充分关注的研究对象。何况,从一般的意义上说,任何一门学科所涉及的问题越是深刻,越是涉及自然本质、生命本质、思维本质等,它的研究方法就越是不可避免地要受到哲学思想的强烈影响。无可否认,人工智能的研究就属于这样的学科领域。

回顾人类对于"意识"问题研究的整个历史可以发现,人们几乎一直是在不断的争论中(最基本的争论课题是:先有意识后有物质? 还是先有物质后有意识?)摸索前进,走过了非常艰难非常曲折的路程。

虽然人们对于"意识"问题的认识在整体上来说在不断深化和进步,但同时也不能不承认,直到今天,人们对于"意识"问题的认识仍然是"讳莫如深",在学术观点上则是"仁者见仁,智者见智",很难取得一致的认识。这就是本节的讨论要特别强调限制在"基础意识"范围内的重要背景和原因。

所谓"基础意识",当然就不等同于"整体意识"。它应当是"意识概念"中最为基础因而也是最为重要的部分。那么,究竟什么是"基础意识"? 它与一般意义上的"意识"概念之间的关系应当怎样界定? 这是首先需要回答的问题。

9.1.1　意识的含义

在具体讨论基础意识的概念之前,还有必要说明,一般认为,意识乃是人类大脑固有的属性,而且还有"个体意识"和"社会意识"之分。个体意识的主体是人类的个体;社会意识的主体是由人类个体组成的人类社会。一方面,没有个体意识就不会有社会意识;另一方面也不存在独立于社会意识之外的个体意识。因此,个体意识与社会意识之间相互依存、相互联系、相互影响,很难截然分割。不过,在一定的意义上也可以认为,个体意识是社会意识的基础,因此,研究个体意识也可以为研究社会意识奠定一定的基础。只要合理地定义个体意识的约束条件,个体意识的研究是完全可行的,而且也是十分有意义的。考虑到"高等人工智能系统"本身所具有的个体性质,这里将着重研究个体意义下的意识问题。将来研究"群体高等人工智能系统"的时候,当然就必须特别关注社会意识的问题。

1. 意识的哲学含义

最广泛的意识概念是哲学家特别关注的,他们认为,意识是与物质处在对立统一关系中的精神现象,是物质以外的全部对象。辩证唯物主义哲学认为:意识是人脑的机能与属性,是社会的人对客观存在的主观映像,具有感觉、知觉、表象的感性形式和概念、推理、判断等理性形式;意识是由物质的运动产生的,但是意识对物质又具有能动的反作用。

现代汉语词典给出了类似的解释。它说,"意识是人的头脑对于客观物质世界的反映,是感觉、思维等各种心理过程的总和,其中的思维是人类特有的反映现实的高级形式。存在决定意识,意识又反作用于存在"[2]。其他辞书对"意识"的解释也与此大同小异。

显然,在哲学意义下的意识概念包罗了人类一切精神活动和精神现象,比智能本身的概念更加宽泛。面对这样浩如烟海的"意识"概念,人们(多数是哲学家)认为,意识是不可定义的。例如,著名的神经科学家 R. Frackowiak 等人就不无遗憾地指出"我们不知道意识究竟是怎样从人脑的活动中产生出来的,我们也不知道非生物的物质(如计算机)是否能够产生意识。人们也许期望着能够获得一个关于意识的清晰定义。但是这种期待只会失望,因为到目前为止,"意识"还没有成为一个能够这样准确定义的科学术语。现在人们对意识的理解五花八门,而且都相当含糊。我们相信总有一天人们能够给出意识的准确定义,但是现在时机还没有成熟"[3]。比这更为极端,哲学界的一些神秘主义人士干脆认为"我们永远也无法理解意识"。

我们当然不赞成"不可知论",因此不能赞同"意识永远不可被理解"的观点,但同时也认为把这种"无所不包的意识概念"作为高等人工智能理论的具体研究对象是不明智的,至少在现阶段是不合时宜的。高等人工智能理论是自然科学理论的一部分,我们希望关注的意识概念是那些目前有可能被理解的部分。

2. 意识的医学含义

现代神经科学研究表明,意识是在人类认识世界和改造世界活动过程中由人脑活动加工出来的产物,而且不是由人脑的某一个神经组织决定的,也不是由固定的某几个神经组织按照机械的方式产生的,因此非常复杂,很难在短期内研究清楚。我们这里只能选择其中最为简单而且最为基础的部分加以研究。我们相信,哪怕对最为简单和最为基础的这部分"意识"的认识有些微的前进,也会具有十分重要的意义。

显然,最窄意义的"意识"概念是临床医学的解释。在临床医学看来,一个人的意识主要指他对周围环境、自身状况、周围环境事物之间的关系以及自身与环境之间相互关系的觉察、理解与反应的能力。如果能够正确觉察周围的环境(包括人、事、物),能够正确认识自身在环境中的存在,能够正确理解自身与周围环境之间的相互关系,从而做出合理的反应,就认为他具有正常的意识;否则就认为他的意识发生了某种障碍,存在某种缺陷。

例如,一个人在自己长期居住的街区散步却竟然找不到回家的路,天气冷了也不知道添加衣服,天气热了也不知道减少衣服,就可以认为他的"环境意识可能发生了障碍";一个名叫"张三"的人,如果有熟人呼唤"张三"这个名字的时候,他居然若无其事没有任何反应,就可以认为他的"自我意识可能有障碍";一个人在大街上行走,居然不知道躲避车辆和行人,就可以判断他的"环境意识和自我意识都可能有了障碍";如果一个人的言谈或者与别人的交谈不合常理、不合逻辑,就可以认为他的"意识不清晰";而如果医生在患者身上扎针或施加其他刺激而病人丝毫没有感觉和反应,就可以认为他没有疼痛意识;如此等等。

可见,与哲学界的意识概念相比,临床医学意义上的意识概念确实比较基本,比较明确,比较具体,同时也比较容易进行相关的检验、测试和判断,在整个"意识"概念之中,它是最为基础也最容易把握的部分。

3. 本书的"基础意识"含义

为了能够对"基础意识"展开有意义的研究,我们显然不能把哲学意义上那样包罗万象的"意识"概念作为本书的研究对象,而应当把"意识"概念聚焦在便于检验和判断的类似于临床医学的意识含义上。我们把这样的意识含义称为"基础意识"。

根据高等人工智能理论研究的需要,除要研究"基础意识"外,我们还需要研究"情感"与"智能(理智)"。因此,我们不能孤立地定义"基础意识",而应当在"基础意识-情感-智能(理智)"的相互关系中来考察"基础意识",在"基础意识-情感-理智"相互关系的视角下来界定"基础意识"。为此,我们定义:

所谓"基础意识",是指人们在本能知识和常识知识支持下以及在基于本能知识和常识知识的生存目标制约下对外部环境刺激和自身内部刺激产生觉察、理解并做出合乎本能和常识以及合乎目标的反应能力。

这里我们规定,"基础意识"必须具有本能知识和常识知识(而且仅有本能知识和常识知识)的支持。这是因为,系统对刺激的觉察、理解和反应(特别是理解)都必然需要一定知识的支持,如果连本能知识和常识知识都没有(更不要说经验知识和规范知识了),那么当面对来自外部和自身内部的各种刺激的时候,系统就不可能产生合理的觉察、理解和反应能力。这样的系统也就等于没有意识。因此,这个规定是必要的,也是恰当的。

人们也许会问:人类的知识包括本能知识、常识知识、经验知识和规范知识;为什么基础意识只需要本能知识和常识知识的支持,而不需要全部知识的支持?我们的回答是"确实不必全部知识的支持",这是因为,如果得到全部知识的支持,这样的意识能力就不再仅仅是"基础意识"的能力,而变成了"全部意识(包括智能)"的能力了。当然,本能知识和常识知识与经验知识和规范知识之间并没有绝对的界限,正如基础意识与情感、智能之间也不存在绝然的界限一样。这种区分,主要是为了研究的方便,又不至于违背常理。

我们规定基础意识能力只需要本能知识和常识知识的支持,还有以下几点具体的考虑。

首先,所谓本能知识,是指人类所有知识类型中最具基础性意义的知识,是在自然界和社会环境中维持人类基本生存所需要的知识,它是人类按照"物竞天择,适者生存"的法则在长期进化的过程中通过无数的成功(进化)和失败(被淘汰)逐步积累起来的知识。本能知识不是对简单刺激的局部性反应,而是受到一定刺激便按预定程序展开的一系列行为活动的知识。本能知识是人类个体通过遗传机制从父代个体获得的,而不是通过后天学习获得的。本能知识是人类所有其他各种知识的天然基础,因此,也是基础意识所必要的知识。

其次,常识知识是人类正常生活所需要的基本知识,是人类在本能知识的支持下,在生存目标导引下,在后天认识世界和改造世界的活动过程中通过实践体验和摸索学习积累起来的一类"无师自通"而且"不证自明"的普通知识。例如,太阳每天早晨从东方升起,傍晚从西方降落;每年的季节有春夏秋冬之分,人人都必然有生老病死的过程;人们饿了要进食,渴了要喝水,冷了要添衣;绿草在春天发芽,在秋冬枯萎;树木有高矮大小,鲜花有五颜六色;$1 + 1 = 2,1 + 2 = 3$;等等。这些常识知识是人类后天学习和理解其他高深知识(经验知识和规范知识)的必要基础,因此也是基础意识所必要的知识。

按照上面的定义,如果人们的行为(即对各种内外刺激所产生的反应)合乎本能知识和常识知识,就认为他具有基础意识。如果人们接收到的外部世界和自身内部的刺激超出了本能知识和常识知识的范畴,因而不能正确察觉和理解从而不能做出合理反应,我们就认为这种刺激超出了基础意识反应能力的范围,而不应当认为他的基础意识有问题。这显然也是合理的。

注意到,"基础意识"的定义不但强调了要有本能知识和常识知识的支持,同时也强调了对内外刺激的觉察、理解和反应能力。这就表明,基础意识是一个开放的动力学系统,一方面要接受外部世界的刺激,另一方面要通过产生的反应来反作用于外部的世界;而检验这种对外部世界做出的反应是否合乎情理,既要看这种反应是否合乎本能知识和常识知识,也要看是否合乎基于本能知识和常识知识的生存目标,即要看它的反应所产生的结果是否有利于自身的生存和发展(一般来说应当既符合自身个体的目标,又符合相关群体的目标,后者更多地属于社会意识):有利于生存目标的就是合理的,不利于生存目标的就是不合理的。

由此还可以引出一个重要结论:基础意识系统中的信息必须是"全信息",而不能是目前流行的 Shannon 信息论意义下的信息,因为只有全信息才能表示刺激和反应对于主体系统目标的价值,才能给出"是否有利于目标"的判断;而 Shannon 信息是统计型语法信息,不能提供这种判断的基础。

在上述定义中,我们把"觉察、理解、反应"作为基础意识能力的三个要素。仔细分析它们之间的关系可以发现:"觉察"是基础意识能力的基础和前提,如果没有觉察的能力,肯定也就不可能有理解和反应的能力;"理解"是基础意识能力的核心,因为觉察的东西不一定能理解,而理解的东西必定能够更好地觉察;理解能力又是反应能力的基础,在一般情况下,只要真正理解了,就知道应当怎样产生符合常理和目标的反应。换言之,反应是理解的顺理成章的结果。可见,虽然"反应"是基础意识能力的最终表现,也是判断基础意识是否健全的外在体现,但是从它们之间的相互关系来看,"觉察"和"理解"则是更为基本的要素。也可以认为,"觉察"和"理解"是基础意识的建立过程,而"反应"则是它的结果。

Farber 和 Churchland 曾指出,意识问题有三个不同的层次:第一个层次是"意识觉知",包括对外部刺激的觉知、对身体内部状态的觉知、能觉察到自己认知能力范围内的事物、能觉察到过去发生的事物;第二个层次是"高级能力",包括注意、推理和自我控制;第三个层次是"心理活动"[4]。可以认为,第一层次所说的"意识觉知"的概念大体上就是"觉察"的概念;第二层次所说的"高级能力"大体上就是指"理解"的能力;第三层次的"心理活动"概念大体上就是指"反应"的概念。可见具体的表述虽然各不相同,但实质上所见略同。

Gazzaniga 等人也曾经指出:"意识"这个术语有多个含义,……意识的第一个含义,即现象学觉知,……可以简称为"觉知"。然而,意识的其他几个含义则超越了纯粹的神经生物学描述[5]。可见,他们对于意识的"第一个含义"的认识与"觉察"和"意识觉知"的认识相去不远;而他们对"其他几个含义"的认识虽然没有给出明确表述,却给出了"超越神经生物学的描述"的判断,也许,对于外部刺激的"理解和反应"就认为超出了神经生物学的描述?因为神经生物学的研究是不涉及"对于外界刺激的理解"的。

总起来看,我们上面给出的"基础意识"定义具有可以方便地检验、测试和判断的优点,而且大体上与国内外学术界关于"意识的基础层次"或"意识的基础含义"比较接近。在某种意义上也可以说,上述"基础意识"的定义与"觉知"的概念有一定的等效性。不过,"觉知"通常更关注"觉察"而不强调"理解和反应"。因此为了不至于引起不必要的歧义和争论,我们在后面的叙述中宁愿采用上面已经明确界定的"基础意识"这一定义,而不采用"觉知"的术语。

9.1.2　基础意识的生成机制

所谓高等人工智能系统的"基础意识生成的共性核心机制",就是关于"面对来自外部世界的刺激,高等人工智能系统如何生成合乎常理和合乎目标的反应能力"的共性核心理论。这里,所谓"合乎常理"的反应,就是指符合本能知识和常识知识所表达的"客观运动规律"的反应;所谓"合乎目标"的反应,是指符合基于本能知识和常识知识所界定的"主观生存目标"的反应。

由于人工智能系统是无生命的系统,没有觉察"系统自身内部生理状况"的功能要求,只关注系统对于外部刺激的反应,因此在以下的讨论中,所有的"刺激"都理解为"外来刺激"。同时,由于本能知识和常识知识都是直接为维持人类基本生存服务的知识,因此凡是符合本能知识和常识知识的反应原则上就可以认为一般也是符合系统生存目标的反应。

研究表明(参看高等人工智能系统功能模型图 7.1.1),高等人工智能系统基础意识生成机制是一个"信息转换"的过程,即"在(由第一类信息转换原理转换而来且体现外来刺激与系统目标利害关系的)全信息触发下启动(觉察)、在本能知识和常识知识支撑下展开(理解)、在目标导控下完成(生成反应)的信息转换"过程。

我们把这个信息转换的过程命名为"第三类 A 型信息转换"。也可以用符号把第二类 A 型信息转换过程表示为一种映射:

$$C_A : (I \times K_a \times G) \mapsto \mathrm{Consc} \tag{9.1.1}$$

其中,符号 C_A 表示第三类 A 型信息转换,I 表示由第一类信息转换原理转换而来体现外来刺激与系统目标利害关系的全信息,K_a 表示本能知识和常识知识(参见高等人工智能系统功能模型中记忆系统输出的知识)a,G 表示系统目标,Consc 表示生成的基础意识反应。

所谓"**由全信息触发**",是指这个基础意识生成机制的启动是由反映外来刺激性质的"全信息"所触发的,具体来说是由第一类信息转换原理生成的体现外来刺激与系统目标利害关系的全信息所触发的。虽然基础意识是系统本身的能力,主要应当取决于系统内部的各种因素(包括它所具备的本能知识、常识知识和系统目标)。但是如果没有外来刺激所转换的全信息的触发这一条件,就不会启动基础意识生成的过程。所谓"外因是条件,内因是根据",说的就是这个道理。

所谓"**知识支撑**",是说这个过程一旦启动就要在知识(在这里就是本能知识和常识知识)支撑下展开对于外来刺激的理解,没有这些知识的支撑,第三类 A 型信息转换的理解过程就不可能正确展开,即不可能把由第一类信息转换原理转换而来的全信息再行转换成为合乎常理的基础意识的反应。

所谓"**目标导控**",是说第三类 A 型信息转换的过程必须自始至终在目标导控下运行,直至做出合乎常理、合乎目标的反应。没有系统目标的导控,信息转换过程就可能漫无目的,找不到正确的归宿。

所以,归结起来,基础意识生成的共性核心机制是这样一种信息转换过程,它的启动是因为收到了由外来刺激转换而来的全信息,它的展开过程是在系统本能知识和常识知识的支持下对全信息的理解,而它的终止则是在系统目标的导控下在理解全信息基础上生成对外来刺激的合乎常理和合乎目标的反应。可见,贯穿整个过程始终的,是体现刺激与系统目标之间利害关系的全信息。

简言之,这个过程就是:**在第一类信息转换的基础上,在系统目标导控下和在本能知识与常识知识支持下实现的"由(体现外来刺激与系统目标利害关系的)全信息到基础意识反应能力的转换",称为"第三类 A 型信息转换"。**

采用"第三类 A 型信息转换"这种表述意味着:我们后面将会有多种形式的第三类信息转换,其中"全信息-基础意识转换"是第三类 A 型信息转换。随后就可以陆续看到第三类 B 型、C 型和 D 型信息转换。

在这里,如果稍加仔细分析就可以看出,基础意识生成的机制是以"第一类信息转换原理"和"注意生成机制"作为基本前提的。这是因为,这两个单元都是"基

础意识"所必不可少的先决条件:"基础意识"必须能够对"注意系统"所选择的外来
刺激做出反应,而"注意系统"本身的工作又必须以"全信息"为基础(通过对语用信
息的分析来判断外来刺激与系统目标之间的相关程度,通过对语义信息的分析来
判断外来刺激的新颖程度)。或许正是由于这个缘故,在认知科学领域,大多数认
知科学工作者都坚持把感知和注意看作是"意识"的一部分。

　　上述第三类 A 型信息转换原理表明,基础意识生成的共性核心机制与传统人
工智能(即高等人工智能的"理智谋略"模块)生成的共性核心机制(信息-知识-智
能转换)之间是可以互相沟通的,因为在传统人工智能系统的场合,理智谋略生成
的共性核心机制也同样可以表述为"信息转换"——由"信息触发"而启动,由"知识
支撑"而展开,由"目标导控"而完成。

　　根据以上分析,我们就可以构建高等人工智能系统"基础意识生成的共性核心
机制"的功能模型,如图 9.1.1 所示。它显示了,基础意识生成机制是在第一类信
息转换基础上展开的"**第三类 A 型信息转换**"过程。

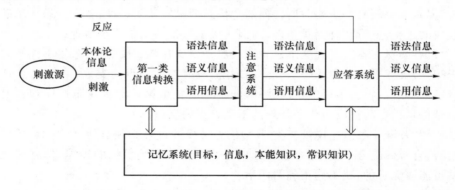

图 9.1.1　基础意识生成机制:第三类 A 型信息转换模型

　　模型表明,外部刺激所呈现的本体论信息首先在基础意识的记忆系统(这里指
包含了目标信息和"语法信息-语用信息"关系集合的信息库。顺便指出,在不引起
误解的情况下,为了简便,有时把"信息库"也称为"知识库")支持下经过第一类信
息转换系统生成包含语法信息、语义信息、语用信息的全信息。后者随即接受注意
系统的检验:如果注意系统发现这个全信息所反映的外来刺激与本系统目标高度
相关,就把这个全信息转送到下一个环节(应答系统);否则就予以抑制或过滤。到
达应答系统的全信息,在记忆系统(这里指包含系统目标和本能知识与常识知识的
知识库)支持下经受理解并在此基础上产生对外部刺激的反应。与此同时,全信息
将被继续向前馈送,供后续处理之用。

　　其中,应答系统的理解过程包括:(1)分析语用信息,以更具体地判断外来刺激
与本系统目标之间是正相关还是负相关,以及相关的程度;(2)分析语义信息(即同

时分析语法信息和语用信息),以理解外来刺激的具体内容,明确"当前所面临的刺激究竟是什么",给出刺激的名称;(3)利用以上的结果,在知识库系统(存储着本能知识和常识知识以及系统目标)进行检索查询,以搜索"应答"针对已经明确的刺激名称,究竟什么样的反应方式才符合本能知识和常识知识的常理。

　　根据上述第(3)步检索的结果,基础意识系统生成具体的反应:可能是通过"自然语言生成方法"产生语言应答,也可能通过"动作生成系统"生成动作应答,或者同时生成语言的应答和动作的应答。关于应答生成(无论是自然语言应答生成还是动作应答生成)的实现方法,已经有了许多研究成果。不过,它们属于比较成熟的应用问题,这里不拟讨论,

　　这里需要对"应答系统"的工作原理稍作具体补充如下。

　　颇为有趣的是,这里所说的"应答系统"的工作原理在很大程度上与今天人们十分熟悉的"问答系统"(Question Answering,QA)十分相像:两者都是要对收到的刺激做出合理的反应。只不过,支持基础意识"应答系统"工作的知识局限在本能知识和常识知识范畴,因此它所做出的反应只需要合乎常理(本能知识和常识知识)的要求;而支持"问答系统"的知识则是相关特定领域之内尽可能完整的各种知识,因此它所做出的反应需要符合相关领域专家水平的要求。

　　这样看来,似乎研究"应答系统"要比研究"问答系统"容易很多。但是实际的情形却并不是想象的那么简单。虽然"应答系统"和"问答系统"的工作原理很相像,但是由于支持这两种系统所需要的知识各不相同,且这两种系统与刺激的交互作用的方式也不完全一样,导致它们的设计难点也就各不相同。

　　在"知识支持"方面两种系统的难点各不相同。设计"应答系统"的难点在于:人类的本能知识和常识知识犹如汪洋大海,无边无际,即使人们可以举出许许多多关于本能知识和常识知识的具体例子,却不可能穷尽本能知识和常识知识的全部内容,因而没有办法建立一个真正完整的本能知识和常识知识的知识库。而设计"问答系统"的难点则在于:虽然问答系统通常都会限定特定领域或领域群,但是那些特定领域或领域群之内的相关知识仍然是难以胜数,因此同样没有办法设计一个无所不包一览无遗的特定领域知识库。

　　在系统与刺激之间的交互方式方面,"应答系统"具有比"问答系统"更多的挑战。一方面,"应答系统"接收的外部刺激可能是语言类的输入,也可能是各种物理类、化学类的刺激,甚至是某种行为动作,而"问答系统"原则上只接收语言类的问题输入;另一方面,"应答系统"的反应方式也更加多样,不仅要能合乎常理地回答问题,在许多场合可能还要产生恰当的动作(甚至包括情感表达),而"问答系统"的反映方式基本上只是回答问题,几乎没有行为动作的要求。

　　可见,"应答系统"的研究不但不会比"问答系统"的研究容易,相反应当是更加困难。不过,"问答系统"研究的成功经验仍然可以为"应答系统"的研究提供许多

有益的启发和借鉴。就像"问答系统"的研究那样,我们也应当把"应答系统"研究的关注重点放在对于刺激的"理解"方面。实际上,对于基础意识系统而言,真正的难点是它的"理解"能力,而不是它的"觉察"和"反应"方式。

所谓基础意识的应答系统对于(反映外来刺激与系统目标之间利害关系的)全信息实现了理解是什么意思? 分析表明,这里的"理解"主要应当表现为达到了以下两个要求:第一,通过对于全信息的分析,应当能够知道,这个外来刺激究竟"是什么(叫什么名字)";第二,在知道了外来刺激"是什么(叫什么名字)"之后,应当能够知道,应答系统对这个刺激产生什么样的响应才算合乎由本能知识和常识知识所界定的"常理"。

不难明白,为了实现"理解"的第一个要求,可以由全信息本身提供答案;而为了实现"理解"的第二个要求,则需要由本能知识和常识知识提供答案。在应答系统已经收到全信息的情况下,本能知识和常识知识就成为实现"理解"的关键。本能知识和常识知识越是完备,应答系统对全信息的"理解"就越是到位,在此基础上所生成的反应方式就越合乎常理。

为此,首先有必要澄清本能知识和常识知识两者的内涵和外延。因为上面的分析已经表明,正是本能知识和常识知识决定了"基础意识系统"的理解能力,而且也决定了"基础意识系统"与后续的"情感生成系统"和"理智谋略系统"之间的互相区别与互相衔接。

如前所说,相对而言,本能知识和常识知识的"内涵"比较容易描述,但是它们两者的"外延"却都难以枚举。具体来说,本能知识的内涵可以表述为"通过遗传获得的先天性知识";常识知识的内涵则可以表述为"通过后天习得的尽人皆知的实用性知识"。但是,"通过遗传获得的先天性知识"究竟有多少? 具体内容是什么?"通过后天习得的尽人皆知的实用性知识"又究竟有多少? 有哪些具体内容? 世界上没有人能够说得清楚。

一个可能有用的方法,是把本能知识和常识知识进行适当的分类而不是试图罗列本能知识和常识知识的所有内容。这样,当分类的粒度逐渐细化的时候,它们的外延就会显露出大致的端倪(虽然还远远不是外延的全貌)。

按照这个思路,我们可以尝试着粗略地给出如下所示的本能知识和常识知识内容的一种分类。不过,考虑到本书的重点和手头资料的限制,这里只拟给出相关分类的第一和第二两个层次(而且,还要申明,这里给出的两个层次也只是示例的性质,而不是真正的结构和内容,更不可能是准确的结构和内容)。

下面介绍本能知识的分类。

本能知识是人类在长期进化过程中通过无数的失败与成功的检验所积累起来的先天遗传知识,包括求生和避险的基本知识。这类知识在相当大的程度上与其他生物特别是高等生物的本能知识相差无几,可以大致分为两层。

　　第一层包括两个大类:(1)对来自身体内部刺激做出反应的知识;(2)对来自外部刺激做出反应的知识。

　　第二层的第(1)类本能知识又可以分为对舒适感的反应知识、对饥渴感的反应知识、对排泄感的反应知识、对疲劳感的反应知识、对病痛感的反应知识等与生命安全相关的刺激的反应知识,以及关于生殖的知识等。由于高等人工智能系统是无生命的系统,这类本能知识可以不予考虑。

　　第二层的第(2)类本能知识又可分为无条件反射知识、条件反射(包括第二信号系统的条件反射)知识。例如,对于外界天气冷热感觉的反应知识、对于食物口味的反应知识、与其他动物相处的知识、躲避各种危险的知识等。这类与外部世界交互作用的本能知识,是高等人工智能系统需要加以考虑的内容。

　　下面介绍常识知识的分类。

　　常识知识是人们后天习得的普通实用性知识。

　　第一层是常识知识的最顶层(根)所发出的分类。这一层可以粗略地分为两个大类,即:(1)自然常识类;(2)社会常识类。

　　第二层是在第一层分类基础上的进一步分类,即自然常识和社会常识的各自进一步细分。

　　第二层的第(1)类,自然常识又可进一步分为白天黑夜等时令知识、日月星辰等天象知识、春夏秋冬等季节知识、阴晴雨雪等气象知识、东西南北等方位知识、前后左右等空间知识、道路桥梁等出行知识、树木花草等环境知识、山川河流等地理知识、粮食菜蔬等食品知识、豺狼虎豹等凶猛野兽的知识、鸡鸭牛羊等家禽家畜知识等。这些自然常识是高等人工智能系统必须包含的常识知识。

　　第二层的第(2)类,社会常识又可分为家庭成员的知识、亲戚朋友的知识、老师同学的知识、学校和社会团体的知识、商场商店的知识、社区邻里的知识、政府机关的知识、人际关系的知识、交通规则的知识、基本行为规范的知识、军队警察的知识、国家和社会安全的知识、人物称谓的知识、父母叔伯的知识、兄弟姐妹的知识、亲戚朋友的知识、老师同学的知识、读书学习的知识、身体锻炼的知识、穿衣保暖的知识、进食充饥的知识、娱乐游戏的知识、道德规范的知识、人身安全的知识等。这些社会常识也是高等人工智能系统不能不具备的常识知识。

　　不难看出,这些本能知识和常识知识直接体现了人们"在自然界和社会环境中维持自身生存"的最基本需求,可以看作是人类和高等人工智能系统所应当拥有的基本知识。如果"应答系统"的记忆系统存储了这些本能知识和常识知识,那么当系统接收到某种外来刺激的时候,就可以根据这些本能知识和常识知识来判断所受到的外来刺激与系统所追求的工作目标之间最基本的利害关系,从而对这样的外来刺激产生相应于"基础意识"的反应。

　　为了使全信息和本能知识以及常识知识能够提供有关"这个刺激是什么,它对于系统有什么利害关系,如何产生合理的反应"的答案,还需要以恰当的形式把它们分别表示出来。这就是全信息与本能知识和常识知识在应答系统中的表示问题。

由于"信息(这里指全信息)"和"知识(这里指本能知识和常识知识)"在回答问题方面的作用并不相同:全信息应当回答"是什么"的问题:外来刺激是什么? 这种外来刺激对系统目标呈现的利害关系是什么? 而作为生成"反应方式"的知识基础的本能知识和常识知识则应当回答"怎么做"和"为什么"的问题:面对这种外来刺激,应当怎样生成对它的响应? 为什么这样生成的响应符合本能知识和常识知识界定的常理? 可见,虽然为了行文的简便,可以把信息库和知识库都笼统地称为"知识库",但是实际上,由于信息和知识所扮演的角色各有不同,用法也各不相同,信息库的信息表示方法和知识库的知识表示方法却还是各有特色。

具体来说,我们注意到,第 5 章所讨论的全信息的表示方式本身:

$$\text{语义信息 Y(名称):\{语法信息 X;语用信息 Z\}} \qquad (9.1.2)$$

正好适合于回答"是什么"的问题——语义信息(名称)直接回答了"是什么?"的问题,而且还给出了"叫什么名字?"的答案;语法信息与语用信息的共同满足又为这个"名称"给出了具体的解释:这个名称的外来刺激具有什么样的外部形态和哪些实际的功用。换言之,只要外来刺激的语法信息是 X,而它的语用信息是 Z,那么这个外来刺激的名称就是 Y。所以,式(9.1.2)就是全信息的恰当表示。

那么,为了回答"怎么做"的问题,本能知识和常识知识又应当采用什么样的表示方法呢? 稍加分析就知道,所谓回答"怎么做"的问题,在具体操作的意义上就是要回答"在什么条件下,怎么做"的问题。因此,本能知识和常识知识的表示方式应当采用"若-则"的规则表示方式:

$$\text{若(外来刺激是 XXXX),则(反应方式为 YYYY)} \qquad (9.1.3)$$

于是,如果通过式(9.1.2)在全信息库判明了"外来刺激是 XXXX",那么按照式(9.1.3)就可以通过本能知识和常识知识的知识库知道"应当产生 YYYY"作为对于这个外来刺激的合理反应。

有了全信息与本能知识和常识知识的表示方法之后,接下来需要考虑的问题便是如何在信息库检索相关的全信息,以便得到"外来刺激是什么"的答案,以及如何在知识库检索相关的本能知识和常识知识,以期获得"应当对这个外来刺激产生什么样的反应"的答案。

这就涉及信息库和知识库的检索查询问题。

对于全信息库的检索来说,关键是利用"反映外来刺激形态的语法信息"作为索引在全信息库的"语法信息-语用信息"关系集合内寻求语法信息项的匹配。一旦在关系集合内发现了与外来刺激的语法信息匹配的语法信息项,就把该语法信息项对应的语用信息检索出来作为外来刺激的语用信息,并把这样匹配的"语法信息-语用信息"所确定的语义信息作为这个外来刺激的名称。

关于信息库检索的信息表示精度和匹配程度精度问题,原则上说,只要语法信息表示得足够精细,它所对应的语用信息和语义信息就可以唯一确定而不会产生歧义。语法信息项的匹配精度则要依具体问题的要求而定,从很精细到比较模糊都有可能接受。

对于本能知识和常识知识的知识库检索来说,关键是利用"反映外来刺激内涵的语义信息"作为索引在本能知识和常识知识知识库的"若外来刺激是 XXXX,则反应方式是 YYYY"规则集合内寻求"条件项"的匹配。一旦在规则集合内发现了匹配的条件项,就把这个条件项所对应的"结果项"作为应答系统对这个外来刺激的合乎常理的反应。

知识库检索的"条件项匹配"问题要比信息库检索的语法信息匹配更复杂。这是因为,在实际的情况下,同样一个意思的"外来刺激是 XXXX"却有可能出现许多不同的表现形式,于是,怎样才能把这许多看似各不相同的表现形式判断为同一个意思的条件项"外来刺激是 XXXX",就不是形式匹配能解决的问题,而是需要"自然语言理解"才能解决的问题。比如,以下几个不同的外来刺激实际上是同一个意思,都是招呼张三(系统的名字):

<blockquote>
"张三!"
"喂,张三!"
"嘿,老张!"
"哎,小张!"
"你好,张三!"
······
</blockquote>

对于这些不完全相同的外来刺激(给系统打招呼),张三的反应都可以是"哎,你好!"。因此,这里需要在自然语言理解的基础上来考虑"条件项的内容匹配"或"条件性的柔性匹配",而不是"条件项的形式匹配"和"条件项的刚性匹配"。只有这样,应答系统才能表现出比较好的灵活性。否则,如果系统只能实现"条件项的形式匹配",那么系统的知识库就要存储太多的"规则"!

仅举一例说明上述的检索情形。

比如,若某高等人工智能系统受到"邻近有火且着火点与本系统的距离小于火警安全距离"的外部刺激。这时,第一类信息转换系统就把这个刺激的本体论信息转换为相应的语法信息、语用信息和语义信息,后者的名称为"发生火警"。根据这个语用信息和语义信息,"注意系统"就会判断这个刺激与系统的"防火安全"目标高度负相关,因此,就把这个语法信息、语用信息和语义信息及其名称"火警"转发到应答系统。由于应答系统的知识库系统中存储有如下这样一个本能知识规则:

若"发生火警",则"发出'火警求救'的声音"

这个规则(本能知识)的"条件项"被成功匹配,于是,这个高等人工智能系统的应答系统就会产生"火警求救"的声音反应。

又如,如果给某个高等人工智能系统命名为"张三",那么当这个系统从外部世界接收到"张三!"这样一个语音刺激(本体论信息)的时候,"感觉系统"立即通过第一类信息转换系统把它转换成为具有语法信息(语音波形)、语用信息(与本系统高度相关)和语义信息(呼叫本系统的名字)的全信息。"注意系统"从全信息中发现这个外部刺激与本系统的工作目标高度相关,于是就把这个全信息转发给应答系统。这个输入的全信息就试图在应答系统的本能知识和常识知识的知识库寻求能够匹配的知识规则。如果知识库确实存储了这样的规则:

若"呼叫张三",则"发出'您好,我是张三'的声音应答"

输入全信息的语义信息与这条知识规则的条件项:"呼叫张三"实现了匹配,于是,根据常识知识库,系统就会生成"您好,我是张三"的应答。

如果知识库存储了更丰富的本能知识和常识知识,就可以表现出像具有"对话系统"功能的基础意识系统。比如:

访客:哎,张三!

系统:您好,我是张三。

访客:您忙吗?

系统:还好。您呢?

访客:我也还好。今天天气不错。

系统:是的,天气不错。

访客:想去外面玩吗?

系统:去哪儿?

访客:颐和园怎么样?

系统:好哇。

……

如上所说,为了完成这样的对话,确实需要"自然语言理解"的技术来理解外部刺激的各种"同义异形"的外部刺激。同时还需要"自然语言生成"技术来生成系统的回答,而且还需要由相应的动作生成系统来支持基础意识系统的行为动作。幸好,这些都属于人工智能领域的专门应用技术,目前已经取得了不错的进展,而且还在不断改进,这里就不详细介绍。

需要再次提醒的是,如果输入基础意识系统的全信息不能在本能知识和常识知识的知识库系统中发现能够匹配的条件,这就意味着这样的外部刺激超出了本能知识和常识知识所能处理的范围,也就是超出了基础意识能够关注的范围。这时,应答系统就不应当自作主张地擅自产生应答,而应当把输入的全信息转交给后续系统(情感处理系统和理智处理系统),后者可以运用经验知识(情感处理系统)和规范知识(理智处理系统)进行更深入的处理。否则,基础意识系统就可能产生答非所问或其他尴尬的反应。

前面曾经提到,基础意识模块与后续的情感处理和理智谋略以及综合决策模块之间的衔接与合作关系,应当是"自下而上"的报告与"自上而下"的巡查相结合。这就是说,一方面,一旦基础意识模块发现"对外来刺激的应答超出了基础意识反应能力范围"的时候,就应当立即自下而上地向情感处理和理智谋略模块报告,以便后者及时介入,运用经验知识和规范知识对这种外来刺激转换而来的全信息进行更深入的处理;另一方面,情感处理模块和理智谋略模块也要经常自上而下地对基础意识模块的反应能力进行巡查,检验基础意识模块的反应是否正常和合理,对于基础意识系统的正常反应就应当予以认可,对于基础意识模块的错误反应就应当立即纠正,而一旦发现超出基础意识模块反应能力的外来刺激则立即接手进行处理。这样,就既能避免发生基础意识模块的错误反应,又能避免"哑反应"(因超出基础意识模块处理范围且情感处理模块和理智谋略模块又没有及时发现)的问题。

到这里,也许有人会指出,基础意识系统的工作应当不只这些。它比上面的讨论更复杂:还需要有一个不断在实践中自行纠错、学习、生长、评判的工作机制。原则上,基础意识应当是一个具有反馈的动力学系统。对于人类群体来说,基础意识所依赖的本能知识也许还应当在发展进化过程中逐渐有所增广(虽然增广的速度可能极其缓慢),常识知识也应当随着科学技术的进步而不断扩展。而对于人类个体来说,他的本能知识虽然已经冻结在他的 DNA 里,在他的一生中不可能再有新的发展,但他的常识知识则会随着他的年龄的增长和社会的进步而不断得到扩充。

然而对于高等人工智能系统来说,人工"基础意识系统"所依赖的本能知识和常识知识是系统设计者事先给定的,肯定很不完全。因此,照理也应当考虑在系统工作实践过程中通过有奖惩规则的学习机制不断予以补充和完善。不过,一方面,由于本能知识和常识知识都相对比较稳定,"学习和扩展"的特点不很显著;另一方面,目前,人们对于人类本能知识和常识知识在进化过程中学习和扩展的机制还缺乏成熟的研究成果(本能知识和常识知识的学习扩展机制比经验知识和规范知识的学习扩展机制复杂得多)。因此,本书暂不考虑基础意识系统中这两类知识的学习和扩展问题,留待将来条件成熟和有明确需求的时候再做补充。

在结束基础意识生成机制的讨论之前,还要顺便提及"下意识"的问题。虽然人们已经注意到下意识的现象,也提出了相关的研究课题,然而不无遗憾的是,这些方面的研究成果目前还相当薄弱和稀少。人们之所以在意识的问题上存在神秘感,原因之一也与下意识的谜团有关。从维基百科的介绍来看,国际学术界对于下意识的问题比较不看好,主要的原因可能也在于确切的科学研究成果太少,到目前为止甚至还没有一致公认的"下意识"定义。

那么,究竟什么是"下意识"? 按照《百度百科》的解释:下意识在心理学意义上是指由人的本能或其他先天因素引起的不自觉的行为趋向,是没有意识自觉参与下发生的心理活动。它是在人类大脑未发育完全之前便拥有了的能力,它控制着人的整个自主神经系统,控制着身体的所有生理进程,包括生理状况(如心跳、脉搏、血压、做梦等)、生理感受、生理机能,掌握和控制着所有无声的、非主动性的、植物性的功能,在人们进入深睡时负责呼吸、消化、成长等活动,捕捉一般视力无法看到的东西,并会对即将到来的可能危险发出预警。

通常认为,下意识系统的工作就像一台"超高速计算机",它能够以人们无法想象的超高速度处理所管辖的各种事务。维基百科曾提出这样的估计:下意识在一分钟内所处理的信息量甚至比科学家们全年所能处理的信息量还要多得多。

记得作者曾经偶然亲眼目睹过一场极其惊险的"车祸逃生"情景:在北京北三环中路的环路上,一位沿环路南侧由西向东骑自行车的青年人刚调头快速由南向北横穿环路(那时,环路上还没有设置隔离栅栏),突然一辆汽车也从南侧由西向东飞驰而来。眼看就要发生一场惨烈的车祸,刹那间,却见骑车人猛地把自行车向旁边一摔,自己则弃车倒地朝环路南面人行道方向一个翻滚,正好滚出了环路的路面,侥幸逃过此劫,令附近路人目瞪口呆! 当时,就有路人好奇地上前诘问骑车人:怎么想到用这种方法逃生脱险? 他惊魂未定地回答说:什么也没有来得及想,当时自己整个儿都吓蒙了,完全不知道是怎么过来的。真是后怕! 也许,这就是"下意识"这台"超高速计算机"帮助这位年轻的骑车人快速制定和实施了脱险方案,而他自己则全然不知! 其实,人们肯定还见证过其他不少令人瞠目结舌的"急中生智"场景。至于这类"急智"是怎么生出来的? 目前还说不明白。

从高等人工智能系统的研究来说,尽管下意识的现象非常引人入胜,但是由于我们对它的了解还少之又少,几乎还没有任何稳定的研究成果(特别是关于它的生成机制的成果)可用。因此,很难把这类神奇功能作为眼下的研究课题。不过,作者相信这是一个有待开垦的神秘的处女地。或许,将来有朝一日就会出现基于人类下意识机理的高等人工智能系统。

这样,我们关于基础意识生成机制的讨论到此就暂时告一段落。

9.2 情感的生成机制:第三类 B 型信息转换原理

根据图 7.1.1 所示的高等人工智能系统功能模型,来自外部世界的刺激对于高等人工智能系统的直接作用是它自身所呈现出来的本体论信息。后者在感觉系统中经历第一类信息转换模块之后生成了包含语法信息、语用信息和语义信息的全信息。如果这个刺激与系统的目标高度相关,"注意系统"就会把它所得到的这个全信息直接转送到"基础意识"模块。

本章第9.1节的分析表明,"基础意识"模块的工作结果有可能出现以下三种不同的情况:

(1)如果基础意识模块的工作正常,而且由输入刺激转换而来的全信息内容也正好属于本能知识和常识知识范围之内,那么基础意识系统就会产生符合本能知识和常识知识和系统目标的合理反应。于是,后续系统就认可这个反应,没有必要进一步参与处理。这时,整个高等人工智能系统就表现为"意识正常"。

(2)如果基础意识模块的工作正常,但是与输入刺激相应的全信息内容超出了本能知识和常识知识的范围,即超出了基础意识所能处理的范围,这时,基础意识模块就会自下而上地向后续的情感处理和理智处理模块发出报告,并把它所收到的全信息转送给后续的"情感生成"和"理智生成"模块进行更深入的处理,因而整个高等人工智能系统就会表现出"智能水平"(而不只是基础意识的水平)。

(3)如果基础意识模块的工作发生了严重障碍,既不能对输入刺激做出合理的反应,也不能向后续模块发出报告,那么由输入刺激所转换出来的全信息就将到此止步,不会有任何后续处理发生(不能设想在基础意识发生障碍的情况下还能进行更高层的智能活动)。在这种情况下,整个高等人工智能系统就表现为"意识障碍"。

可见,在第(2)种情况下,"情感生成"和"理智生成"两个模块系统就必须进入工作状态,启动对全信息的情感和理智处理。本节将先探讨"情感处理"模块的工作机制,而"理智处理"模块的工作机制则将在下一节展开研究。

9.2.1　基本概念

同研究任何其他问题一样,在探讨"情感生成机制"之前,首先需要明确"情感"的确切含义是什么。只有概念正确,研究的结果才会有意义;如果概念不准确,研究的结果就会发生偏差;如果基本概念不正确,研究的结果则可能发生重大错误。

1. 情感的定义

情感是人们非常熟悉的一种心理现象。它是正常人类与生俱来的一种心理感受和表现:从幼儿到成年,从成人到老年,人们无时无刻不在经历着各种各样的情感体验,也无时无刻不在表现着自己多姿多彩的情绪感受。因此,情感的研究具有重要的意义,高等人工智能的理论也不能回避"人工情感"的研究。

牛津词典这样认为:情感是情绪与情感的通称。情绪是心灵感觉或感情的激动或骚动,泛指任何激越的心理状态。

著名的脑神经生理学家 Frackowiak 等人曾经在 *Human Brain Function*(《人

脑功能》)一书中这样写道:情感是人类的核心体验。它使我们对世界的感知丰富多彩,并影响着我们的决策、行动和记忆。如果没有情感,精神世界就会变成冷漠的认知信息加工过程[3]。

著名认知神经科学家 Gazzaniga 等人在 *Cognitive Neuroscience*:*The Biology of the Mind*(《认知神经科学:心智生物学》)一书中也指出,如果没有了情感生活,人们就无法想象自己会变成什么样,无法想象自己要如何与世界交流。不过,他们同时也指出了情感问题的复杂性。他们指出:情感不能被理解为独立于其他更高级的认知能力之外。情感和其他认知功能的神经系统是互相依存和互相作用的[5]。

维基百科最新版也指出,情感是人类个体的精神状态在内部与生物化学因素、在外部与环境因素互相作用的过程中产生的复杂心理体验,至今还没有形成各个学科一致公认的情感定义[6]。

由此可见,与意识的情形颇为类似,情感的概念也非常复杂,甚至近于神秘。实际上,情感问题不仅与心理学直接关联,而且与脑神经科学、生理学、医学、认知科学、信息科学、人类学、社会学、哲学等众多学科都密切相关。各个学科都从各自的特定领域来研究情感,建立了各自领域的情感理解。因此,要想形成各个学科都能接受的情感定义,并不是一件容易的事情。学术界就有人认为,给情感下一个各个领域都能认可的定义,是一件不可能的事情。

但是,人们并没有因此而放弃这个目标,还是有许多人继续为探讨情感的定义而不断努力。其中,P. R. Kleinginna 和 A. M. Kleinginna 对于 1980 年以前的各种相关文献进行了系统性地梳理和分析,总结了上百种不同的情感定义。在发现各种情感定义的广泛离差性和普遍争议性的同时,也发现了一些共同的内核,于是提出了他们自己的情感定义。他们指出:情感是环境的客观因素和人的神经/荷尔蒙生成的主观因素之间的复杂相互作用的产物,它能够(1)引起愉快和不愉快一类情绪体验;(2)产生感知、评价和判断一类认知过程;(3)激起广泛的心态生理调整;(4)导致适应性和有目的的行为(Emotion is a complex set of interactions among subjective and objective factors, mediated by neural/holmonal systems, which can (a) give rise to affective experiences such as feelings of arousal, pleasure/displeasure; (b) generate cognitive processes such as emotionally relevant perceptual effects, appraisals, labeling processes; (c) activate widespread physiological adjustments to the arousing conditions; and (d) lead to behavior that is often, but not always, experience, goal-directed, and adaptive.)[7]。

在很长一段时间,学术界一直存在相当激烈的争论:究竟是生理变化(肌体唤起)引起心理变化(情感体验)?还是心理变化引起生理变化? 比如,人们在森林里碰到一只吊睛白额大虫的时候,究竟是先发生肌体紧张奔跑逃命然后才感觉到心理害怕? 还是先出现了心理的紧张然后才想起奔跑逃命? James 和 Lange 等人认为是生理变化引起了心理变化,而 Cannon 和 Bard 等人坚持相反的因果关系。

我们认为,Kleinginna 提出的定义正确地指出了"情感是环境的客观事物与人的主观因素相互作用的产物",同时也明智地摆脱了上述"孰前孰后"的争论。现在看来,生理的变化和心理的变化往往是互为因果。比如,生理上的不适会引发痛苦的情绪(生理变化在前);而心理的紧张也会引起生理上的调整(心理变化在前)。这是人人都可以体验到的。因此,究竟是生理变化在前还是心理情绪变化在前,这并没有绝对必然和铁定不变的关系。

我们还注意到,在中外众多学术文献给出的各种情感定义中,我国的《心理学大辞典》给出的定义可能更为准确和清晰,可以成为情感定义研究的基础。这部辞典指出:情感是人对客观现实的一种特殊反应形式,是人对于客观事物是否符合自己的需要而产生的态度体验[8]。

我们认为,如果把辞典中所提到的"客观事物是否符合自己的需要"说得更明白一点,就应当是"客观事物是否符合自己的**价值追求**"。这才是激发人的情感的"主客观关系"的实质。不过,也要注意到,情感的表达通常都不是深思熟虑和反复估量的结果,更多的是凭经验凭直觉的即兴表达。

因此,我们可以把上述定义调整为如下的表述:

情感是人们在本能知识、常识知识和经验知识支持下关于客观事物对于主体的价值关系的一种主观反映。

我们就把这个表述作为本书关于情感的基本定义。

虽然这个情感定义只关注了人与客观事物相互作用过程中所发生的心理体验,丢掉了人与身体内部因素相互作用过程中产生的心理体验,但是对于高等人工智能系统而言,由于机器系统不存在身体内部的生化过程,因此可以不必考虑由于身体内部生理变化而引起的情感因素。

应当认为,这个定义给出的情感概念相对而言比较合理,是现有各种各样的情感定义的共同交集。这是因为,这个定义不仅一般地指出了人们的情感是人们与客观事物之间相互关系的反映,而且特别明确地指出了情感是人类主体对于客观事物的"价值关系"的一种主观反映。如果某个客观事物对某人呈现出正面的价值关系,他就会产生正面的积极的情绪感受;反之,则会产生负面的消极的情绪感受;而如果这个客观事物对他呈现出中性的价值,他就可能会产生无动于衷或者无所谓的情绪感受。

注意到"价值"是与人们所追求的目标相联系的概念,某个事物对某个认识主体的价值应当根据该事物对认识主体目标的可实现程度来衡量:有利于实现主体目标的事物就会引发认识主体的正面价值判断,不利于实现主体目标的事物就会引发认识主体的负面价值判断。

这个定义表明，在研究情感问题的场合，需要采用"全信息"的概念，Shannon信息概念将于事无补。这是因为，全信息的语用信息所提供的正是一种相对于认识主体目标而言的价值效用判断和度量；而 Shannon 信息只是一种统计的语法信息，完全没有"语用判断"的功能。在这里，我们再一次体会到，"全信息"概念不仅对于"注意"能力的生成、长期记忆的信息存储与提取以及基础意识能力的生成都至关重要，而且对于情感的生成也同样至关重要。这是因为，只有当认识主体获得了关于某事物的全信息（包括语用信息）之后，才能判断该事物相对于自己的目标而言的价值。

还要说明，我们把情感的知识基础限定在"本能知识、常识知识、经验知识"范围内，主要的根据是：在大多数情况下，人们的情感是"感性的"，也就是经验性的心理过程，而不是深思熟虑的"理性的"心理过程。当然，这种划分不是绝对的。有一些感情表现是极为理性的，甚至是故意伪装的和扭曲的。不过，后面这些情况（至少是在目前的条件下）不在我们的研究之列。

2. 情感与情绪

与"情感"概念关系特别密切的一个概念是"情绪"。

心理学的研究认为，情绪和情感都是人对客观事物的价值关系的主观反映，这是两者的共同之处。但是，情绪更倾向于个体基本需求欲望上的态度体验，而情感则更倾向于社会需求欲望的态度体验。也就是说，情绪更多地表现的是与人类个体利害直接相关的、与具体事物和具体事件相关的、即兴的、短时的态度感受，表现的是个性；而情感则更多地表现与群体利益相关的、与宏观事物和事件相关的、稳定的、长时的态度感受，表现的是共性。前者如某人对于某个具体事件或某个具体人物的喜爱、偏好、厌恶、反感、愤怒等，后者如人们的爱国情怀、道德感、历史感、责任感、荣辱感等。

我们认为，情绪与情感的这种区分是有一定道理的。但是，也不应把这种区分绝对化。仔细地分析可以发现，一方面，群体的情感是在个体情绪的基础上提炼出来的，而群体的情感通常也要通过个体的情绪来表现。另一方面，个体的情绪也往往受群体的情感影响和制约，而不能完全独立于群体的情感之外。因此，既不应当把情感和情绪混为一谈，也不能把情感和情绪看作是两个独立的概念。

在人工智能的研究中，人们通常都是针对具体的人工智能系统来研究情感的，因此似乎应该比较关心系统的"情绪"表现。但是，如果把人工智能系统真的只看作是某个"个体"，反而没有意义。因为，它究竟能够代表哪个"个体"呢？实际上哪个也不是。所以，虽然一个人工智能系统本身确实是一个"个体"系统，但它却应当被理解为某个"群体"。这样才有意义。因此，就像在心理学研究的情况一样，在人工智能研究的场合，人们也不应当过分强调系统的情绪，而应当强调它的情感。或者说不宜过分强调情感和情绪的区别。实际上，在大多数情况下，人们倾向于把情绪和情感两者统称为"情感",或者把情感和情绪当作同义语。在没有特别申明的情况下,我们就采用"情感"这一术语来表达它们两者。

9.2.2　情感的分类

人类的情感丰富多彩,而且变化无穷。为了便于研究人工系统的情感,人们把人类多姿多彩的情感表现划分为有限种类的基本情感类型(相当于模拟信号的离散化和数字化)。于是,人工系统的情感研究问题就被大大简化,变成研究:在哪些情况下会产生此类情感? 在另外哪些情况下会产生彼类情感? 如此等等。换句话说,通过对情感的分类,就把复杂的连续情感表现转化成了相对简单的离散情感表现。

然而,前面曾经多次指出,分类本身也是一个非常微妙的问题:对于任何事物的分类,由于存在不同的分类目的,人们可以制定出多种多样的分类准则,于是就导致了多种多样的分类结果。因此,任何事物的分类结果都不是唯一的。当然,这些分类结果之间并不是完全杂乱无章的,它们之间还是存在一定的内在联系。

情感的分类也是如此。比如,按照情感的主体,可以分为个人的情感、团体的情感、社会的情感等;按照情感的对象,可以分为对人的情感、对事的情感、对物的情感、对团体的情感、对国家的情感等;按照情感所表现的性质,可以分为正面的情感、负面的情感、中性的情感等;按照情感表现的强度,可以分为强烈的情感、和缓的情感等;按照情感的道德水平,可以分为高尚的情感、低俗的情感等;按照情感的真实性,还可以分为真实的情感、虚伪的情感等。

我们认为,既然情感被定义为"人类主体关于客观事物的价值关系的主观反映",那么,最自然也是最有意义的分类准则就应当是按照"事物价值关系的主观反映"来确定情感的类型划分。具体来说,根据价值的正负变化方向,可以把情感划分为以下三个基本类型:

(1) 正面价值产生的情感类型,如兴奋、愉快、喜欢、信任、感激、庆幸等;

(2) 负面价值产生的情感类型,如痛苦、忧虑、鄙视、仇恨、愤怒、嫉妒等;

(3) 中性价值产生的情感类型,如无所谓、淡然、泰然、漠然等。

这也是学术界和社会公众最熟悉和最实用的情感分类。

不过,由于情感的问题具有极强的主观性,因此,虽然对于"三分类"这样的划分原则上会有比较普遍的可接受性,但是具体在每一大类内部(特别是在正面情感和负面情感内部)应当建立怎样的细分却还没有取得普遍的共识。

文献调研表明,人们对于正面类型的情感和负面类型的情感的细分确实存在很多不同的主张。比如,根据维基百科的介绍,有一些学者建议把基本情感分为 8 个类型,即:愤怒、兴奋、开心、厌恶、羞耻、害怕、惊讶、沮丧,如图 9.2.1(a)所示。

然而也有一些学者主张分为 7 个类型,即:欢喜、愤怒、忧愁、容忍、悲伤、恐惧、惊讶。此外,还有一些学者建议分为 6 个类型,即:愤怒、恐惧、温和、兴奋、快乐、悲伤,如图 9.2.1(b)所示;如此等等[9]。

可以看出,虽然各种情感分类方案中有不少公共项,如愤怒、开心(快乐)、害怕(恐惧)、沮丧(悲伤);但七分法并不是八分法的真子集;六分法也不是七分法的真子集。

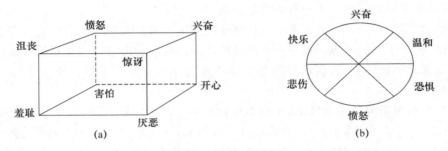

图 9.2.1　情感分类的不同方案

Ekman 等人注意到一个有意思的现象:不管世界各国各地各族人的语言怎样的不同,信仰有怎样的差别,习俗怎样各异,文化传统怎样各有特色,他们关于 6 种情感的面部表现都相同,这些表现是:**愤怒、恐惧、厌恶、高兴、悲伤、惊讶**。因此,可以把这 6 类称为"基本情感"[10]。

顺便指出,虽然 Ekman 等人主张的基本情感在数量上恰巧也是 6 类,但是这 6 类和图 9.2.1(b)的 6 类(**快乐、兴奋、温和、恐惧、愤怒、悲伤**)也不尽相同:前者没有温和与兴奋(如果高兴等效于快乐),后者没有厌恶与惊讶。

其实,光有情感类型的划分还不足以满意地解决情感表现的问题,还需要引入关于各类情感的"唤起强度"的参量来加以补充[11]。比如,以基本情感为例,对于每一类基本情感,需要引入强、中、弱三种不同强度等级的描述(甚至还可以进一步细分为很强、强、次强、中等、弱、更弱、很弱,等等。根据具体需要,可以灵活地确定划分强弱等级的"级差粒度")。这样,把"基本情感"和相应的"唤起强度"结合起来,成为二维的情感分类体系,就能够更为细致地描述和更为恰当地划分情感的类型,如图 9.2.2 所示。我们可以把图 9.2.2 所覆盖的空间称为基本情感空间。

通过以上的讨论不难看出,一方面,由于人类实际情感类型本身的丰富多彩和复杂多变;另一方面,由于人们对情感分类在理解上的多种多样和意见分散,使得寻求建立严格的、通用的、唯一的情感分类"标准"的问题成为一个相当困难的任务。

然而,从研究高等人工智能系统的需要来说,建立一种通用的统一的情感分类标准却是十分必要的。或许,类似于图 9.2.2 所示的二维情感空间模型是一种有希望的解决办法。为此,不仅需要研究基本情感类型的划分(究竟划分成多少个情感类型? 怎样定义这些基本情感类型?)和强度划分(究竟采用多少个强度的等级?),尤其要明确划分基本情感类型和强度等级的具体规则。有了基本情感类型和情感强度划分的具体规则,才可以依据这些规则来识别和处理各种基本的情感类型。

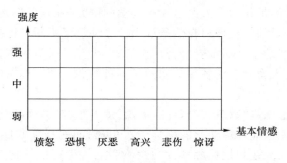

图 9.2.2　情感的二维描述

至于在现实生活中也不鲜见的"伪装情感"问题(比如,由于某种需要,按照常理本来应当表现"高兴"情绪的时候,人们却装出若无其事甚至表现出悲伤的情绪;或者反过来,如此等等),由于过于离奇复杂,在高等人工智能系统目前的研究阶段可以暂不考虑。

9.2.3　情感的生成机制

以上的分析表明,人们的情感是人们关于客观事物相对于自己的价值关系的主观反映。这也就是说,在人们的心目中,任何客观事物对他们都具有一定的价值关系。正是这些价值关系会激起他们对这些客观事物的某种情感:或者喜欢或者讨厌,或者赞成或者反对,或者其他。问题是,面对各种各样的客观事物和情境,人们是怎样形成某种价值关系从而产生某种情感呢? 这就是"情境-情感"的映射机制问题,也就是情感的生成机制问题。

原来,无论是作为个体的人还是作为群体的人群,他们都有自己追求的长远目的和近期目标。依据是否有利于实现他们所追求的目的和目标,人们自然就会对所面临的客观事物产生正面或负面的价值关系判断:对于有利于实现他们所追求的目的和目标的客观事物,就会形成某种正面的价值关系判断;反之,就会形成某种负面的价值关系判断。这种关系既深刻,又简单。

对于团体成员来说,他们的共同目标通常是十分明确的。这就是团体的"纲领"和"章程",或者口头的"盟约"或"誓言",这是一切团体成员的行动纲领和行为准则。对于个体的人来说,也许他们并没有清晰地意识到自己是否有目的或者有什么样具体的目的,但这个目的却必然地存在他们的脑海深处,不但存在,而且还在事实上主宰着他们的情感,主宰着他们对客观事物的态度,主宰着他们的基本行为,只是他们自己没有明确意识到而已。人人都有目的,人人都有目标,这是一种天性,是天生固有的潜质,是人类群体在千百万年不断进化的过程中形成的稳固产物,是人类个体通过遗传过程传递下来的内在本能。

那么,人的目的是什么? 人类学和社会学的研究表明,无论是个体的人还是人类群体,最基本的目的是在任何自然条件和社会环境下不断求得生存和发展,并为改善这种生存发展的条件而不断努力。换言之,生存是人类的本能,发展是人类社会的基本需求,是人类社会的各种活动的长远目的和近期目标,也是人类社会发展的根本动力。

生物进化的法则是"物竞天择,优胜劣汰,适者生存"。这一亘古不变的进化法则总是把那些不能适应环境变化的物种淘汰出局,而选择那些能够适应环境变化的物种保存下来。经过长期优胜劣汰的竞争和适者生存的筛选,保存下来的人类不仅学会了适应环境,而且逐渐学会了改变环境。人类改变环境的基本准则必然是:凡是有利于人类生存发展的客观事物,人类就认为它们具有正面的价值,人类就会肯定它,欢迎它,维护它,保留它;凡是不利于人类生存发展的事物,人类就认为它们具有负面的价值,人类就不喜欢它,回避它,排斥它,甚至对它实施某种改造甚至消灭。

当然,如果人们对客观事物的改造能够符合事物发展的客观规律,这种改造就有可能取得成功,能够达到改善人类生存与发展的目的;而如果这种改造违背了事物发展的客观规律,那就可能导致失败,并且会反过来对人类的生存发展造成负面影响,人类就不得不为此付出某种代价,甚至做出牺牲。因此,在长期的适应环境和改造环境的实践过程中,人类也在不断地接受客观规律给予的"奖赏"和"惩罚",从中逐渐领悟到改造世界所必须遵循的客观规律,逐渐形成了至今仍在不断发展的自然科学知识和社会科学知识,以及由此提炼出来的哲学思想,同时也激发和锻造了人们对于世间各种事物的价值观念和复杂情感。

这就是人类在漫长的求生与发展过程中逐渐形成的"目的-价值-情感"法则。

可以发现,人的情感大体上包含两大部分:一部分是天生遗传而来的本能性的情感表现,比如婴儿在饥渴的时候会通过哭闹表达不舒适的情感;在妈妈喂奶之后则会通过微笑表达满足和开心的情感,等等;另一部分(而且是越来越重要和越来越丰富的部分)是人们在后天适应环境改造环境和认识世界改造世界的实践过程中,面对各种各样的客观事物遵循"目的-价值-情感"法则逐步形成和逐步发展起来的常识性和经验性的情感。

上一节的讨论已经指出,作为基础意识一部分的先天本能性情感和常识性情感的生成机制是第三类 A 型信息转换,它是"在由刺激所呈现的本体论信息转换而来的全信息的激励下而启动、在系统本能知识和常识知识的支持下而展开、在系统目标的导控下而完成"的信息转换。因此,现在需要探讨的只是经验性情感的生成机制。

类比于基础意识生成机制的"启动-展开-完成"的模式,可以判断,人们在后天习得的经验性情感的生成机制也是一种"信息转换"。**具体来说就是:在第一类信息转换的基础上,在(体现刺激与系统目标之间的利害关系的)全信息的触发下启动、在系统的本能知识-常识知识-经验知识的联合支持下展开、在基于系统目标的价值准则导控下完成的"全信息-情感转换"。这个转换就被称为"第三类 B 型信息转换"。**

因此,以"情感生成"为任务的第三类 B 型信息转换可以表达为:

$$C_B:(I\times K_b\times G)\mapsto\Phi \tag{9.2.1}$$

其中,C_B 表示第三类 B 型信息转换,I 表示全信息,K_b 表示本能知识、常识知识和经验知识(参见图 7.1.1),Φ 表示人工情感。

在这里,之所以要把本能知识和常识知识也列出作为后天习的经验性情感生成的支持者,是因为经验知识的形成本身就离不开本能知识和常识知识的基础作用,没有本能知识和常识知识的基础就不可能形成经验知识。因此,原则上说,经验知识和本能知识以及常识知识是不能截然分割的。不过,由于上一节在研究基础意识(其中实际上包含了本能性和常识性情感)生成机制的时候已经讨论了本能知识和常识知识对本能情感和常识情感生成的作用,因此为了避免重复,本节可以只研究本能知识、常识知识和经验知识对于后天习得的经验性情感生成的支持作用。

这里把支持生成情感的知识限制在"本能知识、常识知识、经验知识"的范围内而没有考虑"规范知识",是因为规范知识属于理性的范畴,人类的情感一般来说更多地属于"感性"的范畴而不是"理性"的范畴。所以,人的情感基本上是建立在"本能、常识和经验知识"的基础之上。当然,理性的规范知识肯定也会影响情感的生成,不过,这种影响通常不是表现为情感的"生成",而更多地是表现为理性的规范知识对于情感的策略性"调节"。这是后面要讨论的"情感"与"理智"之间相互关系的一部分。

众所周知,经验知识本身的生成和积累过程构成了一个开放的动力学系统。当人们面对某个客观事物的时候,首先要判断它是新的事物还是已知的事物。如果是已知的事物,就按照已有的经验处理。如果是新的事物,就要根据已有的经验知识来尝试新的解决办法。至于新的解决方法是否正确,还需要在实践中加以检验,看它的实践效果是否能够符合预期的工作目标和价值准则。符合准则的尝试就算是一个成功的新经验知识;否则就算失败,需要重新进行尝试,重新检验,直到成功,才算终于获得了一个新的经验知识。

面向经验性情感生成需求的知识库,将会在实践的过程中不断积累越来越丰富的经验知识。在知识库存储经验知识的一种可能格式是:

若"条件(语义信息)",则"结论(情感类型)"　　　　　　　(9.2.2)

这个经验知识说的是:当客观事物所呈现的本体论信息转换成为全信息的时候,如果它的语义信息是 XXXX,那么根据系统的经验知识和价值准则生成的情感就将是 YYYY。当然,这种经验性的因果关联是人们在实践活动中摸索出来的。

于是,在经验性情感生成的场合,当人们感知到由客观事物所呈现的本体论信息之后,就在自己的头脑里按照第一类信息转换的原理把它转换成为包括语法信息、语义信息和语用信息的全信息。如果随后的"注意系统"根据全信息的语用信息判断这个客观事物与系统目标的相关性比较高,就会把这个全信息转送到后面的"基础意识系统"。后者就对全信息的语义信息(因为它是客观事物的全信息的名称,比较简洁明了,便于操作,所以适合于作为经验知识表示的"条件"部分)进行分析。如果发现这个语义信息是在本能知识和常识知识所能处理的范围之内,基础意识系统就可以直接做出相应的反应。如果输入的语义信息的内涵超出了本能知识和常识知识所能涵盖的范围,就要把全信息转送到情感处理模块。在这里,情感处理单元在经验知识支持下对全信息的语义信息进行分析,试图在记忆系统(知识库)内找到可以匹配的经验知识条目,它的格式见式(9.2.2)。如果输入的语义信息与知识库某个经验知识的条件部分实现了匹配,就把知识库的这个经验性知识所对应的情感类型输出,作为情感系统的反应。当然,由于经验性知识并非普遍真理,根据经验知识生成的情感反应不一定在任何场合都能符合系统目标,因此,保险起见,有必要对这样生成的情感反应作必要的检验。

如果在知识库内找不到能够与输入语义信息匹配的经验知识条件部分,那么情感处理系统就在知识库内寻找条件部分比较接近于输入语义信息的经验知识条目,并把这个条目所提示的情感类型输出作为情感系统的尝试性反应。不过,情感处理系统不能到这里止步。这时,情感处理系统还需要观察和检验这个尝试性的情感反应的实际效果如何,看它是否符合系统的目标价值。如果符合或者基本符合,就算是成功的尝试,可以把这个匹配条目当作成功的经验知识在知识库里保留下来以备后用;如果不符合系统目标价值,就算是失败的尝试,就要放弃这个匹配条目,另外再寻找新的匹配条目,或者进行新一轮的尝试、观察和检验。

可见,经验性情感生成的情况比本能性和常识性情感生成的情况要复杂,它需要对所尝试的情感反应的效果进行反馈、检验、确认或修改。显然,成功的尝试将得到奖励(积累新的经验),失败的尝试则会受到惩罚(需要重新尝试)。

当在知识库内搜索与输入语义信息匹配的经验知识条目的时候,有很多搜索方法可供选择,其中最简单的方法是盲目搜索方法——按知识库内存放的各个经验知识的条件部分(语义信息)逐一进行检查,直到实现匹配。显然,这种盲目搜索的方法效率通常很低,特别在需要搜索的语义信息条目数量很大的时候情形更是如此。

考虑到高等人工智能系统知识库存储了外来刺激的全信息,因此经验知识条件部分也可以设定为语用信息,也就是直接根据输入的语用信息(而不是语义信息)与知识库存储的语用信息(经验知识的条件部分)的比较来确定匹配的可能性。这样,也将有可能会提高搜索和匹配成功的机会。换言之,当在知识库里找不到与输入语义信息匹配的经验知识条目的时候,作为一种可能性的试探,也可以考虑放弃"语义信息"的匹配搜索,转而检查输入全信息的"语用信息"。

此外,知识库的经验知识存储格式也可以和格式(9.2.2)不一样。比如,它的结论部分也可以不直接表示为"情感",而是表示为它的中介"价值":

$$若有条件(语义信息),则有结论(价值) \qquad (9.2.3)$$

在这种表示方式下,经验知识没有直接提供"面对什么样的客观事物(与之相应的语义信息)应当生成什么样的情感类型"的知识,只提供了客观事物对系统目标所呈现的价值关系知识。因此,为了最终生成情感反应,就还需要另外与之相配合的知识。后者可以表示成为如下的格式:

$$若有条件(价值),则有结论(情感类型) \qquad (9.2.4)$$

实际上,这相当于把每条表达为式(9.2.2)的经验知识,经过分解,变成了表达为式(9.2.3)和式(9.2.4)的两条经验知识链接的方式。应当认为,经验知识的这两种表达格式本质上是完全互相等效的,各有各的优点和缺点,究竟哪种表达格式更好,需要具体情况具体分析。

在上述讨论的基础上,还有一个重要的事项需要特别关注:当知识库的经验知识不够用的时候(或者说需要扩充经验知识的知识库的时候),究竟应当怎样建立新的经验知识?

一种可能的方法是:在已有经验知识的基础上进行试验(所谓"摸着石头过河")。具体来说就是,当面临一个新的(前所未见的)客观事物的时候,如果能够根据第一类信息转换原理生成相应的全信息,那么就可以把它同已有经验知识所对应的全信息进行比较,找到与输入全信息最为接近的那个经验知识所对应的全信息,以这个经验知识为基础,运用类比、联想、外推、内插、归纳、推理等方法对它的语义信息和情感类型做出适当的调整,作为尝试的情感类型,然后检验这个尝试的情感类型是否符合系统的目标价值要求。如果不符合,就要放弃,进行重新调整。由于拥有输入的全信息(包括语法信息、语义信息、语用信息)和经验知识条件部分所对应的全信息,因此,拥有的经验知识越丰富,通过类比、联想、内插、外推、归纳、推理等方法找到合适的情感类型就越可能。这就是积累新的经验知识的学习过程。

到这里,关于"情感生成机制"的讨论就接近于完成。可以看出,虽然情感生成的机制比基础意识的生成机制复杂,但仍然是一种**信息转换**过程:由本体论信息到全信息再到情感能力的转换,是(在第一类信息转换基础上)第三类 B 型信息转换原理的结果,并且也遵循着"由全信息触发而启动转换、由经验知识(连同本能知识和常识知识)的支撑而展开转换、由目标导控而完成转换"的基本模式。

作为这个讨论的小结,我们可以用更为简明的方法把"情感的生成机制"的原理模型表示为图 9.2.3 所示的"**第三类 B 型信息转换**"的框架,该模型表明在知识库存储的经验知识不足的情况下系统通过实践检验并生成新的经验知识的学习环节。

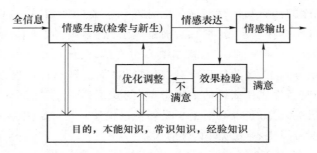

图 9.2.3　情感生成机制原理模型:第三类 B 型信息转换

可以认为,图 9.2.3 中"情感生成"模块(图中左上部单元)与图 9.1.1 的"基础意识生成"整体模块在原理上是一致的,都是一种复杂的映射过程,见式(9.2.1)。不过,式(9.2.1)中的 C_B(第三类 B 型信息转换)是把全信息 I、知识 K_b(这里专指本能知识、常识知识和经验知识,参见图 7.1.1、系统目标 G 的联合空间 $I \times K_b \times G$ 映射到情感空间 E 上,后者是有限元素的矢量空间,它的每个矢量的方向表示情感的特定类型,而矢量的模(大小)表示该类情感的强度。

注意到由于外来刺激的多样性,导致情感生成模块所面对的全信息也会呈现出多样性;然而,由于人工情感类型的有限性,式(9.2.1)实际上描述了一种"多对一"的映射关系,或者说是"多对少"的映射关系,图 9.2.4 是这种映射的示意图。

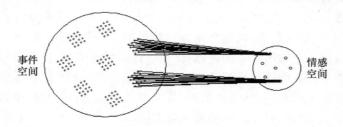

图 9.2.4　多对少映射示意

关于图 9.2.3 中的"情感表达"问题,如果是单纯的情感本身的表达,那么只要系统生成了具体的情感类型和相应的强度,就可以通过脸部表情、手势、声音把它表示出来。如果所需要表达的不仅仅是情感(情绪)本身,而且还需要通过语言和行为动作等方式来表示,那么就涉及在这种情景下的自然语言生成和行为动作的生成问题,这显然更为复杂。不过,这些都属于技术实现方面的问题,已经有了很多专门的研究,本书暂不涉及。

这里还需要说明,从高等人工智能系统模型图 7.1.1 中看到,情感模块的输入是基础意识模块的输出;为什么在图 9.2.3 示出的模型中情感模块的输入是"全信息"? 这是因为,当外部刺激比较简单的时候,基础模块就直接产生对刺激的合理反应,这时,情感模块和理智模块"工作轮空";而当外部刺激比较复杂,超出基础意识模块处理能力的时候,它就将它所收到的"全信息"原原本本地转交给后面的情感模块和理智模块。

如所熟知,情感生成模块是在(反映外部刺激与系统目标之间的利害关系的)全信息激励下启动,在本能知识、常识知识和经验知识(主要是经验知识)的支持下展开,在系统目标导控下完成。如果面临的客观事物是本来已经熟悉的事物,情感生成模块就按照原有的经验知识生成熟悉的情感类型。在这种情况下,一切就可以按部就班地进行,应当不会发生任何问题。但是,如果所面临的客观事物是以前未曾经历过的新事物,就不可能在知识库内找到可以匹配的经验知识,而需要在输入的全信息 I、知识库内存储的系统目标 G 和相关知识 K_b 三者的联合支持下生成新的情感类型作为反应。不过,在这种情况下,新的情感类型能否符合系统目标所确立的价值准则? 这需要通过实践来加以检验。如果检验的结果是满意或者基本满意,那么这种新的情感类型就可以存入记忆系统(知识库)保存下来,而产生这种新情感类型的规则就作为新的经验知识加入原有的经验知识集合,使原有的经验知识集合得到扩展。相反,如果检验的结果是"不满意",就要通过某种适当的调整来建立新的经验知识,使后者可以支持新的更合适的情感类型的生成。在这里,判定效果"满意"或"不满意"的唯一依据,仍然是要看新生成的情感能否真的有利于系统目标的实现:如果有利于系统目标的实现就会满意,否则就会不满意。可见,系统的目的和工作目标始终是情感生成系统检验情感的工作标尺。

可以看出,在整个情感生成程中,最为关键也是最为困难的问题是:在面对新的客观事物的时候,究竟怎样才能正确地选择新的情感类型? 或者等效地说,在面对新的客观事物的时候,究竟怎样才能生成一种新的经验知识以使系统能够选择一种正确的情感类型?

为了能够解决这个问题,必须遵守几个基本的约束:一是必须维护系统的工作目标,因为它是确定客观事物对于系统是否有价值和有怎样的价值的唯一判断依据;二是应当充分利用反映客观事物(外来刺激)性质的全信息;三是设法尽可能妥当地利用原有的经验知识,因为原有的经验知识有可能为生成新的经验知识提供基础和某种有益的启发,新的经验知识与原有经验知识之间总可能存在某种联系。在这三方面因素的联合约束下,有两类基本方法可以生成新的经验知识:随机试探法和解析推演法。

所谓"随机试探"法,就是首先随机地产生一种"经验知识",把它生成的新情感类型在实践中加以检验,以确定是可以接受还是需要进一步修改?如果可以接受,就表明成功地(虽然是随机地)生成了一种新的经验知识;如果需要修改,就再次运用随机试探法,再次经受检验,直至最后成功。

所谓"解析推演"法,就是在"目标、全信息、原有经验知识"约束条件下,试图以原有经验知识为基础,采用前面提到过的分析、类比、联想、内插、外推等各种可能的恰当算法,对原有的经验知识从形式、内容和价值等方面进行解析推演,演绎出新的经验知识。这样演绎出来的新的经验知识自然也需要经受检验。

显然,随机试探和解析推演是在给定约束条件下产生新的经验知识的两种比较极端的方法。在这两极之间也存在许多其他可行的学习算法,这里不再详述。

人们可能还会注意到另一个问题,这就是:情绪会不会反过来影响注意和基础意识系统的工作?这种情况是有可能发生的,因为如前所说,情感模块和理智模块都应当自上而下地检验基础意识模块生成的反应的合理性。如果基础意识生成的反应合理,就予以认可;如果不合理,就要纠正。情感模块和理智模块之所以有能力检验基础意识模块反应的合理性,因为它们拥有比基础意识更丰富的知识。

一般来说,在研究了"情感生成"的问题之后,还应当顺便附带地提及与此紧密相关的"情感识别"的问题。之所以说这是顺便附带的事情,是因为由于篇幅的原因,本书没有把情感识别作为主要的研究内容,虽然"情感识别"的问题几乎与"情感生成"的问题同样重要。

关于"情感识别"的问题,实质是情感分类问题。最基本的要求是识别基本情感类型和基本情感强度。

在实际的研究和应用中,有两种不同的情感识别问题:一种是针对人的面部表情的图像情感识别;另一种是针对文本和语音的情感识别。如前所说,虽然世界各地的人种不同,但是不同人种的人关于基本情感(情绪)的面部表现几乎相同,因此可以进行共同的研究。在文本和语音的情感识别问题中,相对而言文本的情感识别更为基本,语音的情感识别比文本情感识别具有更多的相关因素(包括有利的因素和不利的因素)。因此,可以把图像情感识别和文本情感识别作为两种更基本的问题类型。不难理解,这两种情感识别的问题既有内在的联系,又有重要的相互区别。

从方法论的意义上来说,无论是图像情感识别还是文本情感识别问题,共同的途径都应当是尽其可能地利用"情感生成"的各种约束条件,通过对于约束条件的分析来求得正确的答案。根据上面的讨论可以知道,情感生成的约束因素主要包括两个方面:一方面是关于对象(图像的原型和文本的作者)的主观目的,这是情感生成的主观约束,或者说是情感生成的内在根据;另一方面是关于对象所处的客观环境,这是客观的约束,或者说是情感生成的外部条件。此外,还有第三个可以利用的因素,这就是关于经验知识的先验知识,即在上述两个方面约束下存在多少种可能的经验知识的解,这对于具体识别情感类型很有帮助。

从具体的方法来说,无论是图像情感识别还是文本情感识别,共同的原则都是应当利用全信息的表示方法。这是因为,当给定了具体的图像或文本的时候,图像或文本本身就提供了语法信息,如果能够了解到图像原型或文本作者的主观目的,那么由语法信息和主观目的之间的相关性大小和极性就提供了语用信息,由此就可以判断图像原型或文本作者的情感类型和强度等级。

图像情感识别和文本情感识别在具体方法上的差别,主要表现在语法信息的描述方面:图像情感识别中语法信息的描述对象是图像的几何关系及其特征,文本情感识别问题中语法信息的描述对象是文字的笔画结构及其特征。两种情感识别问题中的主观目的的语用信息描述方法则没有什么不同。由于识别问题不是本书的重点,更具体的问题就不在此讨论了。

最后需要指出,一般来说,人类的情感本来构成了一个复杂的连续空间。但是由于人们对人类情感进行了分类,即把连续情感空间进行了离散化的处理,而且只分成了有限(6~8 类)的情感类别,这样,一方面,对人工情感生成的理论研究和技术实现都带来了巨大便利,使式(9.2.1)所表示的情感生成映射成为一种"多对少"的映射(图 9.2.4 给出的是这种"离散化"和"多对少影射"的一个示意性表示);另一方面,这种"离散化"措施和"多对少映射"也会带来负面的效果,使得人工系统的情感变得"动漫化",变得不太自然,不太真实。因此,关于情感分类的问题还需要不断改进。

9.3　理智的生成机制:第三类 C 型信息转换原理

对照图 7.1.1 所示的高等人工智能系统模型可知,在分别探讨了第一类和第二类信息转换原理、基础意识和情感的生成机制之后,第三类信息转换原理需要研究的下一个内容就是关于"理智谋略"的生成机制,即第三类 C 型信息转换原理。

在展开具体研究之前,有必要先来说明"理智"的含义,因为这是现行人工智能研究领域很少使用甚至从未使用过的术语。这里重申,现行人工智能研究所说的"智能"其实只是"理智"的形式化特例。

那么,为什么这里要改称为"理智"呢?理由很显然,因为在高等人工智能系统的功能模型中有"基础意识"和"情感"单元模块的存在,而它们两者都是智能的重要组成部分:基础意识是智能的直接基础,情感是智能的"情智"部分,与此相应,最为重要的部分就应当是"理智"了。这样,在高等人工智能研究领域内,基础意识、情感、理智,就构成了一个完整的智能概念,理智是完整智能概念中与"情感"相辅相成的部分。

到这里,也还应当(而且很有必要)再一次提及"意识"的概念。前面说过,通常(特别在哲学意义上)所说的"意识",是相对于物质而言的无所不包的精神范畴,因此,很难对这样笼而统之和无所不包的意识概念进行深入的研究。按照高等人工智能的理解,可以把"意识"这个笼统的概念划分为相互联系而又相对独立的基础意识(其中包括感知和注意)、情感、理智、决策等子概念,从而可以分别对这些子概念进行具体的研究。换句话说,在高等人工智能的概念体系中,"意识"和"智能"几乎成为同义语,它们都是由基础意识(包含感知和注意)、情感、理智和决策组成的相互联系相互作用的统一体。从这个意义上,研究了智能,也就几乎研究了意识。

也许有人会提出问题,既然本书一再宣称"分而治之,各个击破"的方法论不能适应智能科学研究的要求,为什么这里又把"智能"(或意识)分解为基础意识、情感和理智来研究呢? 这岂不是明知故犯吗?

提出这种问题的读者可能没有注意到一个重要的事实:与经典的"分而治之"方法大不相同的是,这里把"智能"(或意识)分解为基础意识、情感和理智进行分别研究的时候,不但没有丢失它们之间相互联系相互作用的信息,相反,特别做到了保真它们之间的信息联系——反映外部刺激与系统目标之间利害关系的全信息。因此,这里始终贯彻了"保信而分",可以做到"保信而合",完全不存在经典"分而治之"方法论的缺陷。

9.3.1　理智的基本概念

图 7.1.1 所示的高等人工智能系统功能模型表明,在基础意识模块之后,系统将生成两类智能:一类是基于本能知识、常识知识和经验知识的情感(情智);另一类是基于本能知识、常识知识、经验知识和规范知识的理智。此前的相关章节已经分别探讨了感知、注意、基础意识、情感的生成机制,现在需要研究的就是理智的生成机制。

同以往一样,首要的问题是:何谓理智?

在深入分析和具体阐述理智的概念之前,有必要再次重申:高等人工智能理论所说的"理智"其实就是现行人工智能研究中所说的"智能",不过,传统的"智能"只是形式化的"理智"。这从图 7.1.1 所示的模型中也可清楚地看出。有鉴于此,在后面行文中出现术语"理智"的时候,大体就可以按照现行人工智能研究中所说的

"智能"的含义来理解。不过,历史上已经把这种不考虑含义和价值因素的"理智"说成了"智能"。为了尊重历史上已经形成的用语习惯,我们在叙述人工智能和相关的历史文献的时候,还是必须按照原样使用"智能"这个术语,否则,就需要一一予以订正,而这样做实在太过麻烦。但是,它的实际含义应当只是"理智",而不是完整的"智能"。这种历史上命名不当所造成并遗留下来的问题确实有点别扭,只有请读者留意判断。

由于智能本身的高度复杂性,在历史文献中出现过许多颇不相同的表述。

例如,早在 1931 年 Burt 就说过:智能乃是人类固有的通用认知能力(the Innate general cognitive ability)[12]。颇为异曲同工的是 Gottfredson 在 1998 年的说法:智能是处理认知复杂性的能力(the ability to deal with cognitive complexity)[13]。这大体上是心理学家对于智能的理解。当然,这种认识并没有错,它的缺点是缺乏对智能概念的深入剖析,只做了一些"概念的转移"。因此,人们立即就会提出问题:人类固有的通用认知能力又是什么?或者,什么是认知复杂性?特别是考虑到人们对认知科学本身的定义也还存在不同的理解,这种"用认知科学的术语来解释智能术语"的方法自然就不能令人十分满意。

在我国,钱学森先生和一些研究思维科学理论的学者曾经在 20 世纪 80 年代初期提出一种看法,认为"思维科学与认知科学几乎是同一个学科的两种不同名称而已,而智能的核心过程正是思维过程"[14]。

英国剑桥大学出版社 1982 年出版的《人类智能手册》认为:智能是在目的导引下的适应性行为(goal-directed adaptive behavior)[15]。这个说法比上面这些说法进了一步,明确地指出了智能的一个重要特征要素:目的性。有目的,并且始终为实现目的而不懈努力。这是人类的固有本性,也是人类智能的固有特征。因此,阐述智能的概念便不应当忽视目的要素的存在。实际上,如果没有目的,人们的行为就会失去方向,变成盲目的行为,因而也就谈不上有什么智能。

不过,剑桥手册的这个概念也存在很大的片面性,这就是,它把智能仅仅归结为适应性行为。其实,行为只是智能的一种外部表现形式,远远不是全部;而且,适应性行为也只是智能的一种外表性的结果,不是智能的全部。何况,对于人类来说,它的智能也远不只是适应环境,更重要的还是改变环境。

Gottfredson 还提出了一种比较具体化的智能描述,认为:智能是一种非常广泛的心智能力,包括推理、规划、解决问题、抽象思维、理解复杂问题、从经验中学习、有效地适应环境等(A very general mental capability that, among other things, involve the ability to reason, plan, solve problems, think abstractly, comprehend complex ideas, learn from experience, and adapt effectively to the environment)[16]。Neisser 和 Perioff 等人也发表过与此类似的看法,他们说:人们的智能多姿多彩,表现在能够理解复杂的概念,能够有效地适应环境,能够从经验

中学习,能够进行各种推理任务,能够通过思考克服各种困难(To understand complex ideas, to adapt effectively to the environment, to learn from experience, to engage in various forms of reasoning, to overcome obstacles by taking thought)[17, 18]。

　　他们的理解列举了智能的许多具体的重要表现,使人们对智能的认识比较具体、比较清晰、比较可捉摸,是这类定义的优点。但是,列举特征的方法从来都不是刻画概念的最好方式,这是因为,对于像智能这样一些非常复杂的概念,任何列举都可能不完全,甚至可能挂一漏万。而且,仅仅列举出这样一些特征要素而没有深刻描述它们之间的内在联系,并不能有效揭示智能这一复杂概念的内在本质。

　　同样,在讨论"人工智能"概念的历史文献中,人们对"人工智能"概念的解释也不能令人十分满意。比如,提出"人工智能"这一术语的 McCarthy 本人也只是认为:人工智能是研究制造智能机器的科学和工程(the science and engineering of making intelligent machines)[19],而没有对研究和制造智能机器的"人工智能"做出更明确的阐述。MIT 人工智能实验室的原主任 Winston 则说:人工智能系统是"能够做那些原来只有人才能做的事情"的机器系统(able to do what only humans can do before)[20]。他的这种解释类似于 Turing 双盲测试的观点,都是把"人"作为智能的基准,虽然看上去蛮有道理,但显然都是巧妙地回避了关于智能概念的实质性说明。

　　直到 20 世纪 90 年代,Nilsson 和 Russell 等人才分别在自己的著作中提出:人工智能是研究和设计智能体的学科,后者是一种能够感知环境并产生行动来使成功机会得以最大化的系统(Intelligent agent is a system that perceives its environment and takes actions that maximize its chance of success)[21, 22]。这种解释从比较完整的行为过程和工作目标的角度描述了"智能体"的能力,使人们对这种"智能体"有了一个比较形象的了解。正是按照这种解释,利用现有人工智能的研究成果,他们分别设计了一些实际的智能体。但是,由于这种解释没有深入揭示智能体的普遍有效的工作机制,因此,他们研究和设计的"智能体"并不能成为人工智能的通用范本。这种解释的另外一个重要缺点,是只关注了"适应环境"的能力而完全没有关注"能动地改变环境"的能力,因而也还不能成为一个完全的智能概念。

　　可见,为了深入研究高等人工智能的"理智"(现行人工智能的"智能"是理智的形式化特例)问题,摆在我们面前的责任依然严峻。我们必须在前人关于物种起源(进化论)、人类学、哲学、信息科学、认知科学、人工智能等学科的研究成果基础上继续探索,寻求关于智能本质的更为深刻更为科学和更为规范的理解。

　　为此,很容易想到,理解和把握智能本质的最有效途径,莫过于展开如下的深入考察:看看人类(它至少是地球上最为典型的智能物种)是如何在进化的历程中为了实现"不断改善生存和发展条件"这个永恒不变而又万古长青的目的,通过连绵不断的失败和成功的摸索,不断汲取和总结成功的经验和失败的教训,从而不仅形成了适应环境的能力,而且逐步形成了改变环境的能力。通过这样的深入考察和科学分析,首先理解人类智能的基本概念以及生成智能的本质规律。然后,在此基础上,思考高等人工智能的"理智"概念及其生成的工作机制。唯其如此,才有可能突破现有认识上的局限,找到解决问题的出路。

为此目的,我们需要提出一些合理的能够获得公认的基本假设。

第一,所有的历史事实都表明,人类是一种具有"不断谋求更好生存与发展条件"这种**目的**的物种。目的,是一只驾驭人类一切活动的"看不见然而又无时不在和无处不在"的手。

第二,人类具有足够灵敏的**感觉器官**和发达的神经系统,能够适时地获得外部环境和自身内部各种变化的**信息**,并根据自己的目的来选择需要**注意**的信息,排除不需要的信息。

第三,人类具有庞大的**传导神经系统**,通过它可以把人体联系成为一个有机的整体,并能够把获得的各种环境信息传递给身体的各个部位,也可以把自己的决策传递到相应的部位。

第四,人类具有各种各样的**信息处理系统**特别是其中的**思维器官**,它们具有强大的归纳、分析和演绎的能力,通过它们,人类可以从纷繁的信息现象中分析、归纳和演绎出经验和知识。

第五,人类拥有总体容量巨大的**记忆系统**,从而能够对所获得的各种信息和经过各种处理所获得的中间结果(包括经验知识)进行分门别类地存储,供此后随时随处检索应用。

第六,人类拥有必要的**本能知识**和大量而简明的**常识知识**,前者是他们在成为人类之前就通过进化逐步积累起来的求生避险知识,后者是在后天逐步学习和积累起来的实用性知识。

第七,人类具有发达的**行动器官**(也称为效应器官或执行器官),人类能够通过行动器官把自己的意志和集体的思想变为实际的行动,对外部环境的状态进行一定的干预、调整和改变。

第八,人类具有**语言能力**,能够通过语言表达自己的意愿和理解他人的思想,因而能够与同伴进行**交流**和**协商**,形成有效的合作和社会行为。

总起来说,具有上述各项基本能力要素的人类,能够利用自己的感觉器官感知外部环境变化的信息,能够通过神经系统把这些信息传递到身体的各个部位,特别是传递给思维器官,并根据大脑记忆系统中所存储的信息和知识(起初只有本能知识和初步的常识知识)对外来的信息进行各种程度的加工处理,这些处理的结果就成为人类对环境的某些新鲜认识(经验知识和规范知识),然后依据自身的目的和这些新旧知识对环境的变化做出评估,产生应对的策略,再通过行动器官按照策略对环境做出反应(适应环境和改变环境)或者对自身做出调整(学习)。人与人之间还可以通过语言等手段互相交流经验,形成某些共同的认识,以不断增加个人和团体的知识,改进个人和团体的生存发展能力。

有了以上这些基本的假设,我们就可以更具体地考察一下,人类究竟是怎样利用自己的上述能力与周围的环境打交道,并从中逐渐发展和壮大自己,成为地球上最具智慧的物种的。

设想处在某种自然条件和社会环境中的早期人类,当他们感受到环境及其变化的某种信息的时候,他们只能依据本能知识和初步的常识知识对环境的变化做出自己的评估和判断。假定他们通过判断认为:这种环境变化有利于他们的生存和发展的目的和需要,他们当然就会本能地接受这种变化,而不需要对自身的生存方式做出任何改变和调整,更不需要对外部环境做出任何干预。但是,如果他们依据本能知识和常识知识做出判断,认为这种环境的变化不利于自己的生存和发展需要,他们就会面临几种不同的选择:**第一种选择**,维持自己的生存方式不变,结果就有可能会被改变了的环境所淘汰;**第二种选择**,改变自己的生存方式使自己适应环境的变化,从而使自己得以存活;**第三种选择**,阻止和干预环境的变化而不改变自己的生存方式,争取能够继续生存发展;**第四种选择**,双管齐下,一方面阻止和干预客观环境的变化,另一方面也调整自己的生存发展方式。原则上说,这四种选择都可能有人去实施。不过,由于第四种选择比较复杂,早期人类的知识和能力都难以做到,因而通常不会选择这种复杂的方式。这样,我们可以只对前三种选择继续进行考察。

假设有些人选择了第一种方式,这些人就有可能因为环境发生了变化而不再能够适应,从而遭到变化了的环境的淘汰而被灭绝。这毫无疑问是一种失败的选择。也许这种类似的失败事件发生了千百万次之后,这种"不适应环境变化就会被环境所淘汰"的事实才终于引起了其他人们的警觉和关注,并成为一种直观的经验,保存在人们的记忆系统之中。从此以后,在发生环境变化的时候,越来越多的人就不会再选择第一种方式了。这是从无数的失败和牺牲中学来的惨痛教训。耳闻目睹,口口相传,经年累月,这种教训就渐渐地成为人们的一种经验知识。虽然是负面的经验知识,但对人类的生存发展发挥了极为重要的作用,因而被人们所记忆和传承。人类的知识就这样得到了增长。

如果另外一些人选择了第二种方式,即调整了自己的生存方式以求适应变化了的环境,那么就会出现另外的问题:究竟什么样的调整策略才能有效地适应变化了的环境?早期的人类只能按照本能知识和初步的常识知识做出调整。如果这样的调整产生了积极的效果,而且所有这样做了的人都获得了好的效果,那么这种调整策略就会成为他们的新常识知识,使人们的常识知识得到了丰富和扩展。可是,如果这种调整策略失败了,使人们也遭受到环境变化的淘汰,那么同第一种选择的情况一样,这种失败的教训迟早也会被其他的人所汲取,成为另一种负面的经验。于是,无论是成功的正面经验还是失败的负面经验,总会使人们的经验知识在与环境打交道的过程中得到增长。为什么把这种知识称为经验知识呢?因为人们虽然懂得了这些结果但并不真正懂得发生这些结果的道理,即所谓"知其然而不知其所以然"。

如果面对外部环境的变化,人们仅凭自己的本能知识和已有的常识知识根本不知道应当如何调整自己的生存方式来应对,情形又会怎样呢?显而易见,在这种情况下,那时的人们只能采取随机应对的策略。这样随机应对的结果当然可能会产生多种多样的结局,但是归结起来也不外乎两大类型:或者是各种不同程度的成功,或者是各种不同程度的失败。按照上面的分析,无论是成功还是失败都会使人们增长新的正面的经验知识或者负面的经验知识。如果这种经验知识足够简单而且屡试不爽,就会成为新的常识知识。

自然,也会有人选择第三种方式:阻止和干预环境的变化。在这种情况下,同样会发生两种(至少两种)不同的结果:一种是干预不成功,反而使这些人因干预行动的失败而遭到环境的淘汰;另一种是干预成功,这些人得以继续生存甚至得到了更好的发展。前一种情况导致的后果必定同前面的结果类似,成为负面的经验。而后一种情况则会使这些人在成功之后获得一种信心:只要采取的措施得当,人们是可以主动改变环境使它符合人们的生存需要的。于是,人们就会思考:为什么这样的干预能够成功,为什么其他的干预方式招致了失败?一般而言,这种成功的干预起初只是一种尝试,一种侥幸,一种偶然,但是,当人们在类似的主动干预中多次成功,甚至总是获得成功之后,偶然的盲目的成功就逐渐变成为必然的自觉的成功。这种干预的成功和其他干预的失败就有助于人们了解其中的道理和奥妙,而这种明白了的道理和奥妙就成为一种主动改变世界的知识。此后,人们会逐渐明白"为什么这种干预方式能够成功,而别的干预方式总是归于失败"。这样明白了的知识就可以称为"理性的知识"或者"规范知识",而那些"知其然不知其所以然"的知识则可以称为"感性的知识"或"经验知识"。即使这种规范知识起初是那么简单和粗糙,但它们毕竟成为人们的宝贵的能动知识,成为人们自己掌握自己命运的知识,对人类的生存与发展具有革命性的意义。

需要指出,谁也不知道曾经遭受了多少次(无数次!)失败,谁也不知道曾经淘汰了多少先人,才使那些留存下来的后人积累了越来越多宝贵的能动知识,逐渐变得越来越聪明。就这样,随着人类不断的进化,他们积累起来的正面经验知识和规范知识以及负面的经验知识和规范知识终于变得越来越丰富,起初那种侥幸的和偶然的尝试终于变得越来越少,而自觉的分析和有意识的推演则变得越来越丰富,他们的智能水平也由此变得越来越高明。人类自觉地能动地改变环境改变世界的努力也由此越来越趋于成功。

可以毫不夸张地认为,正是凭借着这种"不但知其然,而且知其所以然"的改变环境的知识和能力,人类才逐渐在大自然面前真正站立了起来,不再是单纯地简单地适应环境,而且开始能够主动地改变环境,成为环境的主人和朋友,而不是奴隶。

如前所说,面对自然环境的变化,上述三种不同的选择都会在长期的进化过程中千百万次地反复出现,因此,正面的经验知识和规范知识以及负面的经验知识和规范知识也就不断地丰富起来。特别有意义的是第三种选择(包括成功和失败)所带来的结果,它使得人类能够不断扩展自己的常识知识,不断摸索和积累自己感性的经验知识和理性的规范知识,因而不仅逐渐学会了如何适应环境的各种变化,而且使人类逐渐学会了在适应环境变化的同时,也主动采取措施通过改变环境来改善自己生存发展的环境和条件。

不仅如此,人类在能动地改变环境的过程中同时也逐渐(自觉或不自觉地)改变了自己对于环境的认识,甚至也逐渐(自觉或不自觉地)改变自己的生存发展方式,也就是自觉或不自觉地走上了"第四种选择"。正是通过这样漫长、曲折而痛苦的进化历程,人类终于逐渐成为地球环境中最为聪明最具智慧的物种,成为真正意义上的"万物之灵"。

通过以上所做的简略考察和分析,我们可以归纳出一个关于"人类智慧"的初步概念,它是智能和人工智能概念的根概念:

人类智慧是人类在长期进化过程中形成的固有能力。凭借这种能力,可以根据长远的**生存发展目**的和已有的**先验知识**去发现应当解决的**问题**,预设问题求解的**目标**;进而根据"问题-目标-先验知识"这些**具体信息**,提取求解问题所需要的**专门知识**,在目标导控下利用这些信息和知识生成求解问题的**策略**,并把策略转换成求解问题的**行为**;如果在求解结果与目标之间存在**误差**,就把这个误差作为新的信息,通过**反馈学习**完善知识,优化求解策略,直至满意地**解决问题**,并进而发现**新的问题**和解决新的问题,不断向前迈进[23]。

可以看到,这个"人类智慧"的概念简明、系统而深刻地描述了人类认识问题和解决问题的过程和机理;推而广之,也可以认为它描述了人类认识世界和改造(优化)世界的过程和机理,表现了人类在长期进化过程中逐渐形成的智慧基本要素以及这些要素之间的内在关系。

容易看出,这个"人类智慧"的概念包含了以下具有表征意义的关键词,即:长远目的,先验知识,发现问题,定义问题,预设目标,获得信息,生成知识,制订策略,执行策略,优化策略,解决问题。于是,可以在这个"人类智慧"概念的基础上提炼出"人类智慧"基本定义:

人类智慧是人类根据长远目的和先验知识发现**问题**,定义**问题**,预设目标,获**得信息**,生成**知识**,制订**策略**,执行策略,优化**策略**,解决**问题**,不断改善生存发展条件的能力。

有理由认为,在上述定义中,"发现问题,定义问题,预设目标"的能力是在看不见的思维过程中完成的,因而具有内隐的性质;而"获得信息,生成知识,制订策略,检验策略,优化策略,解决问题"则需要通过外部操作才能完成,因而具有外显的性质。内隐智慧负责提出问题和预设目标,提供问题求解的基础、出发点和归宿,外显智慧负责运用信息和知识在目标引导下具体解决问题。在这个意义上可以认为内隐智慧比外显智慧具有更加基础的性质和更为根本的意义,而且也更加复杂。按照这种理解,人们也可以说:**人类智慧是内隐智慧与外显智慧相互作用的有机整体**。

应当指出,这个"人类智慧"定义表明了人类智慧是人类固有的能力,定义中关于发现问题、定义问题和预设目标的内隐智慧是由人类固有的生存目的和长期积累的先验知识共同支持的。没有明确的生存目的和足够的先验知识,便不可能形成发现问题、定义问题和预设目标的能力。正是这种能力,使得人类能够在自己的活动中自觉地认识环境和能动地优化环境,而不是像其他生物物种那样仅仅能够适应环境,甚至破坏环境。

更为重要的是,人类智慧的定义也表明了:虽然人类具有主动改变环境的能力,但这丝毫不意味着人类可以在环境面前"为所欲为"。这是因为,人类的这种"能动地改变环境"的能力来自两个因素的共同制约:一个因素是人类的主观意志(不断追求更好的生存与发展条件),这是人类生存发展的不竭动力,没有这种动力就根本不会有"能动改变环境"的主观愿望;另一个因素是客观规律(必须遵守由先验知识所体现的以及尚未完全认识然而却客观存在着的客观规律),这是客观因素的制约。没有人类主观动力的推动,就不会有发展进步的可能性,而没有客观规律的约束,"能动地改变环境"就可能会变成破坏环境,就可能会给人类自己带来意想不到的灾难,更不要说实现真正意义上的发展了。因此,主观意志和客观规律这两个因素缺一不可。**只有那些既满足主观意志又符合客观规律的"改造世界"才能获得成功**。这是千百万年来人类在长期进化过程中经历的无数成功经验与失败教训所证明了的永恒真理。

最后需要指出,人类在认识世界和改变世界的过程中,必然会经常遇到"主观意志"与"客观规律"不一致或者相矛盾的情况。由于"客观规律"具有不依人们主观意志为转移的不可抗拒性,而"主观意志"中那些与"知识不完善"相关联的部分则应当是可以被改变和修正的。因此,在这种情形下,"主观意志"服从"客观规律"也是一个不可违抗的法则。这就叫作"服从真理,修正错误",也叫作"**在认识世界和改造世界的过程中不断改造和完善主观世界**"的过程。

可以发现,这里给出的"人类智慧"的定义确实比较深刻地揭示了人类智慧的内在本质和外在表现:不仅揭示了人类智慧的主观动力和客观制约,而且阐明了人类智慧发生发展的基本规律,论述了人类求解问题的普遍原理和具体途径。

明确了"人类智慧"的定义之后,就可以由此引出"人类智能"和"人工智能"的定义。

由于人类智慧的内隐智慧非常复杂,很难期待取得研究进展。因此,人们便把人类智慧的研究重点聚焦到人类智慧的外显智慧,并特别地把人类智慧的外显智慧称为"**人类智能**"。显见,人类智能是人类智慧的真子集,它是在人类内隐智慧设定"问题—目标—知识"基础上的"解决问题的能力"。

于是,**人工智能**就可以定义为"人造机器所能实现的人类智能"。

对照人类智能和人工智能的定义可以发现,人工智能和人类智能两者所关注的都是人类的外显智慧,即"获得信息,生成知识,制定策略,执行策略,检验策略,优化策略和成功解决问题"的能力。它们之间的区别则在于,人工智能不具备内隐智慧,它的待解问题、求解目标和领域知识都是由人类事先给定的;而人类智能的这些基础条件则是人类自己生成的。

可见,人类智能和人工智能是相通的,这是人工智能机器所以能够拥有一定智能的原因;然而,它们之间的区别是更为根本的,这是人工智能机器不可能拥有与人类同样智能水平的根据,更是不可能拥有人类智慧的根据。

由于机器没有生命,于是没有追求自身生存与发展的目的与动力,当然也没有机器自身开发的先验知识,也就不可能自己去发现要解决的问题、更无从设定求解问题的目标,从而不可能拥有内隐智慧。这是人工智能与人类智能之间不可逾越的鸿沟。至于外显智慧,虽然它是人工智能与人工智能的共同关注点,但是由于人类赋予机器的知识和预设目标不一定绝对完善,同时也由于人类赋予人工智能的先验知识不一定完全充分,因此,人工智能机器的外显智慧在解决问题的创造力方面也难以达到人类的水平,更谈不上超越。

当然,人工智能机器在人类给定的框架内应当努力实现外显智慧的能力,而且由于机器具有远胜于人类的操作速度、操作精度、操作力度、操作耐力,因此机器在外显智慧的工作性能方面可以远远胜过人类的工作性能水平。这正是人工智能机器具有存在价值的原因。但是,人工智能机器不具有内隐智慧,后者才是创造力的决定因素,所以人工智能机器却很难在创造力方面企及人类的水平。总之,人工智能机器的整体智能水平只能逐步向人类智能的水平靠拢和逼近,而不可能达到和超越人类智能的水平,更遑论达到和超越人类智慧的水平。

9.3.2　理智的生成机制

探讨人类智能(理智)和人工智能(理智)生成机制是研究高等人工智能理论的中心任务,而探索人类智能和人工智能生成机制所需要的理论基础,则正是上面所讨论的人类智能和人工智能的基本概念。智能概念(定义)和智能生成机制在理论上必须是内恰的一致的。

从人类智能的定义不难看出,人类智能的内在基础是人类固有的生存目的和人类逐步积累的先验知识,而它的外部条件则是环境中各种客观事物给予的刺激。正是由于人类具备了主观的生存目的和积累了相应的先验知识,当面临外来刺激的时候,就能够把外来刺激所呈现的本体论信息转换成为认识论信息——包含语法信息、语义信息和语用信息的全信息,使注意系统能够判断这个外来刺激是否值得关注,是否应当把所生成的全信息向后续环节转送。也正是由于人类具备了主观的生存目的和积累了相应的先验知识,基础意识系统才能正确地做出符合本能知识和常识知识所界定的反应,而且一旦外来刺激的内涵超出了本能知识和常识知识界定的范围,就能够把任务转交给后续的情感生成与理智生成系统。还是因为人类具备了主观的生存目的和积累了相应的先验知识,情感生成系统才能根据本能知识、常识知识和经验知识做出符合情理的情感反应,并且在所处理的内容超出本能知识、常识知识和经验知识所界定的范围的时候,能够等待理智生成系统的处理结果,并与后者相互协调。至于理智生成系统本身,也因为人类具备了主观生存目的和积累了相应的本能知识、常识知识、经验知识和规范知识,才能够生成合理的谋略,并与情感生成系统互相协调,共同支持后续的综合决策。

由此可见,人类设计者为系统提供的系统目标和领域知识是生成高等人工智能的内在根据(它们都存储在记忆系统中),来自环境的外来刺激是系统生成智能的外部条件,而在外来刺激激励下所生成的全信息,则是沟通系统内外因素从而使系统能够生成理智的媒介和纽带。

由此可知,高等人工智能系统理智的生成机制也是一种信息转换的过程,即在**第一类信息转换的基础上,在(体现外部刺激与系统目标之间利害关系的)全信息的触发下启动、在系统内部知识(包含本能知识、常识知识、经验知识、规范知识)的支撑下展开、在系统目标的导控下完成的"全信息-理智转换",转换的结果就生成了"理智谋略"。这个信息转换就称为"第三类 C 型信息转换"。**

这样,我们就可以把理智生成的机制更形象也更简洁地表示为图 9.3.1。

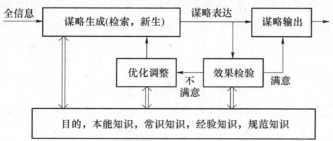

图 9.3.1　理智谋略生成机制模型:第三类 C 型信息转换原理

　　表面上看起来,这里的理智谋略生成机制模型(图 9.3.1)与 9.2 节的情感生成机制模型(图 9.2.3)似乎并无本质区别:只是核心单元从"情感生成"模块变成了"谋略生成"模块,而且,同样也需要谋略效果检验与调整的学习系统相配合。

　　实际上,谋略生成的情况要比情感生成的情况复杂得多,解释如下。

　　在情感生成的场合,由于系统情感与系统目标直接相关(系统目标直接决定了外部刺激对系统的价值以及由此而引发的系统情感),只要外来刺激和系统目标不发生改变,系统生成的情感也不会改变;又因系统情感只有很少几种类型,因此,支持情感生成的知识(包括本能知识、常识知识、经验知识)就可以直接表示为"若(外来刺激的语义信息),则(系统情感类型)"的形式。于是,只要代表外来刺激的语义信息能与系统某个知识的"条件项"实现匹配,就可以产生系统的某类情感。

　　在理智谋略生成的场合,情形就有很大不同。一方面,虽然系统谋略也与系统目标直接相关(系统谋略总是为系统目标服务的),但是系统谋略与系统目标的关系比较复杂:在同样系统目标的前提下,系统可以有多种不同谋略的选择,而不是像情感那样只有一种选择。另一方面,在比较复杂的刺激下,系统谋略要包含若干步骤才能实现系统目标,而不是像情感那样可以一步到位,因此需要把系统目标分解为若干个相互衔接的子目标。这样,支持理智谋略生成的知识表示就不能像情感生成场合那样简单了。在这里,知识表示中的"条件项"将不仅仅应当包含代表外来刺激名称的语义信息,也不仅应当包含系统目标,而且还要包含系统目标的分解实施目标(称为"过渡目标")。只有当"外来刺激名称""系统目标"和"系统过渡目标"都明确定义之后,才能确定系统"应当采取何种谋略"。

　　例如,假如一个饥肠辘辘的主体面临的外来刺激是"在房间的天花板上挂着一串清香诱人的香蕉",那么在情感生成场合,无论根据本能知识还是常识知识和经验知识,面对充饥解渴的目标,系统必定会产生"欣喜渴望"的情感:

　　　　　　　外来刺激:语义信息(香蕉高挂)

　　　　　　　系统目标:充饥解渴

　　　　　　　本能知识:若(香蕉高挂),则(欣喜渴望)

　　　　　　　生成情感:欣喜渴望

　　但是,在谋略生成的场合,根据本能知识、常识知识、经验知识和规范知识,高挂在天花板上的香蕉并非唾手可及;为了吃到香蕉,就得采取若干措施,比如,先找一副梯子放在适当位置,然后爬上梯子,才能取下香蕉。这样,生成的谋略就得包含以下步骤:

　　　　　　　外来刺激:语义信息(香蕉高挂)

　　　　　　　系统目标:充饥解渴

　　　　　　　过渡目标:缩小与香蕉的距离

　　　　　　　先验知识:若(香蕉高挂),则(使用梯子)

一步谋略：搬来梯子

当第一步谋略完成以后，把它的结果与系统目标进行比较，就可以确定，第二步谋略应当是"爬上梯子"：

外来刺激：语义信息(香蕉高挂)

系统目标：充饥解渴

过渡目标：接近香蕉

先验知识：若(香蕉高挂且有梯子)，则(爬上梯子)

二步谋略：爬上梯子

当第二步谋略完成以后，再把它的结果与系统目标进行比较，就可以确定，第三步的谋略应当是"取下香蕉"：

外来刺激：语义信息(已近香蕉)

系统目标：充饥解渴

过渡目标：取下香蕉

先验知识：若(已近香蕉)，则(取下香蕉)

三步谋略：取下香蕉

这个例子表明，在相同外来刺激(香蕉高挂)的情况下，生成的情感永远都是相同的(总是会感到欣喜和渴望的情感，而不会生成恐惧、悲伤或愤怒的情感)；但是在同样外来刺激的情况下，为了实现充饥解渴的目标，系统所需要生成的谋略却不会像生成情感那样简单，可以"一步到位"，而是需要谋划好若干个过渡步骤才能实现系统目标，而且各个步骤之间的过渡目标在逻辑上要能够互相衔接。

可见，在谋略生成的场合，需要表达的内容应当比情感生成的场合更复杂：在情感生成的场合，它仅需要表达代表外来刺激名称的语义信息和系统目标；而在谋略生成的场合，需要表达的内容则不仅要包含代表外来刺激名称的语义信息，也不仅要包含系统目标，而且要表达实现系统目标的实施步骤和各个步骤的具体谋略。为了导出实施目标的各个步骤，通常需要一定的演绎推理能力。这是理智生成最困难然而又是最具有标志性意义的环节。

换言之，在谋略生成的场合，全信息(它代表外来刺激的性质及其与系统目标的利害关系)I、系统目标及其过渡目标$\{G_n\}$、系统先验知识K_c(它包括本能知识、常识知识、经验知识和规范知识，参见高等人工智能系统功能模型图 7.1.1 记忆系统输出的知识K_c)这三者的共同作用才能确定系统生成什么样的谋略Σ。

因此，在原理上可以建立类似于描写情感生成机制的式(9.2.1)的某种映射：

$$C_c:(I \times K_c \times \{G_n\}) \mapsto \Sigma \qquad (9.3.1)$$

同样，表面上看起来，式(9.3.1)似乎与式(9.2.1)非常相像，分别是由全信息、知识和系统目标所构成的情景空间到情感和谋略的复杂映射。但是，正如上述的例子所标明的那样，由于"情感"与"情景"的联系非常直接，以至于在式(9.2.1)的

情况下通过全信息 I、目标 G 和知识 K_b 三者的共同约束就可以确定系统应当产生的情感 Φ；而在式（9.3.1）的情况下则与此不同，目标项要包含系统目标和它的一系列过渡目标 $\{G_n\}$：只有通过全信息 I、目标系列 $\{G_n\}$ 和知识 K_c 三者共同作用才能明确定义系统应当产生的谋略 Σ。

需要特别说明，如何由问题、相关知识、目标导出过渡目标系列 $\{G_n\}$，这不是（也不可能是）设计者事先设定的，而是理智生成系统演绎推理的产物。这是理智生成的核心环节。不过，由于这一部分内容在传统的人工智能理论研究中已经积累了相当丰富的成果[20-22,25-27]，而且这些成果在高等人工智能理论研究中仍然可以发挥作用。为了节约篇幅，这里就不再详述。

当然，需要说明，知识表示的方法并不限于这里所用的"若-则"的形式（这是知识表示的逻辑方法），还可以有许许多多其他的表示方法。但这并不十分要紧，因为毕竟这些不同的知识表示方法之间总可以有办法互相等效地（或者近似等效地）转换。而且，一般来说，就知识的表示方法而言，逻辑表示的方法应当是比较合理和方便的方法。只是由于目前的逻辑学理论本身还不够成熟：标准逻辑（命题逻辑和谓词逻辑）的功能还不够强大，各种非标准逻辑又比较个性化，而且各种不同的非标准逻辑方法之间也还不够默契，因此本书并没有把"知识表示"的问题限制得很具体。我们相信，随着逻辑学理论（特别寄希望于"泛逻辑学理论"[28]）的不断发展，知识的逻辑表示方法会逐渐完善起来。

那么，按照式（9.3.1）生成的理智谋略是否合适？这需要检验，看它是否能够有利于实现系统的目标。如果生成的理智谋略有利于实现系统的目标，检验模块就会产生满意的结果，允许这个理智谋略输出；否则，检验模块就会产生不满意的结果，就需要调整谋略生成模块的策略，生成更合理的理智谋略，再经受检验，直至满意为止。这就是理智谋略生成机制模型图9.3.1所表示的"效果检验"。

此外，如果系统面对某种全新的外部刺激（它的全信息将不能在知识库中找到可以匹配的对象），应当怎样生成新的理智谋略？原则上，也可以像情感生成那样要么采用随机试验的方法，要么采用演绎推理的方法，或者采用介于这两种极端方法之间的各种启发式搜索方法。但是，不管采用哪种方法，所生成的新的理智谋略都仍然需要经受必要的检验（可能是仿真模拟的检验，也可能是真实的实践检验，依具体的情况而定）。检验的最终标准，依然是要看这个新的理智谋略是否有利于实现系统设定的目标。总而言之，在高等人工智能理论的研究中，系统目标是一个极为基本和极为重要的要素：它既是智能系统一切操作的出发点，又是智能系统一切操作的归宿。没有系统目标，就谈不上系统智能。

至此，我们看到，在整个高等人工智能系统的工作过程中，第一类信息转换原理把外部刺激所呈现的本体论信息转换为认识论信息（语法信息、语义信息、语用信息三位一体的全信息），使"注意系统"选择或过滤刺激信息的工作有了依据，也使"记忆系统"按照语义来存储信息和知识成为可能;第二类信息转换原理把全信息转换成为相应的知识;第三类信息转换原理则分别在本能知识、常识知识、经验知识、规范知识的支持下以及在目标的导控下把全信息依次转换为基础意识的反应能力、情感表达的生成能力和理智谋略的生成能力,从而完成了高等人工智能的核心能力的生成(只剩下针对情感与理智谋略的综合决策)。由此,可以顺理成章地说:**正是第一类与第二类信息转换原理和第三类 A 型、B 型、C 型信息转换原理一起,构成了高等人工智能生成的共性核心机制。或者更简练地说:信息转换是生成高等人工智能的共性核心机制。**这是本书最重要的结论之一。

Hawkins 在 *On Intelligence* 一书曾经这样写道:人的智能是通过记忆能力和对周围事物的预测能力来衡量的。大脑从外部世界获得信息并将它们存储起来,然后将它们以前的样子和正在发生的情况进行对照比较,并以此为基础进行预测。

他所说的"智能"就是现在所讨论的"理智"。他所要表达的意思是:人的智能是由记忆和预测能力决定的。具体来说,通过"记忆"记住各种事物的样子,从而在记忆系统里建立"世界模式"。以后遇到什么事物的时候,就把所遇到的事物同世界模式做比较:如果是记忆中出现过的事物,就可以凭记忆识别出来;如果是记忆中没有出现过的事物,就利用记忆中的事物对它进行"预测",从而形成决定。因此他就断言,人工智能主要就应当关注记忆能力和预测能力。

应当认为,Hawkins 强调记忆能力和预测能力对于生成智能有重要作用,这无疑有一定的道理。因为,一个连记忆能力都没有的系统,就不可能积累任何有用的信息和知识,当然也就不可能生成智能;而一个只有记忆能力但没有预测能力的系统,就会成为一种只是死记硬背而不懂得如何利用所积累的信息和知识的系统。于是,它所积累的全部信息和知识都成为一堆死而无用的东西。知识再多而不会运用,当然也不可能生成真正的智能。正是在这个意义上说,Hawkins 的论点有一定道理。

不过,我们也要如实地指出:Hawkins 的论断其实并不完全正确。这首先是因为他所说的"记忆",只是对"语法信息"的记忆(因为"全信息理论"在那时还没有传播到国外,所以,他那本书里完全没有"全信息"的概念);其次是因为他所说的"预测"是纯粹根据"语法信息"所进行的预测;最后是因为他忽视了"系统目标"的作用。显然,纯粹语法信息的记忆,是一种没有内容和价值因素的记忆,是一种纯粹表面化的肤浅记忆;纯粹基于语法信息的预测也是一种完全表面化的预测,是一种很难获得新知的预测。再者,如果一个系统仅仅具有他所说的记忆能力和预测能力而没有系统目标的全程导控作用,那么它就会成为一个漫无目的而且没有理解能力的系统,因而也还不可能是一个智能系统。

事实上,如果没有明确的系统目标,如果不能根据系统目标把外来刺激所呈现的本体论信息转换成为全信息,那么注意系统就不知道按照什么原则来确定对外来刺激的选择和过滤。这样的系统当然就称不上是智能系统。

同样,如果没有明确的系统目标,如果不能根据系统目标把外来刺激所呈现的本体论信息转换成为全信息,那么基础意识生成系统也就不懂得对外来刺激究竟应当做出什么样反应的能力,成为一个"傻系统"。

还有,如果没有明确的系统目标,如果不能根据系统目标把外来刺激所呈现的本体论信息转换成为全信息,那么情感生成系统和理智谋略生成系统也无法判断外来刺激对系统目标的利害关系,从而无法准确表达情感和生成谋略。

所以,当 Hawkins 设想的系统面对已经熟悉的外来刺激的时候,可以根据他所说的记忆系统所存储的世界模式做出合理的反应,这在原则上不会发生什么问题。当系统面对基本已知只有微小部分未知的新刺激的时候,可以根据原有知识对刺激做出比较准确的预测,从而生成比较合理的反应,原则上也不会有大的问题。但是,如果外来刺激是基本上未曾经历和未曾处理过的新事物,Hawkins 的系统将如何在世界模式基础上做出准确的预测?这就会遇到很大的困难。而且,他的系统将如何判断这样的预测的正确性?如果没有明确的系统目标作为判断的依据,如果没有基于全信息的理解能力,那就更谈不上判断了。

由高等人工智能系统功能模型图 7.1.1 不难理解,对于智能系统来说,记忆能力当然非常基础,因而非常重要,但是,如上所见,这种记忆很要紧的是对系统目标的记忆,而且应当是全信息的记忆。这样,当系统面对未知的外来刺激的时候,系统能够基于记忆系统所存储的目标把外来刺激所呈现的本体论信息转换成为全信息,使注意系统能够判断这个外来刺激是否值得关注。如果不值得关注,注意系统就会拒绝这个外来刺激。如果值得关注,注意系统就会把这个刺激的全信息转送到基础意识系统、情感生成系统和理智生成系统。如果基于本能知识和常识知识的基础意识系统和基于本能知识、常识知识和经验知识的情感生成系统都不能对这个未知的外来刺激做出合理的反应,那么外来刺激的全信息就会转送到理智生成系统。在这里,理智生成系统可以根据记忆系统所存储的知识做出相应的预测,同时又可以根据记忆系统所存储的系统目标对预测的结果做出评价,从而使系统能够对这个未知的外来刺激做出合理的反应。

可见,对于理智谋略(传统人工智能意义上的智能)生成的机制而言,仅仅一般地具有记忆能力和预测能力是远远不够的,还必须强调系统目标的存储以及全信息的记忆和利用。记忆能力和预测能力只是智能生成机制的必要前提和条件,而不是充分条件。智能生成系统必须具备明确的系统目标,必须利用尽量完整的知识,必须执行在系统目标导控下的基于全信息的信息转换。

最后还要说明,以上我们分别探讨了高等人工智能系统的注意生成单元、基础意识生成单元、情感生成单元、理智谋略生成单元的基本概念和工作机制,但在实际系统中,这些单元的工作并不是互相独立的,而是互相合作互相协调的。它们在统一的外部刺激所呈现的本体论信息以及由"第一类信息转换原理"转换而来的全信息的激励下,在统一的系统目标的导控下,利用记忆系统所存储的本能知识、常识知识、经验知识和规范知识有序地展开工作。不仅如此,它们的互相协调还表现在:如果外部刺激是基础意识单元能够处理的问题,那么基础意识单元就会生成合理的反应,并把生成的反应报告给情感与理智生成单元核准并由综合决策单元最终确定;如果超出了基础意识单元处理能力的范畴,那么基础意识生成单元就会立即自下而上地报告,并把全信息转送给情感生成和理智谋略生成单元处理。反过来,理智谋略生成单元和情感生成单元也可以自上而下地对基础意识和注意单元的工作进行检验和校核。至于在情感生成和理智生成单元之间的相互协调,则可以在综合决策单元得到妥善的处理。因此,整个高等人工智能系统的工作是有机和谐的。

9.3.3　综合决策

根据图 7.1.1 所示的高等人工智能系统模型,在情感生成与理智谋略生成之后应当执行的任务是综合决策。在这里,所谓"综合决策"主要是指在系统生成的情感表达和理智谋略两者之间实施的某种协调平衡。

之所以要在系统的情感表达与理智谋略之间实施专门的综合决策,是因为情感生成和理智谋略生成所依据的知识类型不同,它们生成的复杂程度、速度和内容也各不相同,而高等人工智能系统对外部的反应则必须在"情感表达"与"理智谋略"之间实现协调一致,避免出现情感与理智互相分离或互相矛盾的情形。

不过,如果稍加分析就可以发现,虽然图 7.1.1 模型中明显表示出来的综合决策是针对情感表达和理智谋略两者而言的,其实也必然涉及包括注意系统、基础意识系统、情感系统、理智谋略系统在内的全面的综合协调。从以上各个章节的讨论中可以看出,上述这些环节之间事实上都存在重要的互相联系互相作用。只有这样,才能使高等人工智能系统成为一个有机的整体:一方面,下一级单元的工作结果必须向上一级单元报告,上一级单元的工作必须以下一级单元工作的结果为基础;另一方面,上一级单元可以接受或者纠正下一级单元工作的结果。原则上说,这些相互作用过程的实现并不困难,但是比较繁复,因此,在图 7.1.1 的模型中没有具体表示出来。

这里需要着重说明的是综合决策环节中关于情感系统与理智系统之间的协调方法问题,这是综合的主要内容。

注意到我们在第 7 章介绍高等人工智能系统模型的时候曾经指出,由于基于本能知识、常识知识和经验知识的情感生成相对而言比较简单,因此速度比较快捷;而基于本能知识、常识知识、经验知识和规范知识的理智谋略生成速度相对比较复杂,需要执行演绎推理等过程,因此速度比较缓慢。这样就造成了情感生成与理智谋略的生成在反应速度和反应质量两方面都不同步。为此,理论上至少存在以下几种典型的协调策略可供选择:

(1) 允许情感先行表达(允许不同步),同时继续展开理智谋略的生成过程;

(2) 适当忍耐(延迟)并缓和情感的表露,使之与理智谋略的表达同步;

(3) 强行抑制情感的对外表达,只输出理智谋略。

在实际应用场合,究竟应当采用哪种协调策略?需要具体情况具体分析,很难一概而论。不过,既然情感生成的速度比较快,出现得比理智谋略早,因此,决策者可以根据生成的情感类型,对一些极端情形加以协调:

(1) 如果系统生成的情感属于异乎寻常的惊骇、超乎常态的恐惧、难以控制的紧张等极端类型,这就表明可能出现了高度危险和十分紧急的情况。这时,为了及时应对高危和紧急的事态,应当允许情感的即时表达,以唤醒后续的程序(包括采取逃生措施并加速理智谋略的生成)。

(2) 如果系统生成的情感属于异常暴怒、极度悲愤、充满仇恨等类型,这就表明可能已经面临非常容易发生矛盾激化的情况。在这种情况下,为了避免事态恶化,应当设法有效控制(忍耐并缓和)这种情感的爆发,做到"三思而后行"。

(3) 如果系统生成的情感属于疑惑不解、犹豫不决、左右为难等类型,这就表明可能出现了比较复杂离奇而又微妙敏感的情形。在这种情况下,最好不要让情感直接表达出来,做到"临危不乱",等待生成理智的谋略来妥善处理。

显然,综合决策的协调方式多姿多彩,一言难尽。以上所列举的只是其中几种比较典型的综合决策的综合方式,远远不是完备的综合策略。根据各种不同的实际情况,人们可以设想和采用各种可能的综合方式,来协调和平衡高等人工智能系统生成的各种情感表达与理智谋略,达到最满意的效果。

优秀的决策者不仅需要上面提到的那些本能知识、常识知识、经验知识、规范知识,而且需要优良的心理素质、过人的决策胆识、高超的决策艺术和杰出的决策智慧以及现场灵感和技巧(如图 7.1.1 所示的高等人工智能系统模型)。这是比上述各种知识更加复杂更加高级更加微妙的一类"知识"。不无遗憾的是,目前,关于这类知识的研究还很不成熟,在综合决策过程中如何应用这些知识和能力的研究也很不充分。因此,这里无法对此进行更深入的探讨,只能就普通的综合决策方略进行简略的分析。这也是高等人工智能(更不用说传统人工智能)难以企及人类智能的重要原因。

当然,对于综合决策而言,除要关注上述这些决策的策略外,同样重要的问题是要关心决策的效果。应当说,在这方面,高等人工智能理论并没有与众不同的要求。不过,正如前面各个章节所强调的那样,综合决策也需要特别关注系统的长远目的和工作目标。因为,决策效果是好是坏的判断依据,仍然是要考察所生成的策略对于目标实现的满足程度。为此,就需要把策略转变成为相应的动作行为,并反作用于外部世界,以检验策略的实际效果。这就是策略执行的问题。

还要指出的是,在第三类信息转换原理内部也存在多方面的互相协调关系。这种协调是通过基础意识单元、情感生成单元和理智生成单元共享"体现外部刺激与系统目标利害关系的感知信息"来实现的。三者共享"感知信息",因此既可以通过由基础意识单元向情感和理智单元自下而上的报告来实现协调,也可以通过由情感与理智单元自上而下的巡查来实现。协调的原则是:凡是基础意识能够处理的外部刺激(即在本能知识和常识知识范围内的外来刺激),就由第三类 A 型信息转换原理处理,这时,第三类 B 型、C 型、D 型信息转换原理就处于"直通"工作状态;凡是超出基础意识处理范围的外部刺激(需要经验知识和规范知识支持的处理),情感单元和理智谋略单元就立即进入自己的工作状态,接替基础意识单元的工作,而且第三类 B 型和 C 型信息转换原理两者之间应当处于并行工作的关系,它们最终的结果则由综合决策单元协调生成。在此基础上,第四类信息转换原理是在综合决策单元生成智能策略之后也进入工作状态,把智能策略转换成智能行为。

上述两类信息转换原理之间的工作关系,在高等人工智能系统模型(图 7.1.1)中得到了清晰地体现。从该模型可以清晰地看出,整个高等人工智能系统的工作过程,就是体现高等人工智能的"智能策略"生成和执行的过程,也正是四类信息转换原理协同工作的过程。所以,四类信息转换原理一起,共同构成了高等人工智能理论的主体,成为高等人工智能理论与传统人工智能理论之间的主要区别。

本章小结与评注

同第 7 章和第 8 章一样,本章所讨论的基本内容也是现有一般人工智能学术著作基本未曾涉足的领域,是高等人工智能原理应当开辟的研究领域,也是高等人工智能原理的主体理论和特色内容之一。

9.1 节定义了"基础意识"的概念,指出:它是指人们在本能知识和常识知识支持下对外部环境刺激产生觉察、理解并做出合乎本能知识和常识知识以及合乎目标的反应能力。它与一般意识概念的基本区别在于:它的知识基础是本能知识和常识知识。因此它是最为基础的意识概念。把基础意识从一般意识概念中区分出来,此举具有非常重要的意义。否则,人们很难对无所不包的意识问题进行深入的研究。

在此基础上,本节论证了"基础意识"的共性核心生成机制是:在第一类信息转换的基础上,在体现外部刺激与系统目标关系的全信息触发下启动、在本能知识和常识知识的支撑下展开、在目标的导控下完成的"全信息-基础意识转换"，即"第三类 A 型信息转换"。这是一个十分重要的结果。它使得人们在机器系统上生成人工的基础意识的尝试成为可能。

9.2 节给出了情感的定义，指出：情感是有明确目标的人们在本能知识-常识知识-经验知识基础上关于客观事物对于自己的价值关系的一种主观反映。这样，我们就可以合理地界定基础意识、情感、理智的概念，既揭示了它们之间的联系和共同本质，又反映了它们之间的重要区别和特征。因此，这个情感定义(连同基础意识和 9.3 节的理智的定义)也是一个十分有意义的研究结果。

在此基础上，本节探讨并阐明了情感生成的共性核心机制，指出：它是在第一类信息转换的基础上，在注意和基础意识环节之后，在体现刺激与系统目标关系的全信息的触发下启动、在系统本能知识-常识知识-经验性知识的联合支持下展开、在系统目标相联系的价值准则的导控下完成的"信息-情感转换"，即"第三类 B 型信息转换"。阐明情感的定义和揭示情感生成的共性核心机制，为人们研究机器情感(人工情感)探明了可行的途径。

9.3 节首先深入探讨了"理智(对应于但又超越了传统人工智能领域的智能概念)"的本质和定义，在此基础上给出了人类智慧、人类智能和人工智能的定义：人类智慧是人类固有的发现问题、定义问题、预设目标、获得信息、生成知识、制订策略、执行策略、检验策略、优化策略、成功解决问题的能力，包括内隐智慧和外显智慧；人类智能特指人类的外显智慧。人工智能是人类赋予机器的智能、它是人造机器所能实现的人类智能，即在人类给定问题、问题求解目标和先验知识的前提下、获得信息、提取知识、制订策略、执行策略、检验策略、优化策略、成功解决问题的能力。阐明这些定义，对于深入认识人类智能、人工智能以及它们之间的相互关系具有重要意义。

本节进一步的工作是探讨和阐明理智的生成机制，指出："理智"生成的共性核心机制是在第一类信息转换的基础上，在注意和基础意识环节之后，在情感系统工作的同时，在体现外部刺激与系统目标之间关系的全信息的触发下启动、在系统内部知识(包含本能知识、常识知识、经验知识、规范知识)的支持下展开、在系统目标的导控下完成的"全信息理智转换"，称为"第三类 C 型信息转换"。

在此基础上，本节还研究了情感与理智两者的相互作用(综合决策)的问题。它是在系统所生成的情感与理智谋略激励下启动，在本能知识、常识知识、经验知识、规范知识、决策艺术和直觉灵感支持下展开，在目标导控下完成的策略综合。

毫无疑问，本章所讨论的第三类 A 型、B 型和 C 型信息转换原理不是互相独立的一组原理，而是一个和谐的有机体系。这种和谐有机的关系的形成既有赖于自下而上的"报告程序"，也有赖于"自上而下"的"巡查程序"或者更确切地说是依赖于自下而上的报告与自上而下的巡查相结合的工作程序。

　　总起来说,本章所获得的这些成果与第 7 章、第 8 章的各项成果一起,阐明了高等人工智能的基本概念,揭示了生成高等人工智能的共性核心机制。因此,**高等人工智能的共性核心生成机制,是由第一类、第二类和第三类信息转换原理构成的有机而和谐的体系,或者简明地说是"信息转换原理体系"。这就是"高等人工智能"的主体理论。**

　　或许还可以指出,本篇(第 7～第 9 章)所阐明的高等人工智能机制主义研究方法和信息转换基本原理还具有更深刻的意义和更普遍的价值。这就是:机制主义方法很可能是所有开放复杂信息系统共同的研究方法,信息转换原理则很可能是开放复杂信息系统的普遍性原理。

　　回顾历史,"**质量转换定律**"指示了获得优质材料的方法,"**能量转换定律**"启示了获得高效能量的途径,"**信息转换原理**"则揭示了获得高等智能的规律。注意到"材料-能量-智能"之间的微妙关系,也许可以断言,"信息转换原理"的重要意义至少不会亚于"质量转换"和"能量转换"。

本章参考文献

[1]　DENNETT D C. The Consciousness Explain[M]. Boston：Little Brown，1991.

[2]　现代汉语词典[M]. 北京：商务印书馆,1996.

[3]　FRACKOWIAK R S J，et al，Human Brain Function [M]. Amsterdam：Elsevier，2004.

[4]　FARBER I B，CHURCHLAND P S. Consciousness and the Neuroscience：Philosophical and Theoretical Issues，in M. S. Gazzaniga（Eds）The Cognitive Neuroscience[M]. Cambridge：MIT Press，1995.

[5]　GAZZANIGA M S，et al. Cognitive Science：The Biology of Mind[M]. Boston：Norton & Company Inc. ，2006.

[6]　林崇德. 心理学大辞典[M]. 上海：上海教育出版社,2003.

[7]　EKMAN P，FRIESEN W V. Constants across Cultures in the Face and Emotion [J]. Journal of Personality and Social Psychology，1971，17：124-129.

[8]　RUSSELL J. Affective Space is Bipolar [J]. Journal of Personality and Social Psychology，1979，37：345-367.

[9]　GOTTFREDSON L S. The General Intelligence Factor [J]. Scientific American Presents，1998，9(4)：24-29.

[10]　山西省思维科学学会. 思维科学探索[M]. 太原：山西人民出版社,1985.

[11]　STERNBERG R J, SALTER W. Handbook of Human Intelligence [M].
Cambridge：Cambridge University Press，1982.

[12]　 GOTTFREDSON L. Mainstream Science on Intelligence, Forward to
"Intelligence and Social Policy" [J]. Intelligence ，1997,24(1)：1-12.

[13]　NEISSER U, et al. Intelligence：Knows and Unknowns [M]. New York：
Annual Progress in Child Psychiatry and Child Development，1997.

[14]　PERIOFF R，et al，Intelligence：Knows and Unknowns [M]. New York：
American Psychologist,1996.

[15]　WINSTON P H. Artificial Intelligence [M]. 2nd ed. Reading：Addison
Wesley,1984.

[16]　NILSSON N J. Artificial Intelligence：A New Synthesis [M]. Stanford：
Morgan Kaufmann Publishers,1998.

[17]　RUSSELL S J, NORVIG P. Artificial Intelligence：A Modern Approach
[M]. Englewood Cliffs：Prentice Hall，2003.

[18]　钟义信. 机器知行学原理：信息-知识-智能转换理论[M]. 北京：科学出版
社,2007.

[19]　HAWKINS J , BLAKESLEE S. On Intelligence [M]. Stanford：Levine
Greenberg Literary Agency Inc . ,2004.

[20]　涂序彦.人工智能机器应用 [M]. 北京：电子工业出版社,1988.

[21]　 蔡自兴,徐光佑. 人工智能及其应用[M]. 3 版. 北京：清华大学出版
社,2004.

[22]　史忠植. 高级人工智能[M].2 版.北京：科学出版社,2006.

[23]　何华灿,等. 泛逻辑学原理[M].北京：科学出版社,2001.

第 10 章　执行与优化(第四类信息转换原理)：智能策略→智能行为,误差信息→优化策略

对照高等人工智能的系统功能模型图 7.1.1,在外部事物所呈现的客体信息刺激下,高等人工智能系统的感知系统首先通过第一类信息转换原理的作用把客体信息转换成为语法信息、语义信息和语用信息三位一体的感知信息(全信息);在此基础上,"注意"系统会对其中的语用信息进行分析,从而决定究竟应当抑制还是选择这个感知信息。如果决定抑制这个感知信息,就表示系统对这个外部刺激不予理会;相反,如果决定选择这个感知信息,系统就会利用第二类信息转换原理从综合知识库提取(或生成)与这个感知信息所代表的问题相关的知识,然后利用第三类信息转换原理先后生成基础意识、情感和理智谋略,并在此基础上完成综合决策,生成解决该问题的智能策略。

从认识论的观点来看,形成了智能策略,就意味着人们的认识活动不仅已经完成了从"**感性认识**(主体生成了关于外部事物的感知信息)"到"**理性认识**(主体获得了关于外部事物的深层知识)"的过程,而且也已经完成了从"理性认识"到"**理性反应**(主体生成了反作用于外部事物的智能策略)"的过程。因此,接下来需要考虑的问题就是:究竟怎样才能使这个"理性反应(智能策略)"转变成为"**行为反应**",产生真正反作用于外部事物从而产生实际反作用的效果。这就是本节所要研究的"策略执行"问题。控制,就属于策略执行的问题。

图 7.1.1 的高等人工智能系统模型表明,对基础意识、理智谋略与情感反应进行综合协调就可生成智能策略,这是"综合决策"的任务。把抽象的智能策略转换为具体的智能行为(称为"执行策略")则是"策略执行"的任务。因此,就执行单元本身的作用而言,它的基本功能就是执行综合决策单元所产生的智能策略,使智能策略产生实际的行为效果,完成"调整对象状态"的任务。

显然,为了使执行单元能够准确执行智能策略,实现对对象状态的调整,首先就要把智能策略表示成执行单元能够识读和执行的形式,这就是"策略表示"的问题。智能策略得到了恰当的表示,执行单元才能够把它转变成为相应的智能行为,

完成"策略-行为"的转换。

　　不过,考虑到问题的复杂性,本章所研究的"第四类信息转换"将不仅要包括"策略-行为"的转换,而且还要进一步研究:智能行为作用于客体之后的实际效果是否达到了预定的目标? 这就是"效果评估"问题。如果没有达到目标,又应当根据误差信息,通过学习来增加知识进而优化智能策略质量,逐步逼近预定的目标,完成人工智能的最后过程(参看图 7.1.1 的模型)。

　　为了完整探讨第四类信息转换原理,10.1 节将研究"策略表示"的问题,10.2节将讨论"策略-行为"转换问题,10.3 节将探讨"误差反馈-学习-策略优化"的问题。

10.1　策　略　表　示

　　顺便指出,生成智能策略和执行智能策略是两个性质很不相同的任务。

　　生成智能策略的任务是:要使生成的问题求解策略具有足够的智能水平,以便达到解决问题的目的。为此,就需要对外部刺激有足够的理解。这样,仅有反映外部事物表面特征的语法信息是远远不够的,而必须获得关于该事物的全信息(感知信息)来理解所面临的问题:该事物的外部形态如何? 该事物对系统的目标是有利还是有害? 有怎样的利? 有怎样的害? 还要在此基础上进一步提取关于该事物的必要知识;这样才能在目标引导下利用这些感知信息和知识去生成应对这个事物的智能策略。

　　执行智能策略的任务是:要把所生成的智能策略变成可以执行的行为去反作用于外部事物,直至解决问题。一般而言,系统生成的智能策略既具有一定的形式描述(语法因素),也具有一定的内在含义(语义因素),还具有一定的目标效用(语用因素),因而具有全信息的性质。在执行单元,则需要把这种具有"全信息"性质的智能策略转换成为便于执行单元读出和执行的形式,这在通常的情况下就是"语法信息"的形式。

　　在实际应用的场合,执行单元的情况可能多种多样。

　　一种极端的情况是完全没有理解能力的简单执行单元,目前多数的简单控制技术系统就属于这种类型。例如,一个普通的"门控"系统,只要向门控系统输入了一个符合"开门"条件的码字序列(控制指令),门就会自动打开。这里并不要求门控系统对码字序列进行理解,只需要关心输入的码字序列是否与"开门"的码字序列匹配。这是一种**"强制型"的执行系统**,在技术上就是人们所熟悉的**"简单控制"系统**。

　　另一种极端情况是具有高度理解能力的智能执行单元,典型的应用是人类执行者。例如,城市街道上的交通灯就是由行人担当执行者的最为常见的策略执行系统,行人看见交通灯亮起了"红色",就理解了"必须停止前进";看见交通灯亮起了"绿色",则明白"可以前进"。这是一种**"理解型"**或**"自觉型"**的策略执行系统,在技术上就是**"显示"系统**。

介于这两种极端情况的情形,是非完全智能的执行者。例如,技术上具有反馈的控制系统(能够根据执行效果来调整控制策略),甚至是具有学习和优化能力的控制系统(能够通过学习来补充信息和知识,进而优化策略)。这类策略执行系统就是正在发展中的**"智能控制"的策略执行系统**。

总之,对于策略表示而言,必须针对不同类型的执行单元来考虑应当把智能策略表示成为什么具体方式,才能有效实现"策略执行"的任务。总的要求就是:必须使"执行机构"能够根据"所表示的策略"来执行相应的策略操作。

下面就简要讨论策略表示的问题。

对于没有理解能力的"强制型"执行单元来说,由于它们不能够理解智能策略的内容,也不能了解智能策略的效用,只能根据智能策略的形式因素(语法因素)行事:从什么状态开始,按照什么路径转移到什么状态,最后到什么状态结束。在这种情况下,策略表示就是要把具有全信息性质的智能策略退化为适于操作的语法信息,如图 10.1.1 所示。

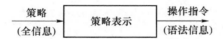

图 10.1.1　针对"强制型"执行系统的策略表示

从"强制型"执行单元的操作性意义上说,智能策略应当能够准确告诉策略执行者:从何处开始,如何转移,到何处终止。因此,任何策略表示都必须包含三个基本要素:

(1) 问题的初始状态;

(2) 转移问题状态的操作方法;

(3) 问题的目标状态。

前已述及,一方面,策略是一类"高级的信息",是一类由主体(或主体所设计的智能机器系统)产生的用来表示"应当如何改变客体的状态及其变化方式才能达到最佳效益"的操作信息。另一方面,策略也是一类"高级的知识",是一类由主体(或主体设计的智能机器)产生的用来改变客体状态及其变化规律达到预设目标的操作知识。同时也曾多次指出,在信息、知识、策略三者之间,信息所应回答和所能回答的问题是"是什么(What)",知识所应回答和所能回答的问题是"为什么(Why)",而策略所应回答和所能回答的问题是"怎样做(How)"。也就是说,信息是事物的现象,知识是事物的本质,策略是主体应对事物的操作方法,三者也构成了一种生态关系,其中知识是信息加工的高级产物,策略又是知识加工的高级产物。于是,可以在一定意义上把策略看作是知识,也可以在一定意义上把策略看作是信息。无论怎么理解,把具有全信息性质的策略退化为具有语法信息性质的操作指令的过程是完全可以实现的。

以下就分别介绍两类基本的策略表示方法:一类是适用于智能控制单元的策略表示方法,如逻辑表示的方法和语义网络表示的方法;另一类是适用于简单控制单元的策略表示方法(即图 10.1.1 的情形),包括状态空间表示方法和图论表示方法等。

先考虑策略的逻辑表示方法。

作为一个具体的例子,考察图 10.1.2 所示的"物件搬运"的策略表示问题。图中的情景和角色都非常简单:这是一大一小互相连通的两间屋子,小屋(Alcove)内有一个空闲的机器人(Robot),大屋内放着两张桌子:Table A 和 Table B,在桌子 A 上放着一个盒子,桌子 B 上空无一物。

假设要执行的一个简单策略是:让机器人从小屋中出来,把桌子 A 上的盒子转移到桌子 B 上,然后返回小屋休息。

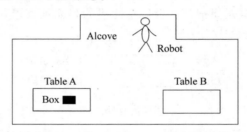

图 10.1.2 策略逻辑表示的例

为了使这个策略能够被机器人执行,就需要把它用机器人能懂的方法表示出来。假定机器人能够理解一阶谓词逻辑的方法,那么图 10.1.2 的情景状态就可以表示为:

ROOM (ALCOVE)

IN (ROBOT, ALCOVE)

EMPTY-HANDED (ROBOT)

TABLE (A)

TABLE (B)

ON (BOX, A)

CLEAR (B)

而上述策略则可以分解为以下几个步骤来执行。

第一步,让机器人从小屋走到桌子 A 旁边。这意味着,机器人将不再停留在

小屋,它将来到桌子 A 的旁边。因此,原始状态中关于机器人位置的表述需要做
出改变:撤销"机器人在小屋"的表述,增加"机器人在桌子 A 旁"的表述。同时可
以看出,"机器人从小屋走到桌子 A 旁"是可以直接实现的,不需要有中间步骤。
因此,执行"第一步"操作的过程可以表示如下:

Condition:ROOM (ALCOVE)

             IN (ROBOT, ALCOVE)

             EMPTY-HANDED (ROBOT)

             TABLE (A)

             TABLE (B)

             ON (BOX, A)

             CLEAR (B)

Delete:　IN (ALCOVE, ROBOT)

Add:　　AT (ROBOT, A)

第二步,让机器人从桌子 A 上拿起盒子。这一步的表示方法如下:

Condition:ROOM (ALCOVE)

             EMPTY-HANDED (ROBOT)

             TABLE (A)

             TABLE (B)

             ON (BOX, A)

             CLEAR (B)

             AT (ROBOT, A)

Delete:　EMPTYHANDED (ROBOT)

             ON (BOX, A)

Add:　　HOLD (ROBOT, Box)

第三步,让机器人走到桌子 B 旁边:

Condition:ROOM (ALCOVE)

             TABLE (A)

             TABLE (B)

             CLEAR (B)

             AT (ROBOT, A)

             HOLD (ROBOT, BOX)

Delete:　AT (ROBOT, A)

Add:　　AT (ROBOT, B)

第四步,让机器人把盒子放在桌子 B 上:

Condition: ROOM (ALCOVE)

TABLE（A）

TABLE（B）

CLEAR（B）

AT（ROBOT，B）

HOLD（ROBOT，BOX）

Delete：　CLEAR（B）

HOLD（ROBOT，BOX）

Add：　ON（BOX，B）

EMPTY-HANDED（ROBOT）

第五步，回到小屋休息：

Condition：ROOM（ALCOVE）

TABLE（A）

TABLE（B）

ON（BOX，B）

AT（ROBOT，B）

EMPTY-HANDED（ROBOT）

Delete：　AT（ROBOT，B）

Add：　IN（ROBOT，ALCOVE）

不难看出，经过上述五个步骤之后，能够理解一阶谓词逻辑的机器人就可以成功执行上述策略：从小屋走到桌子 A 旁，把盒子从桌子 A 转移到桌子 B，然后回到小屋，恢复休息状态，实现了预定的目标。由此可见，只要控制单元具有理解一阶谓词逻辑表达式含义的能力，就可以顺利执行所描述的策略。

再看策略的状态空间表示方式。

例：传教士与食人兽问题求解策略。问题表述如下：三位传教士和三个食人兽偶然相遇在一条河的此岸，他们都想到河的彼岸去。可是，此岸只有一条小船，它最多能够容纳两个人（或者是两位传教士，或者是两个食人兽，或者是一位传教士和一个食人兽）。可是，无论何时何地，如果传教士的数目少于食人兽的数目，传教士就会被食人兽吃掉。现在的问题是：怎样才能使他们都能从此岸到达彼岸而保证传教士的安全？这就是"传教士与食人兽问题"的求解策略。

按照上述的问题、问题的约束条件（即给定的先验知识）和求解的目标，不难生成求解问题的策略。假设"安全渡河策略"的执行者只会按照形式指令行事（不需要深入理解策略的内容和价值），那么就应当把这个策略表示为直观的状态空间表示方式，如图 10.1.3 所示。

图中的圆圈表示当时当地传教士和食人兽的数目状态，圆圈内的第一位数字表示传教士的数目，第二位数字表示食人兽的数目。例如，此岸第一个圆圈内标注

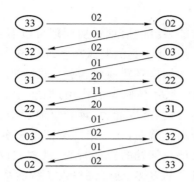

图 10.1.3 状态空间表示的一例:"传教士于食人兽"问题的求解策略

的数字是 33,表示此岸当前有 3 位传教士和 3 个食人兽;而彼岸第一个圆圈内所标注的数字是 02,表示彼岸当前没有传教士而有 2 个食人兽。箭头表示小船渡河的方向,箭头旁边标注的第一位数字代表船上传教士的数目而第二位数字代表食人兽的数目。

问题的起始状态是"此岸有 3 位传教士和 3 个食人兽,且有一只可以乘坐 2 人的小船",策略的第一步是派出 2 个食人兽渡河,于是彼岸就有了 2 个食人兽,此岸则留下了 3 位传教士和 1 个食人兽。可见,无论在此岸、彼岸、船上,都是符合安全规则的。第二步,1 个食人兽乘坐小船由彼岸回到此岸,使此岸的状态变成"3 位传教士和 2 个食人兽",彼岸则留下 1 个食人兽,仍然符合安全规则。第三步,再次指派 2 个食人兽渡到彼岸,使彼岸留有 3 个食人兽,此岸则有 3 位传教士。如此一步一步进行,最终实现 3 位传教士和 3 个食人兽全都平安到达彼岸的目标。

可见,这样的策略表示已经完全形式化了。

总之,针对不同情况的执行单元,可以构造不同的策略表示方法,使智能策略能够被执行单元执行。

如上所说,考虑到策略可以被理解为信息,也可以理解为知识,而知识表示的方法已经在"专家系统"、特别是"知识工程"一类著作中有了相当系统(虽然远远没有完备)的阐述,这里就不展开讨论了。

10.2 策略执行:策略信息→策略行为

从高等人工智能系统的基本信息过程(基本回合)来看,策略执行是整个基本信息过程的最后环节。这里的基本问题是:在生成了求解问题的智能策略并把它表示成为执行单元能够识读和执行的形式之后,执行单元怎样把抽象的智能策略转换成为相应的智能行为从而改变外部世界客体事物的状态,使之符合系统目标的要求？

回顾整个高等人工智能系统的信息转换原理可以看到，通过第一类信息转换原理的作用，来自外部世界客体事物的刺激在系统内被转换成为感知信息，接着通过第二类信息转换原理把感知信息转换成为相应的知识，进而通过第三类信息转换原理 A 型、B 型和 C 型信息转换原理的作用，把感知信息和相应的知识相继转换成为基础意识反应能力、情感反应能力、理智谋略反应能力，最后通过综合决策生成了求解问题的智能策略。现在，通过第四类信息转换原理的作用，就可以把求解问题的智能策略转换为解决问题的智能行为，试图完成高等人工智能系统的工作目标。问题来自外部世界的客体，通过高等人工智能系统的工作（获得客体的信息和知识，生成解决问题的知识和策略），解决问题的策略又要回归于外部世界的客体。因此，在理想情况下，第四类信息转换原理是高等人工智能系统基本工作过程的最后环节。

由策略信息到策略行为的转换，更一般地说就是"由信息到行为"的转换。由于智能行为在一般情况下表现为改变事物状态的力，因此，"信息-行为转换"也可以等效地理解为"信息-力转换"。

以前，人们认为由事物的行为（运动）转换为信息是很自然的过程，因为信息的定义就是"事物所呈现的运动状态及其变化方式"。但是反过来，对于由信息转换为行为（力）就觉得不可思议了。他们问：信息怎么会转换成行为（力）呢？其实，如果注意到信息和行为都是相应的状态函数，那么通过策略执行的作用把策略信息转换为策略行为（策略的执行力）也就不成问题了。

无论考虑的具体对象是什么，一切形式的"执行"，归根到底，总是要改变（或者是维持）对象原来的运动状态和方式。例如，改变某种物体的结构、位置、关系或相互作用的方式，改变生物体的状态、习性或行为的方式，影响或改变人的生理状态、心理状态、思维方式和行动方式，维持或改变社会的结构、关系和发展的方式，包括政治的、经济的、观念的以至生活的状态和方式，等等。

显然，为了实现执行的作用，执行系统就应当能够产生出各种相应形式的"执行力"来实施状态方式的改变或维持。例如，为了控制机械系统，就应当能够产生出相应的机械力来维持或改变这个机械系统的状态方式；为了控制电气系统，就应当能够产生电磁力；为了控制化学过程，就应当能够产生化学力；为了控制观念系统，就应当能够产生出观念"力"；等等。图 10.2.1 示出了控制系统的这种功能承接的关系。

图 10.2.1　信息与力的转化

　　图中,策略信息由策略生成(综合决策)单元给出,它指明了被控对象的运动状态和方式应当进行怎样的改变。而真正实施改变被控对象运动状态方式的力,则是由执行单元根据策略信息产生出来的(顺便指出,执行单元也称为"施效单元"或者效应单元或"控制单元",因为正是通过这个单元,信息才能最终施展它的实际效用)。

　　图中的"执行单元"所完成的功能就是把策略信息转换为力。其实,稍加分析就知道,这种转化并不奇怪,转化的过程也不神秘。诚然,正如我们经常强调的那样,作为事物运动状态和状态变化方式的信息源于事物而不是事物本身,它可以脱离源事物而相对独立地存在。但是,也正如我们经常指出的那样,信息的这种独立性是相对的;信息可以脱离它的源事物而负载于别的事物,后者就称为信息的载体。没有任何载体的信息或者同一切事物彻底脱离的信息是不存在的。正因为如此,输入到执行单元的策略信息总是负载在一定形式的载体上。这种载体以自己的某种参量的变化来表现它所载荷的信息。因此,在执行单元中所发生的策略信息转化为力的过程不过是把策略信息的载体的状态转换成为相应的力的载体的状态;执行过程则是策略信息载体的状态/方式转换为被控对象的状态/方式的过程。显然,在这个转换过程中,信息本身并没有发生改变(如果发生了改变,控制就会失真),改变的只是它的载体的物质和能量形式。

　　这是控制过程的一个重要的机制,称为控制过程的施效机制或执行机制。这一机制表明,在信息"施效"过程中,信息是一个"不变量"(当然,在实际的过程中难免会有某种失真,只要这种失真不超过给定的限度就是允许的)。但是,信息的载体的物质和能量形式则可以根据具体的需要来改变。

　　这里用人们熟悉的水位控制器(图 10.2.2)的工作过程为例来说明这一点。

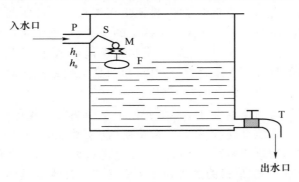

图 10.2.2　说明"信息-力转换机理"之一例

　　图中显示,水罐中的水位由于用户的使用(通过打开龙头 T)而不断下降。当水位下降到刻度 h_0 时,由浮漂 F、连杆 M 和进水开关 S 组成的水位控制器就会把进水开关 S 打开,于是,外部的水就通过进水口 P 而流入水罐,使水罐内的水位提高。当水位达到 h_1 时,F-M-S 系统又会把进水开关 S 关上。这样,就可以使水罐内的水位保持在 h_1 与 h_0 之间。在这个控制系统中,策略信息实际就是水罐内水的位置(状态)h_0 和 h_1 以及这种状态变化的方式(水位上升和下降的方式)。这个策略信息的载体是水罐中的水,执行单元则是 F-M-S 连杆开关系统。策略信息转化为调节力的过程就是策略信息的载体(水)转换为连杆开关这种机械载体的过程。"水"这种载体以水位的高低状态来表现信息,而连杆开关这种机械载体则以开关状态的开和关来表现同样的信息。h_0 对应于 S 的"开"状态,h_1 对应于 S 的"关"状态。信息是一个"不变量"(水位有两个状态,开关也有两个状态,状态的转换关系也一一对应),改变的只是载体的形式:水载体变成了机械载体,后者能够产生适当的力,用来改变被控对象的运动状态和状态变化方式。

　　还可以再看看车辆行驶的控制问题,当司机(控制者)希望提高车速时,在他的头脑中就产生一个相应的信息——策略信息,它规定了应当如何改变车辆(被控对象)的速度状态和行驶方式。当这个信息刚由司机头脑输出的时候,它的载体是司机头脑中的生物电信号。但是,要想真正实施车辆行驶状态和方式的改变,则要通过人机接口系统,把生物电信号的某种参量的变化(它表现策略信息)转换为车辆的连杆齿轮系统的动作状态方式(它也表现了同样的策略信息)。这样,策略信息从司机的头脑中发出一直传到齿轮系统,其间并不发生改变(否则就达不到控制的目的,至少也会偏离目的),只是载荷这一信息的载体由生物电信号的形式变成了机械的形式。

　　在其他何种类型的控制系统中也有类似的情形。比如,在一种最简单的社会控制的例子:队形操练中,指挥员(控制者)头脑中产生的策略指令信息通过神经系统与语言器官传送给被控对象(被训练者),被控对象就依照所收到的指令信息来改变自己的运动状态和状态变化方式,排演出指挥指令所规定的队形。在这个例子中,控制单元是指挥员,确切地说是指挥员的头脑,执行单元是他的神经系统与语言器官。指令信息在头脑中的载体是生物化学信号,而执行单元输出的信息的载体则是振动着的空气。载体发生了变换,而信息仍然保持着原来的状态和状态变化的方式。

　　以上这些具体的例子不仅可以帮助我们理解控制的施效机制或执行机制,而且也使我们十分清晰地看到:控制乃是策略信息对控制对象所进行的控制,是策略信息借助于一定的物质与能量手段所实现的控制。换句话说,对于控制而言,核心的问题是策略信息,一定形式的物质和能量则是实现控制的具体手段。这也就是说,控制的实质正是"信息-行为转换"或"信息-力转换"。

　　可是,这一问题常常被表面的现象所迷惑。例如,骑手对马匹奔跑速度的控制通常是用"鞭打"来实现的。于是有人就认为,对马的控制作用是由鞭子这种物质和抽打所产生的能量产生的。其实不然,鞭打只是一种手段,它的实际作用只是传达"快跑"的信息，是这个信息指挥马奔跑的。事实上，人们可以不用鞭打这种手段来传达让马"快跑"的信息，用别的手段和方式同样可以指挥马匹快跑，只要马匹能够辨认和"理解"这种信息。例如，对于受过训练的战马，就可以用口令来指挥它。由此不难明白，为了实现控制的目标，物质和能量的手段可以有所选择，既可以选择这种物质和能量手段，也可以选择那种物质和能量手段，因为不同的手段可以实现同一个目标。然而信息的情形却不同，控制信息不能任意选择，它只能根据控制的对象、环境和目标确定出来，而不能随意改变，否则将使系统偏离预定的目标。

总之，通过第三类 A 型、B 型和 C 型信息转换原理的作用，高等人工智能系统先后生成了基础意识能力、情感能力和理智能力，经过综合决策单元的协调生成了求解问题的智能策略，再经过第四类信息转换原理的作用，就可以把智能策略转换为解决问题的智能行为，实施问题的求解。

值得特别强调的是，第四类信息转换原理与第一、第二、第三类信息转换原理之间既有本质上的相通之处，又有原则上的不同之处。相通之处在于这四类信息转换原理所涉及的都是关于信息的转换规律，而且后一类信息转换原理一定要在前一类信息转换原理的基础上才能进行。不同之处在于这四类信息转换原理所涉及的具体转换内容完全不同：第一类信息转换原理所处理的是由外部事物所呈现的本体论信息到感知信息的转换；第二类信息转换原理所涉及的是由感知信息到知识的转换；第三类信息转换原理涉及的是由感知信息依次到基础意识生成能力、情感生成能力、理智谋略生成能力、智能策略生成能力的转换；第四类信息转换原理涉及的是由智能策略到智能行为的转换和系统目标的达成。

可见，"策略-行为转换"的技术实现不存在原理的障碍。至于具体的实现方法则是多种多样。为了给读者提供一些比较具体和实用的"策略-行为转换"方法，本书设置了两个附录：控制方法和显示方法。前者属于"强制型"的策略执行方法，后者属于"自觉型"的策略执行方法。

10.3　策略优化：误差信息→优化策略

在理想情况下，策略执行的结果就可以达到预设的目标，人工智能系统的工作任务就可以告一段落。但在实际情况下，有很多原因使得策略执行的结果往往出现误差，不能满意地实现目标。

这些致偏因素至少包括：

- 系统内部的每个环节（单元）都不可能处于理想状态；
- 系统的外部总会存在各种干扰；
- 系统的人类主体对"问题"的描述和理解不可能绝对准确；

- 系统的人类主体提供的"知识"通常不可能完备；
- 系统的人类主体预设的"目标"可能设置得不够合理，等等。

可以看出，在现实环境中，上述这些因素往往都是不可避免的。因此，机制主义人工智能理论系统的工作不可能"一锤定音，一劳永逸"，仅仅依赖于上述四类信息转换原理就顺利达成目标，而是必然需要采取一系列的"发现误差－评估误差－反馈误差－增补知识－优化策略－改善行为"的措施才能真正完成任务。

这便是机制主义人工智能理论模型图 7.1.1 中的"评估"环节的作用。

为了实现智能策略和智能行为的优化，首先需要获得的信息是：在系统的智能行为反作用于客体之后，客体的实际状态与预设的目标状态之间究竟还存在怎样的差异，称为"误差信息"。这样才能"有的放矢"地根据误差信息的性质确定如何对智能策略实施优化。

需要强调指出的是，这里的"误差信息"不能仅仅是误差的语法信息，而必须是关于误差的"全信息"，包括误差的语法信息、语用信息以及在此基础上定义的语义信息。这样才能通过图 10.3.1 所示的原理实施策略和行为的优化。

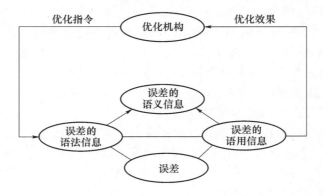

图 10.3.1　策略优化原理

图 10.3.1 表明，为了优化系统的智能策略，首先需要获得误差的全信息：误差呈现的形态就是误差的语法信息，误差显现的效果（即误差形态相对于目标而言的效果，越是接近目标，表示效果越好）就是误差的语用信息，它们二者的联合在语义信息空间的映射和命名就得到误差的语义信息。

那么，怎样才能获得误差的"全信息"呢？解决这个问题的方法仍然是要运用"感知与注意"的原理：通过传感系统获得误差的语法信息，通过体验、经验或回忆获得误差的语用信息。在误差的语法信息和语用信息的基础上就可以生成与之相应的语义信息。

策略优化的过程，就是首先由优化机构根据误差的感知信息或它的代表——误差的语义信息通过第三类信息转换原理来生成优化指令，按照优化指令来调整误差的形态(从而改变误差的语法信息);而调整的结果既改变了误差的形态及其语法信息,同时也改变了误差的语用信息,后者显示了执行优化指令所取得的效果。就这样,以误差的语用信息为导向来调整误差的形态结构,直至达到最优的效果(或最满意的效果)为止。

至于如何根据误差的语用信息来调整和更新智能策略?根据图 7.1.1 给出的提示知道:需要首先在感知环节根据误差的语法信息、语用信息、语义信息来修正系统原来的感知信息,在此基础上,根据新的感知信息来调整原来用于求解问题的知识(通常是要增加必要的新知识),最后根据新的感知信息和新的知识,就可以在目标引导下生成新的智能策略。这个过程实际上就是在新的条件下再一次运用"基本回合"的过程。系统智能策略的优化,通常需要经过多个"回合"才能完成。就如"螺旋式上升"的过程一样,每一个"回合"所得到的优化效果都比前一个"回合"更为满意,直至完全满意为止。

如果经过上述调整达到了满意的效果,实现了满意的智能策略,就把这个智能策略存入"动态综合知识库(策略库)"备用。这样,在实际的应用的过程中知识库的知识(策略)数量将不断增长,意味着系统的能力将不断增强。当然,随着知识库的知识(策略)不断增多,知识库本身需要不断进行知识(策略)的维护:如果新知识(策略)与原有的知识(策略)存在矛盾,就需要按照"优胜劣汰"的规则进行仲裁,使知识库总是处于最佳状态;如果新知识(策略)与原有知识(策略)相容,就要把新老知识(策略)进行整理,形成相容而有序的一体化的知识(策略)结构。

这就是人工智能系统进化的过程。

也可能存在这样的情形:按照图 10.3.1 的原理,无论怎样进行优化,无论怎样增补知识,总是得不到满意的智能策略,达不到满意的效果。在这种情况下就有必要考虑:可能最初预设的目标不够合理(因为当初预设目标的时候,人类主体对于客体/问题的认识很可能还不够深刻和准确)。

这样,就必须提请系统的人类主体,针对所面临的客体(问题),重新设置系统的目标,根据新的目标和客体信息重新运用第一类信息转换原理把客体信息转换成为新的感知信息,运用第二类信息转换原理把感知信息转换成为新的知识,运用第三类信息转换原理生成新的智能策略,再运用第四类信息转换原理把新的智能策略转换成为新的智能行为。

这是促使人工智能系统的人类主体的认识不断进步的过程。

本章小结与评注

第 10 章研究和讨论了机制主义人工智能理论的最后环节:通过第四类信息转

换原理把智能策略转换成为可以执行（可以改变客体/问题的状态）的智能行为反作用于客体（解决问题）。这样，就完成了机制主义人工智能系统"从接受问题（接受客体信息）到产生智能行为解决问题（把智能行为反作用于客体/解决问题）"的一个基本回合。

在大多数实际的场合，完成一个基本回合并不能真正解决问题。这是因为一方面系统本身总是存在不完善性，另一方面外部总是存在各种不确定性，因此，智能行为实施的结果难免出现误差。

在出现误差的情况下，就需要从误差获取关于误差的全信息（感知信息），再运用第二类和第三类信息转换原理生成（补充）新的知识，进而生成优化的智能策略，改进智能策略/智能行为的效果，从而更满意地达到预设目标。这就是"反馈—学习—优化"的回合。这种回合通常要进行多次，才能逐步逼近目标。这是优化成功的情形。

但是，理论上不能排除"优化失败"的情形。主要的原因是系统的人类主体的知识也总是有限的，人们在预设目标的时候很可能带有不够科学不够合理的成分，使目标预设得有偏差。当上述优化过程达不到满意效果的时候，就需要把"优化失败的情况"提供给系统的人类主体，提示他：考虑重新设置目标。设置新的目标以后就重新运用上述四类信息转换原理解决问题。

本章讨论的问题非常重要，它除具有人工智能理论领域的科学意义外，还具有重要的人类学和哲学意义：**人类智能也是遵从上述规律来实现"认识世界，改造世界，并在改造客观世界的过程中也改造自己的主观世界"**。否则，人类就无法实现不断地进步。这对于研究人类智能以及人类与机器智能的通用规律具有重要的启示。

本章参考文献

[1]　DENNETT D C. The Consciousness Explain [M]. Boston：Little Brown，1991.

[2]　现代汉语词典.北京：商务印书馆，1996.

[3]　FRACKOWIAK R S J, et al. Human Brain Function [M]. Amsterdam：Elsevier，2004.

[4]　FARBER I B, CHURCHLAND P S. Consciousness and the Neuroscience：Philosophical and Theoretical Issues [M]// GAZZANIGA M S. The Cognitive Neuroscience. Cambridge：MIT Press，1995：1295-1306.

[5]　GAZZANIGA M S, et al. Cognitive Science：The Biology of Mind[M]. Boston ：Norton & Company Inc. , 2006.

［6］ 林崇德. 心理学大辞典[M]. 上海:上海教育出版社,2003.

［7］ EKMAN P, FRIESEN W V. Constants across Cultures in the Face and Emotion [J]. Journal of Personality and Social Psychology, 1971, 17: 124-129.

［8］ RUSSELL J. Affective Space is Bipolar [J]. Journal of Personality and Social Psychology, 1979, 37:345-367.

［9］ BURT C. The Differentiation of Intellectual Ability [M]. London: The British Journal of Educational Psychology, 1931.

［10］ GOTTFREDSON L S. The General Intelligence Factor [J]. Scientific American Presents, 1998, 9(4): 24-29.

［11］ 山西省思维科学学会. 思维科学探索 [M]. 太原:山西人民出版社,1985.

［12］ STERNBERG R J, SALTER W. Handbook of Human Intelligence [M]. Cambridge: Cambridge University Press, 1982.

［13］ GOTTFREDSON L. Mainstream Science on Intelligence, Forward to "Intelligence and Social Policy" [J]. Intelligence, 1997, 24(1):1-12.

［14］ NEISSER U, et al. Intelligence: Knows and Unknowns [M]. New York: Annual Progress in Child Psychiatry and Child Development, 1997.

［15］ PERIOFF R, et al. Intelligence: Knows and Unknowns [M]. New York: American Psychologist, 1996.

［16］ WINSTON P H. Artificial Intelligence [M]. 2nd ed. Reading: Addison Wesley, 1984.

［17］ NILSSON N J. Artificial Intelligence: A New Synthesis [M]. Stanford: Morgan Kaufmann Publishers, 1998.

［18］ RUSSELL S J, NORVIG P. Artificial Intelligence: A Modern Approach [M]. Englewood Cliffs: Prentice Hall, 2003.

［19］ 钟义信. 机器知行学原理 [M]. 北京:科学出版社,2007.

［20］ HAWKINS J, BLAKESLEE S. On Intelligence [M]. Stanford: Levine Greenberg Literary Agency Inc., 2004.

［21］ 涂序彦. 人工智能机器应用 [M]. 北京:电子工业出版社,1988.

［22］ 蔡自兴,徐光佑. 人工智能及其应用 [M]. 北京:清华大学出版社,2004.

［23］ 史忠植. 高级人工智能[M]. 2 版. 北京:科学出版社,2006.

［24］ 何华灿,等. 泛逻辑学原理 [M]. 北京:科学出版社,2001.

［25］ 万百五. 自动化(专业)概论 [M]. 武汉:武汉理工大学出版社, 2002.

［26］ 王耀南. 智能控制系统——模糊逻辑. 专家系统. 神经网络控制[M]. 长沙:湖南大学出版社,1996.

［27］　戴先中. 自动化科学与技术学科的内容、地位与体系［M］. 北京：高等教育出版社，2003.

［28］　汪晋宽，于丁文，张健. 自动化概论［M］. 北京：北京邮电大学出版社，2006.

［29］　李大友. 多媒体技术及应用［M］. 北京：清华大学出版社，2001.

［30］　吴玲达. 多媒体人机交互技术［M］. 长沙：国防科技大学出版社，1993.

附录 A　策略执行方式之一:控制概说

在当今信息社会,自动控制技术应用广泛,已渗透到人类社会生活的方方面面,如自动化生产线、工业机器人、办公自动化系统等。一般来说,自动化技术是指使机器、设备、过程或系统无须人的控制而自动操作并使其表现出人们所期望的预定行为的技术。

控制是自动化的核心,它以预期目标为引导,研究如何将对象所呈现的信息加工成为控制策略,作用于对象,实现其自动化行为。由此可见,控制的作用就是将信息转换成为控制行为,是一类典型的"策略–行为转换"。

维纳把控制论定义为"关于动物和机器中控制和通信的科学",阐明了动物和机器控制的共性。

典型控制系统结构如附图 A.1 所示,其基本组成包括控制器、执行器、传感器、被控对象等。下面简要介绍在给定控制目标的前提下控制系统的各基本组成部分。

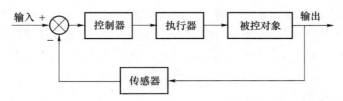

附图 A.1　典型控制系统结构图

(1) 被控对象:是控制系统所控制和操纵的对象。

(2) 执行器:根据控制器输出信号的大小和方向对被控对象直接操作,使被控对象的状态(被控量)按要求发生变化。

(3) 传感器:用来检测被控对象的输出(被控量),将被控量转换为与输入信号相同形式的信号,以便与输入信号相比较。

(4) 控制器:将传感器获得的反馈信号和输入信号的偏差作为输入信号,采用一定的控制规律对输入信号进行加工处理,来产生控制信号作为输出。输出的控制信号被放大幅度和功率后来驱动执行机构。

控制的研究对象不是物质,也不是能量,而是信息。在给定控制目标情况下,控制是研究如何利用被控对象所呈现的信息来对其进行有效控制,使其出现人们预期的状态或行为。因此,自动控制系统是一个使被控对象按照人的意志来自动运行的系统,它按照某种控制规律将被控对象呈现的信息转换为施加于被控对象的控制行为,是人们积极改造、利用自然,使其按照人的意志行动的手段。

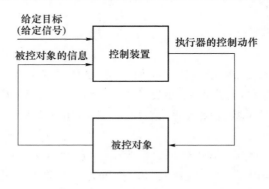

附图 A.2 由信息到行为的转换过程

控制器将误差信息转换为控制行为的指令,执行机构再根据这一指令产生控制行为作用于被控对象,使被控对象出现人们预期的行为。自动控制系统将信息转换为控制行为机制如附图 A.2 所示,其中的控制装置包括控制器、执行器和传感器等。

自动控制系统的核心是控制器,而控制器的关键是控制策略。针对不同被控对象,要采用合适的控制策略才能对其进行有效的控制。简单控制策略是比例控制策略,将偏差信号进行放大作为控制信号。然而,对许多实际被控对象来说,简单的比例控制并不能满足控制要求,需要采用更为复杂的控制规律。这里介绍两种比较典型的例子。

1. 自适应控制

设计最优控制器时,首先要用数学方程描述被控对象,即建立被控对象的数学模型,然后根据这个模型来设计控制器使控制系统的某一性能指标最优。然而,在工程实际中,由于受到无法测量的外来扰动的影响,很难获得被控对象的准确数学模型,因此常常采用被控对象的近似模型。当实际被控对象面临较大扰动时,这样设计的控制器的控制效果将变差,甚至不稳定。

自适应控制可以根据实际被控对象的变化,自动调整控制器,以使得控制系统的性能维持在最优状态。其基本思想是:实时、在线地获得被控对象数学模型变化,再根据模型变化来改变控制器的参数,达到保持控制系统性能的目的。自适应控制系统能够认识环境条件的变化，并自动校正控制动作，使系统达到最优或次最优的效果，具有一定适应能力。

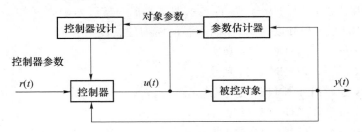

附图 A.3　自校正控制的结构

目前成熟的自适应控制方法主要有两种。

（1）模型参考自适应控制：由参考模型、被控对象、反馈控制器和调整控制器参数的自适应机构等部分组成。

（2）自校正控制：由被控对象、参数估计器、控制器和控制器设计计算等部分组成。参数估计和控制器设计必须在线、实时实现。

自校正控制的原理如附图 A.3 所示。参数估计器实时、在线估计被控对象参数变化，然后根据被控对象参数来进行控制器设计、调整控制器参数。这样，当被控对象参数变化时，控制系统能够检测这一变化并据此调节控制器，以保持控制系统的性能品质。

2. 智能控制

最优控制器和自适应控制器都是基于被控对象的数学模型来设计的。实际被控对象往往很复杂，并且存在外界不确定扰动，这样的被控对象难以建立数学模型，很难用常规控制器的设计，并且控制效果也不一定理想。例如，将汽车停在指定的车位，人可以轻而易举地做到，而要设计这样的自动控制系统则非常复杂。

人在控制过程中，无须建立被控对象的数学模型，而是凭着经验对复杂被控对象进行控制，控制效果常常很好。智能控制就是借助人工智能方法来模拟人的控制方式进行控制的。根据所采用的人工智能方法，智能控制可分为模糊控制、神经控制、专家系统控制等。这里介绍两种主要的、常见的智能控制方法——模糊控制和神经控制。

（1）模糊控制

1965 年 L. A. Zadeh 教授创立了模糊集合理论，提出用模糊集合和模糊逻辑来模拟人脑思维的不确定性。20 世纪 70 年代中期以 E. H. Mamdani 为代表的一批学者提出了模糊控制的概念，标志着模糊控制的正式诞生。模糊控制的基本思想是把人类对特定对象或过程的控制策略总结成一系列"IF（如果），THEN（那么）"形式的控制规则，通过模糊推理得到控制策略，作用于被控对象。与常规控制方法不同,模糊控制无须建立被控对象的数学模型,是完全在操作人员控制经验基础上实现对系统的控制。

例如,在水温控制的场合,设 E 表示期望水温与实际水温之间的误差,U 表示人控制阀门的方向和开度,那么控制水温的模糊控制规则为:

IF E is 正大, THEN U is 负大

IF E is 正小, THEN U is 负小

IF E is 零, THEN U is 零

IF E is 负小, THEN U is 正小

IF E is 负大, THEN U is 正大

模糊控制的核心就是这类模糊控制规则。E 和 U 分别为水温偏差和阀门开度的语言变量,"正大""正小"等为语言变量的具体值,称为语言值。语言值具有模糊性,因此用模糊集合来描述。这些规则也称为模糊规则或模糊条件语句,代表人们控制的知识和经验。模糊控制器就利用这些模糊规则来模拟人进行控制。

那么模糊控制器如何利用模糊规则进行具体的控制呢?上例中,当人感受到水温时,人利用头脑中的知识和当前水温进行推理判断,产生控制策略来调节阀门方向和开度。模糊控制器利用模糊规则产生决策行为的情况与此类似。对于给定温度偏差的实际值,首先将其模糊化,转换为温度偏差的模糊值;然后利用这一模糊值和模糊控制规则进行模糊推理,产生一个阀门开度的模糊值;最后将阀门开度的模糊值进行清晰化处理,获得阀门开度的实际值作为控制决策。模糊控制的结构如附图 A.4 所示。

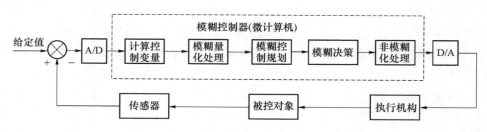

附图 A.4　模糊控制的结构

其中模糊控制器是由软件实现的。由于计算机只能处理离散数字信号,所以需要通过数/模(A/D)转换器将模拟偏差信号转换为数字信号供计算机处理,同样控制信号也要通过数/模(D/A)转换器转换为模拟控制信号输出。

(2) 神经网络控制

一种常用的神经网络控制器如附图 A.5 所示。

神经网络具有学习的能力,可通过反向传播学习算法调节神经网络的联结权值,使其逼近任意非线性函数。利用神经网络的这一特点,可用神经网络作为被控

对象的前馈控制器。这种控制方法的思想为:若神经网络充分逼近被控对象的逆动力学特性,则输入值与输出值的偏差为 0,从而达到控制的目的。

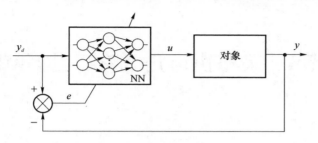

附图 A.5 神经网络控制系统

附录 B 策略执行方式之二:显示概说

信息的执行一方面可以通过控制的作用来实现,另一方面也可以通过信息显示起到"信息执行"的作用。指挥交通用的信号灯,就是通过信息显示来实现信息执行功能的简单例子。

信息显示研究如何采用有效的手段将信息处理的结果直观、迅速地传输给人的大脑,即把电信号转换成文字、图形、图像、语音等形式,通过智能行为者对信息的理解起到信息执行的作用。这里,我们注意到,"显示"本身有专指图形、图形的意思,其实,声音也是一种显示的形式。

B.1 信息显示的基本原理

前面的章节已经阐明:信息是事物呈现的运动状态以及状态变化的方式。这些信息可能直接作用于我们的感觉器官,也可能是通过一些机器或设备(如雷达、望远镜)间接地作用于我们。随着生产技术的发展、生产自动化的发展,信息的来源越来越多地是间接的呈现形式。

研究表明,人的各种感觉器官从外界获得的信息中,视觉占 60%,听觉占 20%,触觉占 15%,味觉与嗅觉占 2%。由此可见,视、听二者占据了人接收信息总量的 80%,这也就是人们常说的"耳闻目睹"的重要性。俗话说的"百闻不如一见"又进一步强调了视觉的重要性。因此,人们收集的信息经过处理后往往要转换为文字、图形、图像、语言等形式,以便人们相互之间的交流。计算机收集的信息经过处理后要经过显示、打印、绘图、语音等手段输出,供给人们观看或收听。人们不仅要把各种非电量信息(如声、光、热、力等)用传感器转换成电信号,而且还要进一步把各种电信号以文字、图形、图像的方式显示出来,这是人们感知信息的方式。下面我们从视、听、触、嗅四个方面说明信息显示的基本原理。

(1)信息的视觉显示

信息的视觉显示是通过显示器如仪表、信号灯、荧光屏来呈现的,这些显示器的设计需要适合人眼的特点以及人的操作特点。视觉活动始于光,眼睛接收光线,转化为电信号。光能够被物体反射,并在眼睛的后部成像。眼睛的神经末梢将它转化为电信号,传递给大脑。眼睛的结构如附图 B.1 所示。

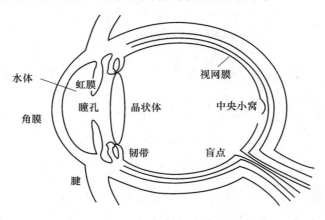

附图 B.1　眼睛的结构图

在视觉显示中,仪表是出现最早而且应用最广泛的一种显示器.它不仅应用在日常生活中如钟表、电表等,在工厂、军舰、飞机上更是不可缺少。随着飞机系统的复杂化,仪表的应用也越来越广泛,越来越重要。仪表的职能就是显示信息,显示的信息越清晰,就越有利于人的正确判读,提高工作效率,否则不仅会降低工作效率而且会因读错仪表而引起事故。

信号灯是传递信息的重要手段,在交通运输,生产活动以及日常生活中应用极其广泛。在飞机、车辆、轮船、交通上用它来控制各种车辆的行驶,提供引导的信息,在仪器仪表上,用它来表示仪器仪表的运动情况。例如,飞机着陆时,从飞行员看到机场,直到安全地到达停机地点,共需九种照明设备,按使用的先后顺序是机场位置信标灯、进场信号灯、目视过场坡度指示灯、界限灯、着陆区域灯、跑道中线灯、跑道边线灯、滑行道灯、停机坪灯等,这些信号灯向飞行员传递各种信息,保证安全着陆。由于信号灯既引人注目又简单明了,因此目前飞机仪表板上不仅使用多种信号灯,而且采用信号灯盒(即把许多灯组合在一起),如歼击机的仪表板上用六个信号灯盒,显示 87 种不同色彩的灯光字符集信号。

荧光屏为多种类型的信息形象化显示提供了一种方便手段。随着电子技术的发展,用荧光屏显示信息越来越广泛了,最常用的荧光屏有雷达、电视、示波器。人们用雷达显示器来指挥射击,进行空中交通管制,导航和投弹瞄准;用电视屏幕作为"综合显示""形象化显示"的手段,把许多仪表显示的信息综合在一个电视屏幕上,用示波器进行电子学试验和监控仪器等。

(2) 信息的听觉显示

在现代社会中,听觉信号给人很多帮助。听觉传导系统可分成两大类——声音警觉系统(电铃、汽笛、警铃)和言语通信系统。听觉是由空气的振动或声波引起的,耳朵接收并传播这些振动到听觉神经。它的主要结构如附图 B.2 所示。

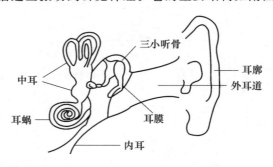

附图 B.2 耳的构造图

言语既是输出(从发话人角度说),又是输入(从听话者而言)。在一般言语通信环境中,会受到噪音、通信系统(电话系统)和听者的听觉能力不适等影响。在通信交往特别关键的地方,比如在机场控制塔中进行通信交往时,这个问题就尤其重要。在设计言语通信系统的过程中,人们需要建立标准,使系统符合言语接收的要求。例如,在机场控制塔系统中,言语的可理解性是更为重要的;在家庭电话系统中,重要的是能再认出噪音来,亦即逼真度或质量更为重要。为确定这类标准,设计者应当考虑言语通信系统的各个组成成分,包括被传递的信息、发话者、传递系统、听话者。

(3) 信息的触觉显示

皮肤感觉分为触压觉、温度觉(冷觉和热觉)和痛觉。各种感受器在皮肤上呈点状分布,外界物体接触及皮肤表面引起触觉。触点在身体不同部位的分布是不同的。触觉的感受性亦因身体部位的不同而不同。一般说来,指尖、舌尖触觉感受性最高,腰部感受性则较低。借助触觉,手能反映物体的形状和空间位置,亦能反映物体表面特性。

大部分触觉显示器是用手和手指作为信息的特定接收器,但并不是手部所有部分都有相等的触感受性。触感受性的测量是两点阈(能感觉皮肤上面的刺激间的最小距离称为两点阈)。测定结果表明,从手掌到指尖,触感受性增加(两点阈减少)。因此,很好辨认的显示器最好设计成由手指尖接受刺激。触感受性亦由于低温而降低。所以在低温中用触觉显示器要格外慎重。

(4) 信息的嗅觉显示

嗅觉显示器尚没有普遍应用。由于人们在对各种气味的感受性上有很大差异,不通气的鼻子的感受性下降,嗅觉具有适应麻木性等原因,所以人们不能依赖气味作为可靠的信息。尽管如此,嗅觉显示器仍有一些应用。主要是作为警报装置,比如,煤气公司在天然煤气中加进一种气味,这样我们可以觉察家里的煤气渗漏。另一个例子是嗅觉显示器用气味作为危急信号,在美国几个地下铁矿里采用一种恶臭系统在危急情况下给矿工发出信号撤离矿井,气味释放进矿井的通风设备很快就通进矿井。这是嗅觉显示器的优点,它可以渗入视觉和听觉显示器不能达到的广大区域。

嗅觉显示器将来也可能不会被广泛应用,但它们代表了一种独特的信息显示器的机能,它可以与非常特殊的情况相联系去增补传统的显示器形式。

此外,还有多种其他的信息显示形式,总结为附表 B.1。

附表 B.1　不同刺激形式的显示

感官刺激		说　明	显示装置
视觉		感知可见光	图像生成系统、光学显示屏
听觉		感知声波	计算机控制的声音合成器、耳机、喇叭
嗅觉		感知空气中化学成分	气味传递装置
味觉		感知液体中化学成分	尚未实现
触觉	触觉	皮肤感知的触摸、温度、压力、纹理等	触觉传感器(弱力或温度变化)
	力觉	肌肉、关节、腱感知的力	中到强的力反馈装置
身体感觉		感知肢体或身躯的位置和角度变化	数据衣服
前庭感觉		平衡感知,由内耳感知头部的线性加速度和角加速度	动平台

作为信息技术的显示技术的基本原理,是采用电子的、光学的或其他手段去放大太远、太小、强度太低、被噪音污染的刺激,以及过分缩小了的刺激(比如,巨大的陆地转换成地图)。当刺激远远超出人的感觉限度,将其转换成另一种能量(用收音机或电视),转换成另一种形式,使人能较精确地感知到人的感觉限度以外的刺激(如温度、重量、声音)。当一种刺激转换成另一种可以被感觉得更好或更方便的刺激(如表示数量资料的图表)时,进行模式转换。当事件或环境的信息需要人们高度注意(如紧急情况、道路标志危险状况)时,需要高强度刺激。

信息的显示包含上述的不同模态,同时信息显示也可以采用多种表达方式。

(1) 静态和动态显示方式

静态显示器是保持固定的,如信号、图表、线条、标记和各种印刷书写材料。显示器与所呈现的信息之间没有绝对的一对一的关系,有些特殊的显示器可以呈现两种或更多种信息。1990 年,Young、Howes 和 Whittington 指出,著名的 GMOS 模型〔目标(Goals)、方法(Methods)、操作(Operation)和选择规则(Selection

Rules)〕中的控制很大程度上是通过用户内部的知识结构完成的,显示不作为一种控制信息的来源。而 Mayes 的研究中,显示可能在控制图形用户界面交互过程中占据更加中心的地位。这种观察的结果激发了基于显示的交互模型的尝试。

动态显示器是连续变化的或是随时间变化的,主要有以下类型:

① 以单片机(微控制器)为核心的初级嵌入式系统。

② 描述一些变量的状态或状况的,如温度和压力量表、测速器、测高器。

③ 阴极射线管显示器(CRT),如雷达、声呐器、电视机、无线电放射机。

④ 呈现有意识转换的信息显示器,如电唱机、电影。

⑤ 用于帮助使用者去控制或安排一些变量的显示器,如烘箱的温度控制(有一些仪器既是显示器又是控制器,特别是用这种仪器去调整时更是如此,如烘箱控制器)。

(2)显示呈现的主要信息类型

① 数量信息:显示器可反映某种变量的数量,如温度和速度。大多数情况下,这种变量是动态的,但在一些情况下也可能是静态的(比如,呈现在计算图表和表格上的信息)。

② 质量信息:显示器可反映近似值、变化的比率、变化的方向或某些可变变量的其他方面。这种信息通常是推断某种质的参数,而不是为了得到一个量的值。

③ 状态信息:显示器可反映一个系统的状态或状况,如"开-关"指示器;或反映状态限制的一种指示,如"停止-警惕-走"信号;或反映某种独立状态的指示,如一个电视频道。

④ 警告和信号信息:显示器可指示危急或不安全状态,或指示某种市物(或状态)的出现或消失,如飞机与雷达。这类显示器的呈现可以是静态的,也可以是动态的。

⑤ 表象信息:某些显示器可呈现动态图像,如电视或电影;也可呈现动态表象,如示波器显示的心率;还可以表现静态信息,如照片、地图、图表。

⑥ 识别信息:显示器可确认某种状况条件和物体,比如,确认危险。识别通常是一种编码形式。

⑦ 文字数字式和符号式的信息:显示器可呈现词、数字和与之相关的各种形式的编码信息,如信号、标记、标语、音符、印刷材料(包括盲文印刷材料及计算机打印)。这类信息通常是静态的,但在某些情况下它可能是动态的,比如在建筑物上由移动的光所呈现的标语。

⑧ 时相信息:显示器可呈现博动或时相信号,也就是按信号的持续时间、信号内的间隔来控制这些信号,如摩尔斯电码和闪光通信。

B.2 信息显示的作用

我们可以把人的每种感知觉视为一个通道,不同通道的信息传递效率是不同的。信息显示的作用,就是通过不同的通道把信息传递给人。这里,我们讨论信息显示作用的主要出发点是:信息显示对于人等智能行为者提供了辅助决策、控制制约等作用。一般地,信息显示的作用是与整个信息系统的目标相联系的。概括起来,信息显示的作用可归于信息的执行,或者说是信息的语义表达。下面,我们从几个方面说明信息显示的作用。

信息显示的作用大体可以分为主动执行和被动执行两个方面。主动执行是指信息显示后,要求信息的接受者(可以是高等智能体,也可以是智能机器人等)必须给出恰当的回应。这里,以 Web 邮件系统给出显示的信息,要求用户必须提供用户名和密码等信息才能登录个人邮件系统。这种情况下,Web 邮件系统所显示的计算机界面信息,包括用户名、密码等输入信息就可以认为是信息的主动执行作用。

信息系统完成信息的控制和执行作用,通常需要显示必要的信息,以驱动信息接受者的执行。但是,这种情况下,信息的接受者可以进行选择,考虑是否按照信息系统的本身目的和要求采取措施,或者采取其他行为。比如,交通信号灯的控制,常识上我们知道灯的不同颜色表达不同的含义。红灯亮时,我们可以选择按照红灯的指示含义停下来;也有人在有红灯但路上没有车辆行驶的情况下走过去,这显然是基于人们自身的判断(当然,从公共道德和交通安全规则来说,"看见红灯就应当停止前进")。也就是说,红灯并没有强制人们必须执行,而只是一种选择(当然要受到约束)。

将第二种情况推广,我们还可以提出一种更为广泛的形式,称为开放式信息的显示。这种情形下,信息的显示与接受信息的高等智能体之间是一种隐式的关系。可能是相关也可能无关,是一种复杂的、潜在的联系形式。仁者见仁,智者见智,就是对这种情况的概括。比如,众所周知,物理学家牛顿在苹果树下被苹果砸到头部,这个事件触发了他提出"万有引力"定律的灵感。而其他绝大部分的人,如果有同样的情形发生,也许是用袖子把苹果擦干净,啃上两口。当然,想和做是开放的,没有人完全知道会发生什么作用。这是信息显示的开放式作用的表现。

总之,信息显示的作用与信息系统本身的目的有密切关系,同时,它也与信息系统面临的主体有密切的关系。

B.3 信息显示的基本方法

计算机是信息显示的最基本平台。早期的计算机最重要的特点是体现"通用机"的灵活性,使计算机能执行任何信息处理任务,没有建立各种各样信息表达形式的能力,这就限制了人和计算机之间的信息沟通。

近年来,人们认识到最重要的是如何使用我们所有的感觉和信息沟通能力与计算机发生交互作用。在计算机系统中使用音频、视频、图形和动画等不仅是常规计算机的扩充,而且是试图将计算机开发成一台"通用机器",使它能完整地理解人的需要,并和人沟通信息。因此,一个易于使用的、形象直观的多媒体、多通道的信息显示系统将极大地改善系统的可用性。我们可以从多个角度考虑信息显示的基本方法:信息显示的多样性和信息显示的多模态。

(1) 多媒体

媒体是信息的载体,分为感觉、表示、显示、存储和传输媒体。多媒体的定义多种多样,人们从各自的角度出发对多媒体给出了不同的描述。例如,对于表示媒体,"多媒体"常常是指信息表示的多样化,常见的形式有文字、图形、图像、声音、动画、视频等形式,那些可以承载信息的程序、过程或活动的也是媒体。

多媒体的关键特性主要表现为信息载体的多样化、交互性和集成性三个方面。

信息载体的多样化是相对于计算机而言的。把计算机所能处理的信息空间范围扩展和放大,不再局限于数值、文本或是被特别对待的图形或图像,这是使计算机变得更加人类化所必须的条件。多媒体就是要把机器处理的信息多样化或多维化,使之在信息交互的过程中,具有更加广阔和更加自由的空间。

多媒体的交互性使得它能向用户提供更加有效的控制和使用信息的手段,同时也能为应用开辟更加广阔的领域。交互可以增加对信息的注意力和理解,延长信息保留的时间。在单一的文本空间中,交互的效果和作用是很差的,很难做到自由地控制和干预信息的处理。当多媒体交互性引入时,"活动"本身作为一种媒体介入了信息转变为知识的过程。借助于活动,我们可以获得更多的信息。例如,在计算机辅助教学中,可以人为地改变信息的组织过程,研究感兴趣的某些方面,从而获得新的感受。交互性一旦被赋予了多媒体信息空间,可以带来很多的好处。

多媒体的集成性是系统级的一次飞跃。早期的各项技术是单一、零散的,当各项技术发展到了相当成熟的阶段,并且独立发展不再能满足应用的需求时,就需要集成在一起。

(2) 屏幕显示

屏幕是信息显示的主要手段之一,随着计算机的广泛使用,用户对其支持多任务的要求越来越强烈。因为在应用中各种用户经常会在多个任务间切换。例如,程序员必须从程序代码转移到数据说明或从过程调用转移到过程定义;科技论文的作者从撰写文本中转移到插入参考文献引文的出处,再转移到复核实验数据,再转移到生成插图,再转移到阅读以前的论文;办公室工作人员从写文档转移到处理电子报表,再转移到检查电子邮件;等等。所有这些情况都要求设计者要考虑各种各样的策略来管理和访问相关信息的多窗口。附图 B.3 为航班信息显示视图。

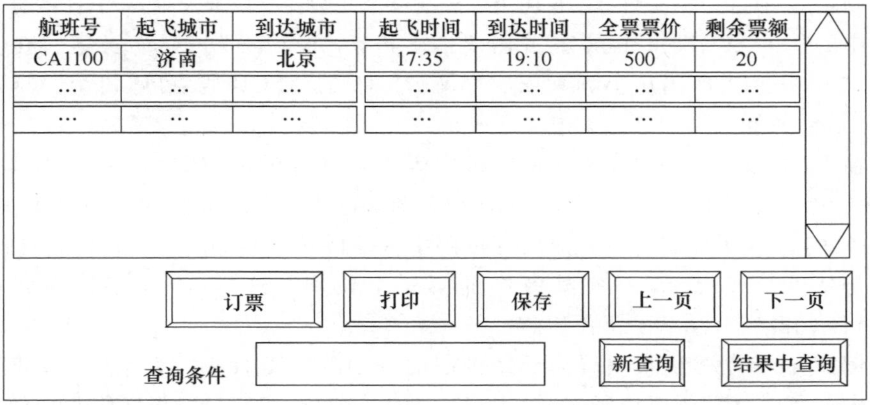

航班号	起飞城市	到达城市	起飞时间	到达时间	全票票价	剩余票额
CA1100	济南	北京	17:35	19:10	500	20
...	...	...	...	...	...	...
...	...	...	...	...	...	...

订票　　打印　　保存　　上一页　　下一页

查询条件　　　　　　　　　　　　新查询　结果中查询

附图 B.3　航班信息显示视图

许多计算机用户要求快速地查询多种资源的同时最低限度地分散他们的注意力。用大桌面的或墙壁尺度的显示器,可以同时显示大量的有关联的文档,但视野和头眼的移动则是一个问题。用小显示器,窗口通常太小而不能提供适宜的信息和上下文。折中的办这是,利用 9~27 英寸显示器(大约 640×480~2 048×2 048 像素),要向用户提供足够的信息以及完成其任务的灵活性而同时减少窗口管理操作、分散注意力的干扰以及头眼的移动,这是对设计者的挑战。动画特性、三维状态以及图形设计在多窗口设计中起着关键的作用。

对大多数系统,显示设计是成功设计的一个关键部分,同时也是许多热烈争论的起源。密集或零乱的显示能使人烦乱,而前后不一致的格式也会抑制性能的发挥。

设计者首先总是应该通晓用户的任务,不受显示屏大小、响应时间或可用字体的限制。高效的显示设计应以执行任务的适当顺序提供所有必要的数据。考虑到有限的显示容量,设计者可以把显示编排成页。条目有意义的分组(带有适于用户理解的标题)、各组前后一致的顺序以及整齐的格式,这些都有助于任务的执行。每组的周围可以是空格或记号,如一个方框。另外,有关的条目可用高亮度显示、负像显示、彩色或特殊字体宋表示。在组内、用左对齐或右对齐,数值按小数点对齐、分解的长字段加记号来达到整齐的格式。

（3）字符的显示

国家标准汉字字符集 GB 2312-80 共收集了共 7 445 个汉字和图形符号，其中汉字 6 763 个，分为二级，一级汉字 3 755 个，二级汉字 3 008 个。汉字图形符号根据其位置划分为 94 个"区"，每个区包含 94 个汉字字符，每个汉字字符又称为一个"位"。区的序号和位的序号都是从 01 到 94，UCDOS 软件中的文件 HZK16 和文件 ASC16 分别为 16×16 的国标汉字点阵文件和 8×16 的 ASCII 码点阵文件，以二进制格式存储。在文件 HZK16 中，按汉字区位码从小到大依次存有国标区位码表中的所有汉字，每个汉字占用 32 个字节，每个区为 94 个汉字。在文件 ASC16 中按 ASCII 码从小到大依次存有 8×16 的 ASCII 码点阵，每个 ASCII 码占用 16 个字节。

在 PC 的文本文件中，汉字是以机内码的形式存储的，每个汉字占用两个字节：第一个字节为区码，为了与 ASCII 码区别，范围从十六进制的 0A1H 开始（小于 80H 的为 ASCII 码字符），对应区位码中区码的第一区；第二个字节为位码，范围也是从 0A1H 开始，对应某区中的第一个位码。这样，将汉字机内码减去 0A0AH 就得到该汉字的区位码。

例如，汉字"房"的机内码为十六进制的"B7BF"，其中"B7"表示区码，"BF"表示位码。所以"房"的区位码为 0B7BFH−0A0A0H＝171FH。将区码和位码分别转换为十进制得汉字"房"的区位码为"2331"，即"房"的点阵位于第 23 区的第 31 个字的位置，相当于在文件 HZK16 中的位置为第 32×[(23−1)×94+(31−1)]＝67136B 以后的 32 个字节为"房"的显示点阵。

ASCII 码的显示与汉字的显示原理相同，在 ASC16 文件中不存在机内码的问题，其显示点阵直接按 ASCII 码从小到大依次排列，不过每个 ASCII 码在文本中只占 1 个字节并且小于 80h，每个 ASCII 码为 8×16 点阵，即在 ASCII16 文件中，每个 ASCII 码的点阵也只占 16 个字节。

（4）字段的布局

在设计中考察不同的布局会是一种有用的手段。这些设计选择方案应在显示屏幕上直接开发，通过对比，选取更好的布局。例如，一个含有配偶以及孩子的信息的雇员记录可能粗糙地显示如下：

李孝国 034787331 王娟

李良 102974

李莉 082177

李强 090872

这个记录或许包含了某一任务的必要信息，但是从中摘取信息会很慢且易于出错。使用数据标题对大多数用户理解数据含义十分有用，把有关孩子的信息缩进几格对表示这些重复的字段的归类有帮助：

雇员姓名:李孝国　　身份证号码:034-78-7331

配偶姓名:王娟

子女姓名　　　生日

李强　　　　090872

李良　　　　102974

李莉　　　　082177

（5）图形与图像

计算机屏幕上显示出来的画面与文字,通常有两种描述方法:一种方法称为矢量图形或几何图形方法,简称图形(graphics);另一种方法称为点阵图像或位图图像方法,简称图像(image)。

矢量图形是用一个指令集合来描述的。这些指令描述构成一幅图的所有直线、圆、圆弧、矩形、曲线等的位置、维数和大小、形状、颜色。显示时需要相应的软件读取这些指令,并将其转变为屏幕上所显示的形状和颜色。产生矢量图形的程序通常称为绘图(draw)程序,它可以分别产生和操作矢量图形和各个片断,并可任意移动、缩小、放大、旋转和扭曲各个部分,即使相互覆盖或重叠也依然保持各自的特性。位图图像由描述图像中各个像素点的高度与颜色的数位集合组成。它存储在内存中,也就是由一组计算机内存位组成,它适合表现比较细致、层次和色彩比较丰富、包含大量细节的图像。

生成位图图像的软件工具通常称为绘图(paint)程序,可以制定颜色画出每个像素点来生成一幅画。它所需空间比矢量图形大很多,因为位图必须指明屏幕上显示的每个像素点的信息。但显示一幅图像所需的 CPU 计算量要远小于显示一幅图形的 CPU 计算量,这是因为显示图像一般只需把图像写入显示缓冲区中,而显示一幅图形则需要 CPU 计算组成每个图元(如点、线等)的像素点的位置与颜色,这需要很强的 CPU 计算能力。

彩色显示更符合自然世界的色彩,但不当的色彩搭配也会令用户产生反感。信息显示中色彩的作用在于:温和夺目,给缺少趣味的显示增添特色;便于在复杂的显示中识别微细的差别;突出信息的逻辑结构,引起对告警的注意;引起强烈的情绪响应,如愉悦、激动、害怕或气恼。色彩的实现通过彩色空间和位平面。彩色空间是指彩色图像所使用的彩色描述方法(也叫彩色模式)。常用的彩色空间有RGB(红绿蓝)空间、CMYK(青橙黄黑)空间和 YUV(亮度、色差)空间。位平面是指彩色图像的各个彩色成分的所有像素构成的一个集合。例如,RGB 空间中的彩色图像有 3 个位平面,即 R、G、B 平面。

图像在存储媒体中的存储格式称为文件格式,此格式因软硬件制造商的不同而不同。常见的文件格式有以下几种。

① PCX 格式

最初由 Z-SOFT 公司为其图像处理软件——PC Paintbrush 设计的文件格式。它是目前使用最广泛的文件格式之一。该格式比较简单,使用游程长度编码(RLE)方法进行压缩,压缩比适中,适合于一般软件的使用,压缩和解压缩的速度都比较快。另外,由各种扫描仪扫描得到的图像几乎都能存成 PCX 格式。

② BMP 和 DIB 格式

DIB 是 Windows 所使用的与设备无关的点位图文件存储格式。

BMP 是标准的 Windows 和 OS/2 的图像格式的基本位图格式。该文件格式比较简单,并且为了图像处理的方便,用 BMP 文件格式存储的图像数据都不能压缩,因此图像文件较大。

③ GIF 格式

GIF(Graphics Interchange Format)格式译为图形交换格式,由 Compuserve 公司设计开发,便于在不同的平台上进行图像交流和传输。目前,Internet 网的 Web 浏览器(如 Netscape,IE)一般都采用 GIF 格式处理图形数据。GIF 是使用 LZW 压缩方法的主要图形文件格式。

④ TIF 格式

TIF(Tag Image File Format)格式由 Aldus 和 Microsoft 合作开发,最初用于扫描仪和桌面出版业,是工业标准格式,支持所有的图形类型,同时被许多图形应用软件(如 CorelDraw,Photoshop 等)所支持。TIF 格式文件分为压缩和非压缩两类。非压缩的 TIF 文件独立于软硬件,但压缩文件要复杂多了,图形文件压缩后,格式改为 TIFF 格式。

⑤ JPG 和 PIC 格式

JPG 和 PIC 原是 Apple Mac 机器上使用的一种图形格式,都是用 JPEG 压缩标准进行图像数据压缩,在 PC 上十分流行。其特点是文件非常小,而且可以调整压缩比。

JPG 文件的显示比较慢,仔细观察图像的边缘可以看出不太明显的失真,因为 JPG 的压缩较高,非常适用于要处理大量图像的场合。

⑥ PCD 格式

PCD 格式是 Kodak 公司开发的电子照片文件存储格式,是 Photo-CD 的专用格式,一般都存储在 CD-ROM 上,读取 PCD 文件要用 Kodak 公司出品的专门软件。由于 Photo-CD 的应用格式非常广,现在许多文件(如 Photoshop 和 Corel Draw)都可以将 PCD 文件转换成其他标准的图像文件。

(6) 自然语言对话

人们希望有朝一日计算机能很容易地响应用户以自然语言键入或口述发出的命令,人们用一种熟悉的自然语言(如汉语、英语)给出指令并接收相应的计算机操作方式。计算机通过自然语言文本的生成技术自动形成报告。例如,根据复杂的数学模型准备结构化的天气报告(星期日下午晚些时候在北郊有 80％下小雨的可能);根据读取的医学实验数据,生成报告(白细胞计数为 12 000),而且也会产生警告(此值超出正常范围 3 000～8 000 的 50％)或建议(建议做进一步的系统感染检查);还有能生成法律遗嘱、合同或商业计划等。

(7) 语音识别与生成

语音识别与生成是人—机语音通信的一个重要组成部分。

语音合成可以分为两类:

一类是语音的参量编码,即压缩语音的存储和回放。例如,线性预测编码(LPC 速率为 2.4 kbit/s),码激励线性预测(CELP 速率 4.8 kbit/s),多脉冲激励线性预测(MPLP 速率 9.6 kbit/s)。

另一类是语音的规则合成,或者称文—语转换(Text to Speech)。最有名的系统是美国麻省理工学院(MIT)的 Dectalk 系统和瑞典皇家理工学院传输实验室的 KTH 系统。MIT 是以共振峰合成,而 KTH 是用共振峰对声道的对应关系再转换为零、极点位置和滤波器系数来实现的,这类机器都对发音规则进行了比较充分的研究,是电子学专家和语音学家共同努力的结果。

未 了 的 话

一、点睛全书

本书展示了一种全新的人工智能理论,它既不是人们所熟知的结构主义的人工神经网络或功能主义的物理符号系统(专家系统),也不是后来兴盛起来的行为主义的感知动作系统(智能机器人),却能够天衣无缝地包容结构主义、功能主义和行为主义的人工智能,而且还能和谐默契地实现基础意识、情感、理智的三位一体。

它的准确名称是《机制主义人工智能理论》,这名称揭示了理论精华的奥妙在于开辟了"机制主义"的研究路径。又因为它包容了现存的三种人工智能,且能实现基础意识、情感与理智的三位一体,所以与迄今流行的初等人工智能理论相比又可以名副其实地称之为《高等人工智能原理》。

面向来自外部世界的各种刺激,《机制主义人工智能》系统通过基于第一、第二、第三和第四类信息转换原理,就可以知道哪些外部刺激应当给予关注,哪些外部刺激可以不予理会(这是应对"大数据"的最高明的智能策略)。对于那些应当给予关注的外部刺激,如果是属于本能知识和常识知识范畴之内的,系统就生成合理的基础意识反应。对于那些应当给予关注而又超出本能知识和常识知识范畴的外部刺激,系统就同时生成合乎本能知识、常识知识、经验知识的情感反应和合乎本能知识、常识知识、经验知识和规范知识的理智反应,并通过综合决策生成协调一致的智能策略,然后把它转换成为用来反作用于外部世界的智能行为。可见,**这是一种能够"认识世界和优化世界"的人工智能系统**。

更有意义的是,如果反作用于外部世界的智能行为没有能够达到预设的目标而出现误差,系统就会把误差作为一种新的"客体信息"反馈到系统的输入端,通过第一类信息转换原理把这个新的客体信息转换为新的感知信息,进而提取新的知识,从而优化智能策略和智能行为,改善智能行为的效果。这种"误差反馈与学习优化"的过程可以进行多次,直至满意地达到目的为止。如果经过反复"误差反馈与学习优化"都不能达到目的,系统就会提示系统的人类主体"重新预设目的"。可见,**这是一种能够"认识世界和优化世界并在优化客观世界的同时不断优化主观世界"的人工智能系统**。

二、分享感悟

正如"前言"所说:对于整个高等人工智能理论而言,《机制主义人工智能理论:高等人工智能原理》只是它的一个开篇和引论,更深刻更精彩的工作还有待继续的努力。如今,既然有了开篇,当然就期待着更加深入的研究和更加辉煌的成果能够接踵而来,期待着高等人工智能理论能够为人类的进步与发展做出更加积极的贡献。

在此新的版本即将搁笔和付梓之际,也不禁勾连起一些难以割舍的"意犹未尽",那就是:"机制主义人工智能理论:高等人工智能原理"的提出、研究直至著书立说,确实收获了诸多发人深省的感悟和启示,值得借此机会与读者们研讨和分析。其中,感触最深的体会包括如下几个方面。

其一,繁荣隐藏着危机,危机孕育着新的繁荣

科学,总是在"繁荣-危机"相互交替的过程中前进:繁荣的背后隐藏着危机;克服危机之后则出现新的繁荣。新的繁荣又会潜伏新的危机,克服新的危机之后则带来更新的繁荣。在这里,所谓的"危机",通常是现有理论中隐藏着的矛盾。克服这些矛盾,很可能就是新的繁荣的生长点。

半个多世纪以来,人工智能的研究在三条战线上各自向前推进。人工神经网络在模式识别、联想记忆和组合优化问题求解,特别是深度学习等方面获得了出色的性能;专家系统在定理证明、医疗诊断、机器博弈领域表现出超人的水准,特别是在国际象棋和围棋竞赛中击败了人类的世界冠军;智能机器人(感知-动作系统)在复杂地形的环境中表现了稳健行走和跳跃的高超技能。这许多眼花缭乱、耳目一新甚至超凡脱俗的惊人成就,赢得了人们的喝彩和赞叹。

与此同时,透过这些辉煌的成就,我们也注意到了人工智能研究存在的深刻危机:一方面,基于结构模拟的人工神经网络研究、基于功能模拟的物理符号系统研究、基于行为模拟的感知-动作系统研究三者都宣称自己的目标是研究人工智能;另一方面,它们在坚信自己研究路线的同时,却不认可也不接受其他两种研究路线,甚至对那些与己不同的研究路线进行猛烈严厉地抨击,形成互不相容(甚至你死我活)的研究格局!

由此,我们意识到:虽然三种研究方法各自都取得了不少喜人的成果,但是这种殊途而不能同归的格局隐藏着人工智能研究的深刻危机,不利于进一步地发展。于是,下决心要对这种不能形成合力的根源探个究竟。结果发现,它们之间的不和谐确实不只是一般的技术路线之争,而是有着更深层的问题,或者说更深刻的危机!只有克服这些危机,才有可能带来新的繁荣。

其二,学术的高峰源头:科学观和方法论(科学范式)

人工智能研究领域半个多世纪的发展历史,是结构主义人工神经网络、功能主义物理符号系统/专家系统、行为主义感知动作系统/智能机器人三大学派发展的历史,也是它们互相之间相互竞争、相互批评、相互促进的历史。

然而,由于功能主义利用了强大的计算机作为它的硬件平台,通过编制"聪明软件"来实现智力功能的模拟,而且还创造了"人工智能"这个可以涵盖三大学派的科学术语,因此,在三大学派的发展中几乎总是占据主导地位。由于这个原因,人工智能的历史几乎就是由功能主义学派所书写的。

在这样的背景下,人们往往把人工智能的研究看作就是"算法的研究"。人们可以经常听到"算法为王"或"算法和算力决定成败"的说法。这种观念当然有一定的道理,但是远远不够准确。同任何深刻的科学研究一样,决定成败的根本因素,不是算法,而是科学观和方法论,也就是科学研究的范式,如表1所示。

表 1   科学研究的"顶天立地"纲领

研究项目	项目含义	项目地位
科 学 观	明确研究领域的宏观性质,是开启科学研究的天际源头	顶天
方 法 论	提供科学研究的宏观指南,是指导科学研究的云端龙头	顶天
研究模型	在科学观和方法论指导下,构筑研究领域的全局蓝图	转导
研究路径	在科学观和方法论指导下,选择实施蓝图的关键路径	转导
基础概念	在科学观和方法论指导下,建树支撑研究领域支柱体系	立地
基本原理	在科学观和方法论指导下,构筑连接支柱体系的关联网络	立地
研究结果	形成准确深刻反映本研究领域的理论系统	成果

可以看出,算法和算力无疑十分重要,但通常是在"基本概念和基本原理"层次发挥作用。真正从根本上决定科学研究(特别是开辟新领域的科学研究)成败的,却实实在在是那个"看不见的"科学观和方法论。事实上,正是科学观和方法论两者作为一个有机的整体,构成了科学研究的"范式",它们的正确与否才是科学研究成败的关键。

其三,高屋建瓴,才能势如破竹

在大多数的情况下,人工智能的研究属于技术研究的范畴。但是,一切技术性研究的背后都受着某种科学观和方法论的支配。特别像"智能研究"这样基础这样深刻而且充满未知甚至充满神秘的科学技术,更是需要科学观和方法论的指引。

人工智能的研究之所以会形成根深蒂固的"三驾马车"不和谐格局,正是因为受到了不适当的科学观和方法论的引导：把智能的研究等同于物质的研究（物质科学观）；把智能的整体研究纳入"分而治之"的轨道（物质科学方法论）。此外，Shannon 信息论所体现出来的纯粹形式化（彻底抛弃信息的内容和价值）观念和主观客观相分离（禁绝主观因素）原则，也是不当科学观方法论影响的突出表现。

正是由于这个发现，人们就可以解释：为什么信息论的创始人 Shannon 会成为创建 AI 学科的 1956 年 Dartmouth 暑期研讨会的核心成员？由此也可以解释：为什么 Dartmouth 研讨会的学者们会把"人类的逻辑思维能力"（而不是人类的全部思维能力）确定为 AI 学科的聚焦点和落脚点？而且，由此还可以解释：为什么人工神经网络的研究会被 AI 的学者们坚决地拒之门外，终于导致 AI 与 CI（Computational Intelligence，计算智能）的自立门户（分庭抗礼）？

原来，1948 年 Shannon 信息论问世以来，人们对于信息重要性的认识与日俱增，并且认识到：智能来源于信息的加工，没有信息便不可能有智能。这是 Shannon 会成为 Dartmouth 研讨会的核心成员的自然原因。但是，Shannon 信息论只是面向通信问题的数学理论，它的信息概念只考虑了形式因素，有意地略去了内容和价值因素。而智能问题的研究怎么能够只顾形式而不顾内容和价值？事实上，Shannon 信息论不可能有效地支持智能理论的研究，就是因为它抛弃了信息的内容和价值。

所以，智能理论的研究要以信息理论为基础，这是正确的判断；然而找到只顾形式不顾内容和价值的 Shannon 信息论作为研究的基础，却是找错了对象。不过，这是时代的局限，因为除 Shannon 信息论外那时没有别的信息理论！

至于，为什么历经数百年的检验而且曾经屡试不爽的"分而治之"方法论也会在人工智能理论的研究中失灵？这是因为，"分而治之"方法论是在物质科学的研究实践基础上提炼出来的科学方法，完全没有考虑信息的概念，而人工智能则是以信息为主导特征的开放复杂研究对象。当人们运用"分而治之"的方法对复杂的物质系统进行分解的时候，由于机械系统内部各个部件之间的相互联系比较直观和明显，可以把复杂系统分解为一些比较简单的子系统加以各个击破，再通过机械还原就可以恢复原来的系统。但是把开放复杂的信息系统进行分解的时候，由于复杂信息系统内部各个子系统之间的联系极为错综复杂，强行分割就不可避免地会丢失某些极为复杂的信息联系，从而不再可能恢复原有的复杂信息系统。事实上，这些"子系统"之间错综复杂的相互联系相互作用的信息，正是开放复杂信息系统的灵魂和生命线。失去了系统的灵魂和生命线，怎么还可能会有智能？！

正是由于人工智能的研究不自觉地沿用了"物质科学"科学观，秉承了"分而治之"的方法论，把开放复杂的智能系统模拟分解为结构的模拟（人工神经网络）、功能的模拟（物理符号系统）、行为的模拟（感知-动作系统）三种不同的研究途径，丢掉了三种模拟方法之间相互联系、相互作用这个"灵魂和生命线"，终于造成了"殊途"无法实现"同归"的结果。

发现了人工智能研究不和谐的根源在于"物质科学"的科学观（单纯形式化和主观客观相分离是这种科学观的两种表现）和"分而治之"的方法论,就启发了克服不和谐局面的出路——研究和总结适于开放复杂信息系统的科学观和方法论。作为这种研究和探索的结果,"以信息-系统-机制的三位一体为主要特征的**信息科学观**和以信息转换为主要标志的**信息生态方法论**"便应运而生。

显然,体现"信息-系统-机制三位一体"的信息概念,不再可能是 Shannon 信息概念,而只能是"全信息"的概念。这是因为,体现"系统观"的信息概念必须具有系统整体的内涵（形式、内容和价值）和系统整体的时空（完整的信息生态过程）;体现"机制观"的信息概念必须能够直接支持智能生成的机制（信息转换）。

有了信息科学的科学观和方法论,高等人工智能的理论便成为势在必行,犹如冉冉升起的一轮朝阳,初等人工智能理论便理所当然地成为高等人工智能理论的三个和谐的特例（参见表 2）。

表 2　初等和高等人工智能的对照

比较事项	现有人工智能理论	机制主义人工智能理论
科 学 观	半信息半物质的科学观（主客分离）	信息科学的科学观（主客互动）
方 法 论	机械还原方法论（分而治之）	信息生态方法论（整体生态）
研究模型	脑模型	主客互动演进模型
研究路径	结构主义/功能主义/行为主义	机制主义（生成智能的共性机制）
基础概念	感知领域:信息（无内容无价值的信息概念） 认知领域:知识（无生态过程的知识概念） 决策领域:智能（无意识无情感的智能概念）	感知领域:语法、语用、语义三位一体的感知信息 认知领域:知识的内生态学,知识的外生态学 谋略领域:意识、情感、理智三位一体的智能概念
基本原理	未曾明确	信息转换与智能创生原理
最终结果	神经网络、专家系统、智能机器人	机制主义人工智能理论

其四,智能科学研究的"人本主义"

科学技术的作用是"辅人"的;而"辅人"的科学技术必定是"拟人"的。因此,任何技术系统的模型都有它相应的原型。人工智能的原型是"人类智能",后者的基本定位是"人类主体与环境相互作用演进所需要的智能",它的主要功能是"认识世界和优化世界并在优化客观世界的过程中不断优化自己"。

如果应用"基于全信息的信息转换方法论"审视现有的各种人工智能理论研究的系统模型,立即可以发现,它是一个功能不完整因而也是一个不真实的人工智能模型。这种不完整和不真实的最重要表现包括：(1)它没有感觉功能和行动的功能，因此不能直接与外部世界进行相互作用；(2)它没有注意、选择和抑制外部刺激的功能，因此不能正确处理来自外部世界的刺激；(3)它没有(基础)意识能力，因此不能对外来刺激产生合理的意识反应；(4)它没有生成情感的功能，因此只能是一部冷冰冰的机器；(5)它的理智谋略也有局限性，因为它所依赖的信息不是全信息，它所依赖的知识也不是完整的本能知识、常识知识、经验知识和规范知识。总之，它们只是一种"初等的、纯粹形式化的"人工智能。

与人类智能原型系统的功能相比，人工智能系统模型的这些差异远不是无足轻重的差异，而是实质性的差异，是影响了真实性的差异。这些差异的存在就注定了，这些初等人工智能的基本模型必须大大改造和提升。这样改造和提升的结果，就成为了功能完整的高等人工智能系统模型。

其五，与结构、功能、行为相比，机制才是系统全局的灵魂

毫无疑问，人工神经网络、专家系统、智能机器人三者的研究目标都是"模拟和扩展自然智能、特别是人类智能"。既然目标相同，它们就应当能够互相无缝沟通，形成通用的人工智能理论。如上所说，它们现在之所以"殊途未能同归"，根本原因是它们三者都沿用了物质科学的科学观和方法论。

由于本书总结并贯彻了信息科学的辩证唯物科学观和信息生态方法论，又由于本书创建了"机制主义"的研究路径，而且众所周知：结构、功能都是为机制服务的，行为则是机制实现的外部表现，只有机制才是决定系统能力的本质要素，因此本书所建立和阐明的"机制主义人工智能理论：高等人工智能原理"就实现了结构主义的人工神经网络、功能主义的专家系统、行为主义的感知动作系统的和谐统一：结构主义的人工神经网络是机制主义人工智能的 A 型特例；功能主义的物理符号系统(专家系统)是机制主义人工智能的 B 型特例；行为主义的感知动作系统是机制主义人工智能的 C 型特例，如表 3 所示。

表 3　机制主义 AI、结构主义 AI、功能主义 AI、行为主义 AI 的关系

机制主义 AI	信息 ➡	知识 ➡	智能	特例
A 型	信息	经验型知识	经验型智能	人工神经网络
B 型	信息	规范型知识	规范型智能	物理符号系统
C 型	信息	常识型知识	常识型智能	感知动作系统

以上这些"意犹未尽"的感悟，与本书全部正文一起，共同造就了《机制主义人工智能理论：高等人工智能原理》这部新颖而完整的乐曲。这在某种意义上也可以说是：无形的科学观和方法论决定了有形的科学研究，看不见的手造就了看得见的成果，这就是"无胜于有"。在实际的研究工作中，我们往往比较容易看重那些有形的东西，但是看来还要更加重视无形的东西，以使我们的认识变得深刻。

如所周知,《机制主义人工智能理论:高等人工智能原理》定位于高等人工智能的基本原理。它发现和应用了先进的科学观(信息科学的辩证唯物科学观)和方法论(基于信息转换的信息生态方法论),构思和形成了高等人工智能的系统模型,开辟了机制主义的研究路径,构建了高等人工智能理论的基本理论框架(第一类至第四类信息转换原理),而且沟通了高等人工智能理论与传统人工智能理论(基于结构模拟的人工神经网络、基于功能模拟的物理符号系统、基于行为模拟的感知-动作系统)之间的联系,为高等人工智能理论的进一步发展奠定了坚实的基础。

需要特别说明的是,正因为本书定位于基本原理,因此它不是终结了高等人工智能理论的研究,恰恰相反,它为高等人工智能理论的研究开辟了无限广阔的空间,展现了无限美好的前景。无论是全信息理论、第一类信息转换原理至第四类信息转换原理本身,还是它们在记忆系统、感知注意系统、认知系统、基础意识生成系统、情感生成系统、理智谋略生成系统、综合决策系统以及策略执行系统的应用,都有大量需要进一步深入展开的研究内容(特别是它们的实现算法和实现技术)。至于高等人工智能理论的实际应用,那更是无处不在,无时不有,无边无沿,无穷无尽,而且将不断与时俱进,常青常新,永葆青春。

作者相信,在人类由农业-工业社会向信息-智能社会转变的伟大进程中,机制主义高等人工智能理论及其在各个领域的应用将扮演极其关键的角色,发挥极其重要的作用。只要人类继续存在,只要人类智力还在发展,模拟人类智力能力的机制主义高等人工智能理论与应用的研究就永远不会停歇,就会永远不断地向前迈进,以"人主,机辅"为基本模式的"人机共生"(创造能力最强的人类与工作能力最强的高等人工智能机器的合作)就永远是人类社会最先进最强大的生产力。

时代在召唤,人类在期待。海阔凭鱼跃,天高任鸟飞! 拥抱发展,拥抱未来!